Einführung

in die

Festigkeitslehre

nebst Aufgaben aus dem Maschinenbau
und der Baukonstruktion.

Ein Lehrbuch

für Maschinenbauschulen und andere technische Lehranstalten
sowie zum Selbstunterricht und für die Praxis.

Von

Ernst Wehnert,

Ingenieur und Oberlehrer an der Städtischen Gewerbe- und Maschinenbauschule
in Leipzig.

Mit 247 in den Text gedruckten Figuren.

Zweite verbesserte und vermehrte Auflage.

Anastatischer Neudruck 1921.

Berlin.
Verlag von Julius Springer.
1910.

ISBN-13:978-3-540-90530-8   e-ISBN-13:978-3-642-92387-6
DOI: 10.1007/978-3-642-92387-6

Vorwort zur ersten Auflage.

Auf wiederholte Anregung von seiten meiner früheren, schon länger in der Praxis stehenden Schüler habe ich mich zur Herausgabe des vorliegenden Buches entschieden, das in der Hauptsache den Lehrgang darstellt, den ich seit Jahren in meinem Unterrichte an der Städtischen Maschinenbauschule in Leipzig verfolge.

Mit dem Buche soll dem angehenden Techniker ein Leitfaden in die Hand gegeben werden, der bei elementarer Darstellung die vollständige mathematische Entwickelung gibt. Hierauf ist besonders Wert gelegt worden, um jeden, der über die elementaren mathematischen Kenntnisse verfügt, ein Lehrbuch der Festigkeitslehre zum Selbstunterricht, meinen Schülern ein Buch zur Wiederholung, dem in der Praxis stehenden Techniker aber ein schnell zu übersehendes und vor allem leicht verständliches Handbuch zu bieten. Die vorhandenen grösseren Werke sind ihrer weitgehenden Wissenschaftlichkeit wegen mehr für den Hochschultechniker geschrieben, für den Mittelschultechniker deshalb teilweise zu schwer verständlich, für den Anfänger aber fast gar nicht zugänglich. Die kleineren Werke dagegen haben teils zu geringen, teilweise gar keinen Wert auf die Entwickelung der Gleichungen gelegt, vielfach fehlt ihnen auch die Vollständigkeit, so daß durch sie keine genügende Übersicht über den Stoff der Festigkeitslehre, soweit er von jedem Techniker gekannt und beherrscht werden sollte, gewonnen werden kann.

Das vorliegende Buch soll daher eine wirklich bestehende Lücke auszufüllen suchen, und ich glaube, daß es innerhalb der erwähnten Kreise auch seinen Zweck zu erfüllen imstande ist. Besonders wird die Aufgabensammlung mit ihren zahlreichen und gewählten Beispielen aus dem praktischen Maschinenbau und der Baukonstruktion, nebst den beigefügten Erläuterungen aus der Maschinenlehre zu selbständigen Übungen anregen.

Sollte das Buch, wie ich hoffe, eine beifällige Aufnahme finden, so beabsichtige ich auch noch die Herausgabe eines zweiten Buches, das die zusammengestzte Festigkeit, soweit sie praktischen Wert hat, in möglichst vollständiger Weise behandelt.

Für die freundliche Mithilfe bei der Durchsicht der Korrekturbogen von seiten meines lieben Kollegen, des Herrn Oberlehrer Engelmann, spreche ich hiermit meinen Dank aus.

Leipzig, im November 1905.

Ernst Wehnert.

Vorwort zur zweiten Auflage.

Die vorliegende zweite Auflage meiner Einführung in die Festigkeitslehre umfaßt wieder denselben Lehrstoff wie die erste Auflage. Auch die Einteilung des Stoffes ist dieselbe geblieben. Indessen enthält das neue Werk neben einigen Verbesserungen und Ergänzungen des als Lehrbuch dienenden ersten Teiles im zweiten oder praktischen Teile eine wesentlich grössere Aufgabensammlung als das seitherige. Die fünfundsiebzig vollständig gelösten Aufgaben der ersten Auflage sind auf hundert erhöht worden. Dazu kommen aber noch weitere vierzig Beispiele, die nur mit den Endresultaten versehen sind, die dem Studierenden lediglich zur selbständigen Durcharbeitung dienen sollen.

Da auch für die zweite Auflage dieselben Gesichtspunkte maßgebend waren, wie sie bereits im Vorwort zur ersten Auflage gekennzeichnet worden sind, so ist hier von einer nochmaligen Wiedergabe derselben abgesehen worden. Dagegen will ich noch auf mein in gleichem Verlage erschienenes Lehrbuch der zusammengesetzten Festigkeit hinweisen, das eine weitere Sammlung von fünfundvierzig vollständig durchgerechneten Beispielen enthält.

Leipzig, im September 1910.

Ernst Wehnert.

Inhaltsverzeichnis.

Fünfter Abschnitt.

Knickung.

Sechster Abschnitt.

Torsion.

Anwendungen der Festigkeitslehre.

Erste Aufgabengruppe.

Einleitung.

Während die Lehre von der Statik und der Dynamik, als 1. und 2. Teil der Mechanik, sich mit den Bedingungen und Gesetzen des Gleichgewichtes und der Bewegung der Körper beschäftigen, befaßt sich die Lehre von der Elastizität, als 3. Teil der Mechanik, mit der Formänderung der Körper.

Mit der Elastizitätslehre eng verknüpft ist die Festigkeitslehre, der die Aufgabe zukommt, die Abmessungen und Formen der Körper so zu bestimmen, daß die Formänderungen derselben innerhalb bestimmter Grenzen bleiben.

Unter der Festigkeit eines Körpers versteht man den Widerstand, den der Körper infolge seiner Molekularkraft (Kohäsion) der durch äußere Krafteinwirkungen entstehenden Trennung seiner Teile (Moleküle) entgegensetzt. Je nach der Art der Beanspruchung eines Körpers unterscheidet man in der Regel folgende sechs Grundfestigkeiten:

    1. Absolute – oder Zugfestigkeit,
    2. Rückwirkende – oder Druckfestigkeit,
    3. Schub- oder Scherfestigkeit,
    4. Relative – oder Biegungsfestigkeit,
    5. Torsions- oder Drehungsfestigkeit,
    6. Knickfestigkeit.

Beanspruchen jedoch die angreifenden Kräfte einen Körper derart, daß mehrere der vorgenannten Festigkeitsarten gleichzeitig auf denselben einwirken, so spricht man auch noch von zusammengesetzter oder kombinierter Festigkeit.

Erster Abschnitt.

§ 1. Allgemeines über Zug- und Druckfestigkeit.

1. Längen-, Querschnitts- und Spannungsänderung.

a) Beansprucht eine Kraft P, wie Fig. 1 zeigt, einen Körper auf Zug, so verlängert sich dieser Körper unter Einwirkung der Kraft P von der ursprünglichen Länge l auf die Länge l_1; gleichzeitig findet aber auch in Querschnittsrichtung eine Zusammenziehung (Kontraktion) statt, wobei sich der anfängliche Durchmesser d auf den Durchmesser d_1 vermindert. Die Verlängerung oder Ausdehnung λ des Körpers ergibt sich somit aus

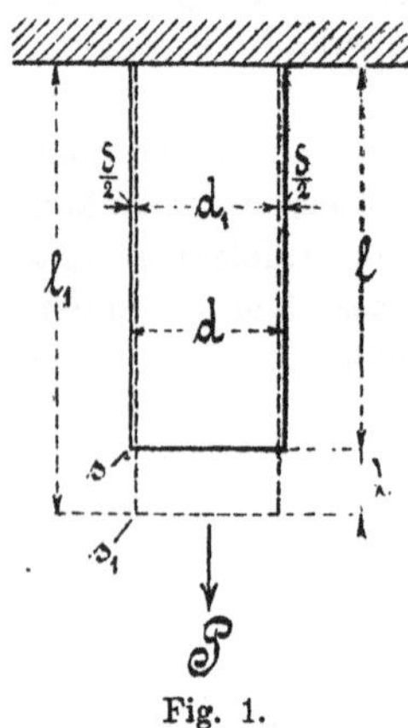

Fig. 1.

$$1. \quad \lambda = l_1 - l$$

und die Kontraktion oder Zusammenziehung aus

$$2. \quad \delta = d - d_1.$$

Bezeichnet nun noch s die auf einen qmm Querschnitt entfallende gleichmäßig verteilte Kraft in kg zu Beginn der Belastung, s_1 dagegen die Kraft nach eingetretener Ausdehnung, so erhält man die auf einen qmm kommende, infolge der Querschnittsverminderung sich ergebende Belastungs- oder Spannungserhöhung σ zu

$$3. \quad \sigma = s_1 - s.$$

b) Beansprucht eine Kraft P einen Körper, wie Fig. 2 zeigt, auf Druck, so tritt infolge dieser Krafteinwirkung eine Verkürzung des Körpers von der Länge l auf l_1 ein, wobei gleichzeitig in der Querschnittsrichtung eine Vergrößerung des Durchmessers d auf d_1 eintritt.

Die Verkürzung λ des Körpers ergibt sich somit zu

$$1. \quad \lambda = l - l_1$$

und die Vergrößerung des Durchmessers aus

$$2. \quad \delta = d_1 - d.$$

Bezeichnet s wieder die sogenannte Spannung (d. h. die Beanspruchung pro qmm Querschnitt) im Anfangszustande, s_1 die Spannung nach eingetretener Zusammendrückung des Körpers, so beträgt die Spannungsverminderung

$$3. \quad \sigma = s - s_1.$$

c) Der Vergleich der unter a und b genannten Erscheinungen zwischen Zug- und Druckwirkung zeigt, daß die Umkehrung der Kraftrichtung auch die Formänderungen des Körpers umkehrt.

Wird somit die Richtung der ziehenden Kraft als positiv und die der drückenden Kraft als negativ bezeichnet, so lassen sich die oben genannten, je drei für Zug und Druck gültigen Gleichungen zu den folgenden drei Gleichungen zusammenfassen:

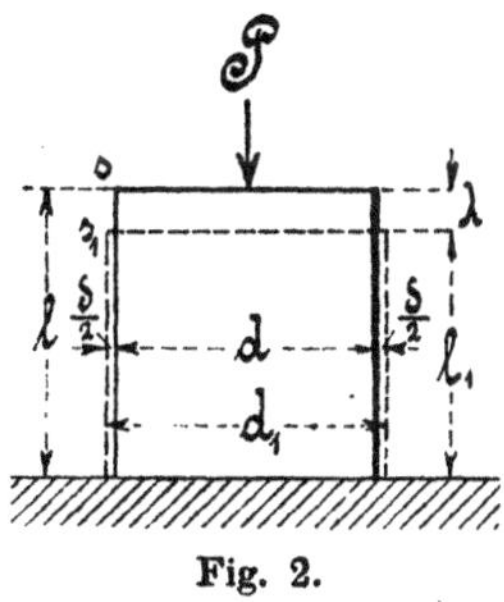

Fig. 2.

$$\lambda = \pm (l_1 - l) \quad \ldots \ldots \ldots \quad 1$$
$$\delta = \pm (d - d_1) \quad \ldots \ldots \ldots \quad 2$$
$$\sigma = \pm (s_1 - s) \quad \ldots \ldots \ldots \quad 3$$

2. Spannung. Bruchmodul.

Wie bereits vorher gesagt, versteht man unter Spannung den durch die innere Festigkeit des Materials gegebenen Widerstand, der einer äußeren Belastung in kg entspricht, mit der die Querschnittseinheit eines Körpers, in der Regel 1 qmm oder 1 qcm, in Richtung seiner Längsachse beansprucht werden kann. Wirkt die Belastung so auf den Körper ein, daß die inneren, dieser Belastung widerstehenden Kräfte senkrecht zum Querschnitt gerichtet sind, so bezeichnet man die Spannung als **Normalspannung** im Gegensatz zu der in § 11 Abs. 2 genannten **Schubspannung**, bei der die Kraftrichtung mit jener des Querschnittes zusammenfällt. Die Belastung aber, die nötig ist, den genannten Körper von 1 qmm oder 1 qcm Querschnitt zu zerreißen oder zu zerdrücken, nennt man den **Bruchmodul.**

3. Elastizität und Elastizitätsgrenze. Tragmodul.

Wie bereits die Fig. 1 und 2 gezeigt haben, besitzt jeder Körper die Eigenschaft, unter der Einwirkung äußerer Kräfte eine Änderung seiner Gestalt zu erfahren und mit dem Aufhören dieser Einwirkung die erlittene Formänderung mehr oder minder vollständig wieder zu verlieren.

Insoweit er die erlittene Formänderung wieder verliert, d. h. zurückfedert, wird er als „**elastisch**" bezeichnet.

Ist die Rückkehr in die ursprüngliche Form eine vollständige, so nennt man den Körper „**vollkommen elastisch**".

Die letzte Eigenschaft hat nun kein Körper, jedoch kann man annehmen, daß fast alle Körper innerhalb bestimmter Grenzen eine mehr oder weniger vollkommene Elastizität besitzen; diese Annahme führt zum Begriff der **Elastizitätsgrenze**, worunter man diejenige Grenze versteht, bis zu der eine Kraft einen Körper so belasten bezw. ausdehnen oder zusammendrücken darf, daß nach Beseitigung der Kraft die aus ihrer Lage gebrachten Moleküle wieder in ihre frühere Lage zurückkehren, d. h. also, daß der Körper keine bleibende Formänderung erfährt.

Hieraus ergibt sich, daß bei allen in der praktischen Technik vorkommenden Konstruktionen die Belastung eines Körpers nur so groß zu wählen ist, daß er bis höchstens zur Elastizitätsgrenze ausgedehnt oder zusammengedrückt werden kann.

Diese Höchstbelastung nennt man den **Tragmodul** im Gegensatz zu dem unter 2 genannten Bruchmodul, die beide für jedes Material verschieden und durch praktische Versuche zu ermitteln bezw. festzustellen sind.

Die bei praktischen Ausführungen maßgebende Belastung darf jedoch auch diesen Tragmodul nicht erreichen, sondern beträgt zumeist nur das $^1/_2$- oder $^1/_3$-fache desselben.

4. Proportionalitätsgrenze.

Die infolge der Belastung eines Körpers eintretende Verlängerung oder Verkürzung (allgemein Dehnung genannt) richtet sich nun ganz nach der Größe der Belastung, und zwar wird die Dehnung größer werden, sobald die Belastung größer ist und umgekehrt; diese Eigenschaft haben alle Materialien miteinander gemein.

Eine Reihe von Materialien besitzt aber noch die weitere Eigenschaft, daß bis zu einer gewissen Belastung eine Proportionalität zwischen Dehnung und Spannung besteht, d. h., nimmt die Belastung pro Flächeneinheit (die Spannung) etwa um gleiche Teile zu, so nimmt auch die Dehnung in gleicher Weise zu. Die Grenze, bis zu welcher der proportionale Zusammenhang zwischen Dehnung und Spannung besteht, nennt man **Proportionalitätsgrenze**. Wird diese Grenze überschritten, so wächst die Dehnung bei sonst gleichbleibender Belastungszunahme immer mehr und mehr, bis endlich der Bruch selbst eintritt.

Die beistehende Fig. 3 gibt eine bildliche, d. h. graphische Darstellung des zuletzt beschriebenen Zusammenhanges zwischen Dehnung und Spannung. Es mögen λ die bei Zug sich ergebenden Verlängerungszunahmen und P die zugehörigen Belastungen bezeichnen. Diese trage man im beistehenden Koordinatensystem in beliebigem Maßstabe auf der Ordinatenachse, die durch die Belastungen sich ergebenden Dehnungen dagegen in einem größer zu wählenden Maßstabe auf der Abszissenachse auf. Verbindet man nun die sämtlich aufgetragenen Punkte miteinander, so erhält man die Belastungskurve OP_rS. Wie ersichtlich, verläuft diese Kurve bis zum Punkte P_r als Gerade, womit bildlich die Proportionalität zwischen Verlängerungen (Dehnungen) und Belastungen (Spannungen) gekennzeichnet ist. An der Stelle P_r ist also die Proportionalitätsgrenze, wozu die Belastung OP_{r1} und die Ausdehnung OP_{r2} gehören.

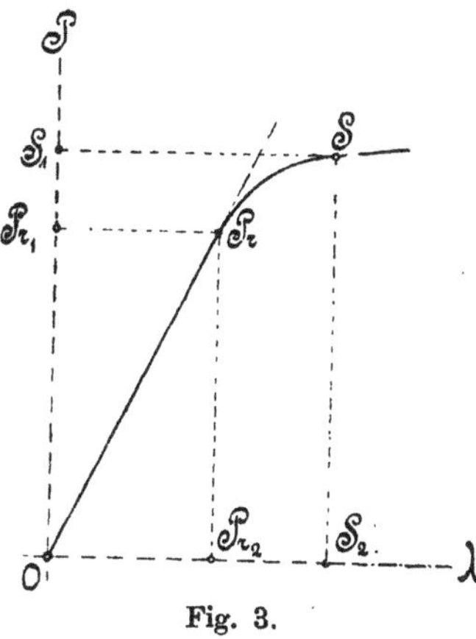
Fig. 3.

Wird nun die Belastung OP_r überschritten, so neigt sich die Belastungskurve von der Geraden OP_r nach rechts etwa bis zum Punkte S, was eine Dehnungszunahme bedeutet. Von der Stelle S an beginnt das Strecken oder Fließen des Körpers, weshalb man diese Grenze bei Zugbeanspruchung als die **Streck-** oder **Fließgrenze**, bei Druckbeanspruchung als **Fließ-** oder **Quetschgrenze** bezeichnet hat. Die zu der Fließgrenze gehörende Belastung ist dann OS_1, die zugehörige Verlängerung aber gleich OS_2.

Die Fig. 4 zeigt bei Zugbeanspruchung die Fortsetzung der Belastungskurve von der Fließgrenze S an. Diese Kurve läuft zunächst eine Strecke nahezu parallel zur Abszissenachse und steigt hierauf langsam an bis zum Punkte B, an welcher Stelle die Höchstbelastung OB_1 bei einer Längenzunahme gleich OB_2 vorliegt; diese Belastung nennt man die **Bruchbelastung,** obgleich an dieser Stelle der Bruch noch nicht eintritt. Der Bruch tritt vielmehr erst an der Stelle R ein und zwar bei einer geringeren

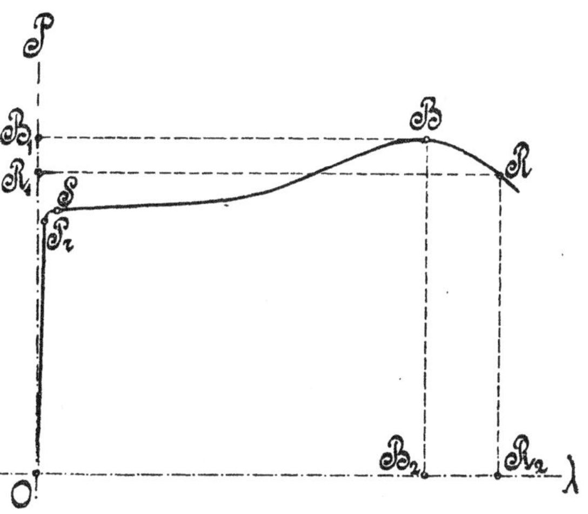
Fig. 4.

Belastung OR_1, bei einer Längenänderung OR_2.

Die Fig. 5 zeigt bei Druckbeanspruchung den Verlauf der Belastungskurve an. Auch hierbei ist in gleicher Weise wie bei Zug eine

Proportionalitätsgrenze und Fließgrenze vorhanden. Eine weitere allgemeine Übereinstimmung liegt aber in der Form der Belastungskurve nicht mehr vor, denn der Verlauf derselben von der Fließ- oder Quetschgrenze Q an ist eine wesentlich andere als bei Zugbeanspruchung.

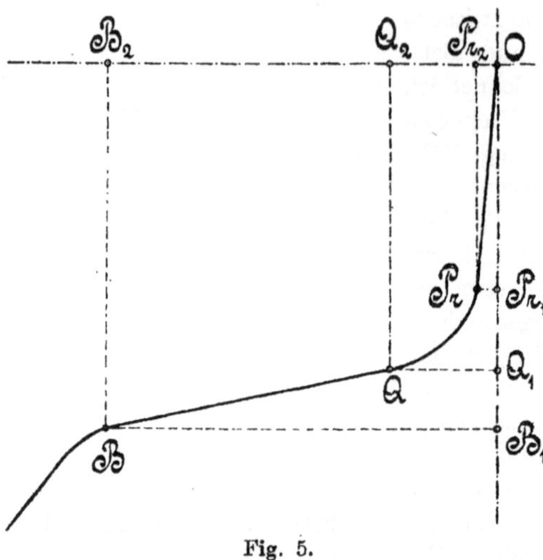

Fig. 5.

Die Bruchgrenze B für Druck ist nur bei spröden Stoffen, z. B. Gußeisen, Stein, Zement u. a., deutlich erkennbar, während zähe und verhältnismäßig weiche Körper, wie Blei, Kupfer, Flußeisen etc., nicht zum Bruche gebracht werden können, da sie sehr große Formveränderungen unter Druckbeanspruchung vertragen, ohne dass irgend ein Anzeichen von Bruch auftritt. Bei diesen Körpern kann man die Belastung sehr stark steigern, ohne einen Bruch zu erzeugen, wie das der von B aus dargestellte weitere Verlauf der Kurve andeutet.

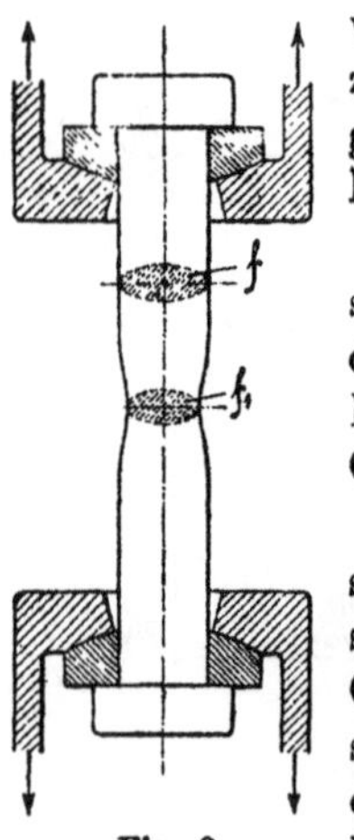

Fig. 6.

Während also bei spröden Körpern der Gütemaßstab von der Bruchgrenze B abhängig gemacht wird, gilt bei zähen Körpern die für den Konstrukteur wichtige Quetschgrenze Q, bei der das Material anfängt, unter der Belastung in erheblichem Maße nachzugeben.

Bei der Zugbeanspruchung eines Körpers erklärt sich die geringere Belastung an der Bruchstelle daraus, daß, wie Fig. 6 zeigt, an der Belastungsstelle B der Körper eine Einschnürung erleidet, wodurch sich der Querschnitt wesentlich verringert.

Zur Bestimmung der Bruchfestigkeit oder Bruchspannung oder, was dasselbe ist, des Bruchmoduls müßte streng genommen der an der Bruchstelle verminderte Querschnitt f_1 in Rechnung gesetzt werden, der jedoch sehr schwer bestimmt werden kann. Mit Rücksicht darauf setzt man an dessen Stelle den genau bestimmbaren, ursprünglichen Querschnitt f ein, was nur im Interesse der größeren Festigkeit des Materials liegt.

Die Querschnittsverminderung eines auf Zug beanspruchten Körpers drückt man am besten durch das Verhältnis aus:

$$\varphi = \frac{f_1}{f} \qquad\qquad\qquad 4$$

oder in Prozenten des ursprünglichen Querschnittes:

$$p = 100\left(1 - \frac{f_1}{f}\right) = 100\,\frac{f - f_1}{f} \qquad\qquad 5$$

Zweiter Abschnitt.

Zug und Druck.

§ 2. Die Zug- und Druckfestigkeit.

Ist ein Körper von beliebigem Querschnitte nach Fig. 7 oder 8 auf Zug oder Druck beansprucht und verteilt sich die Kraft P gleichmäßig über den ganzen Querschnitt, so ist ohne weiteres einzusehen, daß die Querschnittseinheit (d. i. 1 qmm oder 1 qcm) um soviel mal weniger belastet ist, als Einheiten auf den Querschnitt kommen.

Bezeichnet also s die im § 1 Abs. 2 angegebene Belastung der Querschnittseinheit bis zum Bruch und hat der Querschnitt des Körpers f Einheiten, so ergibt sich die Gesamtbelastung P_{Br}, die den Körper zum Bruch führen würde, aus $P_{Br} = f \cdot s$, d. h. die Kraft oder die Belastung ist proportional dem Querschnitte f.

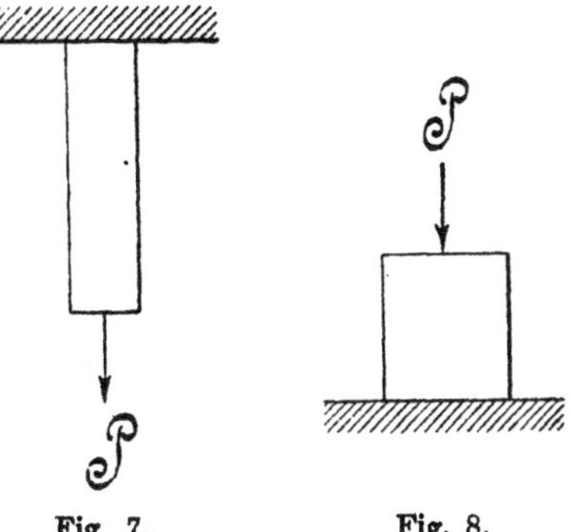

Fig. 7.   Fig. 8.

Bei der Elastizitätsgrenze würde indessen eine Belastung $P_E = f \cdot \sigma$ erforderlich sein, wenn σ den Tragmodul bezeichnet.

Da nun im angewandten Maschinenbau, so wie in anderen technischen Gebieten, kein Körper bis zum Bruch und auch nicht bis zur Traggrenze beansprucht werden darf, sondern eine mehr oder weniger große Sicherheit gegen beide Grenzen gewähren soll, so wird nur ein Teilbetrag der Spannung s bezw. σ in Rechnung gezogen, der dann in der Praxis unter der **zulässigen Spannung** k verstanden wird.

Bezeichnet m **den Sicherheitsgrad gegen Bruch und** μ **den-selben gegen Elastizität,** so ergibt sich die zulässige Materialspannung

$$k = \frac{s}{m} \text{ und } k = \frac{\sigma}{\mu} \qquad \ldots \ldots \ldots \quad 6$$

Bezeichnet nun noch allgemein k_z die zulässige Spannung gegen Zug und k_d dieselbe Spannung gegen Druck, so schreibt sich die der Festigkeitsrechnung zugrunde gelegte Gleichung gegen Beanspruchungen

$$\text{auf Zug:} \quad P = f\,k_z \qquad \ldots \ldots \ldots \quad 7$$
$$\text{auf Druck:} \quad P = f\,k_d \qquad \ldots \ldots \ldots \quad 8$$

Die Spannungen k_z und k_d, die für die meisten Materialien verschieden sind, liegen gewöhnlich unterhalb der Proportionalitäts- und der Elastizitätsgrenze und sind

1. für ruhende Belastung,
2. für wechselnde Belastung zwischen 0 und einem maximum,
3. für beliebig zwischen einem größten negativen und größten positiven Werte der Belastung, also zwischen — oder $+$ max.

erfahrungsgemäß so verschieden, daß die beim 3. Belastungsfalle zu wählende Spannung das $^1/_3$ fache, die beim 2. Falle zu verwendende Spannung das $^2/_3$ fache der im Fall 1 bei ruhender Belastung üblichen Spannung beträgt.

§ 3. Dehnungskoeffizient. Dehnung. Hookesches Gesetz. Elastizitätsmodul.

Wie in § 1 bereits gesagt, verlängert oder verkürzt sich ein Körper, sobald er auf Zug oder Druck beansprucht wird.

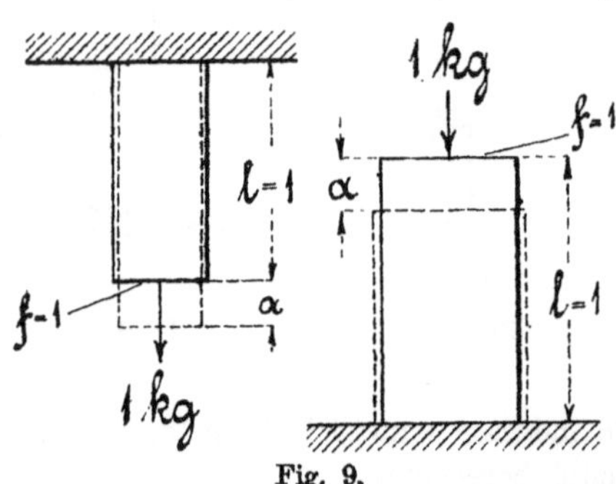

Fig. 9.

Wird nun, wie Fig. 9 zeigt, ein Körper von der Länge 1 (1 cm oder 1 mm) und vom Querschnitt 1 (1 qcm oder 1 qmm) mit 1 kg auf Zug oder Druck beansprucht, so verlängert oder verkürzt sich der Körper um die Strecke α.

Die für jedes Material durch Versuche festzustellende Erfahrungszahl α nennt man den **Dehnungskoeffizienten.** Er gibt also allgemein die Längenänderung eines Körpers von der Längen- und Querschnittseinheit, unter der Einwirkung der Krafteinheit, an.

Wird nun derselbe Körper, wie Fig. 10 zeigt, nicht nur mit 1 kg sondern mit σ kg belastet, so verlängert oder verkürzt er sich unter Bezugnahme auf § 1 Abs. 4 um

$$\varepsilon = \alpha\,\sigma, \qquad \ldots \ldots \ldots \ldots \ldots \quad 9$$

welche Längenänderung man als **Dehnung** bezeichnet. Unter dieser Gleichung versteht man das **Hookesche Gesetz**.

Besitzt, wie Fig. 11 zeigt, der vorbenannte mit σ kg belastete Körper eine beliebige Länge l (in cm oder mm gemessen), so ergibt sich unter der Annahme, daß die Dehnung ε an allen Stellen des Körpers dieselbe ist, eine **gesamte Längenänderung** $\lambda = \varepsilon l$, oder in Prozenten der ursprünglichen Länge l ausgedrückt, so wie es in der Praxis vielfach gebräuchlich ist, die prozentuale Dehnung

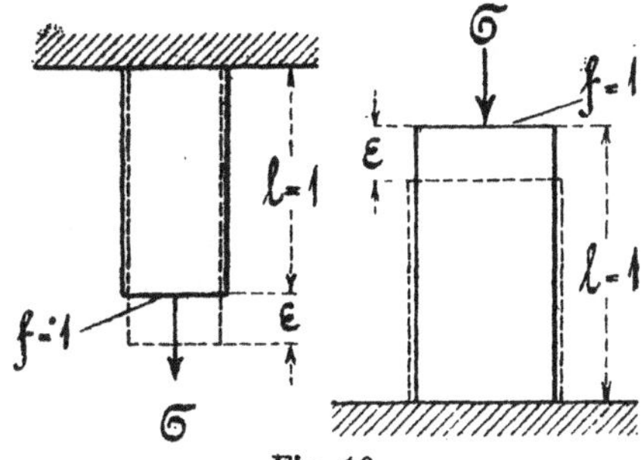

Fig. 10.

$$\delta = 100\,\varepsilon = 100\,\frac{\lambda}{l} = 100\,\frac{\pm\,(l_1 - l)}{l}$$

$$_{,,} = \pm\,100\left(\frac{l_1}{l} - 1\right) \quad \cdots \cdots \cdots \cdots \quad \mathbf{10}$$

Setzt man in die Gleichung für λ den obigen Wert für ε und für σ den Wert aus § 2, nämlich $\sigma = \dfrac{P}{f}$ ein, so erhält man

$$\left. \begin{aligned} \lambda &= \varepsilon\,l = \alpha\,\sigma\,l = \alpha\,\frac{P}{f}\,l \\ _{,,} &= \alpha\,\frac{P\,l}{f}, \end{aligned} \right\} \quad \cdots \cdots \cdots \quad \mathbf{11}$$

In dieser Gleichung bezeichnet f den Querschnitt eines mit der Kraft P auf Zug oder Druck beanspruchten Körpers, dessen Länge l beträgt.

Ist bei der Berechnung der Längenänderung das im § 8 aufgeführte Eigengewicht G des Körpers zu berücksichtigen, so ist der Kraft P noch das halbe Körpergewicht zuzufügen, womit man

$$\lambda = \alpha\,\sigma\,l = \alpha\,\frac{P + 0{,}5\,G}{f}\,l \quad \mathbf{11a}$$

erhält.

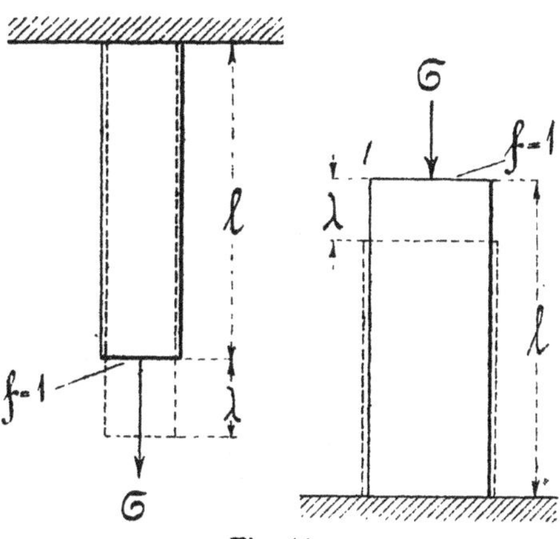

Fig. 11.

Löst man die Gleichung 11 nach P auf und setzt $\lambda = 1$ und $f = 1$, so ergibt sich

$$P = \frac{\lambda\,f}{\alpha\,l} = \frac{1 \cdot 1}{\alpha\,l} = \frac{1}{\alpha} = E \quad \cdots \cdots \cdots \quad \mathbf{12}$$

Die Kraft E gibt den in der Technik allgemein bekannten **Elasti-zitätsmodul** an, unter dem man nach dem vorhergehenden diejenige Kraft versteht, bei der ein in seiner Längsrichtung beanspruchter Körper um seine ganze Länge ausgedehnt oder zusammengedrückt würde, falls das ohne Überschreitung der in § 1 Abs. 3 genannten Elastizitätsgrenze mög-lich wäre, was nun freilich bei den in der Technik verwendeten Materialien nicht der Fall ist.

So beträgt z. B. der **Elastizitätsmodul** für Schmiedeeisen rund 2 000 000 kg, d. h., es würden 2 000 000 kg notwendig sein, um einen schmiedeeisernen Körper von 1 qcm Querschnitt um seine eigne Länge zu verlängern oder zu verkürzen. In Wirklichkeit würde aber schon bei ca. 1500 kg die Proportionalitätsgrenze überschritten, welche den Gleichungen 9 bis 12 zugrunde liegt und außerdem würde bei etwa 4000 kg der Körper zum Bruch geführt werden.

Für die Elastizitäts- und Festigkeitslehre ist es deshalb zweckmäßiger und vor allem anschaulicher, nur mit dem Begriff des Dehnungskoef-fizienten zu rechnen.

§ 4. Längenänderung durch Wärme- und Spannungsänderung.

An dieser Stelle ist zunächst zu bemerken, daß der Abschnitt über Längenänderung durch Wärmeänderung eigentlich in das Gebiet der Wärme-lehre gehört.

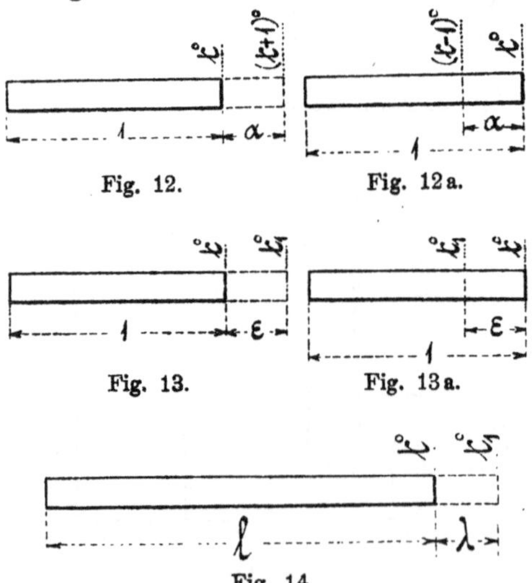

Fig. 12.   Fig. 12 a.

Fig. 13.   Fig. 13 a.

Fig. 14.

Da aber bei vielen Festig-keitsberechnungen auch die Temperatureinflüsse mitbe-rücksichtigt werden müssen, so ist es zweckmäßig, den vorliegenden Abschnitt an dieser Stelle mit aufzuführen.

a) Wird ein Körper er-wärmt, so dehnt er sich aus, wird er dagegen abgekühlt, so findet eine Zusammen-ziehung statt.

Die Ausdehnung oder Zu-sammenziehung kann nun innerhalb gewisser Tempera-turdifferenzen proportional der Temperaturzu- oder abnahme angesehen werden.

1. Wird z. B. ein stabförmiger Körper, wie Fig. 12 zeigt, von der Länge gleich 1 (in mm, cm oder m gemessen) und von der Temperatur

t^0 Celsius, um 1^0 Celsius erwärmt, so dehnt sich hierbei der Stab um α aus; diese Ausdehnung nennt man den linearen oder Längenausdehnungskoeffizienten.

Wird nach Fig. 13 die Temperatur t^0 des gleichen Stabes auf t_1^0 gesteigert, so beträgt die zugehörige Ausdehnung $\varepsilon = \alpha\,(t_1 - t)$.

Da sich nun jede Stablängeneinheit um gleichviel ausdehnt, so wird sich, wie Fig. 14 zeigt, ein Stab von der Länge l auch l mal soviel ausdehnen, sodaß die gesamte Ausdehnung $\lambda = \alpha\,(t_1 - t)\,l$ beträgt.

Bei Abkühlung gilt dann nach den Fig. 12a, 13a und 14a, wenn t die höhere Anfangs- und t_1 die Endtemperatur bedeutet: $\lambda = \alpha\,(t - t_1)\,l$.

Bezeichnet man zuletzt noch die Zunahme der Temperatur als positiv, die Abnahme dagegen als negativ, so lassen sich die beiden letzten Gleichungen zur Gleichung

$$\lambda = \pm\,\alpha\,(t_1 - t)\,l \qquad \textbf{13}$$

vereinigen.

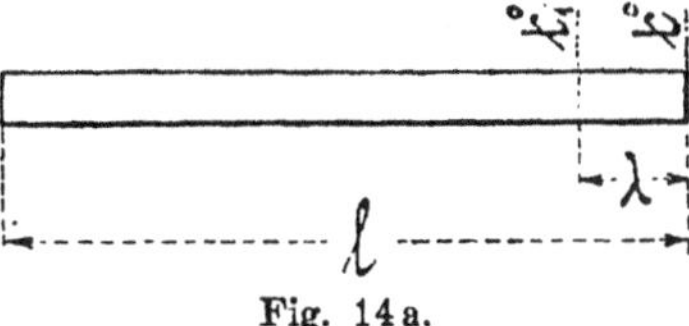

Fig. 14a.

2. Handelt es sich dagegen um eine Flächen- oder Körperausdehnung, so läßt sich die letztgenannte Gleichung auch sofort anwenden, wenn man nur den Längenausdehnungskoeffizienten α mit dem zweimal so großen Flächen-, bezw. dreimal so großen Volumenausdehnungskoeffizienten und die Länge l des Körpers mit der Fläche f bezw. dem Volumen V vertauscht.

b) Wird ein Körper nach Fig. 15 auf Zug oder Druck beansprucht und bedeutet σ die Anfangs-, σ_1 die Endspannung, α den in § 4 genannten Dehnungskoeffizienten, so ergibt sich, wenn Zug als $+$, Druck durch $-$ bezeichnet wird, die Verlängerung oder Verkürzung

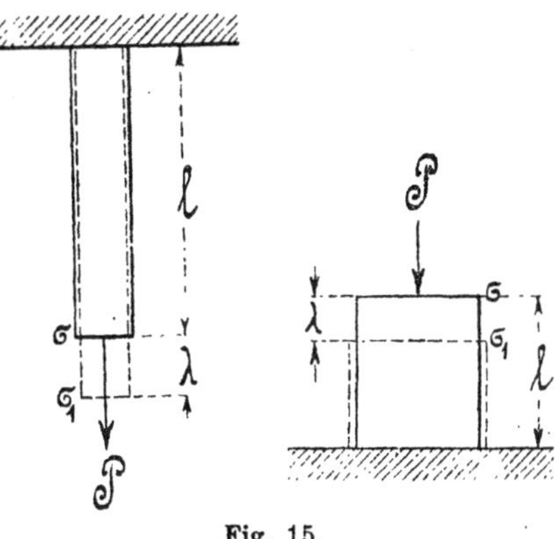

Fig. 15.

$$\lambda = \pm\,\alpha\,(\sigma_1 - \sigma)\,l \quad \ldots \ldots \ldots \quad \textbf{14}$$

§ 5. Erweiterung des Hookeschen Gesetzes.

Dem in § 3 genannten Hookeschen Gesetze „$\varepsilon = \alpha\,\sigma$" kommt, wie die Erfahrung gezeigt hat, keine allgemeine Gültigkeit zu, es hat somit nur für eine Minderzahl von Materialien Geltung, worunter aber die für den Maschinen- und Ingenieurbau besonders wichtigen Stoffe, Schmiedeeisen und Stahl, gehören.

Eine für weitere Materialien — darunter Gußeisen, Granit, Körper aus Zement, Zementmörtel, Beton; ferner Kupfer, Bronze, Messing u. a. — gültige Gleichung hat 1895 der Ingenieur Schüle in dem Gesetz

$$\varepsilon = \alpha \cdot \sigma^{m} \qquad \ldots \ldots \ldots \ldots \quad 15$$

gefunden.

Dieses Gesetz ist übrigens schon im Jahre 1729 von Bülffinger angegeben und 1822 in der Elastizitätslehre von Hodgkinson erwähnt worden.

Für m liegen folgende Versuchswerte von Bach vor:

bei Gußeißen

    1. für Zug, wenn vorher nicht belastet $m = 1,083$

           „   „   stark   „ $m = 1,1$

    2. für Druck, wenn vorher nicht belastet $m = 1,0685$

          wenn vorher noch nicht durch Druck belastet $m = 1,035$

             „   „   stark durch Druck belastet $m = 1,052, \ 1,048$

bei Kupfer, für Zug $m = 1,098, \ 1,074,$

   „   Bronze,   „   „ $m = 1,028$

   „   Messing, für Zug $m = 1,085$

   „   Leder,   „   „ $m = 0,7$

   „   Zementkörper, für Druck $m = 1,09$

   „   Granit, 1. für Druck $m = 1,374$

              2.   „   Zug $m = 1,132, \ 1,109.$

Die von Bach gemachten Versuche haben ergeben, daß in dem Gesetz „$\varepsilon = \alpha \, \sigma^{m}$" für den Fall, daß der Exponent m größer als 1 ist, die Dehnungen ε rascher wachsen als die Spannungen σ, und für den Fall, daß m kleiner als 1 ist, die Dehnungen ε langsamer wachsen als die Spannungen σ.

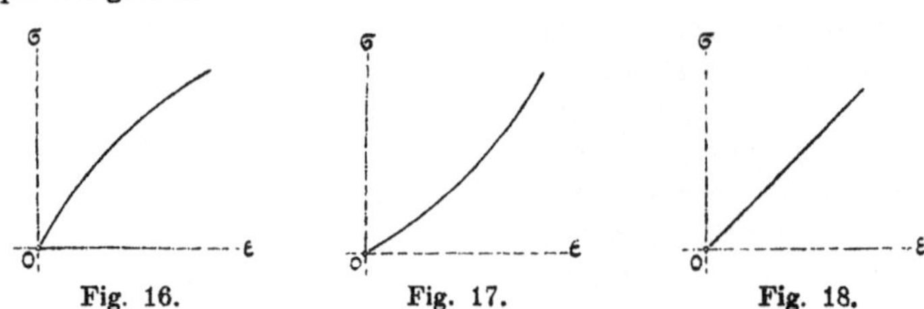

Fig. 16.   Fig. 17.   Fig. 18.

Also, für $m > 1$ wächst ε rascher als σ,

     „ $m < 1$ „ ε langsamer als σ,

     „ $m = 1$ ergibt sich das Hookesche Gesetz.

Dieses graphisch aufgetragen, zeigt, daß, je größer die Abweichung des Exponenten m von der Einheit ist, sich die Dehnungskurve „$\varepsilon = \alpha \sigma^{m}$" um so mehr gegen die ε- oder σ-Achse wölbt, d. h. bei $m > 1$ kehrt die Kurve der ε-Achse ihre hohle Seite zu (Fig. 16), bei $m < 1$ kehrt sie der σ-Achse ihre hohle Seite zu (Fig. 17), und bei $m = 1$ erhält man eine gerade Linie (Fig. 18).

§ 6. Gesamte, bleibende und federnde Längenänderungen. Maß der Vollkommenheit (Elastizitätsgrad).

a) In den vorangegangenem Paragraphen ist ein Maß zur Bestimmung der Längenänderung eines auf Zug oder Druck beanspruchten Körpers für den Fall gegeben, daß die Belastung beständig wirkt. In der praktischen Technik gibt es nun aber auch Körper, die abwechselnd belastet und wieder entlastet werden.

Mit Bezug auf § 1 Abs. 3 erleidet ein Körper bei Belastung eine Formänderung, die bei Entlastung mehr oder weniger wieder verschwindet. Dem zufolge sind, wie Fig. 19 zeigt, drei Längenänderungen zu unterscheiden:

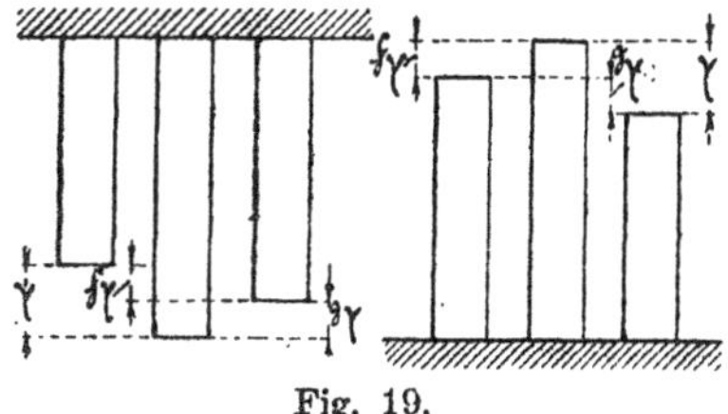

Fig. 19.

1. die gesamte Längenänderung λ,
2. „ bleibende .. λ_b,
3. „ federnde „ λ_f.

Je größer die Belastung des Körpers ist, um so bedeutender ist auch die bleibende Längen- oder Formänderung. Letztere darf nun bei Konstruktionsteilen entweder gar nicht oder nur in ganz geringem Grade auftreten, wie bereits aus dem Gesagten im § 1 Abs. 3 hervorgeht.

Für die ausführende Technik hat deshalb die federnde und somit auch die bleibende Längenänderung keine oder doch wenigstens geringe Bedeutung; dagegen ist diese Änderung für die Beurteilung des Materials von großer Wichtigkeit.

b) Ein Maß für die Vollkommenheit der Elastizität eines Körpers (Elastizitätsgrad) erhält man in dem Quotienten

$$\mu = \frac{\lambda_f}{\lambda} = \frac{\text{federnde Dehnung}}{\text{gesamte Dehnung}} \quad \ldots \ldots \quad 16$$

Für $\mu = 1$ ergibt sich die früher genannte Elastizitätsgrenze.

§ 7. Maß der Zusammenziehung. Kräfte senkrecht zur Stabachse. Gehinderte Zusammenziehung.

Wird ein auf Zug beanspruchter Körper, wie bereits im § 1 Abs. 1 gesagt und aus beistehender Fig. 20 ersichtlich ist, in der Achsenrichtung um ε ausgedehnt (siehe § 3), so erfährt er zu gleicher Zeit eine Querzusammenziehung ε_q, die einen Teil von ε darstellt. Bezeichnet m diesen Teil, so ergibt sich die Querzusammenziehung

$$\varepsilon_q = \frac{\varepsilon}{m}, \quad \ldots \ldots \ldots \ldots \quad 17$$

worin **m** eine erfahrungsmäßig **zwischen 3 und 4** liegende Konstante ist.

1. Wirkt nun, wie aus Fig. 21 ersichtlich ist, auf einen aus isotropem und Proportionalitätsgrenze besitzendem Materiale hergestellten Körper in einer besimmten Richtung, z. B. in Richtung der x-Achse, eine Kraft P_x ziehend ein, so ergibt sich die in dieser Richtung auftretende Dehnung

$$\varepsilon_x = \alpha\sigma_x, \quad \text{woraus} \quad \sigma_x = \frac{\varepsilon_x}{\alpha} \quad \text{folgt.}$$

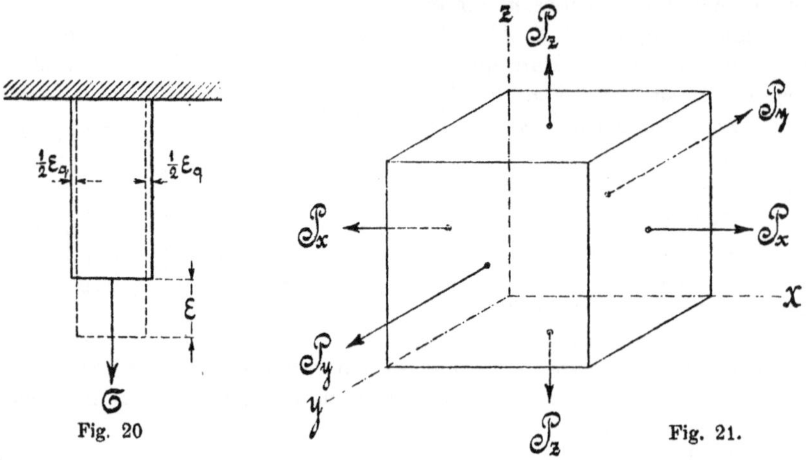

Fig. 20   Fig. 21.

Die hierbei auftretende Zusammenziehung in Richtung der y- und z-Achse beträgt dann je $\varepsilon_q = \dfrac{\varepsilon_x}{m}$, und es haben die Spannungen in der y- und z-Achse, σ_y und σ_z, den Wert Null.

2. Wirkt dagegen auf einen Körper in Richtung der y-Achse eine Kraft P_y ziehend ein, so beträgt die in dieser Richtung auftretende Dehnung $\varepsilon_y = \alpha\sigma_y$, woraus $\sigma_y = \dfrac{\varepsilon_y}{\alpha}$ sich ergibt. Die hierbei auftretende Zusammenziehung in Richtung der x- und y-Achse ist dann je $\varepsilon_q = \dfrac{\varepsilon_y}{m}$, während die Spannungen in diesen Achsen-Richtungen σ_x und σ_z den Wert Null haben.

3. Wirkt dagegen auf einen Körper in Richtung der x-Achse eine Kraft P_z ziehend ein, so beträgt die in dieser Richtung auftretende Dehnung

$$\varepsilon_z = \alpha\sigma_z, \quad \text{woraus} \quad \sigma_z = \frac{\varepsilon_z}{\alpha} \quad \text{folgt.}$$

Die hierbei auftretende Zusammenziehung in der Richtung der x- und y-Achse ergibt sich dann zu je $\varepsilon_q = \dfrac{\varepsilon_z}{m}$, während die Spannungen in diesen Richtungen, σ_x und σ_y, gleich Null werden.

4. Wirken nun die genannten Kräfte P_x, P_y und P_z gleichzeitig auf ein und denselben Körper ein, so betragen die resultierenden, in die x-, y- und z-Achse entfallenden Dehnungen ε_1, ε_2 und ε_3:

$$\text{in Richtung der x-Achse,}\quad \varepsilon_1 = \varepsilon_x - \frac{\varepsilon_y}{m} - \frac{\varepsilon_z}{m} = \varepsilon_x - \frac{\varepsilon_y + \varepsilon_z}{m},$$

$$\text{,, ,, ,, y- ,,}\quad \varepsilon_2 = \varepsilon_y - \frac{\varepsilon_x}{m} - \frac{\varepsilon_z}{m} = \varepsilon_y - \frac{\varepsilon_x + \varepsilon_z}{m},$$

$$\text{,, ,, ,, z- ,,}\quad \varepsilon_3 = \varepsilon_z - \frac{\varepsilon_x}{m} - \frac{\varepsilon_y}{m} = \varepsilon_z - \frac{\varepsilon_x + \varepsilon_y}{m}.$$

Da nun aber $\varepsilon_x = \alpha \sigma_x$, $\varepsilon_y = \alpha \sigma_y$ und $\varepsilon_z = \alpha \sigma_z$ ist, so folgt:

$$\left.\begin{aligned}
\varepsilon_1 &= \alpha\left(\sigma_x - \frac{\sigma_y + \sigma_z}{m}\right) \text{ oder } \frac{\varepsilon_1}{\alpha} = \sigma_x - \frac{\sigma_y + \sigma_z}{m}, \text{ woraus } \sigma_x = \frac{\varepsilon_1}{\alpha} + \frac{\sigma_y + \sigma_z}{m}, \\
\varepsilon_2 &= \alpha\left(\sigma_y - \frac{\sigma_x + \sigma_z}{m}\right) \text{ ,, } \frac{\varepsilon_2}{\alpha} = \sigma_y - \frac{\sigma_x + \sigma_z}{m}, \text{ ,, } \sigma_y = \frac{\varepsilon_2}{\alpha} + \frac{\sigma_x + \sigma_z}{m}, \\
\varepsilon_3 &= \alpha\left(\sigma_z - \frac{\sigma_x + \sigma_y}{m}\right) \text{ ,, } \frac{\varepsilon_3}{\alpha} = \sigma_z - \frac{\sigma_x + \sigma_y}{m}, \text{ ,, } \sigma_z = \frac{\varepsilon_3}{\alpha} + \frac{\sigma_x + \sigma_y}{m}.
\end{aligned}\right\} 18$$

Die letzten Gleichungen lehren, daß bei gehinderter Zusammenziehung die Dehnung eines Körpers in Richtung seiner Achse kleiner wird als bei der im § 3 vorliegenden ungehinderten Belastung, und daß damit auch bei solchen Materialien, die im Falle des Zerreißens eine verhältnismäßig große Zusammenziehung in Richtung des Querschnittes erfahren, die Zugfestigkeit des Körpers erhöht wird.

Aus diesem erklärt sich auch die Eigentümlichkeit, die bereits 1863 Kirkaldy bei Zerreißversuchen mit mehreren aus einem Stücke angefertigten Rundeisenstäben gefunden hatte, daß die Festigkeit bei den nach Fig. 22, Fall 3, eingedrehten Stäben weit größer ist, als bei den nicht eingedrehten nach Fall 1 und 2. Wird nämlich der Stab 3 in Richtung seiner Achse belastet, so dehnen sich die Fasern, welche durch den kleinsten Querschnitt der Hohlkehle gehen, wobei gleichzeitig eine Zusammenziehung in Querschnittsrichtung eintritt. Dieser Zusammenziehung wird nun aber durch das den kleinsten Querschnitt sich anschließende Material der größeren Querschnitte der Hohl-

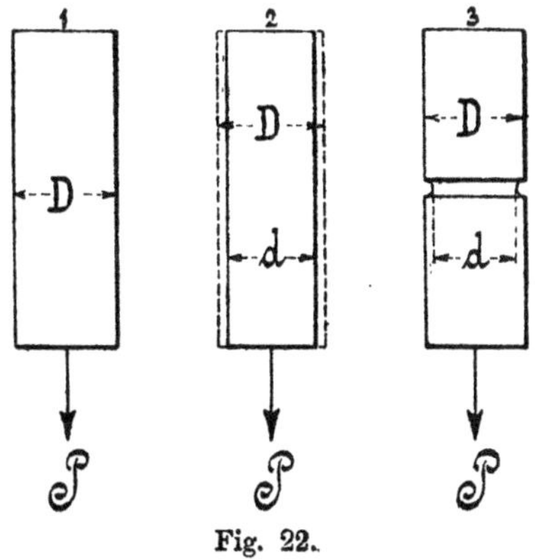

Fig. 22.

kehle ein der Stabbelastung günstiger Widerstand entgegengesetzt, wodurch die in der Stabachse auftretenden Dehnungen vermindert und die Festigkeit erhöht wird.

Der unter dem 2. Fall angegebene Stab ist durch Abdrehen des Stabes unter 1 entstanden.

Versuchsergebnisse sind:

Härteste Sorte Walzeisen.

1. Versuch: Stab nach Fall 1 mit $D = 2,54$ cm,
$s_z = 4560$ kg pro qcm; $51,00\,^0/_0$ Querschnittsverminderung.
Stab nach Fall 2 mit $d = 1,85$ cm,
$s_z = 4920$ kg pro qcm; $49,23\,^0/_0$,
Stab nach Fall 3 mit $d = 1,85$ cm,
$s_z = 6420$ kg pro qcm; $8,03\,^0/_0$ „

Geschmiedetes Walzeisen.

2. Versuch: Stab nach Fall 1 mit $D = 2,54$ cm,
$s_z = 5025$ kg pro qcm; $40,71\,^0/_0$ Querschnittsverminderung.
Stab nach Fall 2 mit $d = 1,78$ cm,
$s_z = 5020$ kg pro qcm; $36,02\,^0/_0$ „
Stab nach Fall 3 mit $d = 1,78$ cm,
$s_z = 6910$ kg pro qcm; $13,77\,^0/_0$ „

Walzeisen.

3. Versuch: Stab nach Fall 1 mit $D = 2,59$ cm,
$s_z = 4040$ kg pro qcm; $47,38\,^0/_0$ Querschnittsverminderung.
Stab nach Fall 2 mit $d = 1,80$ cm,
$s_z = 4360$ kg pro qcm; $46,91\,^0/_0$ „
Stab nach Fall 3 mit $d = 1,80$ cm,
$s_z = 4950$ kg pro qcm; $21,27\,^0/_0$ „

Die im vorliegenden Paragraphen genannten Gleichungen haben nun auch bei den auf Druck beanspruchten Körpern Geltung, denn hindert man die Querdehnung durch senkrecht zur Achse wirkende Kräfte, dann kann die Achsial-Belastung entsprechend vergrößert werden.

Ein Beispiel hierfür zeigen die Fig. 23 und 24. Während bei Fig. 23 der seitlichen Ausweichung der unter Druck stehenden Platte kein direktes Hindernis im Wege steht, verhindert die Spur bei Fig. 24 die Querdehnung fast vollständig.

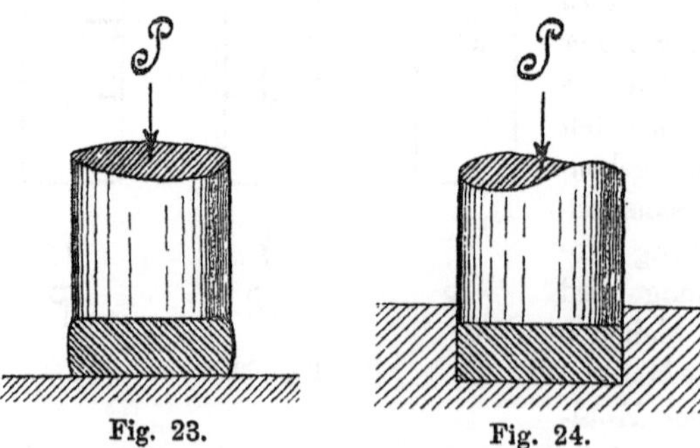

Fig. 23.   Fig. 24.

Eine allerdings unbeabsichtigte Hinderung findet auch bei Fig. 23 insofern statt, als die zwischen den Druckflächen auftretende Reibung die Querdehnung zu verhindern sucht, worauf die mittlere Ausbauchung der Platte zurückzuführen ist.

§ 8. Die Zug- und Druckfestigkeit mit Berücksichtigung des Eigengewichtes.

Die in § 2 aufgestellten Gleichungen für Zug- und Druckfestigkeit nehmen keine Rücksicht auf das Eigengewicht des belasteten Körpers, was in der Praxis auch zumeist genügt.

Nur in den Fällen, wo sehr lange Körper, wie Ketten, Seile, Gestänge etc., auf Zug oder hohe Mauern, Pfeiler etc. auf Druck beansprucht werden, ist es notwendig, das Eigengewicht mit in Rechnung zu ziehen.

In Fig. 25 wird z. B. die unterste Querschnittsstelle, da sie außer der Belastung P kein Eigengewicht des Körpers zu tragen hat, einen kleineren Flächeninhalt beanspruchen als beispielsweise der Querschnitt an der Aufhängestelle, an dem das ganze Gewicht des Körpers hängt. Hieraus ist zu ersehen, daß die Querschnitte, entsprechend der Gewichtsverminderung, von einem größten an der Aufhängestelle gelegenen Werte bis zu einem am unteren Ende des Körpers befindlichen, kleinsten Werte abnehmen. Die auf diese Weise entstehende Körperform nennt man eine solche gleicher Zugfestigkeit, wie selbige in § 9 Erwähnung finden soll.

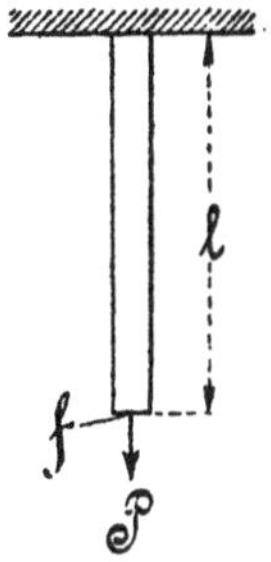

Dasselbe gilt aber auch für den umgekehrten Belastungsfall. Für Schmiedeeisen, Stahl, Holz und dergl.

Fig. 25.

Materialien kommt die theoretische Körperform wenig zur Verwendung, weil die Herstellung schwierig und viel zu kostspielig gegenüber der Materialersparnis ist. Wo aber eine Querschnittsverminderung verlangt wird, führt man an Stelle der theoretischen Form die aus § 9 ersichtliche stufenweise Querschnittsverminderung aus.

Bezeichnet nun P wieder die den Körper auf Zug und Druck beanspruchende Belastung, l die Länge des Körpers, γ das spezifische Gewicht des zur Verwendung kommenden Materials, f den am meisten belasteten Querschnitt, k die zulässige Beanspruchung gegen Zug oder Druck und $G = fl\gamma$ das Gewicht des Körpers, so gilt hier die Gleichung

$$P + G = fk,$$
$$P + fl\gamma = fk,$$

woraus

$$P = fk - fl\gamma = f(k - l\gamma)$$

oder

$$f = \frac{P}{k - l\gamma} \text{ folgt} \qquad \cdots \cdots \quad 19$$

Diese Gleichung bildet innerhalb der Festigkeitsgleichungen insofern eine Ausnahmegleichung, als sie das spezifische Gewicht γ mit enthält, das bekanntlich das Gewicht von 1 ccm oder 1 cdm Material in gr oder kg darstellt.

Es ist zweckmäßig, die Belastung P nur in kg einzusetzen, womit natürlich für den Querschnitt f und die Länge l die sonst in der Festigkeitslehre ungebräuchliche Einheit des Dezimeters bedingt wird, welche dann auch für die Materialspannung zugrunde zu legen ist.

§ 9. Körper von gleicher Zug- und Druckfestigkeit.

Soll z. B. ein mit P kg auf Zug beanspruchter Körper so hergestellt werden, daß an jeder Stelle desselben eine gleichgroße Materialbeanspruchung vorhanden ist, so spricht man — wie bereits in § 8 angedeutet — von einem Körper gleicher Festigkeit.

Da hierbei der Körper an jeder Stelle, entsprechend seinem daran hängenden Eigengewichte, einen anderen Querschnitt besitzt, so kommt es darauf an, eine Gleichung aufzustellen, mittelst der man in der Lage ist, jeden beliebig zu wählenden Querschnitt des Körpers bestimmen zu können.

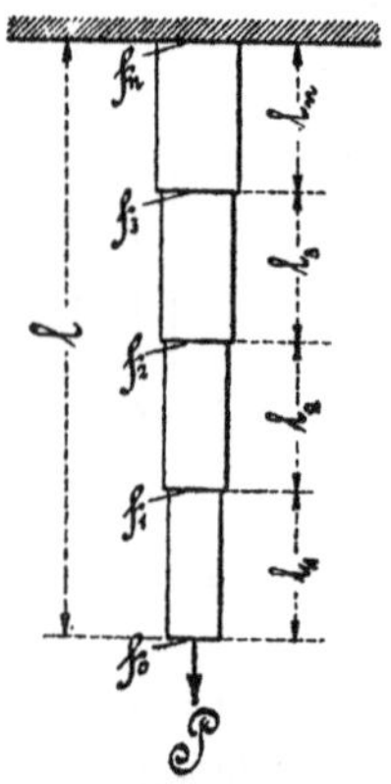

Um diese Gleichung zu erreichen, denke man sich, wie aus Fig. 26 ersichtlich, den 1 Meter langen Körper in eine beliebige Anzahl verschieden langer Teile eingeteilt, die die Längen l_1, l_2, ... l_n mit den zugehörigen Maximalquerschnitten f_1, f_2, f_3, ... f_n haben. Die Gewichte dieser Teile seien mit G_1, G_2, G_3, ... G_n bezeichnet.

Nach den Ausführungen des § 8 ergibt sich dann für die einzelnen Querschnittstellen f_1, f_2, f_3, ... f_n, wenn k_z und k_d kurzweg mit k bezeichnet wird:

Fig. 26.

1. $f_1 . k = P + G_1 = P + f_1 . l_1 . \gamma$

2. $f_2 . k = P + G_1 + G_2 = P + f_1 . l_1 . \gamma + f_2 . l_2 . \gamma$

3. $f_3 . k = P + G_1 + G_2 + G_3 = P + f_1 . l_1 . \gamma + f_2 . l_2 . \gamma + f_3 . l_3 . \gamma$

4. $f_4 . k = P + G_1 + G_2 + G_3 + G_4 = P + f_1 . l_1 . \gamma + f_2 . l_2 . \gamma + f_3 . l_3 . \gamma + f_4 . l_4 . \gamma$

$$\vdots \qquad\qquad \vdots \qquad\qquad \vdots$$

n. $f_n . k = P + G_1 + G_2 + G_3 + G_4 + ... + G_n = P + f_1 . l_1 . \gamma + f_2 . l_2 . \gamma + f_3 . l_3 . \gamma + f_4 . l_4 . \gamma + ... + f_n . l_n . \gamma.$

Aus Gleichung 1 folgt nun: $f_1 (k - l_1 \gamma) = P$ oder $f_1 = \dfrac{P}{k - l_1 \gamma}.$

Diesen Wert in Gleichung 2 eingesetzt, gibt:

$$f_2\, k = P + \frac{P}{k - l_1 \gamma}\, l_1 \gamma + f_2\, l_2\, \gamma,$$

woraus $f_2\, (k - l_2 \gamma) = P \left(1 + \frac{l_1 \gamma}{k - l_1 \gamma} \right) = P \frac{k}{k - l_1 \gamma}$

oder $f_2 = P \dfrac{k}{(k - l_1 \gamma)(k - l_2 \gamma)}$ folgt.

Setzt man diesen Wert in Gleichung 3 ein, so erhält man:

$$f_3\, k = P + \frac{P}{k - l_1 \gamma}\, l_1 \gamma + P \frac{k}{(k - l_1 \gamma)(k - l_2 \gamma)}\, l_2 \gamma + f_3\, l_3\, \gamma,$$

$$f_3\, (k - l_3 \gamma) = P \left(1 + \frac{l_1 \gamma}{k - l_1 \gamma} + \frac{k\, l_2 \gamma}{(k - l_1 \gamma)(k - l_2 \gamma)} \right)$$

$$\text{„} \quad = P \frac{(k - l_1 \gamma)(k - l_2 \gamma) + l_1 \gamma (k - l_2 \gamma) + k\, l_2 \gamma}{(k - l_1 \gamma)(k - l_2 \gamma)}$$

$$\text{„} \quad = P \frac{k^2}{(k - l_1 \gamma)(k - l_2 \gamma)},$$

$$f_3 = P \frac{k^2}{(k - l_1 \gamma)(k - l_2 \gamma)(k - l_3 \gamma)}.$$

Setzt man nun diesen Wert in Gleichung 4 ein und verfährt man so weiter, so ergibt sich in analoger Weise:

$$f_4 = P \frac{k^3}{(k - l_1 \gamma)(k - l_2 \gamma)(k - l_3 \gamma)(k - l_4 \gamma)}$$

$$f_5 = P \frac{k^4}{(k - l_1 \gamma)(k - l_2 \gamma)(k - l_3 \gamma)(k - l_4 \gamma)(k - l_5 \gamma)}$$

$$\vdots$$

$$f_n = P \frac{k^{n-1}}{(k - l_1 \gamma)(k - l_2 \gamma)(k - l_3 \gamma)(k - l_4 \gamma) \,\ldots\ldots\, (k - l_n \gamma)}.$$

Multipliziert man nun den Zähler und Nenner dieser letzten **allgemein gültigen Gleichung** noch mit k, so folgt

$$f_n = \frac{P}{k} \frac{k^n}{(k - l_1 \gamma)(k - l_2 \gamma)(k - l_3 \gamma)(k - l_4 \gamma) \,\ldots\ldots\, (k - l_n \gamma)}. \quad 20$$

Werden nunmehr noch die Teile des Körpers gleich groß gemacht, also $l_1 = l_2 = l_3 = l_4 = \ldots\ldots = l_n = \dfrac{l}{n}$, so lautet die letzte Gleichung

$$f_n = \frac{P}{k} \frac{k^n}{\left(k - \dfrac{l}{n} \gamma \right)^n} = \frac{P}{k} \frac{1}{\left(1 - \dfrac{l}{n\, k} \gamma \right)^n}.$$

Da ferner nach einem algebraischen Satze:

$$\left(1 + \frac{l}{n\, k} \gamma \right)^n = e^{\frac{l}{k} \gamma} \quad \text{und} \quad \left(1 - \frac{l}{n\, k} \gamma \right)^n = e^{-\frac{l}{k} \gamma}$$

für $n = \infty$ ist, so ergibt sich der Maximalquerschnitt eines durch die Kraft P und sein Eigengewicht G belasteten Körpers zu

$$f_n = \frac{P}{k} \cdot e^{\frac{l}{k}\gamma}, \qquad \dots \dots \dots \quad 21$$

worin $e = 2{,}71828 \dots \dots$ die Basis des Logarithmus naturalis bezeichnet.

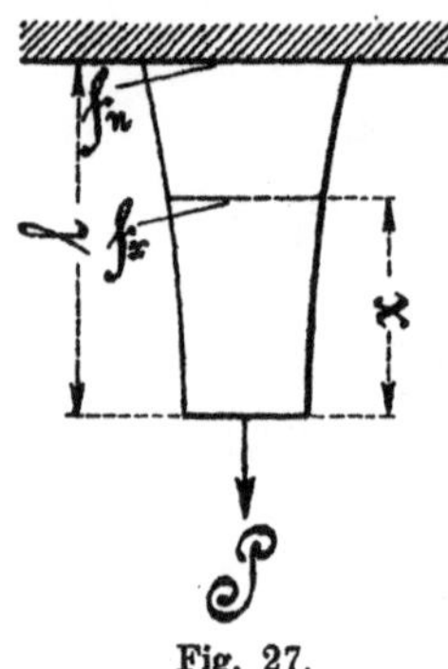

Fig. 27.

Diese Gleichung besagt, daß beispw. der Körper gleicher Zugfestigkeit, wie Fig. 27 zeigt, als Form der Begrenzungslinie eine logarithmische Linie hat.

Für einen beliebigen, im Abstande x vom unteren Ende des Körpers aus gelegenen Querschnitt f hat man die Gleichung

$$f_x = \frac{P}{k} \cdot e^{\frac{x}{k}\gamma} \qquad \dots \dots \quad 22$$

Für den Abstand $x = 0$, d. h. für die unterste Querschnittsstelle, nimmt diese allgemein gültige Gleichung wieder die Form der bereits im § 2 aufgeführten einfachen Zug- und Druckfestigkeits-

gleichung an, denn die Potenz $e^{\frac{x}{k}\gamma}$ erhält für $x = 0$ den Wert 1.

§ 10. Anwendung der Zug- und Druckfestigkeit auf Hohlzylinder und Hohlkugel.

Die Berechnung der Wandstärken von Röhren und Hohlkugeln ist abhängig von der Größe des Innendruckes p_i oder des Außendruckes p_a. Ist dieser Druck nicht allzu hoch, d. h. liegen geringe Wanddicken vor, so genügt zu deren Bestimmung die einfache Zug- oder Druckfestigkeit. Hierbei wird dann angenommen, daß sich die Materialspannung über den ganzen tragenden Querschnitt gleichmäßig verteilt, was in Wirklichkeit nicht der Fall ist. Die Spannung nimmt z. B. bei Innendruck von innen nach außen ab, und umgekehrt verkleinert sie sich bei Außendruck von außen nach innen. Die Spannungsdifferenz kann aber ihres geringen Betrages wegen bei schwachen Wandungen vernachlässigt werden, wie dieses auch in folgender Entwickelung geschehen ist.

a) Rohre mit innerem Druck.

1. Das in Fig. 28 dargestellte Rohr kann unter der Einwirkung des Druckes auf die beiden Stirnwände einen Querriß erleiden, wenn die Festigkeit der Wandung keinen genügenden Widerstand zu leisten vermag.

Bezeichnet P_1 den gegen die Stirnwand ausgeübten Druck, p_i den Innendruck in Atmosphären, d_i den lichten Durchmesser des Rohres und δ_1 die Wandstärke desselben, so erhält man die letztere wie folgt:

der Druck gegen die Stirnwand: $P_1 = f_i \cdot p_i = \dfrac{d_i^2 \pi}{4} \cdot p_i$,

die Zugfestigkeit der Wandung: $P_1 = f_i \cdot k_z = d_i \pi \delta_1 \cdot k_z$,

sobald d_i der Einfachheit halber den mittlerem Durchmesser gleichgesetzt wird.

Das Gleichsetzen der beiden Gleichungen liefert dann:

$$\frac{d_i^2 \pi}{4} \cdot p_i = d_i \pi \delta_1 \cdot k_z,$$

$$\left. \begin{aligned} d_i &= \frac{4 \, \delta_1 \, k_z}{p_i}, \\[4pt] \delta_1 &= \frac{d_i \, p_i}{4 \, k_z} = \frac{1}{4} \frac{p_i}{k_z} d_i \end{aligned} \right\} \qquad \mathbf{23}$$

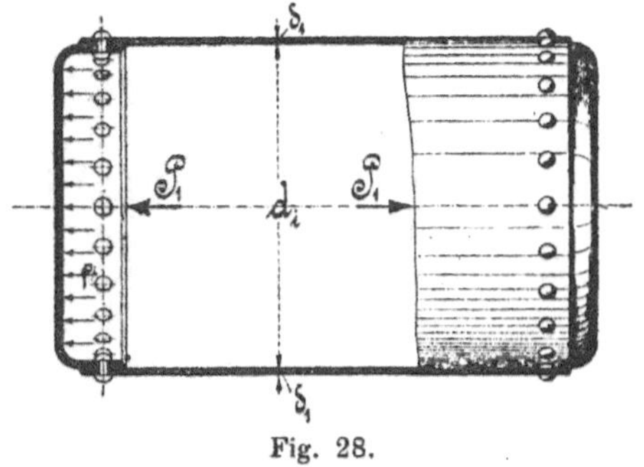

Fig. 28.

2. Das Rohr kann aber auch, wie Fig. 29 zeigt, unter der Einwirkung des Druckes auf die Umwandung einen Längsriß erhalten.

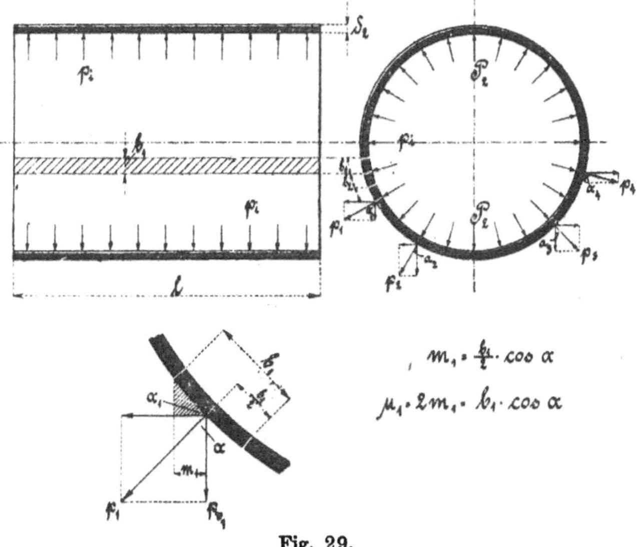

Fig. 29.

Um eine Übersicht über die Höhe des die Rohrwandung beanspruchenden Druckes P_2 zu bekommen, denke man sich die Wandung in schmale Längsstreifen von der Breite b_1, b_2, b_3 etc. und der gemeinschaftlichen Länge 1 zerlegt, so werden dieselben infolge des radial gerichteten Innendruckes mit den Normaldrücken p_1, p_2, p_3 etc. beansprucht.

Bedeutet nun p_i wieder den Atmosphärendruck, so ergeben sich die letzteren Drücke aus

$$p_1 = f_1 . p_i = b_1\, l . p_i,$$
$$p_2 = f_2 . p_i = b_2\, l . p_i,$$
$$p_3 = f_3 . p_i = b_3\, l . p_i,$$
$$\vdots \qquad \vdots \qquad \vdots$$

Zerlegt man diese Normaldrücke in Horizontal- und Vertikalkomponenten, so heben sich die ersteren gegenseitig auf, während die Summe der letzteren die die Rohrwandung beanspruchende Kraft P_2 ergibt.

Nach den in der Figur eingeschriebenen Beziehungen ergeben sich nun die Vertikalkomponenten:

$$p_{v1} = p_1 . \cos \alpha_1 = b_1\, l\, p_i . \cos \alpha_1,$$
$$p_{v2} = p_2 . \cos \alpha_2 = b_2\, l\, p_i . \cos \alpha_2,$$
$$p_{v3} = p_3 . \cos \alpha_3 = b_3\, l\, p_i . \cos \alpha_3,$$
$$\vdots \qquad \vdots \qquad \vdots$$

deren Summe dann den Gesamtdruck P_2 darstellt. Man erhält

$$P_2 = p_{v1} + p_{v2} + p_{v3} + \ldots\ldots\ldots\ldots\ldots = \Sigma\, p_v,$$
$$\text{„} = b_1\, l\, p_i . \cos \alpha_1 + b_2\, l\, p_i . \cos \alpha_2 + b_3\, l\, p_i . \cos \alpha_3 + \ldots = \Sigma\, (b\, l\, p_i . \cos \alpha),$$
$$\text{„} = l\, p_i (b_1 \cos \alpha_1 + b_2 \cos \alpha_2 + b_3 \cos \alpha_3 + \ldots\ldots) = l\, p_i\, \Sigma\, (b \cos \alpha),$$
$$\text{„} = l\, p_i (\mu_1 + \mu_2 + \mu_3 + \ldots\ldots\ldots\ldots\ldots) = l\, p_i\, \Sigma\, \mu,$$

worin $\Sigma \mu$ den lichten Durchmesser d_i des Rohres bildet. Bezeichnet δ_2 die Wandstärke des Rohres, so folgt:

der Druck gegen die Rohrwand: $P_2 = d_i\, l . p_i$, ... **24**

die Zugfestigkeit der Wandung: $P_2 = f_2 . k_z = 2\, l\, \delta_2 . k_z.$

Beide Werte gleichgesetzt, liefert

$$d_i\, l\, p_i = 2\, l\, \delta_2\, k_z,$$
$$\left. \begin{aligned} d_i &= \frac{2\, \delta_2\, k_z}{p_i}, \\[2mm] \delta_2 &= \frac{1}{2} \frac{p_i}{k_z}\, d_i \end{aligned} \right\} \quad \cdot\ \cdot\ \cdot\ \cdot\ \cdot\ \cdot\ \cdot\ \cdot\ \textbf{25}$$

Wie die Gleichungen 23 und 25 erkennen lassen, erfordert das Rohr in der Längsrichtung eine doppelt so große Wandstärke als in der Querrichtung. Für praktische Rechnungen hat man deshalb den größten Wert δ_2 zu benutzen, der dann mit Rücksicht auf die Herstellung, Abnutzung und die Wirkung des Eigengewichtes der Rohre noch um eine Erfahrungskonstante c vergrößert wird, die nach **Weisbach** beträgt:

$$c = 3 \text{ mm bei Schmiedeeisen,}$$
$$c = 9 \quad \text{„} \quad \text{„ Gußeisen,}$$
$$c = 4 \quad \text{„} \quad \text{„ Kupfer,}$$
$$c = 5 \quad \text{..} \quad \text{„ Blei,}$$
$$c = 4 \quad \text{„} \quad \text{.. Zink.}$$

3. Kommen Rohre in Anwendung, die einen hohen Innendruck, bezw. eine große Wandstärke haben, so kann man zu deren Bestimmung die folgenden mit Hilfe der höheren Analysis entwickelten Gleichungen von B a c h benutzen:

$$d_a = d_i \sqrt{\frac{m\,k_z + (m-2)\,p_i}{m\,k_z - (m+1)\,p_i}} = d_i \sqrt{\frac{k_z + 0,4\,p_i}{k_z - 1,3\,p_i}}, \quad \ldots \quad \textbf{26}$$

$$\delta = \frac{1}{2}\left(d_i \sqrt{\frac{k_z + 0,4\,p_i}{k_z - 1,3\,p_i}} - d_i\right) = \frac{1}{2}\left(\sqrt{\frac{k_z + 0,4\,p_i}{k_z - 1,3\,p_i}} - 1\right)d_i \quad . \quad \textbf{26a}$$

In der letzten Gleichung bedeutet $m = \dfrac{10}{3}$ das bereits in § 8 genannte Verhältnis der Längsdehnung zur Querzusammenziehung. Der Druck p_i kann von etwa 10 Atm. angehend gedacht werden.

Da der Materialspannung k_z sehr enge Grenzen gezogen sind, ist man auch mit der Wahl des Druckes p_i beschränkt. Die Wahlmöglichkeiten gehen aus den nachbenannten Verhältnissen hervor:

$$\left.\begin{array}{ll} \text{Allgemein ist} \quad p_i < \dfrac{m+1}{m}\,k_z \quad \text{bezw.} \; \dfrac{p_i}{k_z} < \dfrac{m+1}{m} \\[4mm] \text{für } m = \dfrac{10}{3}\, p_i < \dfrac{k_z}{1,3} \qquad \text{oder } \dfrac{p_i}{k_z} < 0,77. \end{array}\right\} \quad \ldots \ldots \quad \textbf{26b}$$

b) Spezialgleichungen für Dampfkessel und Zylinder.

Die im vorangegangenen Abschnitte a angegebenen Gleichungen können auch zur Bestimmung der Wandstärken bei Dampfkesseln und bei Dampfgebläse-, Pumpenzylindern etc. benutzt werden. Man hat hierbei mit Rücksicht auf die Herstellung und Abnutzung oder, wie es bei Zylindern der Fall ist, auf Nachbohrung erfahrungsmäßige Zuschläge zu geben, auf Grund deren sich in der Praxis verschiedene Rechnungsweisen herausgebildet haben. Zur Erläuterung mögen folgende Beispiele dienen.

1. Die Wandstärken neuer Dampfkessel müssen nach den Hamburger Normen von 1898 so bemessen werden, daß bei dem höchsten Betriebsüberdrucke p die Zugspannung des Bleches an der schwächsten Stelle nicht mehr als $\dfrac{1}{4,5}$ der Bruchspannung gegen Zug beträgt.

Bei Anwendung doppelt gelaschter Nähte darf die Zugspannung bis zu $\dfrac{1}{4}$ der Bruchspannung des Bleches betragen. In Preußen sind zur Zeit noch statt $\dfrac{1}{4,5}$ und $\dfrac{1}{4}$ durch den Ministerialerlaß vom 28. November 1897 $\dfrac{1}{5}$ und $\dfrac{1}{4,5}$ vorgeschrieben.

Die der Rechnung zugrunde gelegte Gleichung ist die vorher für einfache Zugfestigkeit aufgestellte Gleichung

$$\delta = \left(\frac{1}{2}\,\frac{p}{k}\,d \right) = \frac{1}{2}\,\frac{p \cdot m}{s \cdot \varphi}\,d \quad \ldots \ldots \quad 27$$

Hierin bedeutet

p den größten Betriebsüberdruck in kg pro qcm,

d den inneren Durchmesser des Kessels in cm,

s die Bruchspannung des Materials gegen Zug in kg pro qcm,

m = 4,5 bezw. 4 den Sicherheitsgrad gegen Bruch,

φ das Verhältnis der Festigkeit der Nietnaht zu der des vollen Bleches.

Die Blechdicke darf jedoch nie geringer als 0,7 cm genommen werden. Auch ist zu erwägen, ob je nach den örtlichen Betriebseinflüssen ein Zuschlag von 0,1 bis 0,3 cm und mehr, zu machen ist. Notwendig ist ein solcher, wenn die Rechnung eine Blechdicke unter 1 cm ergibt. Für das Festigkeitsverhältnis kann bei Dampfmänteln mit ein-, zwei- und dreireihiger Überlappungsnietung gesetzt werden

$$\varphi = 0,56,\ 0,70,\ 0,75.$$

Die Festigkeit gut geschweißter, als auch mittelst Überlappung geschweißter Nähte kann zu 0,7 der Festigkeit des vollen Bleches in Rechnung gesetzt werden.

2. Die Wandstärke kann man auch nach v. Reiche mit Hilfe der einfachen Festigkeitsgleichung berechnen; der Sicherheit halber hat man aber die zulässige Beanspruchung des Kesselbleches mit 500 kg pro qcm anzunehmen. Die Rechnung wird dann mit einer 2 Atm. größeren Dampfspannung durchgeführt, als die wirklich vorhandene größte Überdruckspannung beträgt.

Die hierauf bezügliche Gleichung lautet dann

$$\delta = \frac{1}{2} \cdot \frac{p+2}{k} \cdot d + c, \quad \ldots \ldots \ldots \quad 28$$

worin c = 3 mm als erfahrungsmäßiger Zuschlag für Schweiß- und weiches Flußeisen und Flußstahlblech zu gelten hat. Die Materialspannung für Flußstahlblech kann mit etwa 700 kg pro qcm zulässig angenommen werden.

3. Die Wandstärke von gußeisernen Dampfzylindern berechnet man nach v. Reiche auch nach der letztgenannten Gleichung, und zwar mit einer zulässigen Materialspannung von 130 kg pro qcm.

Der größte Dampfüberdruck wird bei liegenden Zylindern um 2 Atm., bei stehenden Zylindern, die eine geringere Abnutzung erfahren, um 1,5 Atm. innerhalb der Rechnung vergrößert.

Die Wandstärke wird dann mit Rücksicht auf die wiederholte Nachbohrung beim liegenden Zylinder um 15 mm, beim stehenden dagegen nur um 10 mm vergrößert.

4. Die Wandstärken der Dampf- und Pumpenzylinder kann man in gewöhnlichen Fällen auch nach den folgenden Erfahrungsgleichungen bestimmen:

Pumpenzylinder:

$$\delta = \frac{1}{50} d + 1 \text{ cm,} \quad \text{wenn stehend gegossen}$$

$$\delta = \frac{1}{40} d + 1{,}2 \text{ cm,} \quad \text{wenn liegend gegossen}$$
$$\left.\right\} \quad \cdot \cdot \ \ 29$$

Dampfzylinder:

$$\delta = \frac{1}{50} d + 1{,}3 \text{ cm,} \quad \text{wenn stehend gegossen}$$

$$\delta = \frac{1}{40} d + 1{,}5 \text{ cm,} \quad \text{wenn liegend gegossen}$$
$$\left.\right\} \quad \cdot \cdot \ \ 30$$

c) Rohre mit äußerem Druck.

1. Werden Rohre von außen auf Druck beansprucht und ist ein Flachdrücken oder Einbeulen der Wandung und bei großer Länge eine Knickung der Rohre nicht zu befürchten, so kann man sie bei verhältnismäßig geringen Wandstärken nach der bereits in Abschnitt a aufgestellten Gleichung berechnen. An Stelle der Zugbeanspruchung k_z tritt hier die durch den Außendruck p_a hervorgerufene Druckspannung k_d, der lichte Durchmesser d_i wird durch den Außendurchmesser d_a ersetzt. Die Gleichung hat dann die Form

$$\delta = \frac{1}{2} \frac{p_a}{k_d} d_a \quad \cdot \ \cdot \ \cdot \ \cdot \ \cdot \ \cdot \ \cdot \ 31$$

2. Die Wandstärken der Dampfkesselflammrohre werden auch nach der von Bach entwickelten Gleichung

$$\delta = \frac{p\,d}{2000}\left(1 + \sqrt{1 + \frac{a}{p}\,\frac{1}{1+d}}\right) + c \quad \cdot \ \cdot \ \cdot \ 32$$

bestimmt. Hierin bedeutet

d den inneren Durchmesser des Flammrohres in cm,

1 die Länge des Rohres oder die größte Entfernung der wirksamen Versteifungen voneinander in cm, wobei als solche Versteifungen neben den Stirnplatten auch Winkeleisenringe mit einem Abstande derselben vom Flammrohre von etwa 25 bis 30 mm; ferner Flanschverbindungen der einzelnen Flammrohrschüsse mit zwischengelegten Flacheisenringen mit Gallowayröhren darstellen,

δ die Blechdicke in cm, wobei δ stets $\geq$ 0,7 cm sein muß,

p den größten Betriebsüberdruck in kg pro qcm,

a = 100 für liegende Rohre mit überlappter Längsnaht,

a = 70 „ stehende   „   „   „   „

a = 80 „ liegende Rohre mit gelaschter oder geschweißter
              Längsnaht,

a = 50 „ stehende Rohre mit gelaschter oder geschweißter
              Längsnaht,

c einen Zuschlag, der mit entsprechenden Abrundungen zu setzen ist:

c = 0,15 cm, je nachdem p = 0 bis 5 Atm.,

c = 0,1 cm, „   „   p = 6 Atm.,

c = 0,05 cm, „   „   p = 7 Atm.,

c = 0   cm, „   „   p $\geq$ 7 Atm.

3. Im übrigen kann man die Wandstärken der auf hohen Außendruck beanspruchten Rohre, sofern ein Einknicken derselben nicht zu erwarten ist, auch nach den folgenden Gleichungen von Bach bestimmen, die ähnlich den im Abschnitt a für hohen Innendruck aufgeführten Gleichungen lauten.

$$d_a = d_i \sqrt{\frac{m\,k_d}{m\,k_d - (2\,m - 1)\,p_a}} = d_i \sqrt{\frac{k_d}{k_d - 1,7\,p_a}}, \quad \ldots \quad 33$$

$$\delta = \frac{1}{2}\left(d_i \sqrt{\frac{k_d}{k_d - 1,7\,p_a}} - d_i \right) = \frac{1}{2}\left(\sqrt{\frac{k_d}{k_d - 1,7\,p_a}} - 1 \right) d_i . \quad 33a$$

d) Hohlkugeln.

Auch hier hat man Innen- und Außendruck zu unterscheiden. Handelt es sich aber um geringe Wandstärken und ist bei Außendruck ein Einbeulen der Hohlkugel nicht zu befürchten, so kann man die Wandstärke — da nur Querrisse möglich sind — bei Innen- als auch bei Außendruck genügend genau nach der im Abschnitt a, 1 dieses Paragraphen aufgestellten Gleichung

$$\delta = \frac{1}{4}\frac{p}{k}d \quad \ldots \ldots \ldots \quad 34$$

berechnen.

Bezeichnet daher

p_i den Innendruck in Atm.,

p_a den Außendruck in Atm.,

k_z die Zugspannung des Materials,

k_d „ Druckspannung des   „

d_i den lichten Durchmesser der Hohlkugel,

d_a „ äußeren   „   „   „   ,

so ergibt sich, unter Beachtung des in Abschnitt a, 2 angegebenen erfahrungsmäßigen Zuschlags c, die Wandstärke δ

1. bei **Innendruck** zu

$$\delta_1 = \frac{1}{4}\frac{p_i}{k_z}d_i + c, \quad \ldots \ldots \ldots \; \textbf{35}$$

2. bei **Außendruck** zu

$$\delta_2 = \frac{1}{4}\frac{p_a}{k_d}d_a + c \quad \ldots \ldots \ldots \; \textbf{36}$$

3. Bei verhältnismäßig großen Wandstärken kann man zu deren Bestimmung die folgenden, von Bach aufgestellten Gleichungen benutzen.

1. für **Innendruck**:

$$d_a = d_i \sqrt[3]{\frac{2\,m\,k_z + 2\,(m-2)\,p_i}{2\,m\,k_z - (m+1)\,p_i}} = d_i \sqrt[3]{\frac{k_z + 0,4\,p_i}{k_z - 0,65\,p_i}}, \quad \ldots \ldots \; \textbf{37}$$

$$\delta = \frac{1}{2}\left(d_i \sqrt[3]{\frac{k_z + 0,4\,p_i}{k_z - 0,65\,p_i}} - d_i\right) = \frac{1}{2}\left(\sqrt[3]{\frac{k_z + 0,4\,p_i}{k_z - 0,65\,p_i}} - 1\right)d_i \quad \ldots \; \textbf{37a}$$

Möglich sind hierin nur solche Verhältnisse, für die

$$p_i < \frac{k_z}{0,65} \;\text{oder}\; \frac{p_i}{k_z} < 1,54 \;\text{ist} \quad \ldots \ldots \ldots \; \textbf{37b}$$

2. für **Außendruck**:

$$d_a = d_i \sqrt[3]{\frac{2\,m\,k_d}{2\,m\,k_d - 3\,(m-1)\,p_a}} = d_i \sqrt[3]{\frac{k_d}{k_d - 1,05\,p_a}} \quad \ldots \ldots \; \textbf{38}$$

$$\delta = \frac{1}{2}\left(d_i \sqrt[3]{\frac{k_d}{k_d - 1,05\,p_a}} - d_i\right) = \frac{1}{2}\left(\sqrt[3]{\frac{k_d}{k_d - 1,05\,p_a}} - 1\right)d_i \quad \ldots \; \textbf{38a}$$

worin nur solche Verhältnisse möglich sind, bei denen

$$p_a < \frac{k_d}{1,05} \;\text{oder}\; \frac{p_a}{k_d} < 0,95 \;\text{ist.} \quad \ldots \ldots \ldots \; \textbf{38b}$$

Dritter Abschnitt.

Schub.

§ 11. Allgemeines über Schub- oder Scherfestigkeit.

1. Schiebung oder Gleitung.

Ist ein Körper, wie Fig. 30 zeigt, eingespannt und wird er an seinem freien Teile von der Seite, d. h. senkrecht zu seiner geometrischen Achse, durch eine gleichmäßig verteilte Kraft P beansprucht, so wird er an der Befestigungsstelle a — b abgeschnitten, abgeschoben oder abgeschert. Bevor

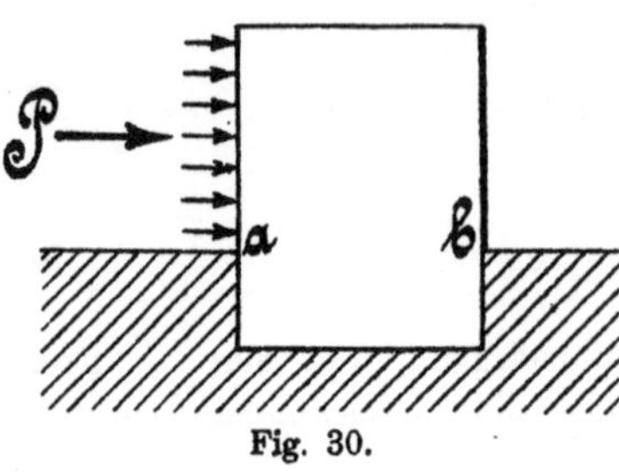

Fig. 30.

jedoch eine Abscherung eintritt, wird eine mehr oder weniger große gegenseitige Verschiebung der Querschnittselemente eintreten, die in ähnlicher Weise — wie bei Zug und Druck — eine Dehnung zur Folge haben wird.

Um nun einen Begriff von der Verschiebung zu erhalten, denke man sich in Fig. 31 einen Würfel an seiner untersten Fläche fest eingespannt und mit einer in der oberen Fläche wirkenden, gleichmäßig verteilten Kraft P beansprucht, so wird sich die obere Fläche $A\,D\,E\,F$ nach $A_1\,D_1\,E_1\,F_1$ verschieben, wobei der ursprünglich rechte Winkel $A\,B\,C$ um den spitzen Winkel $A\,B\,A_1 = \sphericalangle\,\gamma$ verkleinert wird.

Diese Winkeländerung ist aber bestimmt durch

$$\operatorname{tg}\gamma = \frac{\overline{A\,A_1}}{\overline{A\,B}},$$

wofür unter der Voraussetzung, daß es sich nur um kleine Änderungen handelt,

$$\operatorname{tg}\gamma = \frac{\overline{A\,A_1}}{\overline{A\,B}} = \widehat{\gamma}$$

gesetzt werden kann, wobei γ im Bogenmaß zu messen ist.

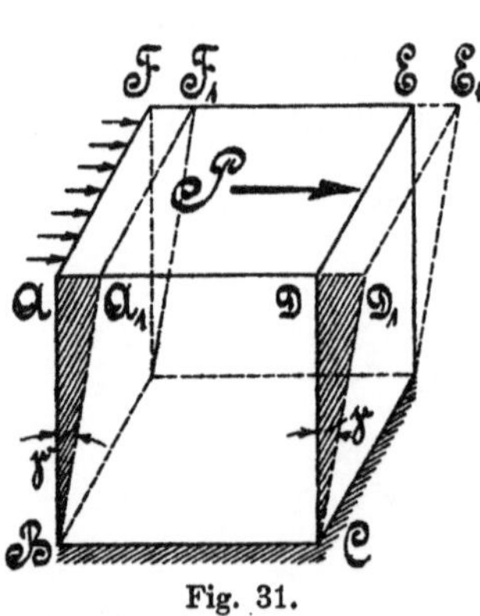

Fig. 31.

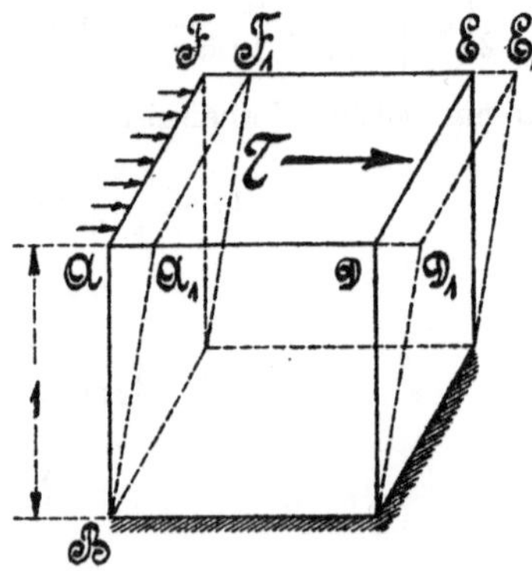

Fig. 32.

Wird nun nach Fig. 32 die Würfelseite $\overline{A\,B} = 1$ gesetzt, so gibt der Quotient

$$\widehat{\gamma} = \frac{\overline{A\,A_1}}{\overline{A\,B}} = \frac{\overline{A\,A_1}}{1} = \overline{A\,A_1} \quad \ldots \ldots \quad 39$$

aber auch zugleich die Verschiebung an, welche die obere Fläche gegenüber der unteren, unter der vorher genannten Beanspruchung, erfährt. Aus diesem Grunde wird die Änderung $\widehat{\gamma}$ des ursprünglich rechten Winkels auch als spezifische Verschiebung oder kürzer als **Schiebung** oder **Gleitung** bezeichnet.

2. Schubspannung.

Der vorher (in Fig. 32) genannte und der Betrachtung unterzogene Würfel sei jetzt ein Bestandteil des in Fig. 33 dargestellten festen Körpers,

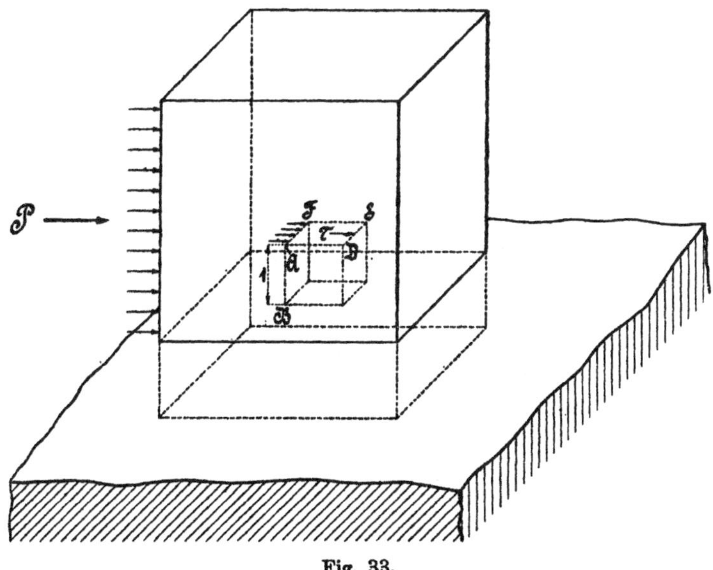

Fig. 33.

und es nehme dieser Würfel unter der oben in Fig. 30 vorausgesetzten Krafteinwirkung die bereits beschriebene Verschiebung an, so versteht man unter der **Schubspannung** diejenige Kraft, mit der sich die in der oberen Würfelfläche A D E F anschließenden Körperteile (Moleküle) der genannten Verschiebung bis zur Lage $A_1 D_1 E_1 F_1$ widersetzen. Man kann die Schubspannung eines Körpers auch als diejenige Kraft in kg erklären, die, in Richtung des Querschnittes angreifend, auf 1 qcm oder 1 qmm desselben einwirkt.

Die Schubspannung unterscheidet sich daher von der in § 1 Abs. 2 genannten Normalspannung dadurch, daß die erstere Kraftrichtung **in** die Querschnittsebene hineinfällt, während die letztere **senkrecht** zum Querschnitt gerichtet ist.

§ 12.   Die Schub- oder Scherfestigkeit.

Wie im § 11 Abs. 1 bereits gesagt, liegt eine Inanspruchnahme eines Körpers auf Schub vor, sobald er von einer äußeren, gleichmäßig verteilten Kraft senkrecht zur Achsenrichtung beansprucht wird, die, wie hierselbst noch erweiternd hinzugefügt sein soll, durch eine gleichgroße Gegenkraft ersetzt werden kann, deren Richtung mit der gefährlichen Querschnittsrichtung zusammenfällt.

Erfüllt erscheint die letzte Voraussetzung beispielsweise nur in dem Augenblick, wo die in Fig. 34 dargestellten Scherblätter einer Metallschere gerade das zu schneidende Werkstück berühren. In der Praxis trifft jedoch auch dieses nicht zu, weil die Schnittflächen einer Schere niemals genau in eine Ebene fallen können, sondern in mehr oder weniger geringer Entfernung aneinander vorübergleiten. Dadurch ergibt sich aber schon bei Beginn des Schneidens neben der Schubbeanspruchung

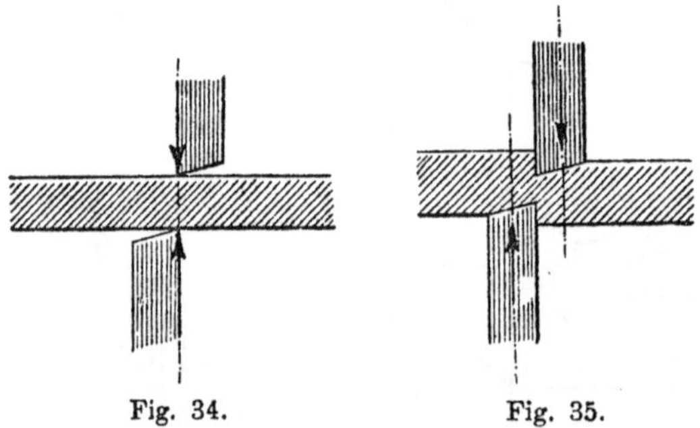

Fig. 34.   Fig. 35.

auch noch eine Beanspruchung auf Biegung, die nun um so größer wird, je tiefer die beiden Scherblätter, s. Fig. 35, in das Material eindringen.

Aus vorstehendem ist daher genügend ersichtlich, daß praktisch niemals eine Schubinanspruchnahme allein auftreten kann, sondern daß sie stets von einer Biegungsanstrengung begleitet ist, die aber ihrer Geringfügigkeit wegen in den meisten Fällen vernachlässigt werden kann.

Daraus ergibt sich aber auch noch weiter die Tatsache, daß die im § 11 Abs. 2 definierte, im gefährlichen Querschnitte auftretende Schubspannung nicht in allen Querschnittseinheiten die gleiche sein wird, sondern verschiedene Werte haben muß.

In der Folge sei jedoch angenommen, daß die genannte Schubspannung — bei der in gleicher Weise, so wie es bei der in § 2 genannten Normalspannung der Fall war, eine **Bruch-, Elastizitäts-** und **praktisch zulässige Spannung** zu unterscheiden ist — für jede Querschnittseinheit denselben Wert habe. Bezeichnet man die konstant bleibende Spannung bis zur Bruchgrenze mit s_s, bis zur Elastizitätsgrenze mit τ und bis zur praktisch zulässigen Grenze mit k_s, so ergibt sich das der Schub- oder Scherfestigkeit zugrunde liegende Gesetz auf gleiche Art, wie bei der im § 2 aufgeführten Zug- und Druckfestigkeit, nämlich

$$P_{Br} = f \cdot s_s, \text{ bis zum Bruch,}$$
$$P_E = f \cdot \tau, \quad \text{„ zur Traggrenze,}$$
$$P = f \cdot k_s, \text{ „ zur praktisch zulässigen Grenze,}$$

$$\Big\} \ 40$$

wobei wieder zwischen den Spannungen die Beziehungen bestehen

$$k_s = \frac{s_s}{m} \text{ und } k_s = \frac{\tau}{\mu}, \quad \ldots \ldots \ldots \ 41$$

sofern m und μ **die Sicherheitskoeffizienten** bezeichnen. Für k_s gilt auch noch das im § 2 für k_z und k_d Gesagte.

§ 13. Fortsetzung des Paragraphen 11.

1. Schubkoeffizient. Schubelastizitätsmodul.

Wie im § 11 Abs. 1 gesagt, verschieben sich die Querschnitte eines Körpers gegenseitig, sobald er auf Schub beansprucht wird.

Wird nun, wie Fig. 36 zeigt, beispielsweise ein Würfel von der Kantenlänge 1 cm oder 1 mm mit 1 kg auf Abscherung beansprucht, so verschiebt sich die obere Fläche gegenüber der unteren um die Strecke β, die man als den **Schubkoeffizienten** bezeichnet hat. Dieser Koeffizient stellt ebenso, wie der Dehnungskoeffizient bei Zug und Druck, eine für jedes Material durch Versuch zu ermittelnde Erfahrungszahl dar.

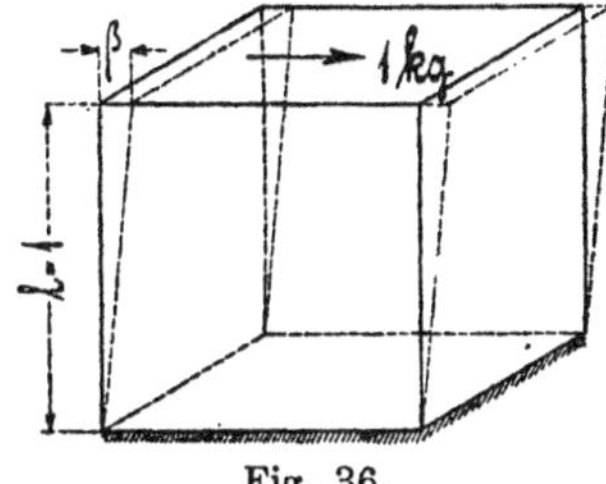

Fig. 36.

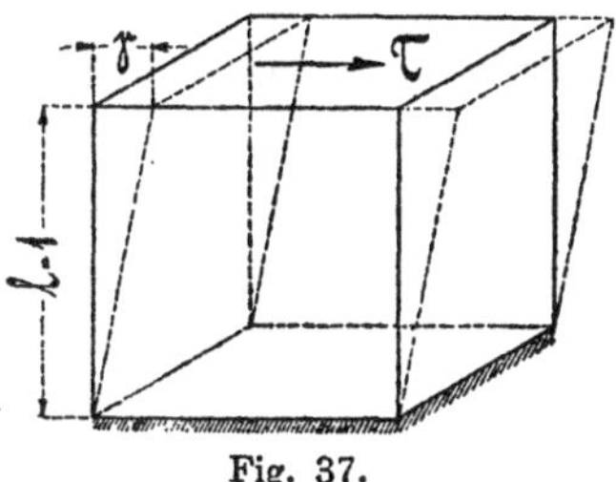

Fig. 37.

Wird nun derselbe Würfel, wie Fig. 37 zeigt, nicht nur mit 1 kg, sondern mit τ kg auf Abscherung beansprucht, so verschieben sich die im Abstande 1 voneinander entfernten Flächen um die Strecke γ, die nach § 11 Abs. 1 die **Schiebung** darstellt. Sie bildet nun in der Form

$$\widehat{\gamma} = \beta \cdot \tau \quad \ldots \ldots \ldots \ 42$$

eine mit dem im § 3 genannnten H o o k e schen Gesetz übereinstimmende Gleichung.

Besitzen die beiden mit τ kg beanspruchten Flächenelemente des vorbenannten Körpers einen Abstand von 1 cm oder 1 mm, so erhält man nach Fig. 38, unter der Annahme, daß die Schiebung $\widehat{\gamma}$ innerhalb eines gewissen Spannungsgebietes an allen Stellen des Körpers konstant ist, eine gesamte Verschiebung $\qquad \lambda = \widehat{\gamma} \cdot 1.$

Setzt man in diese Gleichung den obigen Wert für $\widehat{\gamma}$ und für τ den Wert aus § 12, nämlich $\tau = \dfrac{P}{f}$ ein, so ergibt sich die **Elastizitätsgleichung** gegen Schub zu

$$\lambda = \widehat{\gamma}.1 = \beta\,\tau\,.1 = \beta\,\frac{P}{f}.1 = \beta\,\frac{Pl}{f}, \quad \ldots \ldots \quad 43$$

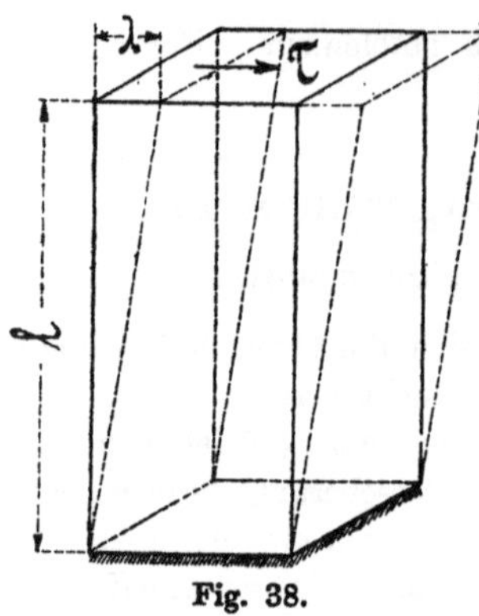

Fig. 38.

worin f den Querschnitt eines mit der Kraft P auf Schub beanspruchten Körpers bezeichnet, dessen Länge l ist. Löst man die letztgenannte Gleichung nach P auf und setzt $\lambda = 1$ und $f = 1$, so folgt

$$P = \frac{\lambda f}{\beta l} = \frac{1.1}{\beta l} = \frac{1}{\beta} = G, \quad \ldots \quad 44$$

worin die Kraft G den in der Technik allgemein bekannten **Schubelastizitätsmodul** bezeichnet, der nach § 13 Gleichung 52 das 0,4 fache des Elastizitätsmoduls beträgt.

Im übrigen sei hier noch auf die Übereinstimmung der vorstehenden Gleichungen mit den im § 3 für Zug und Druck genannten aufmerksam gemacht.

2. Paarweises Auftreten der Schubspannungen.

Infolge der im § 11 Abs. 1 auftretenden Schiebung, der, um das Gleichgewicht zu erhalten, eine entsprechende Gegenwirkung von seiten der Nachbarelemente zur Seite treten muß, tritt nunmehr die Frage auf, wie sich die bezüglichen Beanspruchungen auf die Nachbarelemente verteilen, bezw. unter welchen Bedingungen Gleichgewicht hergestellt wird.

Zu diesem Zwecke denken wir uns ein unendlich kleines Parallelepiped aus einem auf Schub beanspruchten Körper herausgeschnitten, das in der Fig. 39 zur Darstellung gebracht worden ist. Alle inneren Kräfte, welche auf die das Körperelement begrenzenden Schnittflächen wirken, können hierbei als äußere Kräfte aufgefaßt werden, die in Verbindung mit den auf die Masse wirkenden Kräften im Gleichgewicht stehen, so daß auch unter anderem das Gesamtmoment für eine beliebige Schwerpunktsachse, z. B. die Achse A B, den Wert Null erhalten muß.

Da man nun die auf die 6 Begrenzungsebenen des Körperelementes entfallenden Kräfte sich in den einzelnen Schwerpunkten der Flächen wirkend vorstellen kann, so ist aus der Figur zur Genüge ersichtlich, daß

1. die senkrecht auf die 6 Begrenzungsflächen wirkenden Kräfte, die Normalspannungen entsprechen, nichts zu einem zur Schiebung des Körpers notwendig gehörenden Drehmomente beitragen, da sie

entweder, wie bei den Flächen f_3 und f_4, in die Achsenrichtung A B fallen oder, wie bei den Flächen f_1, f_2, f_5 und f_6, die Achse A B schneiden und somit keinen Hebelarm ergeben, woran die fraglichen Kräfte angreifen könnten.

2. Von den innerhalb der Flächenelemente gelegenen, d. h. in der Richtung derselben wirkenden Kräften kommen aber auch die Flächen f_3 und f_4 zur Momentenbildung nicht in Frage, weil diese Kräfte ebenfalls die Achse A B schneiden.

3. Da nun aber auch der Schwerpunkt S des Körpers auf der Achse A B liegt, so tragen auch die Massenkräfte nichts zur Bildung eines Momentes bei.

4. Für die Bildung des fraglichen Momentes kommen demnach nur noch die Kräfte in Frage, die in der Richtung der 4 Flächen f_1, f_2 und f_5, f_6 wirken.

Zerlegt man nun aber diese Kräfte parallel und senkrecht zur Achse A B, so tragen auch die parallel zur Achse A B gerichteten Komponenten nach dem unter 1 Gesagten nichts zum Momente bei, so daß nur noch die aus der Figur zu ersehenden senkrecht zur Achse gerichteten Komponenten

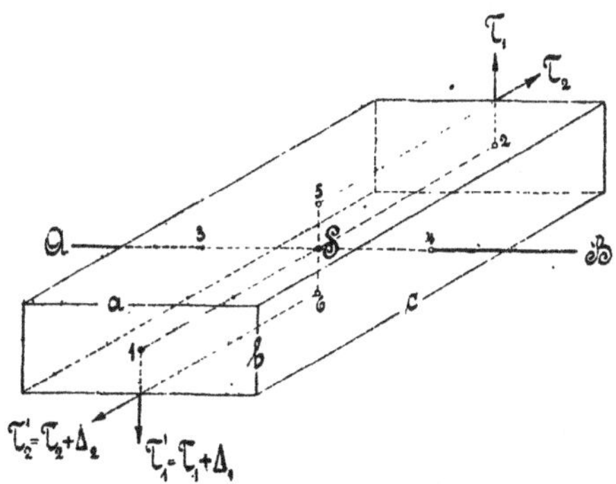

Fig. 39.

τ_1 und τ_2 bezw. τ_1' und τ_2' als wirkende Kräfte übrig bleiben. Diese Kräfte ergeben sich nach Fig. 39 zu

$$P_1 = f_2 \cdot \tau_1 = a\,b \cdot \tau_1,$$
$$P_2 = f_5 \cdot \tau_2 = a\,c \cdot \tau_2,$$
$$P_1' = f_1 \cdot \tau_1' = a\,b \cdot \tau_1' = a\,b\,(\tau_1 + \varDelta_1),$$
$$P_2' = f_6 \cdot \tau_2' = a\,c \cdot \tau_2' = a\,c\,(\tau_2 + \varDelta_2),$$

die, wie Fig. 40 zeigt, folgende Momente hervorrufen:

$$M_1 = P_1 \frac{c}{2}, \quad M_2 = P_2 \frac{b}{2},$$

$$M_1' = P_1' \frac{c}{2}, \quad M_2' = P_2' \frac{b}{2}.$$

Da nun, um Gleichgewicht zu erhalten, die Summe dieser Momente, bezogen auf die Achse A B, gleich Null sein muß, so ergibt sich die Gleichgewichtsbedingung $M_1 - M_2 + M_1' - M_2' = 0$

$$P_1 \frac{c}{2} - P_2 \frac{b}{2} + P_1' \frac{c}{2} - P_2' \frac{b}{2} = 0$$

$$ab\tau_1 \frac{c}{2} - ac\tau_2 \frac{b}{2} + ab(\tau_1 + \mathit{\Delta}_1) \frac{c}{2} - ac(\tau_2 + \mathit{\Delta}_2) \frac{b}{2} = 0$$

$$abc\tau_1 - abc\tau_2 + abc\tau_1 + abc\mathit{\Delta}_1 - abc\tau_2 - abc\,\mathit{\Delta}_2 = 0$$

$$\tau_1 - \tau_2 + \tau_1 + \mathit{\Delta}_1 - \tau_2 - \mathit{\Delta}_2 = 0$$

$$2\tau_1 - 2\tau_2 + \mathit{\Delta}_1 - \mathit{\Delta}_2 \qquad = 0.$$

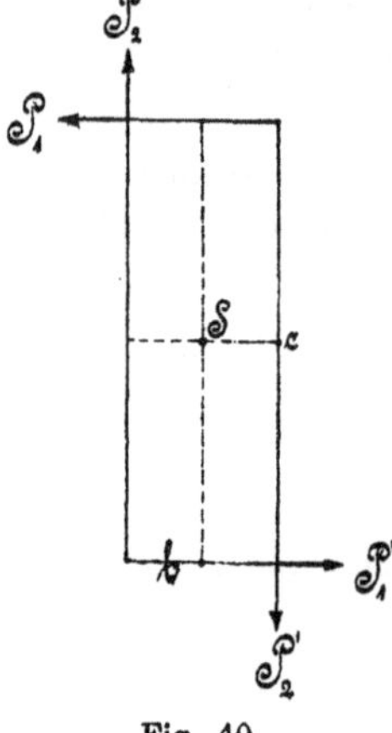

Fig. 40.

Vernachlässigt man nun noch die unendlich kleinen Kräfte $\mathit{\Delta}_1$ und $\mathit{\Delta}_2$, deren Differenz ja auch unendlich klein ist, so ergibt sich

$$2\tau_1 = 2\tau_2$$
$$\text{oder} \quad \tau_1 = \tau_2 \quad \ldots \ldots \quad 45$$

Dieses Resultat besagt, daß die Schubspannungen niemals **einzeln,** sondern immer **paarweise** so auftreten, daß sie senkrecht zueinander gerichtet und gleichgroß sind.

Hiernach läßt sich folgender **Lehrsatz** aussprechen:

Legt man innerhalb eines Körpers zwei einander senkrecht schneidende Ebenen, so sind die Schubspannungen für zwei Flächenelemente der beiden Ebenen, die zu einem Punkte ihrer Schnittgeraden gehören und darauf senkrecht stehen, einander gleich und entweder beide nach der Schnittgeraden hin gerichtet oder beide von ihr abgewandt.

3. Schiebungen und Dehnungen.

Um einen Zusammenhang zwischen der Verschiebung der Fasern und der dadurch veranlaßten Dehnung zu erreichen, sei, unter Bezugnahme auf § 1 Abs. 3, zunächst darauf aufmerksam gemacht, daß auch bei Beanspruchungen auf Schub, in analoger Weise wie beim Zug und Druck, die Elastizitätsgrenze nicht überschritten werden darf.

Zur Veranschaulichung des genannten Zusammenhanges diene Fig. 41. In derselben sei ein dem auf Schub beanspruchten Körper zugehörendes Parallelepiped aus der ursprünglichen Lage ABCD in die Lage A_1BCD_1 verschoben worden. Hierbei hat die Diagonale 1 eine Verlängerung bezw. Dehnung um die Strecke λ erfahren, so daß die neue Diagonale 1_1 nach der Verschiebung $1_1 = 1 + \lambda$ beträgt, woraus sich dann $\lambda = 1_1 - 1$ ergibt.

Die Strecke λ hat sich, wie Fig. 42 zeigt, konstruktiv so ergeben, daß mit der neuen Diagonale $1_1 = \overline{BD_1}$ von B aus ein Kreisbogen beschrieben worden ist, der die verlängerte ursprüngliche Diagonale $l = BD$ im Punkte F schneidet. Da nun die Strecke $\overline{FD_1}$ sehr klein ist, so kann das Dreieck DFD_1 als ein rechtwinkliges Dreieck angesehen werden.

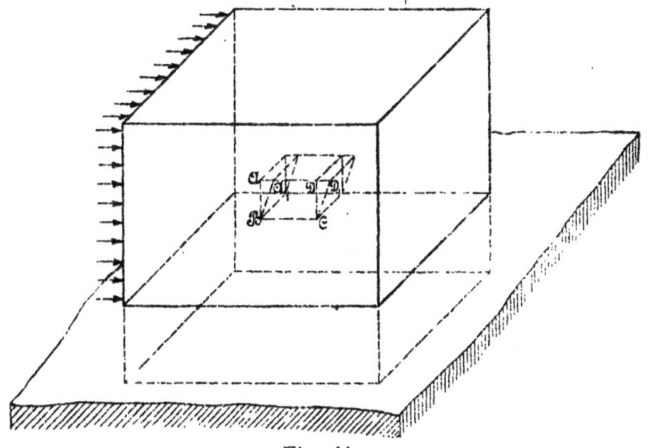

Fig. 41.

Es folgt dann

$$\lambda = \overline{DD_1} \cdot \cos \varphi,$$

aus dem rechtwinkligen Dreiecke BCD

$$l = \frac{\overline{CD}}{\sin \varphi},$$

und nach § 3 die Beziehung $\lambda = \varepsilon l$ bezw. $\varepsilon = \dfrac{\lambda}{l}$.

Setzt man in diese Gleichung die Werte für λ und l ein, so ergibt sich die Dehnung ε zu:

$$\varepsilon = \frac{\overline{DD_1} \cdot \cos \varphi}{\dfrac{\overline{CD}}{\sin \varphi}}$$

$$,, = \frac{\overline{DD_1}}{\overline{CD}} \cdot \cos \varphi \cdot \sin \varphi \text{*)}$$

$$,, = \frac{\overline{DD_1}}{\overline{CD}} \cdot \frac{1}{2} \cdot \sin 2\varphi.$$

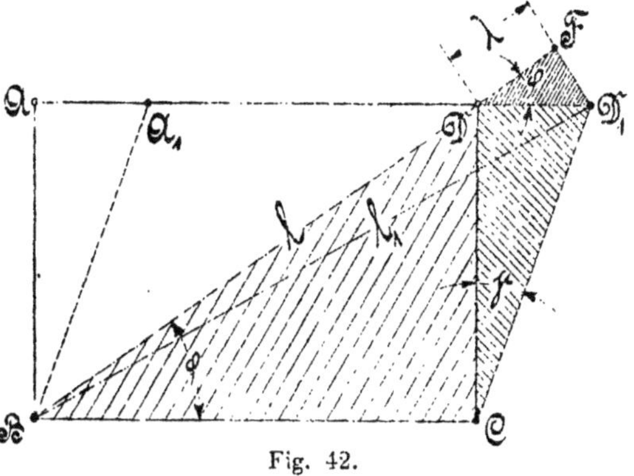

Fig. 42.

---

*) $\sin(\alpha + \beta) = \sin \alpha \cdot \cos \beta + \cos \alpha \cdot \sin \beta$.

$\sin(\alpha + \alpha) = \sin \alpha \cdot \cos \alpha + \cos \alpha \cdot \sin \alpha$.

$\sin 2\alpha = 2 \sin \alpha \cdot \cos \alpha$,

$\sin \alpha \cdot \cos \alpha = \dfrac{1}{2} \cdot \sin 2\alpha$.

Weiter folgt aus dem rechtwinkligen Dreiecke CDD_1 die Schiebung $\widehat{\gamma}$ nach § 11 Abs. 1 zu $\widehat{\gamma} = \dfrac{\overline{DD_1}}{\overline{CD}}$, so daß dieser Wert, in die vorstehende Gleichung eingeführt,

$$\varepsilon = \widehat{\gamma} \cdot \frac{1}{2} \cdot \sin 2\varphi = \frac{1}{2}\,\widehat{\gamma}\,\sin 2\varphi$$

liefert. Diese Dehnung erreicht nun für $\varphi = \dfrac{\pi}{4} = 45^0$, womit die quadratische Form des vorliegenden rechteckigen Körpers bedingt ist, seinen größten Wert

$$\varepsilon_{max} = \frac{1}{2}\,\widehat{\gamma}\,\sin 2 \cdot 45^0 = \frac{1}{2}\,\widehat{\gamma} \cdot 1 = \frac{1}{2}\,\widehat{\gamma} \quad . \quad . \quad \textbf{46}$$

Die zweite Diagonale $\overline{AC}$ des quadratischen Querschnittes erfährt hierbei gleichzeitig den kleinsten Dehnungswert bezw. den größten Wert der Zusammendrückung in dem Ausdrucke

$$\varepsilon_{min} = -\frac{1}{2}\,\widehat{\gamma}\,\sin 2 \cdot 45^0 = -\frac{1}{2}\,\widehat{\gamma} \quad . \quad . \quad . \quad . \quad . \quad \textbf{47}$$

NB. Die Gleichung „$\varepsilon_{max} = \dfrac{1}{2}\,\widehat{\gamma}$, woraus $\widehat{\gamma} \lessgtr 2\,\varepsilon_{max}$ folgt, besagt, daß der zulässige Schiebungswert $\widehat{\gamma}$ höchstens doppelt so groß sein darf als die noch äußerst zulässige Dehnung ε_{max}.

Führt man nun noch in die letzte Gleichung die zulässige Zug-spannung nach dem in § 3 aufgeführten Hookeschen Gesetze

$$\varepsilon_{max} = \alpha\,k_z$$

und nach dem gleichen Gesetz aus § 13, $\widehat{\gamma} = \beta\,k_s$, die zulässige Schub-spannung ein, so ergibt sich

$$\widehat{\gamma} \lessgtr 2\,\varepsilon_{max}$$
$$\beta \cdot k_s \lessgtr 2\,\alpha\,k_z,$$
$$k_s \lessgtr 2\,\frac{\alpha}{\beta}\,k_z \quad . \quad . \quad . \quad . \quad . \quad . \quad . \quad \textbf{48}$$

Dieser letzte Ausdruck setzt allerdings voraus, daß das vorgelegte Material isotrop ist und daß die Dehnungs- und Schubkoeffizienten α und β als konstant angesehen werden können.

4. Beziehung zwischen Dehnungs- und Schubkoeffizienten.

Auf den in Fig. 43 dargestellten Würfel von der Seitenlänge $s = 1$ wirke eine Normalspannung σ ein; hierdurch wird der Würfel in das in Fig. 44 dargestellte Parallelepiped übergehen, wobei, wie bereits in § 1 Abs. 1 und § 7 gesagt, sich die Körperseiten in der Kraftrichtung aus-dehnen, senkrecht dagegen verkürzen.

Die ursprüngliche Würfelseite $\overline{AB} = s$ wird hierbei um ε verlängert, so daß $\overline{A_1B_1} = s + \varepsilon = 1 + \varepsilon$ beträgt; die andere Würfelseite $\overline{AD} = 1$ verkürzt sich hierbei um $\varepsilon_q = \dfrac{\varepsilon}{m}$, so daß die kürzer gewordene Seite $\overline{A_1D_1} = s - \varepsilon_q = 1 - \dfrac{\varepsilon}{m}$ beträgt.

Beim Würfel schlossen die beiden Diagonalebenen AC und BD

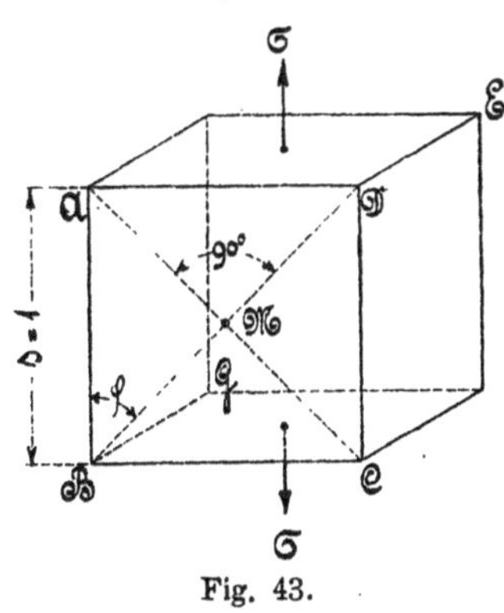

Fig. 43.

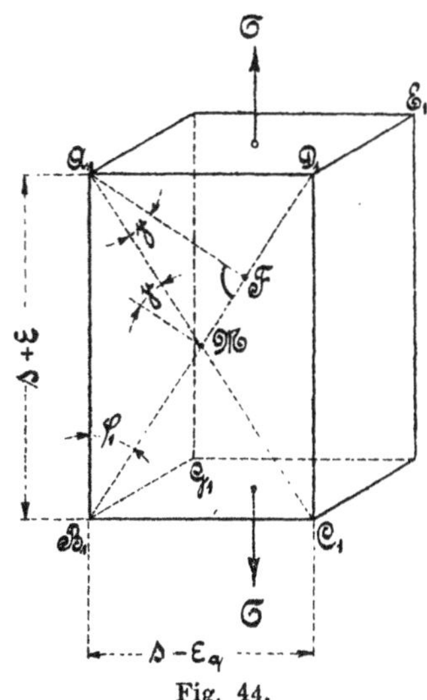

Fig. 44.

einen rechten Winkel ein, der sich unter der Krafteinwirkung σ um den Winkel γ geändert hat. Dieser Winkeländerung entspricht eine Verschiebung, beispielsweise des Punktes A der Diagonalebene AC gegenüber der anderen Diagonalebene BD, von $\mathrm{tg}\,\gamma = \widehat{\gamma} = \dfrac{\overline{FM}}{\overline{A_1F}}$, wobei $\overline{A_1F}$ senkrecht $\overline{FM}$ gerichtet ist.

Die sämtlichen Fasern im Innern des Würfels sind also bis zur vollständigen Querkontraktion verschoben; die Verschiebungen der Fasern unter sich sind aber ganz verschieden.

Das mittlere Maß der Verschiebungen kann nun in die Diagonalebene $BDEG$ verlegt gedacht werden, die mit der Würfelseite den Winkel $\varphi = 45^0 = \dfrac{\pi}{4}$ einschließt. Infolge der Ausdehnung aber ist dieser Winkel um $\dfrac{\gamma}{2}$ kleiner geworden, sofern man daran denkt, daß die Verschiebung $\widehat{\gamma}$ sich auf den Diagonalrichtungswinkel von 90^0 bezogen hat. Es hat deshalb der Winkel φ_1 den Wert $\varphi_1 = \varphi - \dfrac{\gamma}{2} = 45 - \dfrac{\gamma}{2} = \dfrac{\pi}{4} - \dfrac{\gamma}{2}$.

Da nun nach Fig. 44

1. $\operatorname{tg}\varphi_1 = \dfrac{\overline{A_1\,D_1}}{\overline{A_1\,B_1}}$ oder, die obigen Werte eingesetzt,

$$\operatorname{tg}\left(\frac{\pi}{4}-\frac{\gamma}{2}\right)=\frac{1-\dfrac{\varepsilon}{m}}{1+\varepsilon}$$

und nach einem trigonometrischen Satze *)

$$\textbf{2.}\;\; \operatorname{tg}\left(\frac{\pi}{4}-\frac{\gamma}{2}\right)=\frac{\operatorname{tg}\frac{\pi}{4}-\operatorname{tg}\frac{\gamma}{2}}{1+\operatorname{tg}\frac{\pi}{4}.\operatorname{tg}\frac{\gamma}{2}}=\frac{1-\operatorname{tg}\frac{\gamma}{2}}{1+1.\operatorname{tg}\frac{\gamma}{2}}=\frac{1-\dfrac{\widehat{\gamma}}{2}}{1+\dfrac{\widehat{\gamma}}{2}}$$

ist, so folgt aus diesen beiden Gleichungen

$$\frac{1-\dfrac{\widehat{\gamma}}{2}}{1+\dfrac{\widehat{\gamma}}{2}}=\frac{1-\dfrac{\varepsilon}{m}}{1+\varepsilon},$$

woraus man $\quad\left(1-\dfrac{\widehat{\gamma}}{2}\right)(1+\varepsilon)=\left(1-\dfrac{\varepsilon}{m}\right)\left(1+\dfrac{\widehat{\gamma}}{2}\right)$

oder $\quad 1+\varepsilon-\dfrac{\widehat{\gamma}}{2}-\dfrac{\widehat{\gamma}}{2}.\varepsilon=1+\dfrac{\gamma}{2}-\dfrac{\varepsilon}{m}-\dfrac{\varepsilon}{m}.\dfrac{\widehat{\gamma}}{2}$

„ $\quad\quad \varepsilon\quad -\dfrac{\widehat{\gamma}}{2}.\varepsilon=2.\dfrac{\widehat{\gamma}}{2}-\dfrac{\varepsilon}{m}-\dfrac{\varepsilon}{m}.\dfrac{\widehat{\gamma}}{2}$

erhält. Vernachlässigt man noch die durch die Produkte $\dfrac{\widehat{\gamma}}{2}.\varepsilon$ und $\dfrac{\varepsilon}{m}\dfrac{\widehat{\gamma}}{2}$ dargestellten, unendlich kleinen Werte, so liefert die Gleichung

$$\varepsilon=\widehat{\gamma}-\dfrac{\varepsilon}{m}$$

oder $\quad \widehat{\gamma}=\varepsilon+\dfrac{\varepsilon}{m}=\dfrac{\varepsilon.m+\varepsilon}{m}=\dfrac{m+1}{m}.\varepsilon$ **49**

eine allgemeine Beziehung zwischen der Verschiebung und Dehnung eines Würfels.

---

*) $\operatorname{tg}(\alpha-\beta)=\dfrac{\sin(\alpha-\beta)}{\cos(\alpha-\beta)}=\dfrac{\sin\alpha.\cos\beta-\cos\alpha.\sin\beta}{\cos\alpha.\cos\beta+\sin\alpha.\sin\beta}.$

Zähler und Nenner mit „$\cos\alpha.\cos\beta$" dividiert, gibt

$$\operatorname{tg}(\alpha-\beta)=\frac{\dfrac{\sin\alpha\cos\beta-\cos\alpha\sin\beta}{\cos\alpha\cos\beta}}{\dfrac{\cos\alpha\cos\beta+\sin\alpha\sin\beta}{\cos\alpha\cos\beta}}$$

$$=\frac{\dfrac{\sin\alpha\cos\beta}{\cos\alpha\cos\beta}-\dfrac{\cos\alpha\sin\beta}{\cos\alpha\cos\beta}}{\dfrac{\cos\alpha\cos\beta}{\cos\alpha\cos\beta}+\dfrac{\sin\alpha\sin\beta}{\cos\alpha\cos\beta}}=\frac{\operatorname{tg}\alpha-\operatorname{tg}\beta}{1+\operatorname{tg}\alpha.\operatorname{tg}\beta}.$$

Wird nun weiter, wie Fig. 45 zeigt, der oben genannte Würfel in der Diagonalebene **BD** auseinander geschnitten, so ist im Interesse des Gleichgewichtszustandes, eine auf die Diagonalebene wirkende Normalspannung σ_0, desgleichen eine in der Richtung der Diagonale wirkende Schubspannung τ anzubringen, mit deren Hilfe sich die beiden Gleichgewichtsbedingungen

1. $\sigma_1 + \sigma_2 = \sigma,$
2. $\sigma_1 - \sigma_2 = 0$

ergeben. Die Spannungen σ_1 und σ_2 entwickeln sich aus den gleichschenkligen Dreiecken zu

$$(f_0\sigma_0)^2 = (f_1\sigma_1)^2 + (f_1\sigma_1)^2$$
$$= 2(f_1\sigma_1)^2,$$

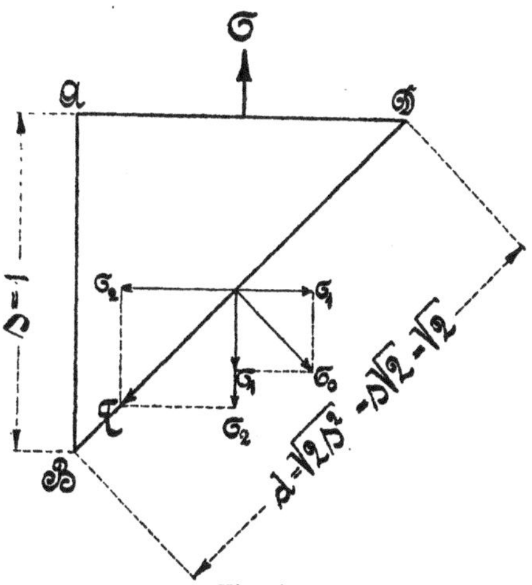

woraus

Fig. 45.

$$\sigma_1 = \sqrt{\frac{(f_0\sigma_0)^2}{2f_1{}^2}} = \frac{f_0\sigma_0}{f_1\sqrt{2}} = \frac{d\cdot 1\cdot\sigma_0}{1^2\cdot\sqrt{2}} = \frac{\sqrt{2}\cdot\sigma_0}{\sqrt{2}} = \sigma_0$$

und

$$(f_0\tau)^2 = (f_2\sigma_2)^2 + (f_2\sigma_2)^2 = 2(f_2\sigma_2)^2,$$

woraus

$$\sigma_2 = \sqrt{\frac{(f_0\tau)^2}{2f_2{}^2}} = \frac{f_0\tau}{f_2\sqrt{2}} = \frac{d\cdot 1\cdot\tau}{1^2\cdot\sqrt{2}} = \frac{\sqrt{2}\cdot\tau}{\sqrt{2}} = \tau \quad \text{folgt.}$$

Setzt man die Werte in die Gleichgewichtsbedingungen ein, so erhält man eine Beziehung zwischen der Schub- und Normalspannung, nämlich

1. $\sigma_0 + \tau = \sigma,$
2. $\sigma_0 - \tau = 0$

woraus $\quad 2\sigma_0 = \sigma$

und $\quad \sigma_0 = \dfrac{\sigma}{2}$ folgt.

Da nun $\quad \sigma_0 = \tau$ ist,

so ist auch $\quad \tau = \dfrac{\sigma}{2}.$

Dieses Spannungsverhältnis in die im § 3 und § 13 Abs. 1 aufgeführten Elastizitätsgleichungen

$$\varepsilon = \alpha\sigma \quad \text{bezw.} \quad \widehat{\gamma} = \beta\tau \quad \text{eingeführt, gibt}$$
$$\frac{\widehat{\gamma}}{\beta} = \tau = \frac{\sigma}{2} = \frac{1}{2}\cdot\frac{\varepsilon}{\alpha}.$$

Setzt man in diesem Ausdrucke noch den Wert für $\overline{\gamma}$ aus der Gleichung 49 ein, so erhält man in der folgenden Gleichung eine Beziehung zwischen dem Schub- und Dehnungskoeffizienten, nämlich

$$\frac{\frac{m+1}{m} \cdot \varepsilon}{\beta} = \frac{1}{2} \cdot \frac{\varepsilon}{\alpha}, \text{ woraus sich } \frac{m+1}{m} \cdot 2\alpha = \beta$$

oder

$$\beta = 2\,\frac{m+1}{m}\,\alpha \quad \ldots \ldots \ldots \ldots \quad 50$$

ergibt.

Da nun die Konstante m nach § 7 eine erfahrungsmäßig zwischen 3 und 4 liegende Zahl bedeutet, so beträgt der Schubkoeffizient β

$$\beta = 2\,\frac{3+1}{3}\,\alpha \text{ bis } 2\,\frac{4+1}{4}\,\alpha$$

$$\text{„} = 2\,\frac{4}{3}\,\alpha \text{ bis } 2\,\frac{5}{4}\,\alpha$$

$$\left.\begin{array}{l} \text{„} = \dfrac{8}{3}\,\alpha \quad \text{„} \quad \dfrac{5}{2}\,\alpha \\[2mm] \text{„} = 2{,}67\,\alpha \text{ „ } 2{,}5\,\alpha \end{array}\right\} \quad \ldots \ldots \ldots \quad 51$$

und der Dehnungskoeffizient α

$$\left.\begin{array}{l} \alpha = \dfrac{3}{8}\,\beta \text{ bis } \dfrac{2}{5}\,\beta \\[2mm] \text{„} = 0{,}375\,\beta \text{ bis } 0{,}4\,\beta . \end{array}\right\} \quad \ldots \ldots \ldots \quad 52$$

Bestimmt man außerdem noch aus der Gleichung 50 das Verhältnis $\dfrac{\alpha}{\beta}$ und führt es in die im Absatz 3 des vorliegenden Paragraphen entwickelte Gleichung 48 ein, so erhält man

$$\frac{\alpha}{\beta} = \frac{m}{2\,(m+1)}$$

und

$$k_s \gtreqless 2\,\frac{\alpha}{\beta}\,k_z \gtreqless 2\,\frac{m}{2\,(m+1)}\,k_z \gtreqless \frac{m}{m+1}\,k_z, \quad \ldots \ldots \quad 53$$

woraus für $m = 3$ bis 4 die zwischen der Schub- und Zugspannung eines Materials bestehende Beziehung

$$k_s \gtreqless \frac{3}{3+1}\,k_z \text{ bis } \frac{4}{4+1}\,k_z$$

$$\left.\begin{array}{l} \text{„} \gtreqless \dfrac{3}{4}\,k_z \text{ bis } \dfrac{4}{5}\,k_z \\[2mm] \text{„} \gtreqless 0{,}75\,k_z \text{ bis } 0{,}8\,k_z \end{array}\right\} \quad \ldots \ldots \ldots \quad 54$$

erhalten wird. Dieses Verhältnis ist nun der im § 12 genannten Schub-
festigkeitsrechnung zugrunde zu legen. In der Regel verwendet man bei
praktischen Rechnungen

$$k_s = 0{,}8\ k_z \quad \ldots \ldots \ldots \quad 55$$

NB. Über die Schubspannungen im gebogenen Körper handelt der
vierte Abschnitt meines Lehrbuches von der zusammengesetzten Festigkeit.

Vierter Abschnitt.

Biegung.

§ 14. Die Biegungsfestigkeit.

1. Vorgang beim Biegen. Bestimmung des Grundgesetzes. Trägheits- und Widerstandsmoment.

Wird nach Fig. 46 ein prismatischer Körper, z. B. ein Balken oder
dergleichen, mit dem einen Ende fest eingespannt, während das andere
Ende durch eine Kraft P belastet ist, so wird der Balken, wie Fig. 47
zeigt, eine Biegung erfahren, wobei
die oberen Fasern des Balkens eine
Verlängerung, die unteren Fasern
dagegen eine Verkürzung erleiden.

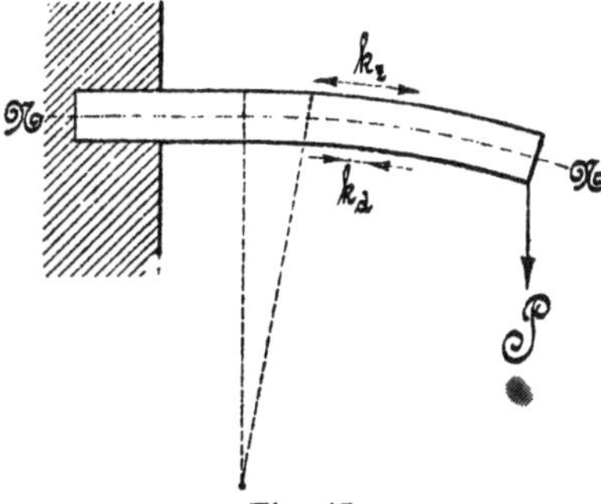

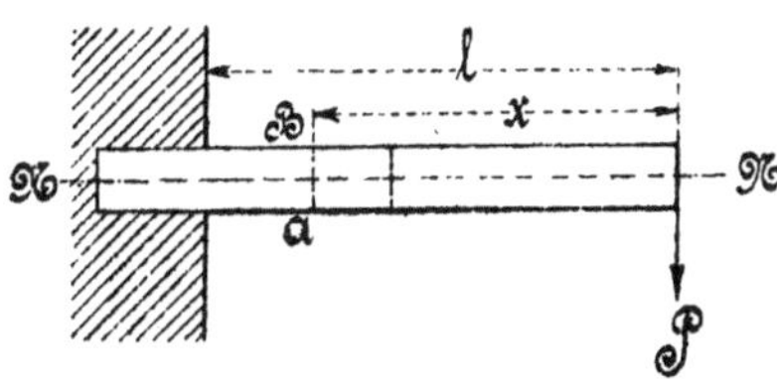

Fig. 46.

Fig. 47.

Den Verlängerungen entsprechen Zug-, den Verkürzungen Druckspannungen, die in den äußeren Fasern am größten sind, woselbst auch
die größten Dehnungen auftreten. Nach dem inneren Teile des Balkens
zu nehmen die Dehnungen immer mehr ab, bis schließlich eine Faserschicht NN kommt, die weder verlängert noch verkürzt, sondern nur gebogen ist. Diese Schicht nennt man die **neutrale Faserschicht**, in der
weder Zug-, noch Druckspannung herrscht.

Jeder durch den Körper gelegte Querschnitt schneidet die neutrale Faserschicht in einer Linie NN, welche die **neutrale Achse** des Querschnittes genannt wird.

Ein in der Längsrichtung des Balkens und zwar in Richtung der Biegungsebene ausgeführter Schnitt schneidet die neutrale Faserschicht NN in einer Linie, die als **elastische Linie** bezeichnet wird. Die Gestalt dieser Linie ist für das Maß der Durchbiegung des Balkens bestimmend.

Für die weitere Betrachtung sei nach Fig. 46 für einen beliebigen, im Abstande x vom freien Ende des Balkens aus gelegenen Querschnitt $ABM_x = Px$ das sogenannte biegende oder äußere Moment, dem, sofern der Balken nicht zerstört werden soll, die im besagten Querschnitte auftretenden Momente der Zug- und Druckspannungen genügend Widerstand leisten müssen.

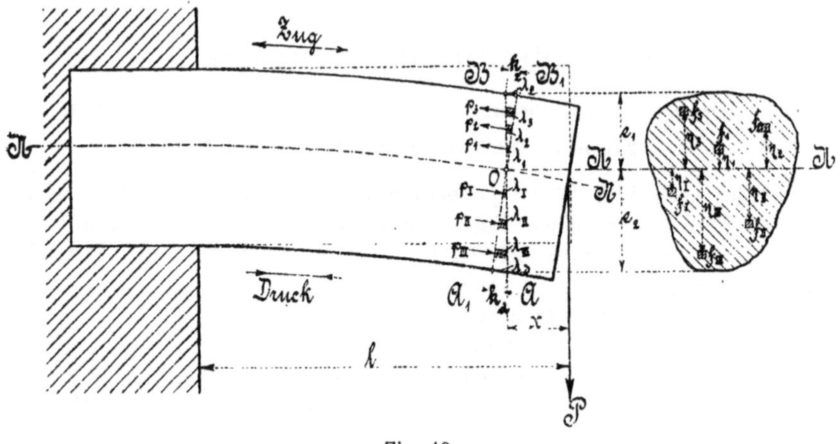

Fig. 48.

Werden nun die letzten Momente — die mit m_1, m_2, m_3, ... für **Zug**, mit m_I, m_{II}, m_{III} etc. für Druck bezeichnet sein mögen — innere Momente genannt, so ergibt sich die Gleichgewichtsbedingung zwischen dem äußeren Momente $M_x = Px$ und den inneren Momenten zu

$$M_x = m_1 + m_2 + m_3 + \ldots\ldots + m_I + m_{II} + m_{III} + \ldots\ldots$$

$$\text{,,} = \sum_1^n m + \sum_I^{[n]} m.$$

Für die aus Fig. 48 ersichtlichen Faserschichten f_1, f_2, f_3 etc. auf der Zugseite und f_I, f_{II}, f_{III} etc. auf der Druckseite, in denen die Zugspannungen k_1, k_2, k_3 etc., bezw. Druckspannungen k_I, k_{II}, k_{III} etc. auftreten, ergeben sich die zugehörigen inneren Momente

<table>
<tr><td align="center">1. für Zug:</td><td align="center">2. für Druck:</td></tr>
</table>

$$m_1 = p_1 \cdot \eta_1 = f_1 \, k_1 \cdot \eta_1 \qquad\qquad m_I = p_I \cdot \eta_I = f_I \, k_I \cdot \eta_I$$

$$m_2 = p_2 \cdot \eta_2 = f_2 \, k_2 \cdot \eta_2 \qquad\qquad m_{II} = p_{II} \cdot \eta_{II} = f_{II} \, k_{II} \cdot \eta_{II}$$

$$m_3 = p_3 \cdot \eta_3 = f_3 \, k_3 \cdot \eta_3 \qquad\qquad m_{III} = p_{III} \cdot \eta_{III} = f_{III} \, k_{III} \cdot \eta_{III}$$

$$\vdots \qquad\qquad\qquad\qquad\qquad\qquad \vdots$$

$$m_n = p_n \cdot \eta_n = f_n \, k_n \cdot \eta_n \qquad\qquad m_{[n]} = p_{[n]} \cdot \eta_{[n]} = f_{[n]} \, k_{[n]} \cdot \eta_{[n]}$$

$$\overset{n}{\underset{1}{\Sigma}}\, m = f_1 \, k_1 \, \eta_1 + f_2 \, k_2 \, \eta_2 + \ldots \qquad \overset{[n]}{\underset{I}{\Sigma}}\, m = f_I \, k_I \, \eta_I + f_{II} \, k_{II} \, \eta_{II} + \ldots$$

Werden diese Momente in die oben genannte Gleichgewichtsbedingung eingesetzt, so erhält man

$$M_x = f_1 \, k_1 \, \eta_1 + f_2 \, k_2 \, \eta_2 + \ldots + f_I \, k_I \, \eta_I + f_{II} \, k_{II} \, \eta_{II} + \ldots$$

Da nun weiter nach § 3 Proportionalität zwischen Dehnung ε bezw. Verlängerung oder Verkürzung λ, und Spannung besteht, ferner die aus Fig. 48 ersichtlichen Formänderungsdreiecke ähnlich sind, so folgt, bei Bezeichnung der in der oberen Faser herrschenden zulässigen größten Zugspannung k_z und der in der untersten Faser auftretenden Druckspannung k_d,

auf der Zugseite: 1. $\lambda_1 : \lambda_z = k_1 : k_z \quad|\quad \lambda_2 : \lambda_z = k_2 : k_z \quad|\quad \lambda_3 : \lambda_z = k_3 : k_z$ etc.

2. $\lambda_1 : \lambda_z = \eta_1 : e_1 \quad|\quad \lambda_2 : \lambda_z = \eta_2 : e_1 \quad|\quad \lambda_3 : \lambda_z = \eta_3 : e_1$ „,

woraus man $\quad k_1 : k_z = \eta_1 : e_1 \qquad k_2 : k_z = \eta_2 : e_1 \qquad k_3 : k_z = \eta_3 : e_1$ „

oder $\qquad\qquad k_1 = \dfrac{k_z \cdot \eta_1}{e_1} \qquad k_2 = \dfrac{k_z \cdot \eta_2}{e_1} \qquad k_3 = \dfrac{k_z \cdot \eta_3}{e_1}$ „

erhält.

Auf der Druckseite folgt in gleicher Weise

$$k_I = \frac{k_d \cdot \eta_I}{e_2} \quad k_{II} = \frac{k_d \cdot \eta_{II}}{e_2} \quad k_{III} = \frac{k_d \cdot \eta_{III}}{e_2} \text{ etc.}$$

Die Spannungswerte in die Gleichung für M_x eingeführt, geben

$$M_x = f_1 \, \frac{k_z \, \eta_1}{e_1} \, \eta_1 + f_2 \, \frac{k_z \, \eta_2}{e_1} \, \eta_2 + \ldots + f_I \, \frac{k_d \, \eta_I}{e_2} \, \eta_I + f_{II} \, \frac{k_d \, \eta_{II}}{e_2} \, \eta_{II} + \ldots$$

$$„ = \frac{k_z}{e_1} (f_1 \, \eta_1^2 + f_2 \, \eta_2^2 + \ldots) + \frac{k_d}{e_2} (f_I \, \eta_I^2 + f_{II} \, \eta_{II}^2 + \ldots)$$

$$„ = \frac{k_z}{e_1} \overset{n}{\underset{1}{\Sigma}} f \, \eta^2 + \frac{k_d}{e_2} \overset{[n]}{\underset{I}{\Sigma}} f \, \eta^2.$$

Der Ausdruck $\Sigma f \, \eta^2$, d. h. die Summe aller Produkte aus den Faserquerschnitten und den Quadraten ihrer Abstände von der neutralen Achse, wird das **Trägheitsmoment** des Querschnittes genannt, das in der Folge mit Θ bezeichnet werden soll.

Mit dieser Bezeichnung lautet dann die **für jedes Material gültige Biegungsgleichung:**

$$M_x = \frac{k_z}{e_1} \Theta_1 + \frac{k_d}{e_2} \Theta_2 \qquad \ldots \ldots \ldots \quad 56$$

Kann nun die zulässige Zug- oder Druckspannung — wie es bei den zumeist aus Schmiedeeisen oder Stahl hergestellten Maschinen- und Eisen-Konstruktionsteilen annähernd der Fall ist — als gleichgroß angesehen werden und wird hierbei mit der ungünstigsten Spannung gerechnet, die stets die Zugspannung sein wird, so erhält man unter Einführung der hier geeigneten Spannungsbezeichnung k_b die spezielle Biegungsgleichung

$$M_x = k_b \left(\frac{\Theta_1}{e_1} + \frac{\Theta_2}{e_2} \right) = k_b (W_z + W_d), \quad \ldots \ldots \quad 57$$

worin W_z das sogenannte Widerstandsmoment des Querschnittes auf der Zugseite, W_d das Widerstandsmoment auf der Druckseite bedeutet, während die Faserabstände e_1 und e_2 auf der Zug- und Druckseite nach Maßgabe der angenommenen Materialbeschränkung unter weiterer Bezugnahme auf § 20 Gleichung F gleich groß sind.

Bezeichnet nun noch „$W = W_z + W_d$" das Widerstandsmoment des ganzen Querschnittes bezogen auf die neutrale Achse NN, Θ das Trägheitsmoment des ganzen Querschnittes inbezug auf die gleiche Achse, e die Entfernung der äußersten, am meisten beanspruchten Fasern und wird das für einen beliebigen Querschnitt des Körpers gültige Biegungsmoment M_x durch das größte Moment M_b ersetzt, so erhält man in der Gleichung

$$M_b = W \cdot k_b = \frac{\Theta}{e} k_b \quad \ldots \ldots \ldots \quad 58$$

einen Ausdruck, der gewissermaßen das Grundgesetz der Biegungsfestigkeit darstellt, mit dem praktisch fast nur gerechnet wird.

In Worten lautet das **Grundgesetz:**

Für jeden Querschnitt eines gebogenen Körpers besteht zwischen den äußeren und inneren Kräften Gleichgewicht, wenn die algebraische Summe der Momente aller äußeren Kräfte, bezogen auf die neutrale Achse des Querschnittes, gleich ist dem Produkte aus dem Widerstandsmomente und der Biegungsspannung des Querschnittes.

Das Trägheitsmoment und somit auch das Widerstandsmoment läßt sich für alle mathematisch bestimmten Querschnitte ermitteln, wie die Paragraphen 16 bis 20 lehren.

Das Grundgesetz dient

1. in der Form: $M_b = W k_b$ zur Ermittelung der Tragkraft eines gegebenen Körpers,

2. in der Form: $W = \frac{M_b}{k_b}$ zur Ermittelung der Dimensionen eines

Körpers für eine gegebene Belastung und

3. In der Form: $k_b = \dfrac{M_b}{W}$ zur Bestimmung der größten in einem gegebenen Körper auftretenden zulässigen Spannung, bei Bekanntsein der Belastung.

NB. Im allgemeinen fällt der Wert W verschieden aus, je nachdem man das Trägheitsmoment Θ durch den Abstand e_1 der am meisten gezogenen Faser oder durch den Abstand e_2 der am meisten gedrückten Faser teilt.

Demzufolge hat man auch von jedem Querschnitte zwei Widerstandsmomente W_1 und W_2 zu unterscheiden, bei deren Benutzung dann auch die zulässige Zug- oder Druckspannung einzusetzen ist. Der kleinste auf diese Weise erhaltene Wert zwischen „$\dfrac{\Theta}{e_1} k_z = W_1 k_z$ und $\dfrac{\Theta}{e_2} k_d = W_2 k_d$" ist bei hierauf bezüglichen Rechnungen zu verwenden.

2. Lage der neutralen Achse.

Damit die vorher genannten Abstände e_1 und e_2 bei jedem Querschnitte bestimmt werden können, ist die Kenntnis der genauen Lage der neutralen Achse nötig. Diese Achse wird sich nun bei der Biegung offenbar ganz von selbst so legen, daß die Summe aller Zugkräfte auf der einen Seite gleich der Summe aller Druckkräfte auf der anderen Seite ist oder, mit bezug auf die Fig. 48 und 49, daß die algebraische Summe der auf den Querschnitt A B wirkenden Kräfte gleich Null wird.

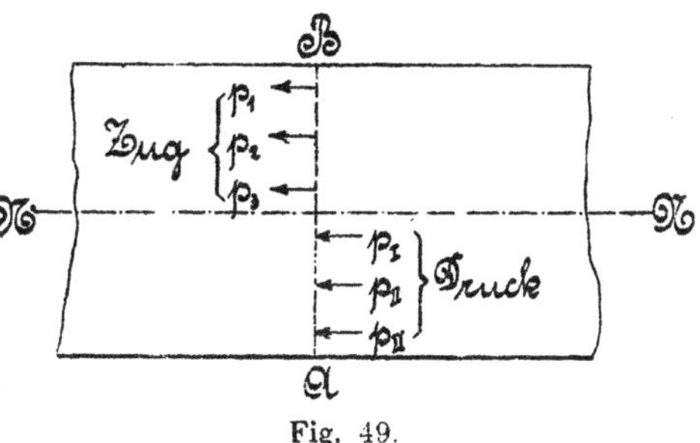

Fig. 49.

Also $\overset{n}{\underset{1}{\Sigma}} p - \overset{[n]}{\underset{I}{\Sigma}} p = 0$ oder kürzer $\Sigma p = 0$.

Da nun aber nach Fig. 48 eine beliebige Faserkraft, z. B. p_1, den Wert $f_1 k_1$ hat, und andererseits $k_1 = \dfrac{k \eta_1}{e}$ war, so ergibt sich die Summe der Faserkräfte zu $\Sigma p = \Sigma f k = \Sigma f \dfrac{k \eta}{e} = \dfrac{k}{e} \Sigma f \eta = 0$.

Da ferner der Wert $\dfrac{k}{e}$, weil vom Material und Querschnitt abhängig, niemals Null sein kann, so muß $\Sigma f \eta = 0$ sein, d. h. die Summe der statischen Momente in bezug auf die neutrale Achse muß gleich Null

sein, was aber die Bedingung dafür ist, daß die neutrale Achse — weil
der Querschnitt, darauf bezogen, im Gleichgewicht sein soll — durch
den Schwerpunkt des Querschnittes hindurch geht.

Hieraus ist zur Genüge ersichtlich, daß das Material auf die Lage
der neutralen Achse keinen Einfluss hat, sie also nur ganz allein von
der Form des Querschnittes und der Art der Belastung abhängt. Teilt
z. B., wie in der vorstehenden Betrachtung angenommen worden ist, die
Kraftebene einen Querschnitt symmetrisch, so steht die neutrale Achse
senkrecht zur Kraftebene.

3. Durchbiegung des auf Biegung beanspruchten Körpers. Krümmungshalbmesser. Elastische Linie.

Zur Beurteilung des Materials und zur Kontrolle der unter 1 zu be-
rechnenden Dimensionen ist es von besonderer Wichtigkeit zu wissen, welche
Krümmung oder Durchbiegung ein durch äußere Krafteinwirkung auf
Biegung beanspruchter Balken erfährt, um danach die Dehnung bezw. die

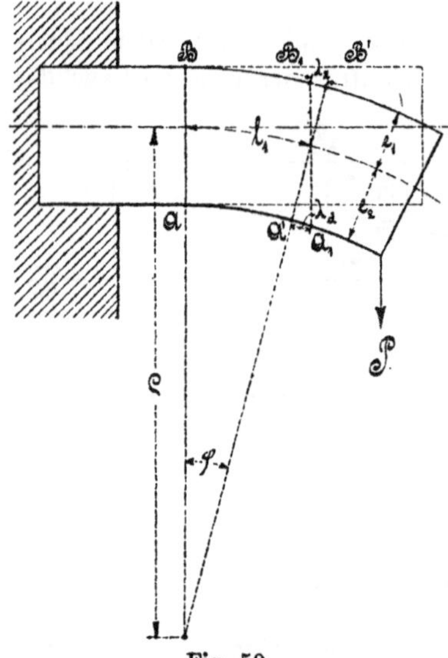

Fig. 50.

Verlängerung oder Verkürzung der oben
genannten Fasern beurteilen zu können,
damit die Elastizität nicht überschritten
wird.

Bezeichnet in Fig. 50 l_1 den Abstand der beiden im unbelasteten Zu-
stande parallel angenommenen Querschnitte AB und $A_1 B_1$, so wird sich
infolge der Belastung des Körpers der
Querschnitt $A_1 B_1$ aus der parallelen
in die geneigte Richtung $A'B'$ ein-
stellen und mit der Richtung AB den
Winkel φ einschließen. Während sich
hierbei die oberen Fasern verlängert,
die unteren dagegen verkürzt haben,
hat die in der neutralen Faser liegende
Strecke l_1 keinerlei Längenänderung erfahren, sondern ist nur gebogen worden.
Der dem Bogenstücke l_1 — das ein
Stück der sogenannten elastischen Linie
darstellt — zugehörige Krümmungshalbmesser ϱ wird dann in folgender
Weise bestimmt.

Nach § 3 besteht das Gesetz $\lambda = \varepsilon\, l = \alpha\, \sigma\, l$, welches, den hier vorliegenden Verhältnissen entsprechend, $\lambda = \alpha\, k_b\, l_1$ geschrieben werden kann.

Da nun die aus Fig. 50 ersichtlichen Formänderungsdreiecke auf
der Zug- und Druckseite ähnlich sind, so kann man an Stelle λ_z
und λ_d kurzweg λ setzen, womit sich dann die allgemeine Beziehung

$$\lambda : e = l_1 : \varrho \quad \text{oder} \quad \lambda = \frac{e l_1}{\varrho} \quad \text{ergibt.}$$

Diesen Wert oben eingesetzt, liefert

$$\frac{e l_1}{\varrho} = \alpha\, k_b l_1,$$

woraus
$$\varrho = \frac{e l_1}{\alpha\, k_b l_1} = \frac{e}{\alpha\, k_b} \quad \dots \quad \dots \quad 59$$

folgt. Die unter 1 aufgestellte Biegungsgleichung „$M_b = \dfrac{\Theta}{e} k_b$" bestimmt

eine Materialspannung $k_b = \dfrac{M_b \cdot e}{\Theta}$, die, in vorstehende Krümmungshalb-

messergleichung eingesetzt, den genannten Halbmesser

$$\varrho = \frac{e}{\dfrac{\alpha\, M_b e}{\Theta}} = \frac{\Theta}{\alpha\, M_b} \quad \dots \quad \dots \quad 60$$

oder die Krümmung
$$\frac{1}{\varrho} = \frac{\alpha\, M_b}{\Theta} \quad \dots \quad \dots \quad \dots \quad 61$$

ergibt. Diese beiden Gleichungen besagen, daß der Krümmungshalbmesser mit dem biegenden, von der Lage des Querschnittes abhängigen Momente veränderlich ist, weshalb die elastische Linie auch keine Kreislinie sein kann.

Die Momente verändern sich nach parabolischem Gesetze, woraus zu schließen ist, daß auch der vom Moment abhängige Krümmungsradius und damit auch die elastische Linie selbst in das Gebiet der parabolischen, Kurven gehört.

4. Gleichung der elastischen Linie.

a) Allgemeiner Fall.

Wie aus der Fig. 51 ersichtlich ist, besteht zwischen der Länge x des Balkens und der zugehörigen Durchbiegung y eine Abhängigkeit, die durch die Gleichung $y = f(x)$ ausgedrückt werden kann.

Für den Krümmungshalbmesser ϱ einer beliebigen Kurve besteht in der höheren Analysis die Differentialgleichung

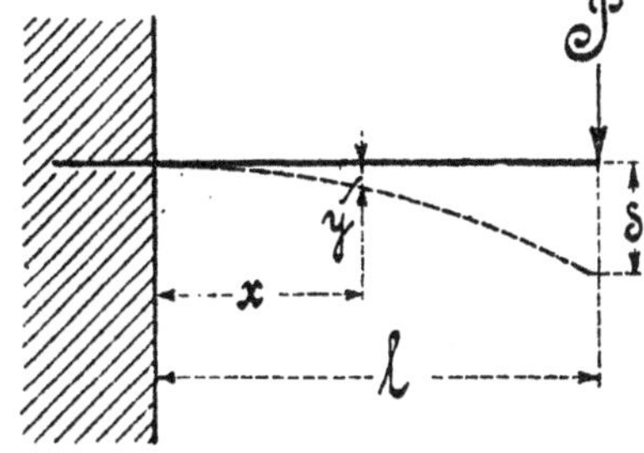

Fig. 51.

$$\varrho = \pm \frac{\sqrt{\left[1 + \left(\dfrac{dy}{dx}\right)^2\right]^3}}{\dfrac{d^2 y}{dx^2}} \quad \dots \quad \dots \quad 62$$

Bei praktischen Bestimmungen der elastischen Linie vernachlässigt man in der Regel den unendlich kleinen Wert $\left(\dfrac{d_y}{d_x}\right)^2$, so daß die genügend genaue Annäherungsgleichung lautet $\varrho = \pm \dfrac{1}{\dfrac{d^2y}{d_x^2}}$, woraus sich die Krümmung $\dfrac{1}{\varrho} = \pm \dfrac{d^2y}{d_x^2}$ ergibt.

Setzt man in der letzten Gleichung den vorher unter 3 angegebenen Wert der Krümmung „$\dfrac{1}{\varrho} = \dfrac{\alpha M_b}{\Theta}$" ein, so ist

$$\pm \frac{d^2y}{dx^2} = \frac{\alpha M_b}{\Theta}, \text{ woraus } M_b = \pm \frac{\Theta}{\alpha}\frac{d^2y}{dx^2} \text{ folgt.} \Bigg\} \quad \ldots \quad 63$$

NB. Diese bereits der höheren Analysis angehörende Gleichung, die hier nur der Vollständigkeit wegen mit aufgeführt worden ist, bildet die Basis zur Entwickelung der Gleichungen der „Elastischen Linien", die bei den einzelnen im § 23 behandelten Belastungsfällen der Vollkommenheit halber zugefügt worden sind.

b) Besonderer Fall.

1. **Freiträger.** Besitzt nach Fig. 52 ein auf Biegung beanspruchter Körper (Balken, Träger etc.), wie im § 24 genauer erläutert werden wird, eine gleichbleibende Spannung k_b, so heißt der Körper „Träger gleicher Festigkeit".

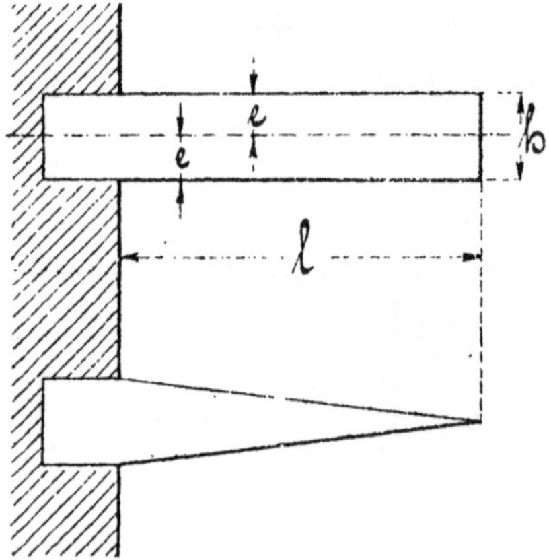

Fig. 52.

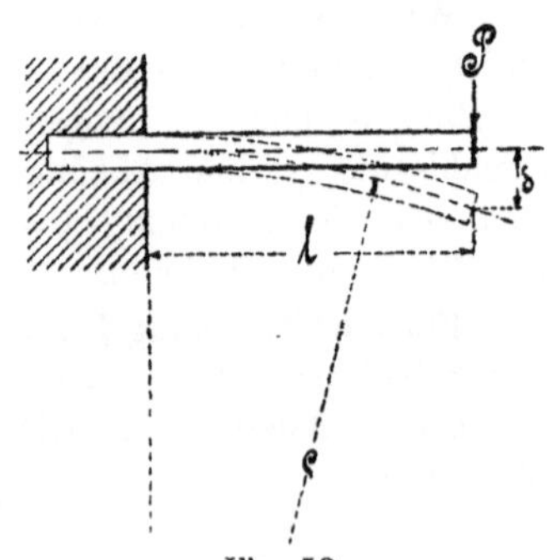

Fig. 53.

Hat ferner dieser Körper, wie es in § 24 Abschnitt 1[b] der Fall ist, eine gleichbleibende Höhe h, so ist auch der unter Abs. 1 des vorliegenden Paragraphen genannte Faserabstand e als Teilbetrag der Höhe konstant.

Für einen derartigen Körper ist nach der unter Abs. 3 entwickelten Gleichung 59 „$\varrho = \dfrac{e}{\alpha \cdot k_b}$" auch der Krümmungshalbmesser ϱ konstant, d. h. die zugehörige elastische Linie ist ein Kreisbogen vom Radius ϱ. Die Durchbiegung δ eines solchen Körpers läßt sich dann in folgender einfachen Weise bestimmen.

Nach Fig. 53 ist l die mittlere Proportionale zwischen δ und $(2\varrho - \delta)$, daher ist $l^2 = \delta\,(2\varrho - \delta) = 2\varrho\delta - \delta^2$.

Da die Durchbiegung δ eine kleine Größe ist, so ist der Wert δ^2 gegenüber $2\varrho\delta$ verschwindend klein und kann deshalb vernachlässigt werden.

Die Gleichung lautet dann $l^2 = 2\varrho\delta$, woraus sich $\delta = \dfrac{l^2}{2\varrho}$ bestimmt. Für ϱ den vorher genannten Wert eingesetzt, gibt

$$\delta = \frac{l^2}{2\dfrac{e}{\alpha\,k_b}} = \frac{l^2\,\alpha\,k_b}{2\,e};$$

hierin für k_b den Wert aus der unter Abs. 1 genannten Biegungsgleichung 58 eingeführt, liefert

$$\delta = \frac{l^2\,\alpha\,\dfrac{M_b}{W}}{2\,e} = \frac{l^2\,\alpha\,M_b}{2\,e\,W}$$

$$„ = \frac{l^2\,\alpha\,M_b}{2\,e\dfrac{\Theta}{e}} = \frac{l^2\,\alpha\,M_b}{2\,\Theta} \quad\quad \cdot \;\cdot\;\cdot\;\cdot\;\cdot\;\cdot\;\cdot\;\cdot \quad 64$$

2. Für einen Träger auf zwei Stützen, der in der Mitte, wie Fig. 54 zeigt, belastet ist und der außerdem die beim Freiträger gestellten Voraussetzungen „e und k_b konstant" erfüllt, ergibt sich die größte, in der Mitte auftretende Durchbiegung δ ebenso, als wenn

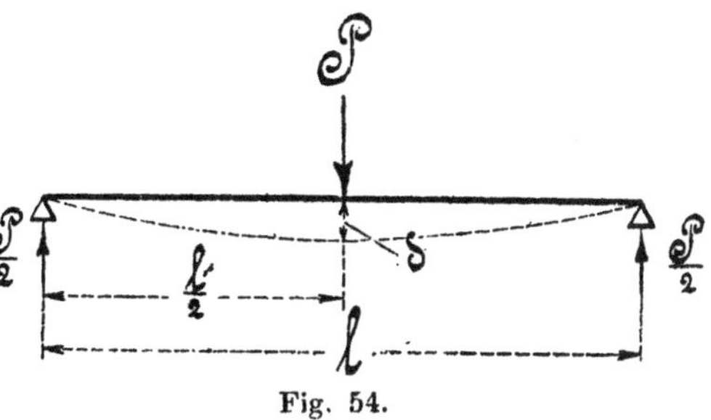

Fig. 54.

der Träger aus zwei Freiträgern von je der Länge $\dfrac{l}{2}$ hergestellt worden sei.

Wird demnach in der Gleichung 64 anstatt 1 die Länge $\frac{1}{2}$ einge-

setzt, so ist
$$\delta = \frac{\left(\frac{1}{2}\right)^2 \alpha\, M_b}{2\,\Theta} = \frac{1^2\,\alpha\, M_b}{8\,\Theta} \quad , \ . \ . \ . \ . \ . \ . \ 65$$

§ 15. Allgemeine Bestimmung der äquatorialen, reduzierten und polaren Trägheits- und Widerstandsmomente ebener Flächen.

1. Das äquatoriale Trägheitsmoment.

Wie im § 14 Abs. 1 bereits gesagt worden ist, versteht man unter dem Trägheitsmomente einer Fläche, bezogen auf die durch den Schwerpunkt der Fläche gehende neutrale Achse N N, „die Summe aller Produkte aus den Faserquerschnitten und den Quadraten ihrer Abstände von der neutralen, stets durch den Schwerpunkt gehenden Achse".

Wird in der Fig. 55 das Trägheitsmoment mit Θ bezeichnet, so ist
$$\Theta = \Sigma\, f\, \eta^2 . \ . \ . \ . \ . \ . \ . \ . \ . \ . \ . \ 66$$

2. Das reduzierte Trägheitsmoment.

In vielen Fällen ist es notwendig, nicht allein das unter 1 genannte äquatoriale Trägheitsmoment zu wissen, sondern das Trägheitsmoment einer Fläche auch in bezug auf eine beliebige, innerhalb oder außerhalb derselben gelegene, zur Schwerpunktsachse (neutralen Achse) parallel laufende Achse zu kennen.

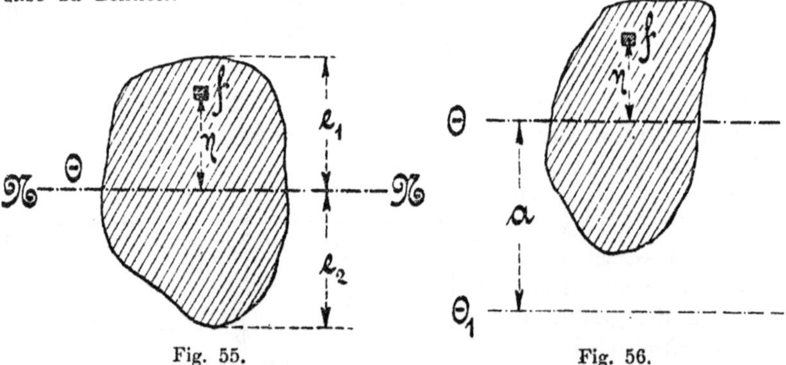

Fig. 55.   Fig. 56.

Soll also das Trägheitsmoment Θ_1 der in Fig. 56 angegebenen, im Abstande a von der neutralen Achse angenommenen Achse bestimmt werden, so gilt auch hier die unter 1 ausgesprochene Definition.

Da nun ein beliebiges Flächenelement f von der fraglichen Achse den Abstand „a + η“ besitzt, so ist das gesuchte Trägheitsmoment

$$\Theta_1 = \Sigma f (a + \eta)^2 \quad \text{oder entwickelt,}$$
$$\text{„} = \Sigma f (a^2 + 2a\eta + \eta^2) = \Sigma (fa^2 + 2af\eta + f\eta^2)$$
$$\text{„} = a^2 \Sigma f + 2a \Sigma f\eta + \Sigma f\eta^2.$$

Hierin ist $\Sigma f = F$, der Inhalt des vorliegenden Querschnittes,

$\Sigma f\eta = 0$, das statische Moment des Querschnittes in bezug auf die Schwerpunktsachse,

$\Sigma f\eta^2 = \Theta$, das auf die neutrale Achse bezogene Trägheitsmoment.

Diese Werte, in die vorstehende Gleichung eingesetzt, geben

$$\Theta_1 = a^2 F + 0 + \Theta = \Theta + Fa^2, \quad \ldots \ldots \quad 67$$

d. h. das Trägheitsmoment einer Fläche in bezug auf eine beliebige Achse ist gleich dem Trägheitsmomente, bezogen auf die zu dieser Achse parallel gerichtete Schwerpunktsachse, vermehrt um das Produkt aus dem Querschnitte und dem quadratischen Abstande beider Achsen.

3. Das äquatoriale Trägheitsmoment einer zusammengesetzten Fläche, bezogen auf die Schwerpunktsachse derselben.

a) Wie Fig. 57 zeigt, läßt sich jede beliebig zusammengesetzte Fläche in solche Flächenteile zerlegen, von denen die auf die zugehörigen Schwerpunktsachsen bezogenen Trägheitsmomente bekannt sind.

Werden diese Flächenteile mit F_1, F_2, F_3 etc. und die zugehörigen Trägheitsmomente mit Θ_1, Θ_2, Θ_3 etc. bezeichnet; haben ferner die Flächenschwerpunktsachsen von der Schwerpunktsachse der ganzen Fläche die Abstände a_1, a_2, a_3 etc., so ergibt sich das

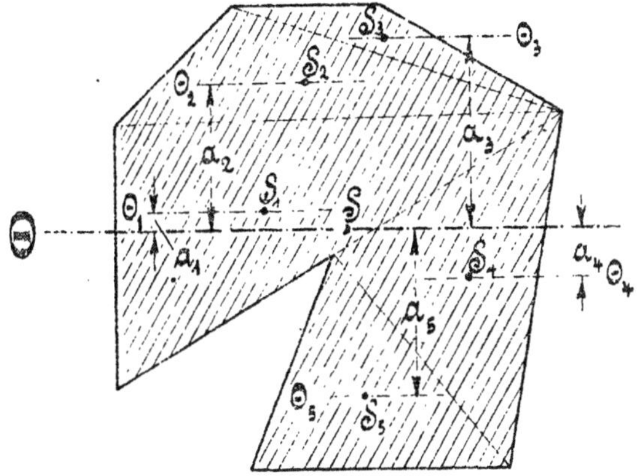

Fig. 57.

äquatoriale Trägheitsmoment Θ der ganzen Fläche mit Hilfe des vorher unter 2 genannten reduzierten Trägheitsmoments zu

$$\Theta = (\Theta_1 + F_1 \cdot a_1^2) + (\Theta_2 + F_2 \cdot a_2^2) + (\Theta_3 + F_3 \cdot a_3^2) + \ldots \ldots$$
$$\text{„} = \overset{n}{\underset{1}{\Sigma}} (\Theta + F \cdot a^2), \quad \ldots \ldots \ldots \ldots \ldots \ldots \quad 68$$

d. h. das Trägheitsmoment einer beliebig zusammengesetzten Fläche in bezug auf ihre Schwerpunktsachse ist gleich der Summe der reduzierten Trägheitsmomente der einzelnen Flächenteile.

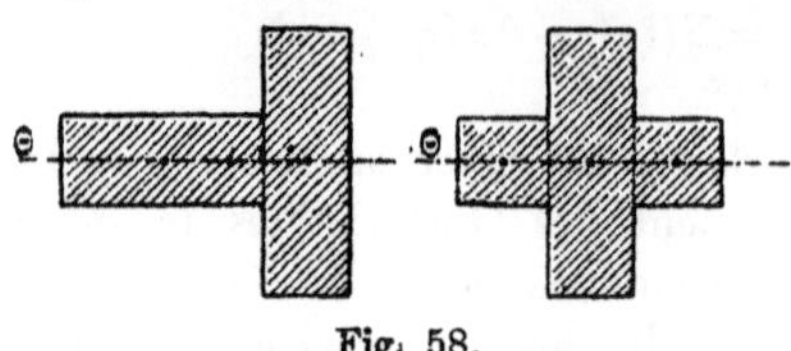

Fig. 58.

b) Liegen, wie Fig. 58 zeigt, die einzelnen Flächenteile so, daß ihre Schwerpunkte sämtlich in die Schwerpunktsachse der ganzen Fläche fallen, also daß die in letzter Gleichung genannten Achsenabstände

$$a_1 = a_2 = a_3 = a_4 = \ldots \ldots = 0$$

werden, so folgt

$$\Theta = \Theta_1 + \Theta_2 + \Theta_3 + \Theta_4 + \ldots \ldots = \overset{n}{\underset{1}{\Sigma}} \Theta, \quad \ldots \ldots \quad 69$$

d. h. das äquatoriale Trägheitsmoment der ganzen Fläche ist gleich der algebraischen Summe der Trägheitsmomente der einzelnen Flächenteile.

4. Das polare Trägheitsmoment.

Wird das Trägheitsmoment einer Fläche nicht, wie es vorher der Fall war, auf eine in der Fläche liegende Schwerpunktsachse, sondern, wie

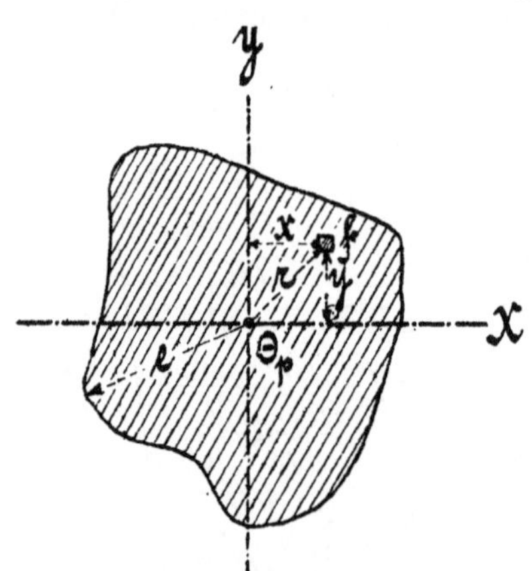

Fig. 59.

Fig. 59 zeigt, auf die durch den Schwerpunkt gehende und senkrecht zur Fläche gerichtete Achse bezogen, so erhält man das sogenannte polare Trägheitsmoment $\Theta_p = \Sigma\,f\,r^2$. Da nun aber $r^2 = x^2 + y^2$ ist, so folgt auch

$$\Theta_p = \Sigma f (x^2 + y^2) = \Sigma f x^2 + \Sigma f y^2$$
$$\text{„} = \Theta_x + \Theta_y, \quad \ldots \ldots \quad 70$$

d. h. das polare Trägheitsmoment einer Fläche ist gleich der Summe zweier äquatorialen Trägheitsmomente in bezug auf zwei senkrecht zueinander stehende Schwerpunktsachsen.

In gleicher Weise, wie es beim äquatorialen Trägheitsmomente ein äquatoriales Widerstandsmoment gibt, steht hier beim polaren Trägheitsmomente auch ein polares Widerstandsmoment zur Seite, das, dem früheren Ausdrucke „$W = \dfrac{\Theta}{e}$" entsprechend, $W_p = \dfrac{\Theta_p}{e}$ lautet, worin e den größten Abstand des Umfanges vom Schwerpunkte bedeutet.

§ 16. Trägheits- und Widerstandsmomentbestimmung einiger in der Praxis häufig angewandten einfachen Querschnitte.

1. Das Trägheits- und Widerstandsmoment des Parallelogrammes.

a) Bezogen auf eine durch die Grundlinie gehende Achse AB.

Das Parallelogramm denke man sich, wie Fig. 60 zeigt, in unendlich viele Flächenelemente von gleicher Höhe δ zerlegt, so ergibt sich nach § 15 Abs. 1 das gesuchte Trägheitsmoment

$$\Theta_g = \Sigma f\, \eta^2$$
$$\text{„} = f_1\, \eta_1^2 + f_2\, \eta_2^2 + f_3\, \eta_3^2 + f_4\, \eta_4^2 + \ldots + f_n\, \eta_n^2,$$

da aber $\qquad f_1 = f_2 = f_3 = f_4 = \ldots = f_n = f$

angenommen worden ist, so ist

$$\Theta_g = f\,(\eta_1^2 + \eta_2^2 + \eta_3^2 + \eta_4^2 + \ldots + \eta_n^2)$$
$$\text{„} = b\delta\left[\left(\tfrac{1}{2}\delta\right)^2 + \left(\tfrac{3}{2}\delta\right)^2 + \left(\tfrac{5}{2}\delta\right)^2 + \left(\tfrac{7}{2}\delta\right)^2 + \ldots + \left(\tfrac{2n-1}{2}\delta\right)^2\right]$$
$$\text{„} = \frac{b\delta^3}{4}\left[1^2 + 3^2 + 5^2 + 7^2 + \ldots + (2n-1)^2\right]$$
$$\text{„} = \frac{b\delta^3}{4} \cdot \frac{n\,(4n^2-1)}{3}, \quad *)$$

worin n die Anzahl der Flächenelemente bedeutet.

---

*) Die Summe der vorliegenden arithmetischen Reihe 2. Ordnung,

nämlich	1^2	3^2	5^2	7^2	9^2	11^2	13^2	15^2 . . . .
oder	1	9	25	49	81	121	169	225 . . . .
1. Differenz		8	16	24	32	40	48	56 . . . .
2. „			8	8	8	8	8	8 . . . .

entwickelt sich in folgender Weise:

Setzt man in das allgemeine Summenglied der Reihe 2. Ordnung

$$a\,n^3 + b\,n^2 + c\,n$$

der Reihe nach $n = 1$, $n = 2$ und $n = 3$, so ergibt sich für

$$n = 1 \ldots\ldots\ldots \quad a + b + c = 1 \qquad\qquad\quad\ \big|\ -2\ \big|\ -3$$
$$n = 2 \ldots\ldots\ldots \quad 8a + 4b + 2c = 1 + 9 = 10$$
$$n = 3 \ldots\ldots\ldots \quad 27a + 9b + 3c = 1 + 9 + 25 = 35\ \big|$$

$$\text{Aus Gleichung 1 u. 2 folgt:} \quad 6a + 2b \qquad = 8\ \big|\ -3\ \big|\ \ 4$$
$$\text{„} \qquad \text{„} \qquad 1\ \text{u.}\ 3 \quad \text{„} \quad 24a + 6b \qquad = 32\ \big|\ \qquad\big|\ -1$$

$$6a \qquad\qquad = 8$$
$$a \qquad\qquad = \frac{8}{6} = \frac{4}{3};$$
$$2b \qquad\qquad = 0$$
$$b \qquad\qquad = \frac{0}{2} = 0;$$

Aus Gleichung 1 folgt:
$$c = 1 - a - b = 1 - \frac{4}{3} - 0$$
$$c = \frac{3-4}{3} = -\frac{1}{3}$$

Wird nun die Zahl n unendlich groß angenommen, so kann in dem Klammerwerte der Subtrahend 1 vernachlässigt werden.

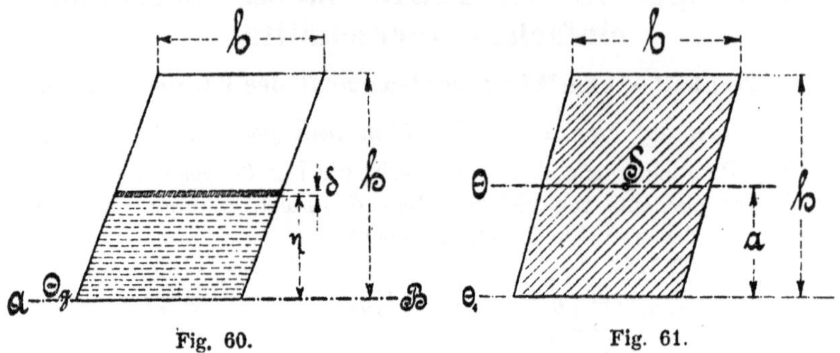

Fig. 60.   Fig. 61.

Die letzte Gleichung lautet dann unter weiterer Berücksichtigung der aus Fig. 60 zu ersehenden Beziehung „h = n δ"

$$\Theta_g = \frac{b\delta^3}{4}\frac{n\,4\,n^2}{3} = \frac{b\,\delta^3 n^3}{3} = \frac{b\,(\delta n)^3}{3} = \frac{b\,h^3}{3}.$$

b) Bezogen auf die zur Grundlinie A B parallel gerichtete und durch den Schwerpunkt des Parallelogrammes gehende Achse.

Wird nach Fig. 61 das auf die Schwerpunktsachse bezogene Trägheitsmoment mit Θ bezeichnet, so ergibt sich dasselbe nach § 15 Abs. 2 zu

$$\Theta_1 = \Theta + F\,a^2,$$

woraus

$$\Theta = \Theta_1 - F\,a^2 = \frac{b\,h^3}{3} - bh\left(\frac{h}{2}\right)^2$$

$$„ = \frac{b\,h^3}{3} - \frac{b\,h^3}{4} = \frac{b\,h^3}{12}.$$

Das hierzu gehörige Widerstandsmoment ist dann

$$W = \frac{\Theta}{e} = \frac{\dfrac{b\,h^3}{12}}{\dfrac{h}{2}} = \frac{b\,h^2}{6}.$$

Diese gefundenen Werte in das Summenglied eingeführt, gibt die gesuchte Summe der vorgelegten arithmetischen Reihe zu

$$a\,n^3 + b\,n^2 + cn = \frac{4}{3}n^3 + 0\,n^2 + \left(-\frac{1}{3}\right)n$$

$$„ \qquad „ \qquad „ = \frac{4}{3}n^3 \qquad\qquad - \frac{1}{3}n$$

$$„ \qquad „ \qquad „ = \frac{4\,n^3 - n}{3} = \frac{n\,(4\,n^2 - 1)}{3},$$

worin n die Anzahl der Glieder darstellt.

Mit Hilfe dieser Resultate — die für jedes Parallelogramm Geltung haben — lassen sich nun mit Leichtigkeit folgende Trägheits- bezw. Widerstandsmomente berechnen.

2. Das Trägheits- und Widerstandsmoment des Dreieckes.

a) Bezogen auf die in halber Höhe und parallel zur Grundlinie gerichtete Achse A B.

Da die vorgelegte Achse A B mit der Schwerpunktsachse des zugehörigen Parallelogrammes (d. h. desjenigen von gleicher Grundlinie und Höhe) übereinstimmt und die Dreiecksfläche die Hälfte des Parallelogrammes beträgt, so ist auch das Trägheitsmoment der Dreiecksfläche, bezogen auf die genannte Achse A B — siehe Fig. 62 —, gleich der Hälfte des auf dieselbe Achse des Parallelogrammes bezogenen Trägheitsmomentes.

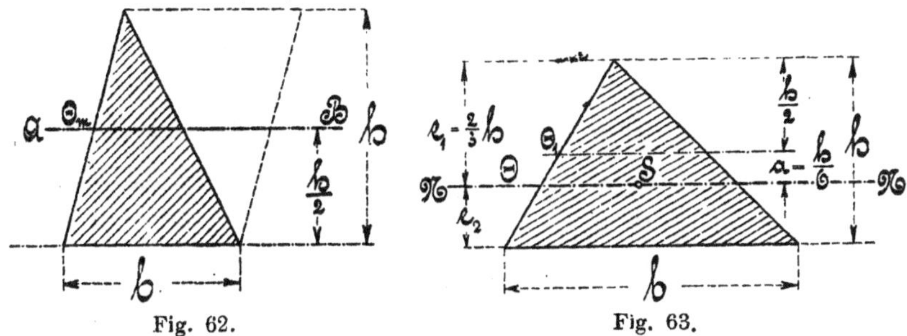

Fig. 62.   Fig. 63.

Es ist somit unter Bezugnahme auf § 16 Abs. 1[b] das gesuchte Trägheitsmoment
$$\Theta_m = 0,5 \cdot \frac{b\,h^3}{12} = \frac{b\,h^3}{24}.$$

b) Bezogen auf die Schwerpunktsachse N N des Dreieckes.

Nach § 15 Abs. 2 lautet mit bezug auf Fig. 63 das gesuchte Trägheitsmoment $\Theta_1 = \Theta + F\,a^2$, woraus

$$\Theta = \Theta_1 - F\,a^2 = \frac{b\,h^3}{24} - \frac{b\,h}{2}\left(\frac{2}{3}h - \frac{h}{2}\right)^2 = \frac{b\,h^3}{24} - \frac{b\,h}{2}\left(\frac{4h - 3h}{6}\right)^2$$

$$= \frac{b\,h^3}{24} - \frac{b\,h}{2}\left(\frac{h}{6}\right)^2 = \frac{3\,b\,h^3 - b\,h^3}{3 \cdot 24} = \frac{2\,b\,h^3}{72} = \frac{b\,h^3}{36}.$$

Die hierzu gehörigen Widerstandsmomente ergeben sich dann zu

$$W_1 = \frac{\Theta}{e_1} = \frac{\dfrac{b\,h^3}{36}}{\dfrac{2\,h}{3}} = \frac{b\,h^3}{36}\frac{3}{2\,h} = \frac{b\,h^2}{24}$$

und
$$W_2 = \frac{\Theta}{e_2} = \frac{\dfrac{b\,h^3}{36}}{\dfrac{h}{3}} = \frac{b\,h^3}{36}\frac{3}{h} = \frac{b\,h^3}{12}.$$

c) Bezogen auf die durch die Grundlinie gehende Achse des Dreieckes.

Auch dieses Trägheitsmoment wird mit Hilfe des in § 15 Abs. 2 entwickelten reduzierten Trägheitsmomentes nach Fig. 64 gewonnen.

$$\Theta_g = \Theta + F a^2 = \frac{bh^3}{36} + \frac{bh}{2}\left(\frac{h}{3}\right)^2 = \frac{bh^3 + 2bh^2}{36} = \frac{3bh^3}{36} = \frac{bh^3}{12}.$$

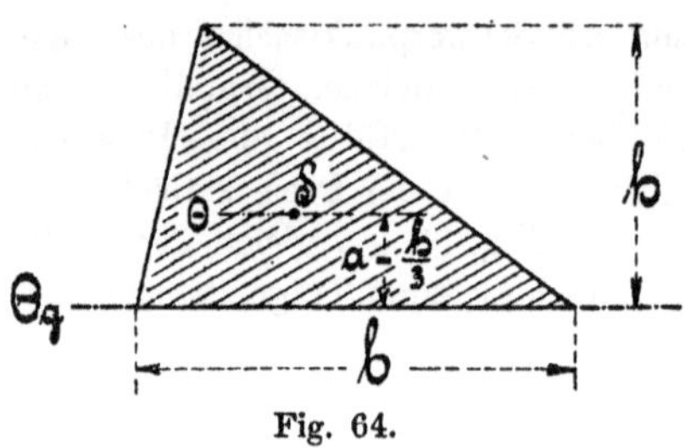

Fig. 64.

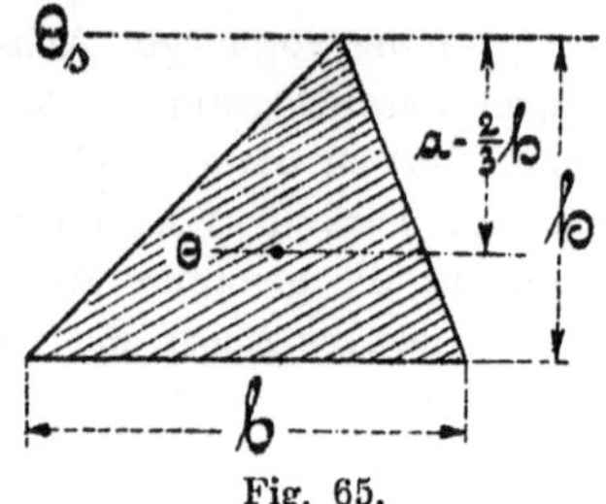

Fig. 65.

d) Bezogen auf die durch die Spitze gehende Achse des Dreieckes.

In gleicher Weise erhält man nach Fig. 65 das Trägheitsmoment

$$\Theta_s = \Theta + F a^2 = \frac{bh^3}{36} + \frac{bh}{2}\left(\frac{2h}{3}\right)^2 = \frac{bh^3}{36} + \frac{bh}{2}\frac{4h^2}{9} = \frac{bh^3 + 8bh^3}{36}$$

$$\text{„}\qquad = \frac{9bh^3}{36} = \frac{bh^3}{4}.$$

3. Das Trägheits- und Widerstandsmoment der Kreisfläche.

Wie im vorliegenden § 16 Abs. 2^d entwickelt, beträgt das Trägheitsmoment eines Dreieckes, bezogen auf die durch die Spitze parallel zur Grundlinie gehende Achse, $\Theta_s = \dfrac{bh^3}{4}$.

Denkt man sich nun die Kreisfläche in Fig. 66 in unendlich viele Dreiecke zerlegt, so besitzt ein jedes solches Dreieck, wie Fig. 66^a zeigt, ein Trägheitsmoment von $\dfrac{br^3}{4}$; hierbei ist allerdings vorausgesetzt, daß die durch die Spitze gehende Achse AB parallel zur Grundlinie b gerichtet ist. Diese Voraussetzung ist nun aber fast vollständig in bezug auf die durch den Schwerpunkt gehende polare Achse erfüllt, sobald, wie hier angenommen ist, die Dreiecke unendlich schmal sind, d. h. eine unendlich kleine Grundlinie b haben.

Nach diesem erhält man nach § 15 Abs. 4 zunächst das polare Trägheitsmoment der vorgelegten Kreisfläche zu $\Theta_p = \Sigma f r = \Sigma \dfrac{br^3}{4} = \dfrac{r^3}{4}\Sigma b.$

Da nun $\Sigma b = 2\,r\,\pi$ ist, so folgt

$$\Theta_p = \frac{r^3}{4}\,2\,r\,\pi = \frac{2\,r^4\pi}{4} = \frac{r^4\pi}{2} = \frac{\left(\dfrac{d}{2}\right)^4\pi}{2} = \frac{d^4\pi}{32}.$$

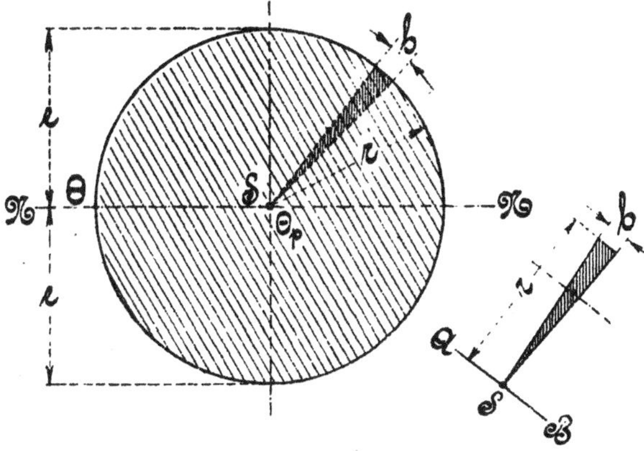

Fig. 66.

Das gesuchte äquatoriale Trägheitsmoment Θ, bezogen auf die neutrale Schwerpunktsachse N N, wird dann nach § 15 Abs. 4 erhalten zu

$$\Theta_p = \Theta_x + \Theta_y$$

oder, da beim Kreis $\Theta_x = \Theta_y = \Theta$ ist, $\Theta_p = 2\,\Theta$,

woraus $\quad \Theta = \dfrac{\Theta_p}{2} = \dfrac{\dfrac{r^4\pi}{2}}{2} = \dfrac{r^4\pi}{4} = \dfrac{\dfrac{d^4\pi}{32}}{2} = \dfrac{d^4\pi}{64}$ folgt.

Das Widerstandsmoment findet sich dann aus

$$W = \frac{\Theta}{e} = \frac{\dfrac{r^4\pi}{4}}{r} = \frac{r^3\pi}{4} = \frac{\dfrac{d^4\pi}{64}}{\dfrac{d}{2}} = \frac{d^3\pi}{32}.$$

4. Das Trägheits- und Widerstandsmoment des elliptischen Querschnittes.

Sind die beiden Halbachsen einer Ellipse gegeben, so findet man einen beliebigen Kurvenpunkt P der Ellipse, indem man, wie Fig. 67 zeigt, mit den beiden Halbachsen als Radien Kreise vom Mittelpunkte S der Ellipse aus beschreibt und hierauf einen beliebigen Strahl SB zieht, dessen Schnittpunkt A und B mit den beiden Kurven durch Vertikal- und Horizontalprojektion den Kurvenpunkt P liefern.

Aus dieser Konstruktion ergibt sich dann:

$$\triangle \mathrm{CBS} \sim \triangle \mathrm{PBA}, \text{ woraus } \overline{\mathrm{CB}}:\overline{\mathrm{CP}}=\overline{\mathrm{SB}}:\overline{\mathrm{SA}} \text{ folgt;}$$

da nun $$\overline{\mathrm{SB}}:\overline{\mathrm{SA}} = a:b \text{ ist,}$$

so ist auch $$\overline{\mathrm{CB}}:\overline{\mathrm{CP}} = a:b$$

und $$\overline{\mathrm{CP}} \qquad = \frac{b}{a}.\overline{\mathrm{CB}}.$$

In gleicher Weise findet man aus der Ähnlichkeit der beiden Drei-
ecke $\mathrm{B_1\,CS}$ und $\mathrm{B_1\,P_1\,A_1}$ $\overline{\mathrm{CP}}_1 = \dfrac{b}{a}\,\overline{\mathrm{B_1C}}.$

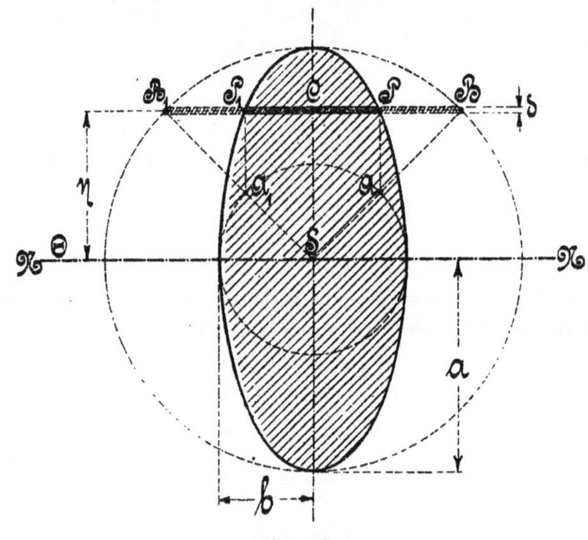

Fig. 67.

Denkt man sich nun im Abstande η von der neutralen Achse ein
sowohl für den großen Kreis als auch für die Ellipse gemeinschaftliches
Flächenelement, das die Dicke δ besitzt, so ergibt sich das gesuchte Träg-
heitsmoment der Ellipse zu $\Theta = \Sigma(\mathrm{f_{Ell}}.\eta^2) = \Sigma(\overline{\mathrm{P_1P}}\,\delta.\eta^2).$

Da nun $\overline{\mathrm{P_1P}} = \overline{\mathrm{CP}}_1 + \overline{\mathrm{CP}} = \dfrac{b}{a}.\overline{\mathrm{B_1C}} + \dfrac{b}{a}\,\overline{\mathrm{CB}}$

bezw. $\quad\text{„} = \dfrac{b}{a}(\overline{\mathrm{B_1C}} + \overline{\mathrm{CB}}) = \dfrac{b}{a}.\overline{\mathrm{B_1B}}$ ist,

so ist $\Theta = \Sigma(\overline{\mathrm{P_1P}}\,\delta.\eta^2) = \Sigma\left(\dfrac{b}{a}\,\overline{\mathrm{B_1B}}\,\delta.\eta^2\right) = \dfrac{b}{a}\,\Sigma(\overline{\mathrm{B_1B}}\,\delta.\eta^2)$

$\quad\text{„} = \dfrac{b}{a}\,\Sigma \mathrm{f_{Kr.}}\,\eta^2) = \dfrac{b}{a}\,\Theta_{\mathrm{Kr.}}$

worin $\Theta_{\mathrm{Kr.}}$ das Trägheitsmoment der vorher bestimmten Kreisfläche darstellt. Diesen Wert eingesetzt, gibt dann $\Theta = \dfrac{b}{a}\dfrac{a^4\pi}{4} = \dfrac{a^3 b\pi}{4}$.

Bezeichnet in Fig. 68 D und d den großen und den kleinen Durchmesser, R und r die zugehörigen Radien der Ellipse, so hat man das fragliche Trägheitsmoment Θ in gleicher Schreibweise wie beim Kreis, nur daß bei der Ellipse die Abmessung in der Richtung der neutralen Achse ein Maß vom 1. Grade, dagegen in senkrechter Richtung zur neutralen Achse ein Maß vom 3. Grade darstellt.

Das Trägheitsmoment und das Widerstandsmoment des elliptischen Querschnittes beträgt

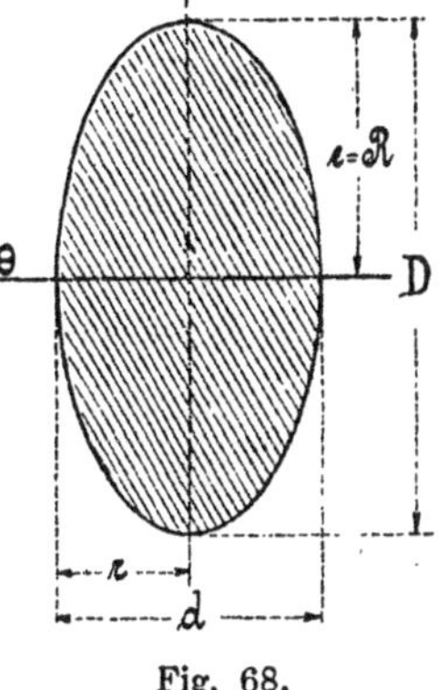

Fig. 68.

$$\Theta = \frac{a^3 b\pi}{4} = \frac{R^3 r\pi}{4} = \frac{\left(\dfrac{D}{2}\right)^3 \dfrac{d}{2}\,\pi}{4} = \frac{D^3 d\pi}{64},$$

$$W = \frac{\Theta}{e} = \frac{\dfrac{R^3 r\pi}{4}}{R} = \frac{R^2 r\pi}{4} = \frac{\dfrac{D^3 d\pi}{64}}{\dfrac{D}{2}} = \frac{D^2 d\pi}{32}.$$

§ 17. Trägheits- und Widerstandsmomentbestimmung zusammengesetzter Querschnitte, bezogen auf die als Symmetrieachse dienende Schwerpunktsachse.

1. Für das Quadrat.

a) Bezogen auf die parallel zu den Seiten laufende Schwerpunktsachse.

Dieses Trägheitsmoment wird mit Bezug auf Fig. 69 nach dem im § 16 Abs. 1[b] für das allgemeine Parallelogramm Gesagten gefunden zu

$$\Theta = \frac{a\,a^3}{12} = \frac{a^4}{12}.$$

Das Widerstandsmoment ist dann $W = \dfrac{\Theta}{e} = \dfrac{\dfrac{a^4}{12}}{\dfrac{a}{2}} = \dfrac{a^3}{6}.$

b) Bezogen auf die durch die Diagonale gehende Schwerpunktsachse.

Da sich die in Fig. 70 dargestellte Fläche aus zwei gleichen, über der Diagonale als gemeinschaftliche Basis liegenden, gleichschenkligen

Dreiecken zusammensetzt, so ist das gesuchte Trägheitsmoment die Summe
der Trägheitsmomente der einzelnen Dreiecke, bezogen auf die durch die
gemeinschaftliche Grundlinie der Dreiecke gehende Achse.

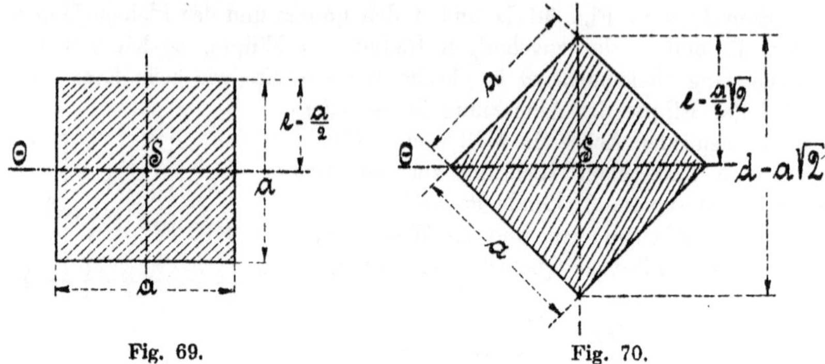

Fig. 69.   Fig. 70.

Es ergibt sich also das gesuchte Trägheitsmoment Θ, unter Bezugnahme auf § 16 Abs. 2^c, zu

$$\Theta = \frac{2\,d\,e^3}{12} = \frac{2\,a\sqrt{2}\left(\frac{a\sqrt{2}}{2}\right)^3}{12} = \frac{2\,a\sqrt{2}\,a^3\sqrt{2^3}}{12\cdot 8} = \frac{\sqrt{2^4}\,a^4}{6\cdot 8} = \frac{4\,a^4}{6\cdot 8} = \frac{a^4}{12}.$$

Das Widerstandsmoment beträgt dann

$$W = \frac{\Theta}{e} = \frac{\dfrac{a^4}{12}}{\dfrac{a\sqrt{2}}{2}} = \frac{a^4}{12}\frac{2}{a\sqrt{2}} = \frac{a^3\sqrt{2}}{6}\frac{2}{2} = \frac{\sqrt{2}}{12}a^3 = 0{,}1179\,a^3.$$

NB. Schneidet man die obere und untere Ecke wagerecht ab, so wird
das Widerstandsmoment W größer; verkürzt man beiderseitig die Diagonale d
um $^1/_{18}$ ihrer Länge, so ergibt sich als größter Wert

$$W_{max} = 0{,}1242\,a^3.$$

(S. Z. d. V. d. Ing. 1899 S. 1108.)

2. Für den geteilten rechteckigen Querschnitt.

Da die in Fig. 71 dargestellte Fläche als Differenz des vollen und
des hohlen Rechteckes mit den Trägheitsmomenten Θ_1 und Θ_2 aufgefaßt
werden kann, so ergibt sich das gesuchte Trägheitsmoment Θ, unter Hinweis auf § 15 Abs. 3^b, zu

$$\Theta = \Theta_1 - \Theta_2 = \frac{b\,H^3}{12} - \frac{b\,h^3}{12} = \frac{b}{12}(H^3 - h^3);$$

das Widerstandsmoment beträgt dann

$$W = \frac{\Theta}{e} = \frac{\frac{b}{12}(H^3 - h^3)}{\frac{H}{2}} = \frac{b}{6}\frac{H^3 - h^3}{H}.$$

3. Für das hohle Quadrat.

a) Bezogen auf die parallel zu den Seiten laufende Schwerpunktsachse.

Die in Fig. 72 angegebene Fläche kann ebenso wie vorher als Differenz aus ganzer und hohler Fläche mit den zugehörigen Trägheitsmomenten Θ_1 und Θ_2 angesehen werden.

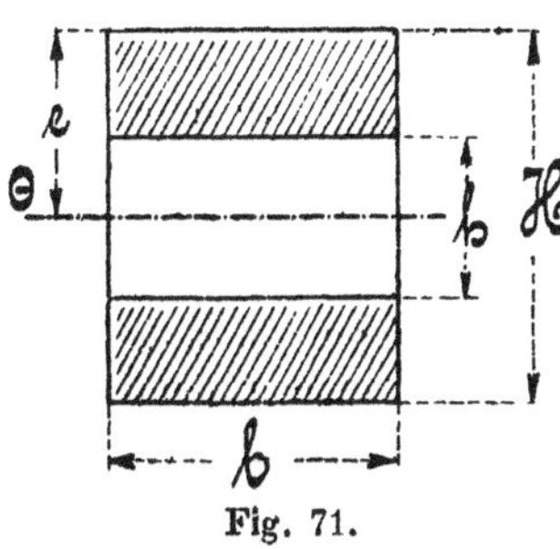

Fig. 71.

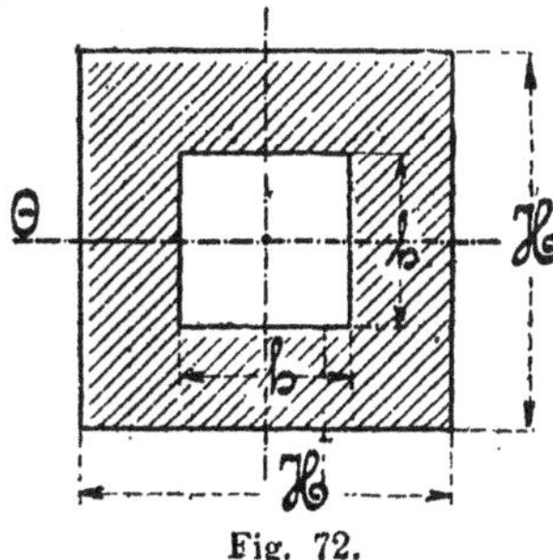

Fig. 72.

Es wird deshalb das gesuchte Trägheitsmoment Θ wieder nach § 15 Abs. 3[b] bestimmt zu

$$\Theta = \Theta_1 - \Theta_2 = \frac{H^4}{12} - \frac{h^4}{12} = \frac{1}{12}(H^4 - h^4)$$

$$\text{und } W = \frac{\Theta}{e} = \frac{\frac{1}{12}(H^4 - h^4)}{\frac{H}{2}} = \frac{1}{6}\frac{H^4 - h^4}{H}.$$

b) Bezogen auf die durch die Diagonale gehende Schwerpunktsachse.

Auch die in Fig. 73 angegebene Fläche kann mit Bezugnahme auf den vorliegenden § 17 Abs. 1[b] als Differenz aus ganzer und hohler Fläche mit den zugehörigen Trägheitsmomenten Θ_1 und Θ_2 angesehen werden.

Das gesuchte Trägheitsmoment ist somit

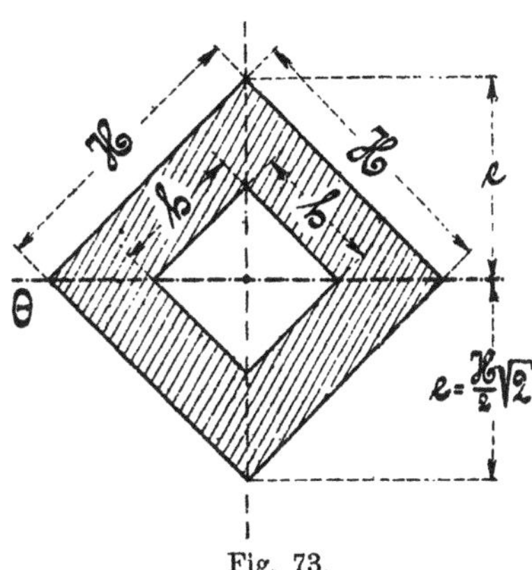

Fig. 73.

$$\Theta = \Theta_1 - \Theta_2 = \frac{H^4}{12} - \frac{h^4}{12} = \frac{1}{12}(H^4 - h^4)$$

$$\text{und} \cdot W = \frac{\Theta}{e} = \frac{\frac{1}{12}(H^4 - h^4)}{\frac{H}{2}\sqrt{2}} = \frac{1(H^4 - h^4)\sqrt{2}}{12 \quad \frac{H}{2}\sqrt{2}\sqrt{2}} = \frac{\sqrt{2}}{12}\frac{H^4 - h^4}{H}$$

$$\text{\textquotedblright} = 0{,}1179 \frac{H^4 - h^4}{H}$$

4. Für die beistehenden, ausgesparten rechteckigen Querschnitte von gleichen Abmessungen.

Auch die in Fig. 74 angegebenen Querschnitte kann man, wie vorher gesagt, als Differenz aus ganzer und hohler Fläche mit den Trägheitsmomenten Θ_1 und Θ_2 ansehen. § 16 Abs. 1 [b] ergibt dann das gesuchte Trägheitsmoment

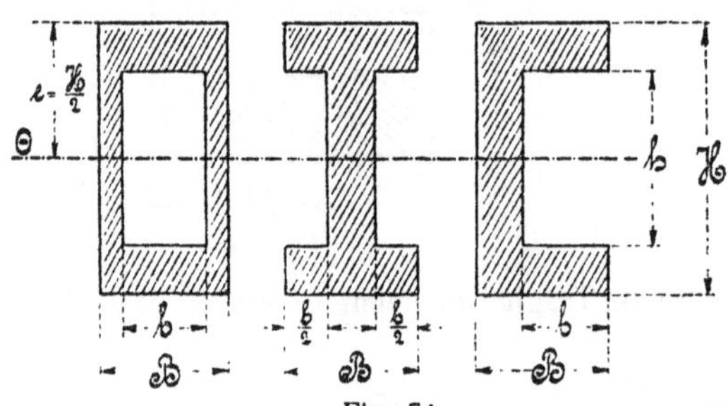

Fig. 74.

$$\Theta = \Theta_1 - \Theta_2$$

$$\text{\textquotedblright} = \frac{BH^3}{12} - \frac{bh^3}{12}$$

$$\text{\textquotedblright} = \frac{1}{12}(BH^3 - bh^3)$$

und das Widerstandsmoment

$$W = \frac{\Theta}{e} = \frac{\frac{1}{12}(BH^3 - bh^3)}{\frac{H}{2}}$$

$$\text{\textquotedblright} = \frac{1}{6}\frac{BH^3 - bh^3}{H}$$

5. Für die beistehenden, doppelt ausgesparten Querschnitte von gleichen Abmessungen.

Das Trägheitsmoment Θ für die in Fig. 75 dargestellten Flächen ergibt sich auch als Differenz der Trägheitsmomente aus voller Fläche und Lochfläche.

Das Trägheits- und Widerstandsmoment beträgt dann

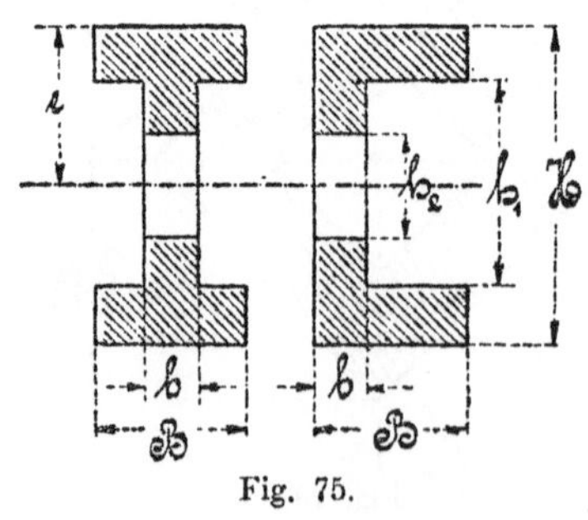

Fig. 75.

$$\Theta = \frac{B\,H^3}{12} - \frac{B\,h_1^{\,3}}{12} + \frac{b\,h_1^{\,3}}{12} - \frac{b\,h_2^{\,3}}{12} = \frac{1}{12}\{B\,(H^3 - h_1^{\,3}) + b\,(h_1^{\,3} - h_2^{\,3})\}$$

$$\text{und } W = \frac{\Theta}{e} = \frac{1}{6}\,\frac{B\,(H^3 - h_1^{\,3}) + b\,(h_1^{\,3} - h_2^{\,3})}{H}.$$

6. Für die beistehenden Querschnitte von gleichen Abmessungen.

Das Trägheitsmoment für die in Fig. 76 dargestellten Flächen ergibt sich am einfachsten als Summe der Trägheitsmomente aus den einzelnen Rechteckflächen, wie folgende Darstellung zeigt.

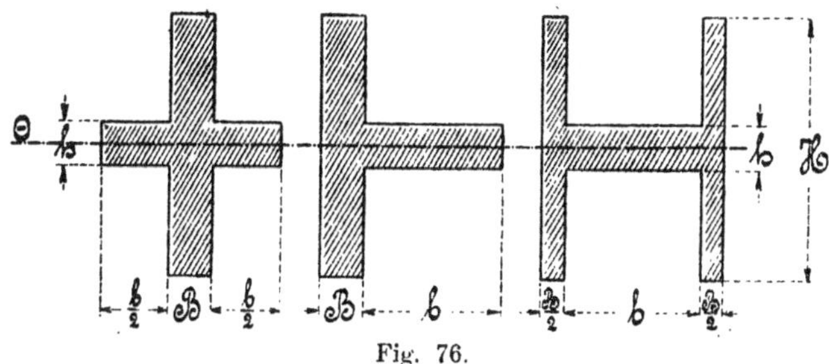

Fig. 76.

$$\Theta = \frac{B\,H^3}{12} + \frac{b\,h^3}{12} = \frac{1}{12}\,(B\,H^3 + b\,h^3),$$

das Widerstandsmoment $\quad W = \dfrac{\Theta}{e} = \dfrac{1}{6}\,\dfrac{B\,H^3 + b\,h^3}{H}.$

7. Für die Kreisringfläche.

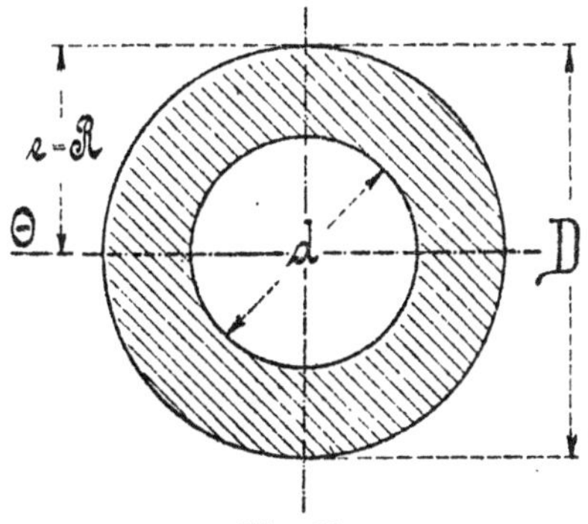

Da die in Fig. 77 angegebene Ringfläche aus der Differenz der vollen und der ausgesparten Kreisfläche besteht, so ergibt sich das Trägheitsmoment

$$\Theta = \frac{D^4\pi}{64} - \frac{d^4\pi}{64} = \frac{\pi}{64}\,(D^4 - d^4)$$

$$= \frac{\pi}{64}\,[(2\,R)^4 - (2\,r)^4] = \frac{\pi}{4}\,(R^4 - r^4)$$

und das Widerstandsmoment aus

Fig. 77.

$$W = \frac{\Theta}{e} = \frac{\frac{\pi}{64}\,(D^4 - d^4)}{\frac{D}{2}} = \frac{\pi}{32}\,\frac{D^4 - d^4}{D} = \frac{\pi}{32}\,\frac{(2\,R)^4 - (2\,r)^4}{2\,R} = \frac{\pi}{4}\,\frac{R^4 - r^4}{R}.$$

8. Für die elliptische Ringfläche.

Das Trägheitsmoment Θ der in Fig. 78 angegebenen Ringfläche ergibt sich ebenfalls als Differenz aus voller Fläche und Lochfläche.

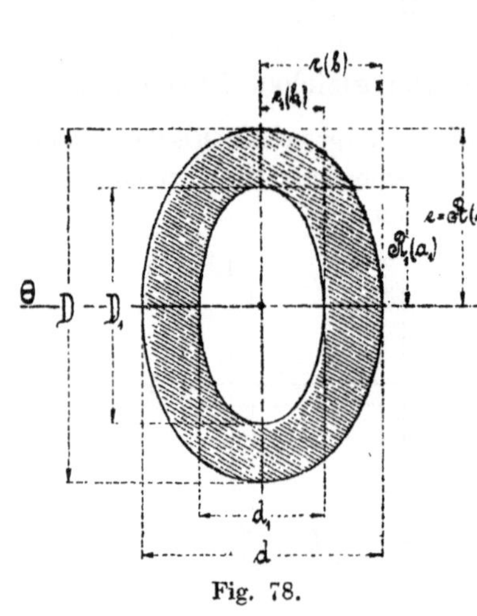

Fig. 78.

$$\text{Es ist}\quad \Theta = \frac{a^3 b\pi}{4} - \frac{a_1^{3} b_1 \pi}{4}$$

$$\text{,,} = \frac{\pi}{4}(a^3 b - a_1^{3} b_1)$$

$$\text{,,} = \frac{\pi}{4}(R^3 r - R_1^{3} r_1)$$

$$\text{oder}\quad \text{,,} = \frac{D^3 d\,\pi}{64} - \frac{D_1^{3} d_1 \pi}{64}$$

$$\text{,,} = \frac{\pi}{64}(D^3 d - D_1^{3} d_1).$$

Das Widerstandsmoment folgt dann aus

$$W = \frac{\Theta}{e} = \frac{\pi}{4}\cdot\frac{a^3 b - a_1^{3} b_1}{a}$$

$$\text{,,} = \frac{\pi}{4}\cdot\frac{R^3 r - R_1^{3} r_1}{R}$$

$$\text{oder}\quad \text{,,} = \frac{\pi}{32}\cdot\frac{D^3 d - D_1^{3} d_1}{D}.$$

9. Für die beistehende Fläche.

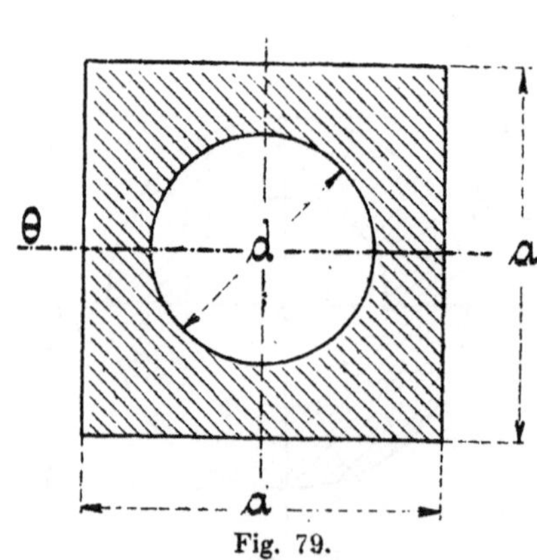

Fig. 79.

Da auch die in Fig. 79 angegebene Fläche aus der vollen Quadratfläche, abzüglich der runden, ausgesparten Fläche gebildet wird, so entwickelt sich das gesamte Trägheitsmoment zu

$$\Theta = \frac{a^4}{12} - \frac{d^4 \pi}{64} = \frac{1}{4}\left(\frac{a^4}{3} - \frac{d^4 \pi}{16}\right)$$

$$\text{,,} = \frac{1}{12}\left(a^4 - \frac{3\pi d^4}{16}\right),$$

und das Widerstandsmoment

$$W = \frac{\Theta}{e} = \frac{1}{6a}\left(a^4 - \frac{3\pi d^4}{16}\right).$$

10. Für den sternförmigen Querschnitt.

Das für die Fig. 80 in Frage kommende Trägheitsmoment Θ ergibt sich aus der Summe der Trägheitsmomente der vollen Kreisfläche, der beiden horizontalen und vertikalen Rechteckflächen zu

$$\Theta = \frac{d^4 \pi}{64} + \frac{(h-d)\,b^3}{12} + \frac{b\,(h^3 - d^3)}{12}$$

$$\text{,,} = \frac{1}{12}\left[\frac{3\pi}{16}d^4 + (h-d)\,b^3 + b\,(h^3 - d^3)\right].$$

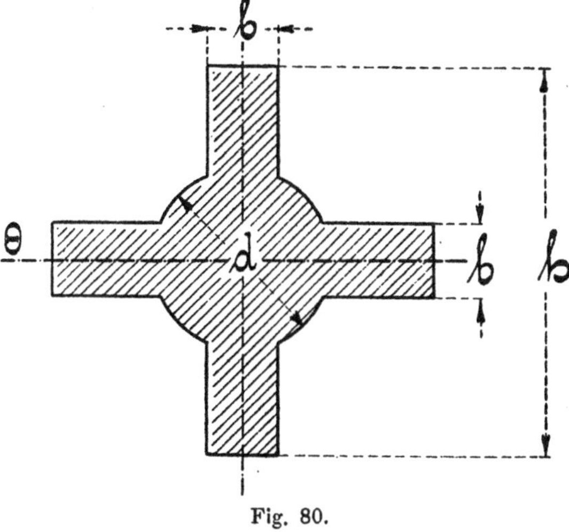

Fig. 80.

Das Widerstandsmoment beträgt dann

$$W = \frac{\Theta}{e} = \frac{1}{6h}\left[\frac{3\pi}{16}d^4 + (h-d)\,b^3 + b\,(h^3 - d^3)\right].$$

11. Für den Wellenquerschnitt eines Trägerwellbleches.

Wie die Fig. 81 erkennen läßt, wird sowohl an der Fläche als auch an dem Trägheitsmomente derselben nichts geändert, wenn man die beiden unteren Viertelkreisringflächen — wie punktiert angedeutet ist — nach innen zu einem halben Ringstücke verlegt. Dann bildet aber eine Welle eine geschlossene Ringfigur, deren Trägheitsmoment Θ aus der Differenz der Trägheitsmomente Θ_1 und Θ_2 der vollen und der Lochfläche sich, wie folgt, bestimmen läßt.

$\Theta = \Theta_1 - \Theta_2$, worin die Trägheitsmomente Θ_1 und Θ_2 sich nach § 15 Abs 3[a], unter weiterer Benutzung des im § 18 Abs. 3 entwickelten Trägheitsmomentes für die Halbkreisfläche, in folgender Weise ergeben:

$$\Theta_1 = \frac{B\,(2a)^3}{12} + 2\left[\left(\frac{\pi}{128} - \frac{1}{18\pi}\right)B^4 + \frac{B^2\,\pi}{4\cdot 2}\left(a + \frac{2B}{3\pi}\right)^2\right]$$

$$\text{,,} = \frac{B\,8a^3}{12} + \left(\frac{2\pi}{128} - \frac{2}{18\pi}\right)B^4 + \frac{2B^2\,\pi}{4\cdot 2}\left(a^2 + \frac{4B^2}{9\pi^2} + 2a\,\frac{2B}{3\pi}\right)$$

$$\Theta_1 = \frac{2}{3}\,\mathrm{B}a^3 + \left(\frac{\pi}{64} - \frac{1}{9\,\pi}\right)\mathrm{B}^4 \quad + \frac{a^2\,\pi}{4}\cdot\mathrm{B}^2 + \frac{1}{9\,\pi}\,\mathrm{B}^4 + \frac{a}{3}\,\mathrm{B}^3.$$

$$\Theta_2 = \frac{b\,(2a)^3}{12} + 2\left[\left(\frac{\pi}{128} - \frac{1}{18\,\pi}\right)b^4 + \frac{b^2\,\pi}{4\,.\,2}\left(a + \frac{2b}{3\,\pi}\right)^2\right]$$

$$\text{\textquotedblright} = \frac{b\,8\,a^3}{12} + \left(\frac{2\,\pi}{128} - \frac{2}{18\,\pi}\right)b^4 + \frac{2\,b^2\,\pi}{4\,.\,2}\left(a^2 + \frac{4\,b^2}{9\,\pi^2} + 2a\,\frac{2b}{3\,\pi}\right)$$

$$\text{\textquotedblright} = \frac{2\,b\,a^3}{3} + \left(\frac{\pi}{64} - \frac{1}{9\,\pi}\right)b^4 \quad + \frac{a^2\,\pi}{4}\,b^2 + \frac{1}{9\,\pi}\,b^4 + \frac{a}{3}\,b^3.$$

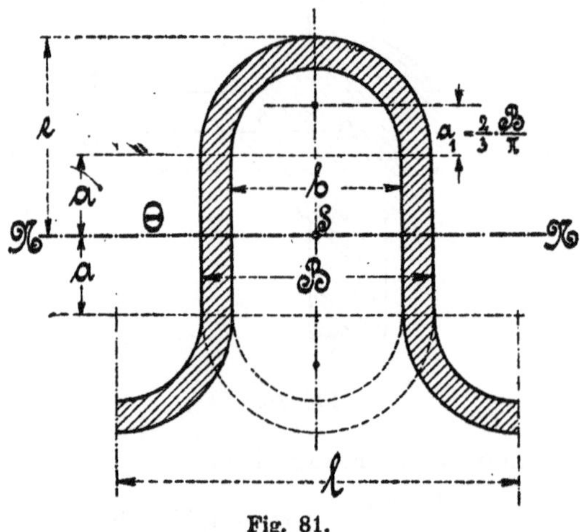

Fig. 81.

Diese Werte, oben eingesetzt, geben das gesuchte Trägheitsmoment

$$\Theta = \left[\frac{2}{3}\,\mathrm{B}a^3 + \left(\frac{\pi}{64} - \frac{1}{9\,\pi}\right)\mathrm{B}^4 + \frac{a^2\,\pi}{4}\,\mathrm{B}^2 + \frac{1}{9\,\pi}\,\mathrm{B}^4 + \frac{a}{3}\,\mathrm{B}^3\right] - \left[\frac{2}{3}\,b\,a^3 + \right.$$

$$\left. + \left(\frac{\pi}{64} - \frac{1}{9\,\pi}\right)b^4 + \frac{a^2\,\pi}{4}\,b^2 + \frac{1}{9\,\pi}\,b^4 + \frac{a}{3}\,b^3\right]$$

$$\text{\textquotedblright} = \frac{2}{3}\,a^3\,(\mathrm{B} - b) + \left(\frac{\pi}{64} - \frac{1}{9\,\pi}\right)(\mathrm{B}^4 - b^4) + \frac{a^2\,\pi}{4}\,(\mathrm{B}^2 + b^2) +$$

$$+ \frac{1}{9\,\pi}\,(\mathrm{B}^4 - b^4) + \frac{a}{3}\,(\mathrm{B}^3 - b^3)$$

$$\text{\textquotedblright} = \frac{\pi}{64}\,(\mathrm{B}^4 - b^4) + \frac{1}{3}\,a\,(\mathrm{B}^3 - b^3) + \frac{\pi}{4}\,a^2\,(\mathrm{B}^2 + b^2) + \frac{2}{3}\,a^3\,(\mathrm{B} - b).$$

Das Widerstandsmoment folgt dann aus

$$\mathrm{W} = \frac{\Theta}{e} = \frac{\Theta}{a + \dfrac{\mathrm{B}}{2}} = \frac{\Theta}{\dfrac{2a + \mathrm{B}}{2}} = \frac{2\,\Theta}{2a + \mathrm{B}}.$$

12. Für die beistehende Halbkreisfläche.

Da nach § 16 Abs. 3 das Trägheitsmoment einer ganzen Kreisfläche den Wert $\dfrac{d^4 \pi}{64}$ hat, so ergibt sich dasselbe für die in Fig. 82 dargestellte Halbkreisfläche, bezogen auf dieselbe Achse, als die Hälfte des vorbenannten Trägheitsmomentes.

Das gesuchte Trägheitsmoment beträgt dann

$$\Theta = \frac{1}{2} \frac{d^4 \pi}{64} = \frac{d^4 \pi}{128}$$

und das Widerstandsmoment

$$W = \frac{\Theta}{e} = \frac{\dfrac{d^4 \pi}{128}}{\dfrac{d}{2}} = \frac{d^3 \pi}{64}.$$

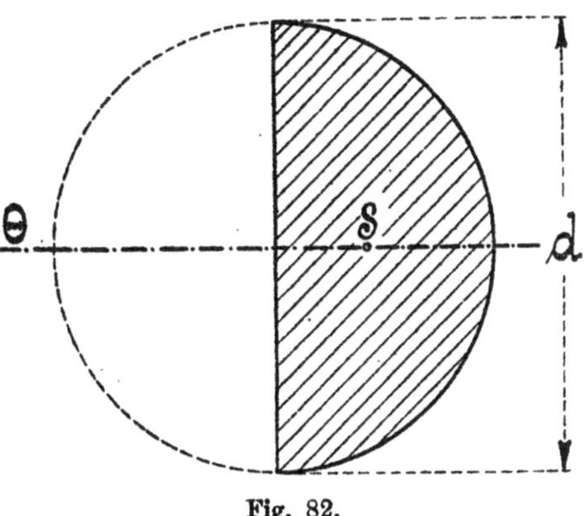

Fig. 82.

§ 18. Trägheits- und Widerstandsmomentbestimmung zusammengesetzter Querschnitte, bezogen auf die unsymmetrisch gelegene Schwerpunktsachse.

Bei diesen beliebig gestalteten, regelmäßig oder unregelmäßig geformten Querschnitten ist in erster Linie die Lage der neutralen oder Schwerpunktsachse nach den in der Mechanik aufgestellten Regeln über Schwerpunktsbestimmung zu ermitteln.

Erst nach Kenntnis dieser Lage kann dann das Trägheitsmoment nach der einen oder der anderen der folgenden Formeln bestimmt werden:

1. nach § 15 Abs. 2 mit Hilfe des reduzierten Trägheitsmomentes $\Theta = \Theta_1 - Fa^2$,

2. nach § 14 Abs. 1 als Summe der beiden, auf die Schwerpunktsachse als Basis bezogenen Trägheitsmomente der Zug- und Druckseite $\Theta = \Theta_z + \Theta_d$,

3. nach der in § 15 Abs. 3 aufgestellten Gleichung

$$\Theta = \Sigma (\Theta + Fa^2).$$

1. Für die beistehenden drei Flächen von gleichen Abmessungen.

Zunächst ergibt sich nach den in Fig. 83 angenommenen Bezeichnungen der Schwerpunktsabstand e_1 aus

$$e_1 = \frac{F_1 \eta_1 + F_2 \eta_2}{F_1 + F_2} = \frac{bd\frac{d}{2} + aH\frac{H}{2}}{bd + aH} = \frac{1}{2}\frac{aH^2 + bd^2}{aH + bd}$$

und $\qquad e_2 = H - e_1.$

Im Anschluß hieran entwickelt sich das Trägheitsmoment Θ zu

$$\Theta = \sum_1^2 (\Theta + Fa^2) = \Theta_1 + \Theta_2 + F_1 a_1{}^2 + F_2 a_2{}^2$$

$$\text{„} = \frac{bd^3}{12} + \frac{aH^3}{12} + bd\left(e_1 - \frac{d}{2}\right)^2 + aH\left(e_2 - \frac{H}{2}\right)^2$$

$$\text{„} = bd\left[\frac{d^2}{12} + \left(e_1 + \frac{d}{2}\right)^2\right] + aH\left[\frac{H^2}{12} + \left(e_2 - \frac{H}{2}\right)^2\right]$$

$$\text{„} = bd\left(\frac{d^2}{12} + e_1{}^2 + e_1 d + \frac{d^2}{4}\right) + aH\left(\frac{H^2}{12} + e_2{}^2 - e_2 H + \frac{H^2}{4}\right)$$

$$\text{„} = bd\,\frac{d^2 + 12e_1{}^2 - 12e_1 d + 3d^2}{12} + aH\,\frac{H^2 + 12e_2{}^2 - 12e_2 H + 3H^2}{12}$$

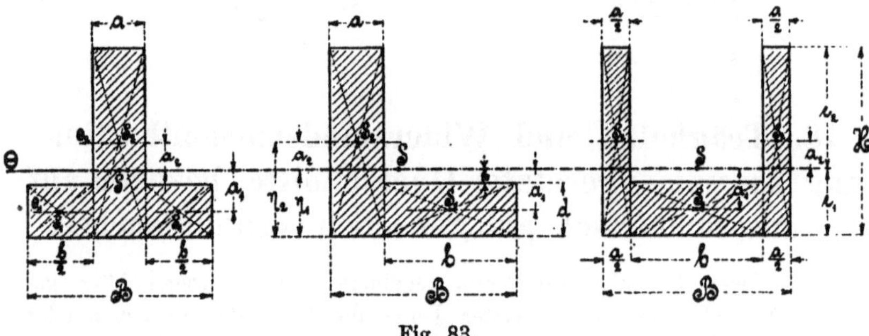

Fig. 83.

$$\Theta = \frac{1}{12}[bd(4d^2 + 12e_1{}^2 - 12e_1 d) + aH(4H^2 + 12e_2{}^2 - 12e_2 H)]$$

$$\text{„} = \frac{4}{12}[bd(d^2 + 3e_1{}^2 - 3e_1 d) + aH(H^2 + 3e_2{}^2 - 3e_2 H)],$$

da nun $H = e_1 + e_2$ und $d = e_1 - h$ ist, so ist

$$\text{„} = \frac{1}{3}[b(e_1 - h)\{(e_1 - h)^2 + 3e_1(e_1 - (e_1 - h))\} +$$
$$+ a(e_1 + e_2)\{(e_1 + e_2)^2 + 3e_2(e_2 - (e_1 + e_2))\}]$$

$$\text{„} = \frac{1}{3}[b(e_1 - h)(e_1{}^2 - 2e_1 h + h^2 + 3e_1 h) + a(e_1 + e_2)(e_1{}^2 + 2e_1 e_2 +$$
$$+ e_2{}^2 - 3e_1 e_2)]$$

$$\text{„} = \frac{1}{3}[b(e_1 - h)(e_1{}^2 + e_1 h + h^2) + a(e_1 + e_2)(e_1{}^2 - e_1 e_2 + e_2{}^2)]$$

$$\text{„} = \frac{1}{3}[b(e_1{}^3 + e_1{}^2 h + e_1 h^2 - e_1{}^2 h - e_1 h^2 - h^3) + a(e_1{}^3 - e_1{}^2 e_2 +$$
$$+ e_1 e_2{}^2 + e_1{}^2 e_2 - e_1 e_2{}^2 + e_2{}^3)]$$

$$\Theta = \frac{1}{3}\left[b\,(e_1{}^3 - h^3) + a\,(e_1{}^3 + e_2{}^3)\right]$$

$$„ = \frac{1}{3}(b\,e_1{}^3 - b\,h^3 + a\,e_1{}^3 + a\,e_2{}^3).$$

Setzt man nun noch im ersten Gliede für $b = B - a$ ein, so ergibt sich

$$\Theta = \frac{1}{3}\left[(B - a)\,e_1{}^3 - b\,h^3 + a\,e_1{}^3 + a\,e_2{}^3\right]$$

$$„ = \frac{1}{3}(B\,e_1{}^3 - a\,e_1{}^3 - b\,h^3 + a\,e_1{}^3 + a\,e_2{}^3)$$

$$„ = \frac{1}{3}(B\,e_1{}^3 - b\,h^3 + a\,e_2{}^3).$$

Das Widerstandsmoment folgt aus $W_1 = \dfrac{\Theta}{e_1}$ und $W_2 = \dfrac{\Theta}{e_2}$.

2. Für den beistehenden Querschnitt.

Zunächst ist nach Fig. 84 die Lage der neutralen Achse bestimmt durch

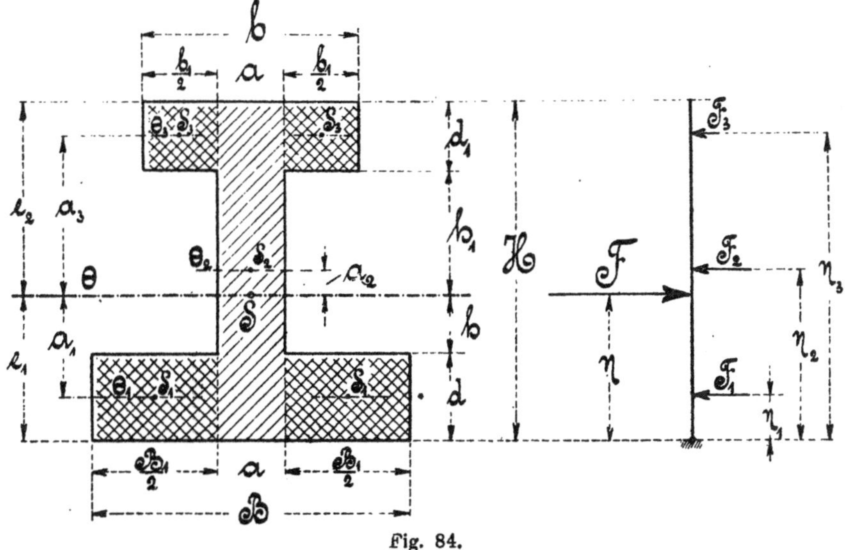

Fig. 84.

$$e_1 = \frac{F_1\,\eta_1 + F_2\,\eta_2 + F_3\,\eta_3}{F_1 + F_2 + F_3} = \frac{B_1\,d\,\dfrac{d}{2} + a\,H\,\dfrac{H}{2} + b_1\,d_1\left(H - \dfrac{d_1}{2}\right)}{B_1\,d + a\,H + b_1\,d_1}$$

$$„ = \frac{1}{2}\,\frac{B_1\,d^2 + a\,H^2 + b_1\,d_1\,(2\,H - d_1)}{B_1\,d + a\,H + b_1\,d_1}$$

und $e_2 = H - e_1$..

Das Trägheitsmoment Θ ergibt sich aus

$$\Theta = (\Theta_1 + F_1 a_1^2) + (\Theta_2 + F_2 a_2^2) + (\Theta_3 + F_3 a_3^2)$$

$$„ = \left[\frac{B_1 d^3}{12} + B_1 d \left(e_1 - \frac{d}{2}\right)^2\right] + \left[\frac{aH^3}{12} + aH \left(e_2 - \frac{H}{2}\right)^2\right] +$$
$$+ \left[\frac{b_1 d_1^3}{12} + b_1 d_1 \left(e_2 - \frac{d_1}{2}\right)^2\right]$$

$$„ = \left[\frac{B_1 d^3}{12} + B_1 d \left(e_1^2 - e_1 d + \frac{d^2}{4}\right)\right] + \left[\frac{aH^3}{12} + aH \left(e_2^2 - e_2 H + \frac{H^2}{4}\right)\right] +$$
$$+ \left[\frac{b_1 d_1^3}{12} + b_1 d_1 \left(e_2^2 - e_2 d_1 + \frac{d_1^2}{4}\right)\right]$$

$$„ = \frac{B_1 d^3}{12} + B_1 d \frac{4e_1^2 - 4e_1 d + d^2}{4} + \frac{aH^3}{12} + aH \frac{4e_2^2 - 4e_2 H + H^2}{4} +$$
$$+ \frac{b_1 d_1^3}{12} + b_1 d_1 \frac{4e_2^2 - 4e_2 d_1 + d_1^2}{4}$$

$$„ = \frac{B_1 d^3}{12} + B_1 d \frac{4e_1^2 - 4e_1 d + d^2}{4} + \frac{aH^3}{12} + aH \frac{4e_2^2 - 4e_2 H + H^2}{4} +$$
$$+ \frac{b_1 d_1^3}{12} + b_1 d_1 \frac{4e_2^2 - 4e_2 d_1 + d_1^2}{4}$$

$$„ = \frac{1}{12}\left[B_1 d^3 + 3B_1 d (4e_1^2 - 4e_1 d + d^2) + aH^3 +\right.$$
$$\left. + 3aH(4e_2^2 - 4e_2 H + H^2) + b_1 d_1^3 + 3b_1 d_1(4e_2^2 - 4e_2 d_1 + d_1^2)\right]$$

$$„ = \frac{1}{12}\left[(B_1 d^3 + 12B_1 de_1^2 - 12B_1 e_1 d^2 + 3B_1 d^3) +\right.$$
$$+ (aH^3 + 12ae_2^2 H - 12ae_2 H^2 + 3aH^3) +$$
$$\left. + (b_1 d_1^3 + 12b_1 e_2^2 d_1 - 12b_1 e_2 d_1^2 + 3b_1 d_1^3)\right]$$

$$„ = \frac{1}{12}\left[4B_1 d^3 + 12B_1 de_1(e_1 - d) + 4aH^3 + 12aHe_2(e_2 - H) +\right.$$
$$\left. + 4b_1 d_1^3 + 12b_1 d_1 e_2(e_2 - d_1)\right]$$

$$„ = \frac{1}{3}\left[B_1 d^3 + 3B_1 de_1(e_1 - d) + aH^3 + 3aHe_2(e_2 - H) +\right.$$
$$\left. + b_1 d_1^3 + 3b_1 d_1 e_2(e_2 - d_1)\right].$$

Werden nun hierin die in Fig. 84 angegebenen Maße für d, d_1 und H, d. h. für $d = e_1 - h$, $d_1 = e_2 - h_1$ und $H = e_1 + e_2$, eingesetzt, so erhält man nach entsprechender Entwickelung das Resultat

$$\Theta = \frac{1}{3}(Be_1^3 - B_1 h^3 + be_2^3 - b_1 h_1^3).$$

Die Widerstandsmomente sind $W_1 = \dfrac{\Theta}{e_1}$ und $W_2 = \dfrac{\Theta}{e_2}$.

3. Für den halbkreisförmigen Querschnitt, bezogen auf die parallel zum Durchmesser gerichtete Schwerpunktsachse N N.

Das auf den Durchmesser der in Fig. 85 vorgelegten Fläche bezogene Trägheitsmoment Θ_1 ist die Hälfte vom Trägheitsmomente der vollen Kreisfläche, bezogen auf dieselbe Achse,

also $\qquad \Theta_1 = \dfrac{1}{2}\dfrac{d^4\pi}{64} = \dfrac{d^4\pi}{128}.$

Das gesuchte Trägheitsmoment Θ ergibt sich dann mit Bezugnahme auf § 15 Abs. 3^a zu

$$\Theta_1 = \Theta + F a^2,$$

woraus $\Theta = \Theta_1 - F a^2 = \dfrac{d^4\pi}{128} - \dfrac{d^2\pi}{4.2}\left(\dfrac{2}{3}\dfrac{d}{\pi}\right)^2$

$$\text{„} \qquad = \dfrac{d^4\pi}{128} - \dfrac{4\pi d^4}{4.2.9\pi^2} = \left(\dfrac{\pi}{128} - \dfrac{1}{18\pi}\right)d^4$$

$$\text{„} \qquad = 0{,}00686\,d^4 = 0{,}11\,r^4 \ \text{folgt.}$$

Die Widerstandsmomente ergeben sich aus

$$W_1 = \dfrac{\Theta}{e_1} \ \text{und} \ W_2 = \dfrac{\Theta}{e_2},$$

worin $e_1 = \dfrac{2}{3}\dfrac{d}{\pi} = 0{,}2122\,d$ und $e_2 = \dfrac{d}{2} - \dfrac{2\,d}{3\pi} = 0{,}2878\,d$ ist.

§ 19. Vergleichende Trägheits- und Widerstandsmomentbestimmung zusammengesetzter, unsymmetrischer Querschnitte, bezogen auf die Schwerpunktsachse.

Im folgenden Beispiele ist für den in Fig. 86 dargestellten Querschnitt das Trägheitsmoment Θ nach allen drei im § 18 angegebenen Regeln vergleichsweise ermittelt.

Beispiel. Nachdem wieder die Lage der neutralen Achse mit

$$e_1 = \dfrac{\Sigma F \eta}{\Sigma F} = \dfrac{F_1 \eta_1 + F_2 \eta_2}{F_1 + F_2}$$

$$\text{„} = \dfrac{B\delta_1 \dfrac{\delta_1}{2} + (H - \delta_1)\delta\left(\dfrac{H - \delta_1}{2} + \delta_1\right)}{B\delta_1 + (H - \delta_1)\delta}$$

$$„ = \frac{45 \cdot 5 \cdot 2{,}5 + 30 \cdot 3 \cdot 20}{45 \cdot 5 + 30 \cdot 3} = \underline{7{,}5}$$

und
$$e_2 = H - e_1 = 35 - 7{,}5 = \underline{27{,}5}$$

festgelegt ist, ergibt sich das Trägheitsmoment Θ

nach der 1. Regel: $\Theta = \Theta_1 - Fa^2$,

worin $\Theta_1 = \dfrac{(B-\delta)\delta_1{}^3}{3} + \dfrac{\delta H^3}{3} = \dfrac{1}{3}(42 \cdot 5^3 + 3 \cdot 35^3) = 44\,625$ beträgt

zu $\Theta = \Theta_1 - [(B-\delta)\delta_1 + \delta H]\,a^2 = 44\,625 - (42 \cdot 5 + 3 \cdot 35)\,7{,}5^2$

$„ = 44\,625 - 17\,718{,}75 \qquad = \underline{26\,906{,}25};$

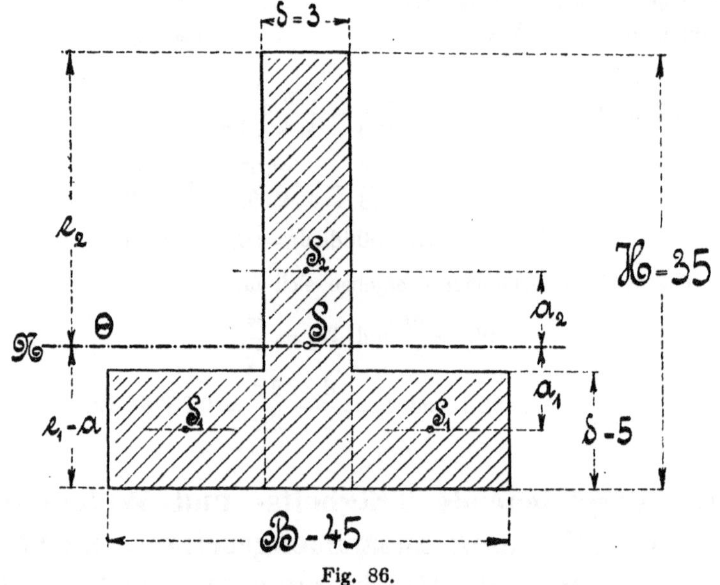

Fig. 86.

nach der 2. Regel: $\Theta = \Theta_z + \Theta_d$,

worin $\Theta_z = \dfrac{d\,e_2{}^3}{3} = \dfrac{3 \cdot 27{,}5^3}{3} = 20\,796{,}875$

und $\Theta_d = \dfrac{B\,e_1{}^3}{3} - \dfrac{(B-\delta)(e_1 - \delta_1)^3}{3} = \dfrac{1}{3}(45 \cdot 7{,}5^3 - 42 \cdot 2{,}5^3)$

$„ = 6\,109{,}375$ ist,

zu $\Theta = \Theta_z + \Theta_d = 20\,796{,}875 + 6\,109{,}375 = \underline{26\,906{,}25};$

nach der 3. Regel: $\Theta = \Sigma(\Theta + Fa^2) = \Sigma\Theta + \Sigma Fa^2$,

zu $\Theta = \dfrac{(B-\delta)\delta_1{}^3}{12} + \dfrac{\delta H^3}{12} + (B-\delta)\delta_1\left(e_1 - \dfrac{\delta_1}{2}\right)^2 + \delta H\left(e_2 - \dfrac{H}{2}\right)^2$

$$\Theta = \frac{1}{12}(42 . 5^8 + 3 . 35^3) + 42 . 5 . 5^2 + 3 . 35 . 10^2$$

$$„ = 11\,156,25 + 5\,250 + 10\,500 = \underline{26\,906,25}.$$

Die Widerstandsmomente des ganzen Querschnittes betragen dann

$$W_2 = \frac{\Theta}{e_2} = \frac{26\,906,25}{27,5} = \underline{978,4},$$

$$W_1 = \frac{\Theta}{e_1} = \frac{26\,906,25}{7,5} = \underline{3587,5}.$$

§ 20. Querschnitte von gleicher Sicherheit auf der Zug- und Druckseite.

Kommt es darauf an, Querschnitte auszubilden, bei denen das Material auf der Zugseite ebenso ausgenutzt werden soll, als es auf der Druckseite der Fall ist, d. h. werden die äußersten, am meist gespannten Zug- und Druckfaserschichten auf gleiche Sicherheit beansprucht, so hat man von vornherein die folgenden beiden Fälle zu unterscheiden:

1. ob das Material eine gleiche Zug- und Druckfestigkeit besitzt, wie das z. B. bei Schmiedeeisen und Stahl der Fall ist, oder

2. ob das Material eine andere Druck- als Zugfestigkeit hat, wie z. B. beim Gußeisen, wo die zulässige Druckspannung nahezu 5mal so groß als die Spannung gegen Zug ist.

Da nun nach der im § 14 Abs. 1 aufgestellten Biegungsgleichung „$M_b = W k_b$", woraus $k_b = \dfrac{M_b}{W}$ folgt, bei sonst gleichbleibendem Biegungsmomente, die größte zulässige Spannuhg k_b nur allein von dem Widerstandsmomente W abhängig ist und dasselbe nach der Gleichung $W = \dfrac{\Theta}{e}$ wiederum vom Abstande e der am meist gespannten Druck- bezw. Zugfaser abhängt, so folgt aus

$$k_z = \frac{M_b}{W_z} = \frac{M_b}{\dfrac{\Theta}{e_z}} = \frac{M_b e_z}{\Theta} \quad \text{und} \quad k_d = \frac{M_b}{W_d} = \frac{M_b}{\dfrac{\Theta}{e_d}} = \frac{M_b e_d}{\Theta} \quad \text{durch Division}$$

$$\frac{k_z}{k_d} = \frac{\dfrac{M_b e_z}{\Theta}}{\dfrac{M_b e_d}{\Theta}} = \frac{M_b e_z}{M_b e_d} = \frac{e_z}{e_d}, \quad \ldots \ldots \quad F$$

d. h. die Zug- und Druckspannung ist proportional den äußerst gespannten Zug- und Druckfaserabständen von der neutralen Achse.

Diese Gleichung besagt, daß bei einem vollständig ausgenutzten Querschnitte

1. bei einem Materiale gleicher Zug- und Druckspannung die neutrale Achse stets in der Mitte zwischen der zumeist angespannten Zug- und Druckfaserschicht, d. h. in halber Höhe des Querschnittes liegen muß,

2. bei einem Materiale verschiedener Zug- und Druckspannung die neutrale Achse so gelegt werden muß, daß die genannten Faserabstände auf der Zug- und Druckseite in demselben Verhältnisse stehen wie die zugehörigen Spannungen.

a) Querschnitte aus Materialien gleicher Zug- und Druckfestigkeit.

Wie schon vorher unter 1 gesagt, muß bei diesen Querschnitten die neutrale Schwerpunktsachse in halber Höhe liegen, was bei den symmetrischen Querschnitten auch immer der Fall ist.

Unsymmetrische Querschnitte dagegen müssen erst in diesem Sinne dimensioniert werden, was am einfachsten durch Annahme aller Dimensionen bis auf eine geschehen kann, die dann, als einzige Unbekannte, mit Hilfe der Schwerpunktslehre so bestimmt wird, daß der Schwerpunkt des Querschnittes auf die halbe Höhe desselben zu liegen kommt.

Ebenso einfach wird die Dimensionierung eines unsymmetrischen Querschnittes vorgenommen, indem alle Abmessungen in Verhältnis zueinander gesetzt werden, wobei zuletzt wieder nur eine Unbekannte zu bestimmen ist.

Das letzte Verfahren hat auch auf das bereits seit 1879 bekannte Normalprofilwesen geführt, worauf sich eine ganze Reihe vorhandener Tabellen beziehen, die eine Rechnung fast ganz entbehrlich machen, weil neben den Trägheits- und Widerstandsmomenten auch sofort die Dimensionen des fraglichen Querschnittes abgelesen werden können.

1. Beispiel: Der Querschnitt eines schmiedeeisernen Körpers habe die in Fig. 87 eingeschriebenen Abmessungen.

Es soll nun die letzte nicht mehr annehmbare Flanschendicke δ_2 so bestimmt werden, daß die neutrale Achse in der halben Höhe liegt, damit die Zug- und Druckseite gleich stark beansprucht wird.

Lösung: Da hier der mittlere Flächenteil von der Größe $\delta \cdot H$ in bezug auf die neutrale Achse bereits ausbalanziert ist, so braucht nur noch eine Gleichgewichtsbedingung für die vorspringenden Flanschenteile aufgestellt zu werden, woraus sich dann die Flanschendicke δ_2 in folgender Weise bestimmen läßt: $F_1 \eta_1 - F_2 \eta_2 = 0$

$$\text{oder} \qquad (b - \delta)\,\delta_2 \left(e - \frac{\delta_2}{2}\right) - (B - \delta)\,\delta_1 \left(e - \frac{\delta_1}{2}\right) = 0.$$

Die Zahlenwerte eingeführt, gibt

$$(110 - 20)\,\delta_2 \left(200 - \frac{\delta_2}{2}\right) - (150 - 20)\,24\,(200 - 12) = 0$$

$$90 \cdot 200\,\delta_2 - 45\,\delta_2{}^2 \qquad\quad - 130 \cdot 24 \cdot 188 \qquad\qquad = 0$$

$$- 45\,\delta_2{}^2 + 18\,000\,\delta_2 \qquad - 584\,560 \qquad\qquad\quad = 0$$

$$\delta_2{}^2 - 400\,\delta_2 \qquad\qquad + 13\,035{,}36 \qquad\qquad\quad = 0$$

$$\delta_2 = \frac{400 \pm \sqrt{400^2 - 4 \cdot 13\,035{,}36}}{2} = \frac{400 \pm 328{,}4}{2} = 200 \pm 164{,}2,$$

$$\underline{\delta_2{}'} = 200 + 164{,}2 = \underline{364{,}2}\ \text{mm} \quad\text{und}\quad \underline{\delta_2{}''} = 200 - 164{,}2 = \underline{35{,}8}\ \text{mm}.$$

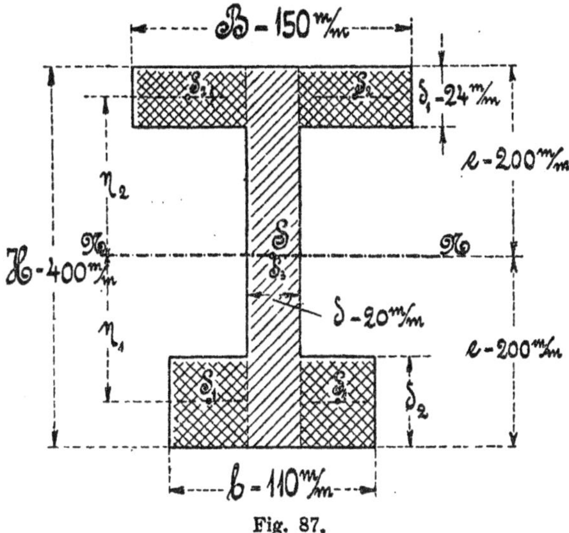

Fig. 87.

Von den beiden Werten ist der größere dann zu verwenden, wenn das größte Trägheitsmoment des vorliegenden Querschnittes erhalten werden soll.

Hierauf kann nun das Trägheits- und das Widerstandsmoment nach § 18 Abs. 2 angegeben werden.

b) Querschnitte aus Materialien ungleicher Zug- und Druckfestigkeit.

Wie in dem vorliegenden Paragraphen unter 2 gesagt und auch in Fig. 88 graphisch dargestellt worden ist, muß bei diesen Querschnitten die neutrale Schwerpunktsachse so gelegt werden, daß die Abstände der äußerst gespannten Fasern auf der Zug- und Druckseite in demselben Verhältnisse stehen wie die zugehörigen Spannungen. Daraus geht zur

Genüge hervor, daß bei Materialien ungleicher Zug- und Druckfestigkeit ein vollständig ausgenutzter Querschnitt stets eine auf die Schwerpunktsachse bezogene, unsymmetrische Form haben muß, wie dieses auch immer bei den in der Praxis vielfach verwendeten Gußeisen-Materialien der Fall ist.

Bei der Dimensionierung solcher Querschnitte kann man ebenso, wie unter Abs. a angedeutet, verfahren. Man kann also beispielsweise eine Dimension annehmen und die übrigen — bis auf eine, die berechnet werden muß — in Verhältnis zu derselben setzen.

Im nachfolgenden seien einige Beispiele für gußeiserne Querschnitte angeführt, wobei angenommen worden ist, daß die Druckspannung gleich der 3 fachen Zugspannung sein soll, was auch den Ausführungen in der Praxis zumeist entspricht.

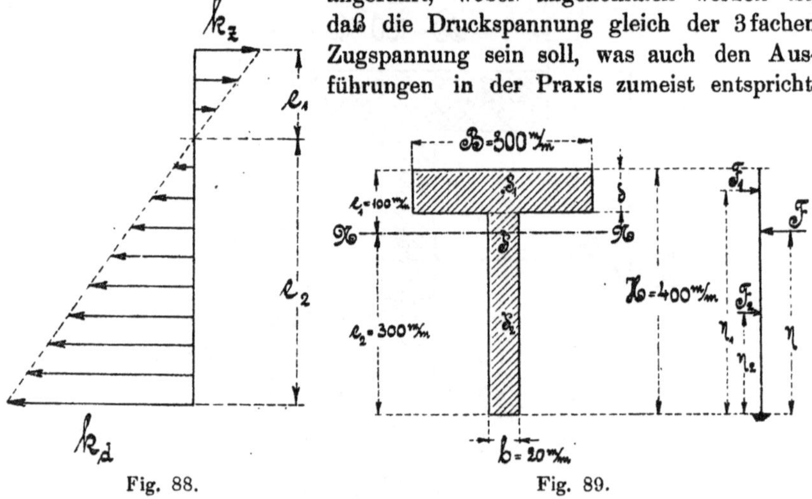

Fig. 88.   Fig. 89.

2. Beispiel: Es soll die Flanschendicke δ des aus Fig. 89 ersichtlichen gußeisernen Querschnittes bestimmt werden.

Lösung: Aus der Schwerpunktsgleichung folgt:

$$(F_1 + F_2)\eta = F_1 \eta_1 + F_2 \eta_2$$

oder, die Werte eingesetzt,

$$[B\delta + b(H - \delta)]\, e_2 = B\delta \left(H - \frac{\delta}{2}\right) + b(H - \delta)\frac{H - \delta}{2}$$

$$(B\delta - b\delta)\, e_2 + b H e_2 = B H \delta - \frac{B}{2}\delta^2 + \frac{b}{2}(H^2 - 2H\delta + \delta^2)$$

$$e_2 (B - b)\delta + b H e_2 = B H \delta - \frac{B}{2}\delta^2 + \frac{b H^2}{2} - b H \delta + \frac{b}{2}\delta^2$$

$$\left(\frac{B}{2} - \frac{b}{2}\right)\delta^2 + e_2 (B - b)\delta - H (B - b)\delta + b H \left(e_2 - \frac{H}{2}\right) = 0$$

$$\frac{B - b}{2}\delta^2 + (B - b)(e_2 - H)\delta + \frac{b H}{2}(2e_2 - H) = 0.$$

Die Zahlenwerte eingeführt, gibt

$$\frac{30-2}{2}\,\delta^2 + (30-2)(30-40)\,\delta + \frac{2\cdot40}{2}(2\cdot30-40) = 0$$

$$14\,\delta^2 - 280\,\delta + 800 = 0$$

$$7\,\delta^2 - 140\,\delta + 400 = 0$$

$$\delta = \frac{140 \pm \sqrt{140^2 - 4\cdot7\cdot400}}{2\cdot7} = 10 \pm \frac{20}{14}\sqrt{21}$$

$$„ = 10 \pm 6{,}546 = \underline{16{,}546}\ \text{cm und}\ \underline{3{,}454}\ \text{cm}.$$

Beide Resultate sind verwendbar; den größten Wert wird man bei Erzielung des größten Trägheitsmomentes benutzen.

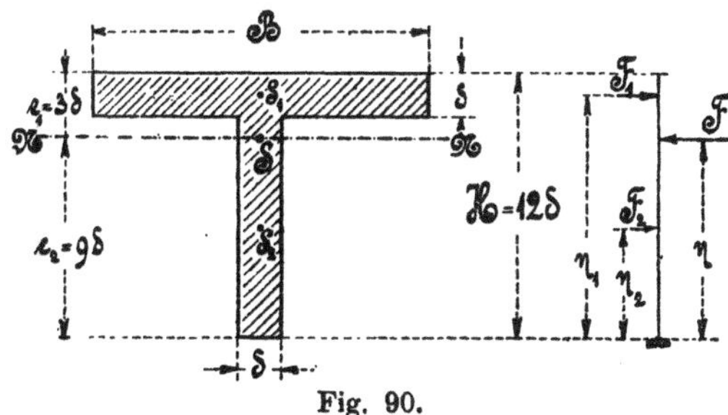

Fig. 90.

3. Beispiel: Wie breit muß die Flansche des in Fig. 90 angegebenen hochstegigen Querschnittes gemacht werden, wenn das Material wieder Gußeisen sein soll?

Lösung: $(F_1 + F_2)\,\eta = F_1\,\eta_1 + F_2\,\eta_2$

$$[\delta B + \delta (H - \delta)]\,e_2 = \delta B \left(H - \frac{\delta}{2}\right) + \delta(H - \delta)\frac{H - \delta}{2}$$

$$[\delta B + \delta 11\,\delta]\,9\,\delta = \delta B\,11{,}5\,\delta + \frac{\delta}{2}(11\,\delta)^2$$

$$9\,B\,\delta^2 + 99\,\delta^3 = 11{,}5\,B\,\delta^2 + 60{,}5\,\delta^3,$$

durch δ^2 dividiert, gibt

$$9\,B + 99\,\delta = 11{,}5\,B + 60{,}5\,\delta$$

$$38{,}5\,\delta = 2{,}5\,B,$$

woraus $\qquad\qquad B = \dfrac{38{,}5}{2{,}5}\,\delta = \underline{15{,}4\,\delta}$ folgt.

Das Trägheitsmoment entwickelt sich dann unter Anwendung der im § 18 Abs. 1 aufgestellten Gleichung, unter Beachtung der daselbst eingeführten Bezeichnungen, zu

$$\Theta = \frac{1}{3}\left(B\,e_1{}^3 - b\,h^3 + a\,e_2{}^3\right)$$

oder, auf die in Fig. 90 eingeschriebenen Werte bezogen,

$$\Theta = \frac{1}{3}\,[\mathrm{B}\,(3\delta)^3 - (\mathrm{B}-\delta)\,(2\delta)^3 + \delta\,(9\delta)^3]$$

$$„\ = \frac{1}{3}\,(15,4\,\delta\,27\,\delta^3 - 14,4\,\delta\,8\,\delta^3 + \delta\,729\,\delta^3)$$

$$„\ = \frac{1}{3}\,(415,8\,\delta^4 - 115,2\,\delta^4 + 729\,\delta^4) = \frac{1}{3}\,1029,6\,\delta^4 = \underline{343,2\,\delta^4}.$$

Die Widerstandsmomente für die Zug- und Druckseite betragen dann

$$\mathrm{W}_1 = \frac{\Theta}{e_1} = \frac{343,2\,\delta^4}{3\,\delta} = \underline{114,4\,\delta^3} \quad \text{und} \quad \mathrm{W}_2 = \frac{\Theta}{e_2} = \frac{343,2\,\delta^4}{9\,\delta} = \underline{38,13\,\delta^3}.$$

4. Beispiel: Welche Flanschenbreite B erhält der in Fig. 91 angegebene und mit niedrigem Stege versehene, gußeiserne Querschnitt?

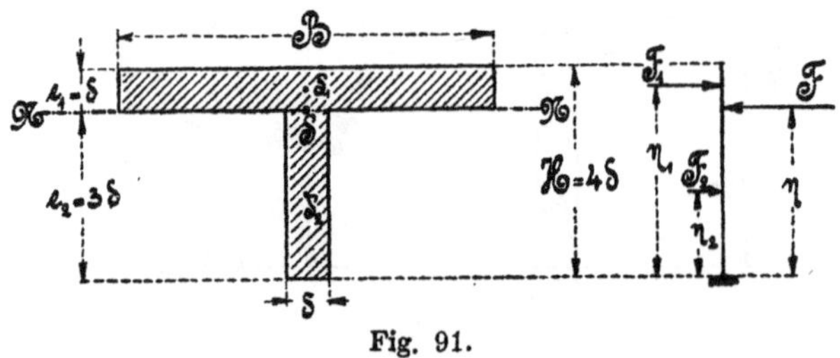

Fig. 91.

Lösung:
$$(\mathrm{F}_1 + \mathrm{F}_2)\,\eta = \mathrm{F}_1\,\eta_1 + \mathrm{F}_2\,\eta_2$$

$$(\mathrm{B}e_1 + \delta e_2)\,e_2 = \mathrm{B}e_1\left(\mathrm{H} - \frac{\delta}{2}\right) + \delta e_2\,\frac{e_2}{2}$$

$$(\mathrm{B}\delta + \delta\,3\,\delta)\,3\,\delta = \mathrm{B}\delta\,3,5\,\delta + \frac{\delta}{2}\,(3\,\delta)^2$$

$$3\,\mathrm{B}\delta^2 + 9\,\delta^3 = 3,5\,\mathrm{B}\delta^2 + 4,5\,\delta^3,$$

mit δ^2 dividiert, gibt $3\,\mathrm{B} + 9\,\delta = 3,5\,\mathrm{B} + 4,5\,\delta$
$$4,5\,\delta = 0,5\,\mathrm{B},$$
$$\mathrm{B} = \frac{4,5}{0,5}\,\delta = \underline{9\,\delta}.$$

Das Trägheitsmoment beträgt dann nach § 18 Abs. 1

$$\Theta = \frac{1}{3}\,(\mathrm{B}e_1^3 - b\,h^3 + a\,e_2^3) = \frac{1}{3}\,[9\,\delta\,\delta^3 - (\mathrm{B}-\delta)\,0^3 + \delta\,(3\,\delta)^3]$$

$$„\ = \frac{1}{3}\,(9\,\delta^4 + 27\,\delta^4) = \frac{1}{3}\,36\,\delta^4 = \underline{12\,\delta^4},$$

die Widerstandsmomente auf der Zug- und Druckseite betragen

$$\mathrm{W}_1 = \frac{\Theta}{e_1} = \frac{12\,\delta^4}{\delta} = \underline{12\,\delta^3} \quad \text{und} \quad \mathrm{W}_2 = \frac{\Theta}{e_2} = \frac{12\,\delta^4}{3\,\delta} = \underline{4\,\delta^3}.$$

§ 21. Vergleichender Materialaufwand von Querschnitten gleicher Tragfähigkeit.

Von besonderem Interesse ist es, den Materialaufwand von Querschnitten miteinander zu vergleichen, die ein und dieselbe Tragfähigkeit besitzen.

Nach der im § 14 Abs. 1 aufgestellten Biegungsgleichung „$M_b = W \cdot k_b$" ist die Tragfähigkeit (das Moment) verschiedener Querschnitte bei gleicher Maximalfaserspannung direkt proportional den Widerstandsmomenten derselben.

Sollen z. B. die im 3. und 4. Beispiele des vorhergehenden § 20 unter den Fig. 90 und 91 aufgeführten Querschnitte gleiche Tragfähigkeit haben, d. h. gleiche Momente übertragen, so müssen beispielsweise die Widerstandsmomente auf der Zugseite gleich sein.

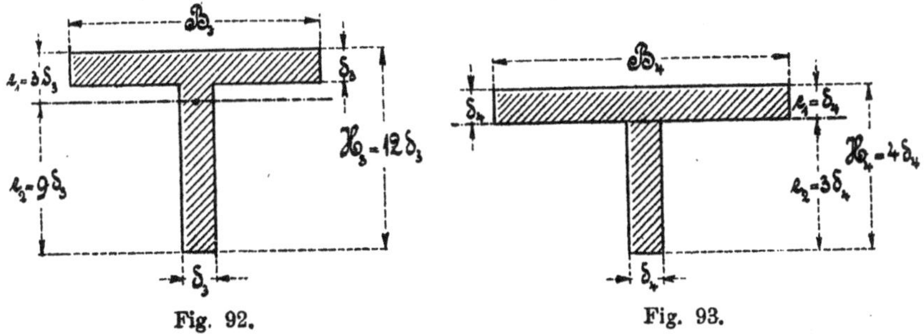

Fig. 92.   Fig. 93.

1. Beispiel: Werden nun in den bereits genannten, in den Fig. 92 und 93 nochmals dargestellten Querschnitten, zum Zwecke besserer Unterscheidung, die Stegbreiten mit δ_3 und δ_4 bezeichnet, so ist

$$W_{1(3)} = W_{1(4)}$$

oder, die vorher bestimmten Werte eingesetzt,

$$114{,}4\,\delta_3{}^3 = 12\,\delta_4{}^3$$

Wird nun z. B. δ_4 als gegeben angenommen, so berechnet sich die

Stegbreite δ_3 zu $\delta_3 = \sqrt[3]{\dfrac{12\,\delta_4{}^3}{114{,}4}} = \delta_4 \sqrt[3]{\dfrac{12}{114{,}4}} = 0{,}471\,\delta_4.$

Die Flächeninhalte der beiden Querschnitte F_3 und F_4 betragen dann

$$F_3 = B_3\,\delta_3 + \delta_3\,(H_3 - \delta_3) = 15{,}4\,\delta_3\,\delta_3 + \delta_3\,11\,\delta_3 = 26{,}4\,\delta_3{}^2,$$

$$F_4 = B_4\,\delta_4 + \delta_4\,(H_4 - \delta_4) = 9\,\delta_4\,\delta_4 + \delta_4\,3\,\delta_4 \qquad = 12\,\delta_4{}^2.$$

Bildet man weiter das Verhältnis zwischen den beiden Querschnittsinhalten und setzt für δ_3 den vorhergehenden Wert ein, so ist

$$\frac{F_3}{F_4} = \frac{26,4\,\delta_3{}^2}{12\,\delta_4{}^2} = \frac{26,4\,(0,471\,\delta_4)^2}{12\,\delta_4{}^2} = \frac{26,4 \cdot 0,221841}{12} = 0,488,$$

woraus $F_3 = 0{,}488\,F_4$ folgt.

Dieses Resultat besagt, daß bei Anwendung des in Fig. 92 angegebenen Querschnittes gegenüber dem in Fig. 93 eine Materialersparnis von 51,2 % erzielt wird.

2. Beispiel: Sobald der in Fig. 94 dargestellte Kreisringquerschnitt mit dem in Fig. 95 angegebenen Kreisquerschnitte gleiche Tragfähigkeit besitzen soll, müssen auch hier die beiden zugehörigen Widerstandsmomente gleich groß sein, also

$$\frac{D^4 - d^4}{D} \cdot \frac{\pi}{32} = \frac{d_1{}^3\pi}{32}$$

oder

$$\frac{D^4 - d^4}{D} = d_1{}^3.$$

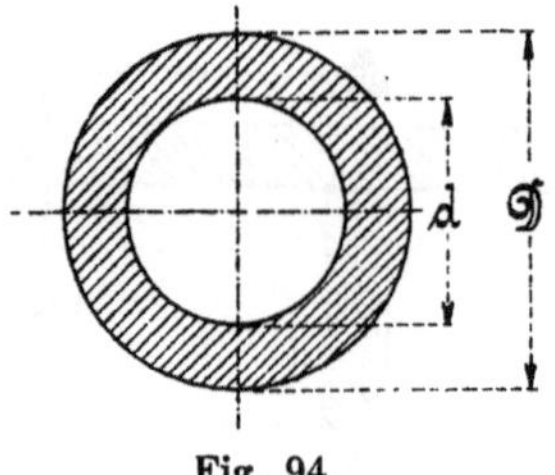

Fig. 94.

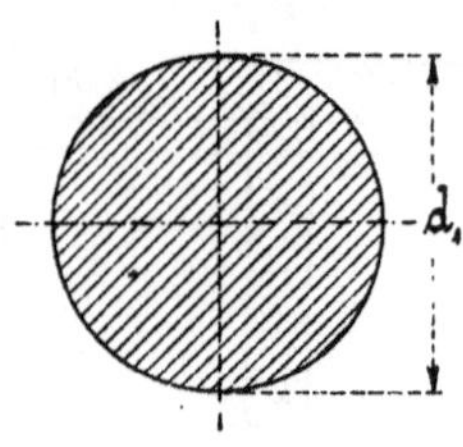

Fig. 95.

Wird nun allgemein $d = \alpha\,D$ gesetzt, worin $\alpha \lesseqgtr 1$ das Höhlungsverhältnis bezeichnet, so erhält man

$$\frac{D^4 - (\alpha\,D)^4}{D} = d_1{}^3.$$

oder

$$D^3 (1 - \alpha^4) = d_1{}^3.$$

Für beispielsweise $\alpha = 0{,}7$ ist

$$d_1{}^3 = D^3 (1 - 0{,}7^4) = D^3 (1 - 0{,}2401) = 0{,}7599\,D^3 \backsim 0{,}76\,D^3,$$

woraus $D = \sqrt[3]{\dfrac{1}{0,76}} \cdot d_1 = 1{,}12\,d_1$ und $d = \alpha\,D = 0{,}7 \cdot 1{,}12\,d_1 = 0{,}78\,d_1$ folgt.

Die Flächeninhalte sind nun

$$F_R = \frac{D^2\pi}{4} - \frac{d^2\pi}{4} = \frac{\pi}{4}\,[(1{,}12\,d_1)^2 - (0{,}78\,d_1)^2] = \frac{\pi}{4}\,d_1{}^2\,(1{,}2544 - 0{,}6084)$$

$$„ = \frac{\pi}{4}\,d_1{}^2 \cdot 0{,}6460 = 0{,}646\,d_1{}^2\,\frac{\pi}{4}\ \text{und}\ F_{Kr.} = \frac{d_1{}^2\pi}{4}.$$

Das Verhältnis beider Flächen ergibt sich dann aus

$$\frac{F_R}{F_{Kr.}} = \frac{0,646\,\dfrac{d_1^{\,2}\pi}{4}}{\dfrac{d_1^{\,2}\pi}{4}} = 0,646, \text{ woraus } F_R = \underline{0,646\,F_{Kr.}} \text{ folgt.}$$

Das Resultat besagt, daß bei Anwendung eines Kreisringquerschnittes 35,4 % Materialgewinn erzielt werden kann.

N B. Bei dem letzten Beispiele ist noch ganz besonders darauf aufmerksam zu machen, daß — sofern nicht Gründe konstruktiver Natur vorliegen — der Materialgewinn in der Regel allein bei der Anwendung des sich leicht und ohne Schwierigkeit zu formenden Gußeisenmaterials den Vorzug hat, nicht aber bei Schmiedeeisen und Stahl, wo die kostspielige Bearbeitung den Materialgewinn wesentlich überstiege.

Aus demselben Grunde wird man auch das Holzmaterial nicht vollständig ausnutzen wollen; man gibt diesem Materiale lieber die volle Form, was umsomehr berechtigt ist, da hierbei den hohen Bearbeitungskosten noch nicht einmal eine praktische Holzersparnis zur Seite steht.

Weiter geht aus dem vorstehenden hervor, daß die Spannungen — wie bereits im § 14 gesagt worden ist — nach der neutralen Achse zu bis auf Null abnehmen und daß deshalb auch nur das weiter entfernt liegende Material voll ausgenutzt werden kann. Demzufolge wird es, sofern es ohne große Mühe möglich ist, stets ratsam sein, das nach der neutralen Achse zu gelegene Material zu sparen oder, was dasselbe ist, Hohlkörper zu verwenden.

§ 22. Graphische Darstellung des statischen Momentes M und des Trägheitsmomentes Θ.

Während in den §§ 15 bis 20 zur Genüge gezeigt worden ist, wie die Trägheitsmomentbestimmung der einzelnen verschieden gestalteten Flächen analytisch vorgenommen werden kann, sollen nunmehr im vorliegenden Paragraphen zwei Verfahren zur Beantwortung der Frage angegeben werden, wie man bei zusammengesetzten, insbesondere bei unregelmäßig begrenzten Querschnitten durch einfaches zeichnerisches Verfahren schneller das Trägheitsmoment bestimmen kann, als es durch Rechnung möglich ist.

Der erste, von N e b l s angegebene Weg gibt außer der Trägheitsmomentenbestimmung einer Fläche auch noch die Bestimmung des statischen Momentes derselben Fläche an.

Der zweite, von C u l m a n n und M o h r angegebene Weg gibt nach ersterem das statische Moment, nach letzterem das Trägheitsmoment einer beliebig vorgelegten Fläche.

1. Verfahren von Nehls.

Dieses Verfahren gibt sowohl das statische Moment M, als auch das Trägheitsmoment Θ einer vorgelegten Fläche, bezogen auf eine ganz beliebige Achse in Form einer Fläche an.

Das M und Θ der in Fig. 96 zugrunde gelegten Fläche F, bezogen auf die Achse x, ergeben sich auf folgende Weise:

Man ziehe zur gegebenen Achse x zwei Parallelen, und zwar eine Parallele ξ_1 im beliebigen Abstande h, eine zweite ξ_2 durch einen beliebigen Umrißpunkt P der vorgelegten Fläche. Von dem Punkte P aus fälle man das Lot $\overline{Pa}$ auf die Parallele ξ_1 und ziehe durch den beliebigen Punkt O der Achse x und den Punkt a einen Strahl, der die Parallele ξ_2 im Punkte m schneidet. Fällt man von dem Punkte m abermals ein Lot auf die Parallele ξ_1, so erhält man einen Punkt b, der, mit O verbunden, in der Verlängerung die Parallele ξ_2 im Punkte i schneidet.

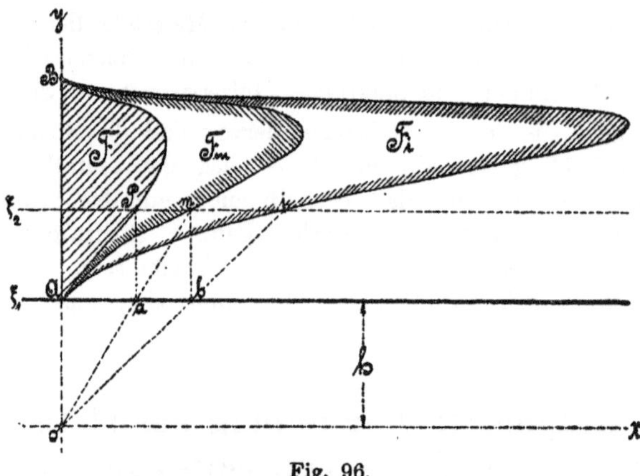

Fig. 96.

Bestimmt man nun für weitere Umrißpunkte P in gleicher Weise die Durchschnittspunkte m und i, die auf der durch den jedesmal neu gewählten Punkt P gehenden, zur x-Achse parallel gerichteten Achse ξ_2 ihre Lage haben, und verbindet man dann die Punkte m und ebenso die Punkte i miteinander, so ergeben sich die aus Fig. 96 ersichtlichen Kurven AmB und AiB.

Werden nun noch die von den genannten Kurven eingeschlossenen Flächen mit F_m und F_i bezeichnet, so ist

1. das statische Moment der vorgelegten Fläche F, bezogen auf die
   x-Achse $\qquad\qquad M = F_m \cdot h$, ... 71
2. das Trägheitsmoment derselben Fläche F, auf dieselbe Achse x
   bezogen, $\qquad\qquad \Theta = F_i \cdot h$ 72
   Wird der Abstand h = 1 gewählt, so erhält man $M = F_m$ und $\Theta = F_i$.

2. Allgemeine Bestimmung des statischen und des Trägheits-Momentes nach dem Verfahren von Culmann.

Bezeichnen in Fig. 97 P_1, P_2, P_3, ... P_n eine beliebige Anzahl parallele, in ein und derselben Ebene E gelegene Kräfte und x_1, x_2, x_3, ... x_n die in irgend einer Richtung gemessenen Abstände der Kräfte von einer ebenfalls in der Ebene E gelegenen geraden Linie L L, so nennt man die Summe

$$P_1 x_1^n + P_2 x_2^n + P_3 x_3^n + \cdots$$
$$\cdots + P_n x_n^n = \sum_1^n P x^n$$

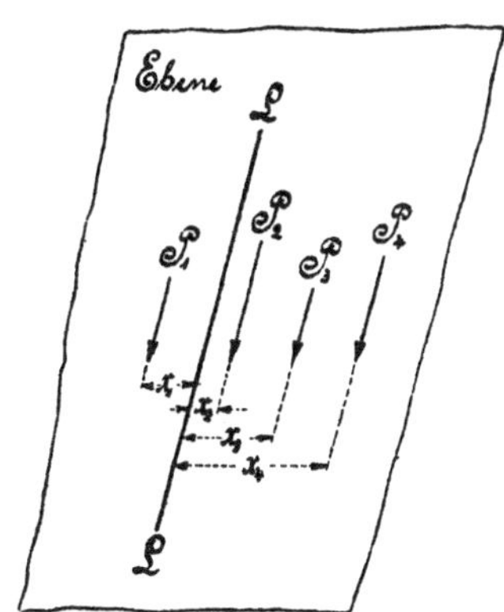

Fig. 97.

das **Moment n^{ter} Ordnung** der Kräfte P in bezug auf die Achse L L.

Im Falle $n = 1$, also $\sum P x = M$, bildet das Moment wieder das **statische Moment** der Kräfte P.

Im Falle $n = 2$, also $\sum P x^2 = \Theta$, erhält man das **Trägheitsmoment** etc.

Da sich nun das statische Moment als Moment 1. Ordnung graphisch dar-stellen läßt und da sich ferner die Momente 2., 3. etc. Ordnung, wie die Werte

$$\sum Px, \quad \sum (Px) x, \quad \sum (Px^2) x, \quad \sum (Px^3) x, \quad \ldots \ldots \sum (Px^{n-1}) x$$

zeigen, auf die Form des statischen Momentes zurückführen lassen, so hat man, um $\sum P x^n$ zu finden, nur nötig, der Reihe nach die genannten statischen Momente zu bilden.

Von diesen sogenannten höheren Momenten sind für die Praxis in der Regel nur die Momente 1. und 2. Ordnung, d. i. das statische und das Trägheits-Moment, von Wichtigkeit, die in den Fig. 98ᵃ bis 98ᵈ für den in Fig. 98 vorgelegten Kräfteplan graphisch ermittelt worden sind.

1. Das statische Moment M ergibt sich in folgender Weise: Man trage die gegebenen Kräfte P_1, P_2, P_3 usw. auf einer parallel zu den Kraftrichtungen angenommenen Geraden hintereinander an und verbinde die Enden der Kräfte mit einem ganz beliebig zu wählenden Pole O, dann erhält man das in Fig. 98ᵃ dargestellte Kräftepolygon mit den Kräften I, II, III etc.

Mit diesen Kräften bestimme man weiter durch deren Aneinander-reihen das in Fig. 98ᵇ dargestellte Seilpolygon.

Werden nun die Seilpolygonseiten so weit geführt, daß sie sich mit der beliebig gelegenen, zu den Kräften P_1, P_2, P_3 etc. parallel gerichteten Achse LL in den Punkten 1, 2, 3, 4, 5, 6, 7 schneiden, so sind die Dreiecke

$$1A2, \quad 2B3, \quad 3C4, \quad 4D5, \quad 5E6 \text{ und } 6F7,$$

6*

welche die Achse LL mit je 2 aufeinander folgenden Seiten des Seilpolygons bildet, den ihnen entsprechenden Dreiecken des Kräftepolygons

GoH, HoJ, JoK, KoL, LoM und MoN

ähnlich, und es ergibt sich, wenn H die in der Richtung x gemessene
Polweite darstellt,

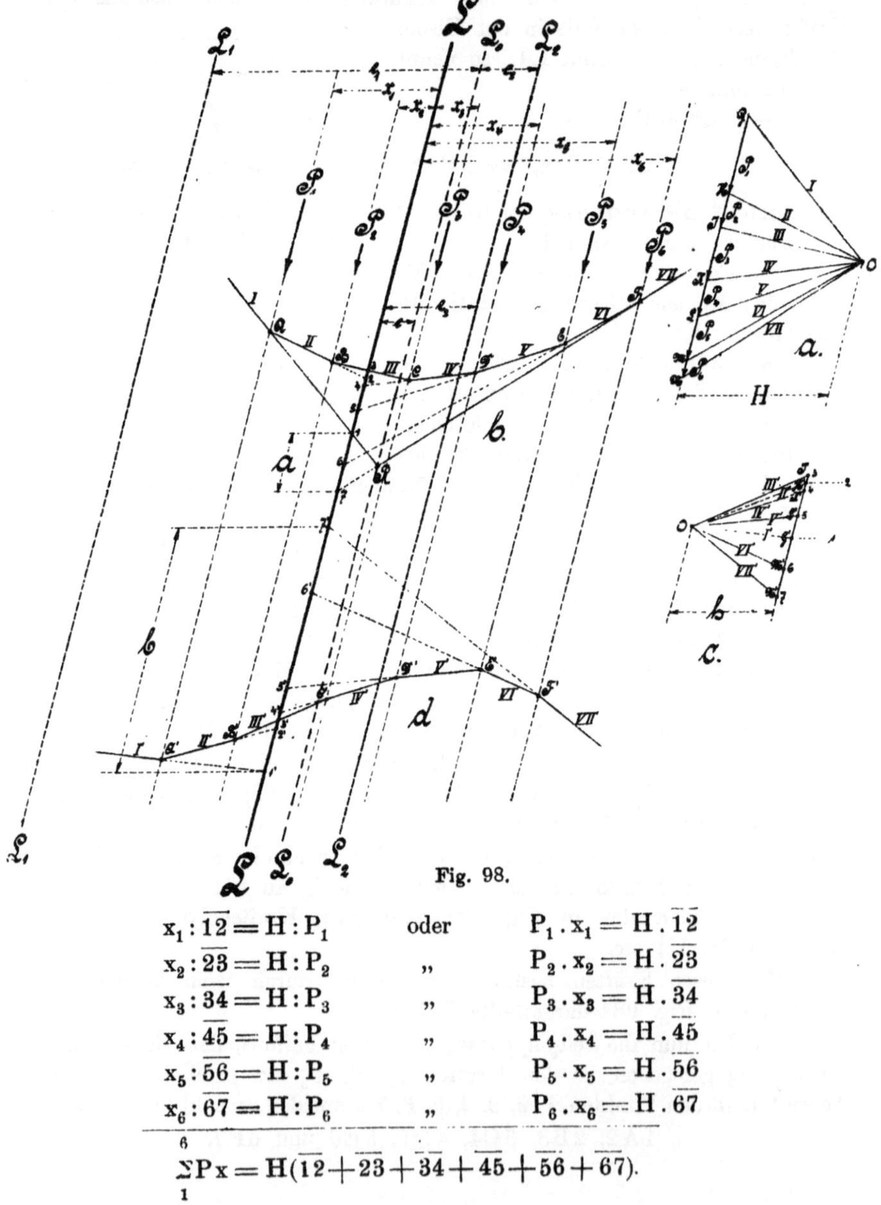

Fig. 98.

$$x_1 : \overline{12} = H : P_1 \qquad \text{oder} \qquad P_1 . x_1 = H . \overline{12}$$
$$x_2 : \overline{23} = H : P_2 \qquad \text{,,} \qquad P_2 . x_2 = H . \overline{23}$$
$$x_3 : \overline{34} = H : P_3 \qquad \text{,,} \qquad P_3 . x_3 = H . \overline{34}$$
$$x_4 : \overline{45} = H : P_4 \qquad \text{,,} \qquad P_4 . x_4 = H . \overline{45}$$
$$x_5 : \overline{56} = H : P_5 \qquad \text{,,} \qquad P_5 . x_5 = H . \overline{56}$$
$$x_6 : \overline{67} = H : P_6 \qquad \text{,,} \qquad P_6 . x_6 = H . \overline{67}$$

$$\sum_{1}^{6} P x = H(\overline{12} + \overline{23} + \overline{34} + \overline{45} + \overline{56} + \overline{67}).$$

In dem Klammerausdrucke sind die einzelnen Strecken: $\overline{12}$, $\overline{23}$, $\overline{34}$ usw. mit Berücksichtigung ihrer Vorzeichen zu addieren, die bei den in gleichem oder positivem Sinne wirkenden Kräften mit dem Vorzeichen der entsprechenden x übereinstimmen.

Schneiden nun die äußersten Seiten des Seilpolygons auf der Achse LL die Strecke $a = \overline{17}$ ab, so ist, ohne Rücksichtnahme auf das Vorzeichen,

$$\Sigma Px = Ha \ldots \ldots \ldots \quad \mathbf{73}$$

womit das statische Moment erhalten ist.

Dieses Moment wird positiv, sobald die von der Achse LL rechtsgelegenen Momente, als positiv angenommen, größer sind als die links gelegenen oder negativen Momente, und umgekehrt.

Da andererseits die Summe der positiven Abschnitte $\overline{34}$, $\overline{45}$, $\overline{56}$ und $\overline{67}$ größer ist als die Summe der negativen Abschnitte $\overline{12}$ und $\overline{23}$, so ergibt sich auch hieraus, daß das vorliegende statische Moment ΣPx positiv ist.

NB. Aus der Gleichung 73 ist zu ersehen, daß das statische Moment allein von dem Abstande a der beiden, auf der Achse LL gelegenen, äußersten Seilpolygonseiten, also von der Strecke zwischen den Durchschnittspunkten 1 und 7, abhängig ist.

Ist der Abstand a gleich Null, was dann eintritt, wenn die Achse durch den gemeinschaftlichen Schnittpunkt R der äußersten Seilpolygonseiten geht (siehe Achse $L_0 L_0$ in Fig. 98), so ist auch das statische Moment $\Sigma Px = 0$, was besagt, daß der Punkt R der Schwerpunkt des vorliegenden Kräfteplanes ist, wodurch die Resultierende geht.

2. Das Trägheitsmoment Θ wird in folgender Weise erhalten:

Betrachtet man die auf der Achse LL gelegenen Abschnitte $\overline{12}$, $\overline{23}$, $\overline{34}$ etc. als Kräfte, die in den Richtungslinien der Kräfte P_1, P_2, P_3, ... wirken, und konstruiert man das in Fig. 98^c dargestellte Kräftepolygon, so läßt sich mit letzterem wieder ein Seilpolygon A^l, B^l, C^l, D^l, ... konstruieren, dessen Seiten I^l, II^l, III^l, IV^l usw., wie die Fig. 98^d zeigt, die fragliche Achse LL in den Punkten 1^l, 2^l, 3^l usw. schneiden.

Es sind auch hier die Dreiecke des in Fig. 98^d dargestellten Seilpolygons

$$1^l A^l 2^l, \quad 2^l B^l 3^l, \quad 3^l C^l 4^l, \quad 4^l D^l 5^l, \quad 5^l E^l 6^l \text{ und } 6^l F^l 7^l$$

ähnlich den Dreiecken des Kräftepolygons in Fig. 98^c.

$$G^l o^l H^l, \quad H^l o^l J^l, \quad J^l o^l K^l, \quad K^l o^l L^l, \quad L^l o^l M^l \text{ und } M^l o^l N^l.$$

Bezeichnet man nun noch die in Fig. 98^c beliebig angenommene und in der oben genannten x-Richtung gemessene Polweite mit h, so ergibt sich in gleicher Weise, wie beim statischen Momente,

$$x_1 : \overline{1'2'} = h : \overline{12} \qquad \text{oder} \qquad x_1\,\overline{12} = h\,\overline{1'2'}$$
$$x_2 : \overline{2'3'} = h : \overline{23} \qquad \text{,,} \qquad x_2\,\overline{23} = h\,\overline{2'3'}$$
$$x_3 : \overline{3'4'} = h : \overline{34} \qquad \text{,,} \qquad x_3\,\overline{34} = h\,\overline{3'4'}$$
$$x_4 : \overline{4'5'} = h : \overline{45} \qquad \text{,,} \qquad x_4\,\overline{45} = h\,\overline{4'5'}$$
$$x_5 : \overline{5'6'} = h : \overline{56} \qquad \text{,,} \qquad x_5\,\overline{56} = h\,\overline{5'6'}$$
$$x_6 : \overline{6'7'} = h : \overline{67} \qquad \text{,,} \qquad x_6\,\overline{67} = h\,\overline{6'7'}.$$

Da ferner unter Hinweis auf das vorher beim statischen Momente Gesagte die Abschnitte nach Fig. 98$^\mathrm{b}$

$$\overline{12} = \frac{P_1 x_1}{H}, \quad \overline{23} = \frac{P_2 x_2}{H}, \quad \overline{34} = \frac{P_3 x_3}{H}, \quad \overline{45} = \frac{P_4 x_4}{H}, \quad \overline{56} = \frac{P_5 x_5}{H} \quad \text{und}$$

$$\overline{67} = \frac{P_6 x_6}{H}$$

sind, so erhält man durch Einsetzen der Werte

$$\frac{x_1 P_1 x_1}{H} = h\,\overline{1'2'}, \quad \text{woraus} \quad P_1 . x_1{}^2 = H . h\,\overline{1'2'} \quad \text{folgt,}$$

$$\frac{x_2 P_2 x_2}{H} = h\,\overline{2'3'}, \qquad \text{,,} \qquad P_2 . x_2{}^2 = H . h\,\overline{2'3'} \qquad \text{,,}$$

$$\frac{x_3 P_3 x_3}{H} = h\,\overline{3'4'}, \qquad \text{,,} \qquad P_3 . x_3{}^2 = H . h\,\overline{3'4'} \qquad \text{,,}$$

$$\frac{x_4 P_4 x_4}{H} = h\,\overline{4'5'}, \qquad \text{,,} \qquad P_4 . x_4{}^2 = H . h\,\overline{4'5'} \qquad \text{,,}$$

$$\frac{x_5 P_5 x_5}{H} = h\,\overline{5'6'}, \qquad \text{,,} \qquad P_5 . x_5{}^2 = H . h\,\overline{5'6'} \qquad \text{,,}$$

$$\frac{x_6 P_6 x_6}{H} = h\,\overline{6'7'}, \qquad \text{,,} \qquad P_6 . x_6{}^2 = H . h\,\overline{6'7'} \qquad \text{,,}$$

Durch Addition dieser Gleichung erhält man dann das gesuchte Trägheitsmoment

$$\Theta = \overset{6}{\underset{1}{\Sigma}} P x^2 = Hh\left(\overline{1'2'} + \overline{2'3'} + \overline{3'4'} + \overline{4'5'} + \overline{5'6'} + \overline{6'7'}\right)$$
$$\text{,,} = Hhb. \quad . \quad . \quad . \quad . \quad . \quad . \quad . \quad . \quad . \quad . \quad . \quad . \quad . \quad 74$$

worin der Klammerausdruck die Strecke b bedeutet, welche die äußersten Seiten des 2., in Fig. 98$^\mathrm{d}$ dargestellten Seilpolygons auf der Achse LL abschneiden, und welche stets positiv ist, sobald alle Kräfte in gleichem (positiven) Sinne wirken.

Wird H mit dem Kräftemaßstabe gemessen, so stellen b und h Längen dar.

NB. Sieht man die auf der LL-Achse gelegenen Abschnitte $\overline{1'2'}$, $\overline{2'3'}$, $\overline{3'4'}$ etc. wiederum als Kräfte an und verfährt man wie vorher, so wird damit das Moment 3. Ordnung erhalten.

Durch Fortsetzung dieses Verfahrens kann man mit Leichtigkeit jedes höhere Moment von beliebiger Ordnung erhalten.

3. Bestimmung des Trägheitsmomentes nach dem Verfahren von Mohr.

Mit Hilfe des vorher erhaltenen ersten Seilpolygons $A_1 B_2 C_3 \ldots$ mit den Seiten I, II, III usw. läßt sich auch — ohne weitere Polygone konstruieren zu müssen — das Trägheitsmoment, bezogen auf die Achse LL, wie folgt, ermitteln.

Der Flächeninhalt F_m, der von dem ersten Seilpolygone, und zwar von den äußersten Seiten I und VII einerseits und von der Achse LL andrerseits, also von der Fläche $1\,A\,B\,C\,D\,E\,F\,7\,1$ gebildet wird, ergibt sich zu

$$F_m = \triangle (1\,A\,2 + 2\,B\,3 + 3\,C\,4 + 4\,D\,5 + 5\,E\,6 + 6\,F\,7)$$

$$\text{„} = \frac{1}{2}(\overline{1\,2}\,h_1 + \overline{2\,3}\,h_2 + \overline{3\,4}\,h_3 + \overline{4\,5}\,h_4 + \overline{5\,6}\,h_5 + \overline{6\,7}\,h_6)$$

$$\text{„} = \frac{1}{2}\sin\alpha\,(\overline{1\,2}\,x_1 + \overline{2\,3}\,x_2 + \overline{3\,4}\,x_3 + \overline{4\,5}\,x_4 + \overline{5\,6}\,x_5 + \overline{6\,7}\,x_6)$$

$$\text{„} = \frac{\sin\alpha}{2\,H}(P_1\,x_1{}^2 + P_2\,x_2{}^2 + P_3\,x_3{}^2 + P_4\,x_4{}^2 + P_5\,x_5{}^2 + P_6\,x_6{}^2)$$

$$\text{„} = \frac{\sin\alpha}{2\,H}\sum_1^6 P\,x^2 = \frac{\sin\alpha}{2\,H}\,\Theta,$$

$$\Theta = \frac{2\,H\,F_m}{\sin\alpha} \quad \ldots\ldots\ldots\ldots \quad 75$$

Hierin bezeichnet α den Winkel, den in Fig. 98 die parallelen Kräfte P mit den x-Richtungen einschließen.

4. Beziehungen zwischen zwei auf parallele Achsen bezogene Trägheitsmomente.

Bezeichnet die Achse $L_0 L_0$, wie bereits in Fig. 98 angedeutet wurde, die durch den Schnittpunkt R der äußersten Seilpolygonseiten gehende, parallel zur Achse LL gerichtete resultierende Achse und haben die Kräfte P_1, P_2, P_3 usw. von der letzteren die in Fig. 99 eingeschriebenen, in der x-Richtung gemessenen Abstände ξ_1, ξ_2, ξ_3 usw., so beträgt das auf die Achse $L_0 L_0$ bezogene Trägheitsmoment $\Theta_0 = \Sigma P\,\xi^2$, und das statische Moment, wie bereits unter 1 erwähnt, bezogen auf dieselbe Achse $L_0 L_0$, $\Sigma P\,\xi = 0$.

Wird nun noch mit e der ebenfalls in der x-Richtung gemessene Abstand der Achse LL von der $L_0 L_0$-Achse bezeichnet und setzt man $x = \xi + e$, so erhält man

$$\Theta = \Sigma P\,x^2 = \Sigma P\,(\xi + e)^2 = \Sigma P\,\xi^2 + 2\,e\,\Sigma P\,\xi + e^2\,\Sigma P$$
$$\text{\dq} = \Sigma P\,\xi^2 + e^2\,\Sigma P,$$
$$\text{oder}\quad \Theta = \Theta_0 + e^2\,\Sigma P.$$

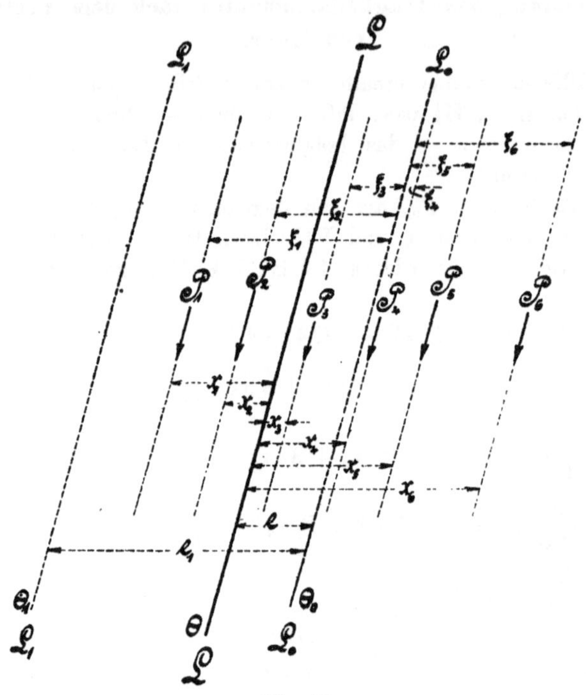

Fig. 99.

In derselben Weise ergibt sich für eine andere im Abstande e_1 von der $L_0 L_0$-Achse gelegene Achse $L_1 L_1$ das Trägheitsmoment

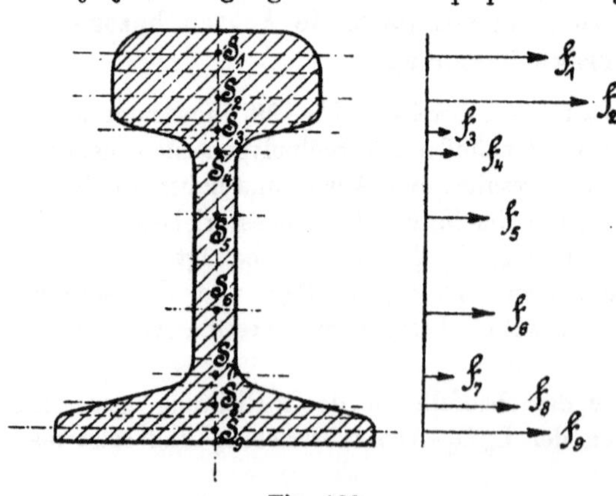

Fig. 100.

$$\Theta_1 = \Theta_0 + e_1^2\,\Sigma P.$$

Bildet man die Differenz zwischen den letzten beiden Gleichungen für Θ und Θ_1, so ist

$$\Theta_1 - \Theta = (e_1^2 - e^2)\,\Sigma P.$$

5. Bestimmung des Trägheitsmomentes einer beliebigen Fläche.

Soll das Trägheitsmoment einer beliebig gestalteten Fläche, z. B.

des in Fig. 100 dargestellten Querschnittes einer Eisenbahnschiene, bezogen auf eine beliebig gerichtete und gelegene Achse, graphisch ermittelt werden, so zerlege man den Querschnitt in der gegebenen Achsenrichtung in eine Anzahl leicht bestimmbarer Flächenstücke, deren Inhalte f_1, f_2, f_3 etc. man als Kräfte auffaßt, die in den Schwerpunkten S_1, S_2, S_3 etc. angreifen.

Hierauf verfahre man in der bereits im Abs. 2 dieses Paragraphen angegebenen, in der Fig. 98 dargestellten Weise.

§ 23. Die verschiedenen Belastungsfälle.

Während in den §§ 14 bis 21 vorwiegend die, bei der Biegung eines Körpers oder Trägers wachgerufenen, im Innern desselben auftretenden Spannungen und Beanspruchungen besprochen worden sind, sollen nunmehr in dem vorliegenden Paragraphen die äußeren Beanspruchungen Berücksichtigung finden, die sich infolge verschiedenartig auf den Körper oder Träger einwirkender Belastungen ergeben.

In der Hauptsache kommt es also hier darauf an, das im § 14 unter 1 genannte, der allgemeinen Biegungsgleichung zugrunde liegende Biegungsmoment für jeden beliebigen Belastungsfall zu bestimmen, um damit die sich aus dem Widerstandsmomente ergebenden Querschnittsabmessungen des Körpers ermitteln zu können.

Diese Momentenbestimmung läßt sich für die einfachen Belastungsfälle sehr leicht mit Hilfe des mechanischen Satzes,

die algebraische Summe der um einen Drehpunkt wirkenden Momente muß gleich Null sein, durchführen.

Außer diesem sind bei den einzelnen Belastungsfällen sowohl die zugehörigen Momenten- und Transversalkraftflächen, als auch die Gleichungen der elastischen Linien und der größten Durchbiegungen angegeben, die mit Hilfe der im § 14 Abs. 4ª angedeuteten, der höheren Analysis angehörenden allgemeinen Gleichung der elastischen Linie entwickelt worden sind (Siehe einige in § 14 Abs. 4ᵇ angegebene Näherungswerte.)

Was die Momentenflächen betrifft, so geben sie eine bildliche Übersicht über die in den einzelnen Trägerarten auftretenden Beanspruchungen. Die Konstruktion dieser Flächen ergibt sich entweder mit Hilfe des in § 22 Abschnitt 2, 1 aufgeführten Seilpolygons, oder man trägt, beispielsweise von einer horizontalen Linie ausgehend, in einem beliebig zu wählenden Maßstabe — der jedoch bei der Durchführung eines Beispieles beibehalten werden muß —, die für die einzelnen Querschnittsstellen durch Rechnung bestimmten Biegungsmomente zweckmäßig so⁹ auf, daß alle auf einen beliebig angenommenen Querschnitt bezogenen rechtsdrehenden oder positiv genannten Momente senkrecht nach unten, alle linksdrehenden oder negativen Momente dagegen senkrecht nach oben angetragen werden. Unter dieser Annahme ergibt sich die Lage der Momentenflächen unterhalb der angenommenen Horizontallinie, falls ein Träger, Balken etc. nach unten durchgebogen wird; im Falle einer Durchbiegung nach oben liegt auch die Momentenfläche oberhalb.

Da nun die Größe der zwischen zwei Laststellen gelegenen Biegungsmomente nur allein von den Abständen der fraglichen Querschnittsstellen abhängig ist, d. h. im proportionalen Verhältnisse steht, so werden diese Momente durch eine gerade Linie begrenzt, welche die Laststellenmomente verbindet. Es ist deshalb beim Konstruieren der Momentenfläche auch nur nötig, die an den Laststellen auftretenden Biegungsmomente rechnerisch zu ermitteln und in der angegebenen Weise aufzutragen. Die Begrenzungslinie der Momentenfläche bildet dann eine gebrochene Linie, die bei einer über die Körperlänge ganz oder auch nur teilweise gleichmäßig verteilten Belastung, soweit die letztere reicht, in einen Parabelbogen übergeht, zu dessen Konstruktion man die gleichmäßige Belastung als eine beliebig große Summe gleichgroßer Einzellasten ansehen kann, deren Biegungsmomente in der vorher beschriebenen Weise aufzutragen sind. Die Genauigkeit der Begrenzungskurve hängt natürlich ganz von der Anzahl der aufgetragenen Momente ab.

Beachtung verdient noch die Tatsache, daß an den Stellen, wo eine Einzellast wirkt, die Momentenfläche stets eine Ecke hat, gleichviel ob an dieser Stelle zu gleicher Zeit stetige Belastungen wirken oder nicht. Im ersteren Falle bildet sich die Ecke aus gekrümmten, im letzteren dagegen aus geraden Linien.

Zu einem **Scherkraftdiagramm** gelangt man durch die Überlegung, daß die einen Körper auf Biegung beanspruchenden Vertikalkräfte den Körper auch gleichzeitig auf Abscheren beanspruchen. Die in jedem Querschnitte des Körpers auftretende Scherkraft ergibt sich aus der algebraischen Summe aller Kräfte, die, von der fraglichen Querschnittsstelle ausgehend, auf der linken oder rechten Seite des Körpers auf ihn einwirken. Wenn nun auch in den meisten Fällen die in den einzelnen Querschnitten auftretenden Schubspannungen gegenüber den Biegungsspannungen so klein ausfallen, daß sie vernachlässigt werden können, so bietet doch immerhin das sehr einfach und schnell konstruierbare Scherkraftdiagramm eine nicht zu unterschätzende Übersicht über die einzelnen Scheranstrengungen. Bei der Konstruktion des Diagramms ist darauf zu achten, daß bei nur mit Einzellasten belasteten Körpern an den Belastungsstellen eine sprungweise Änderung der Scherkraft eintritt, während sie zwischen den Belastungsstellen konstant bleibt.

Die Begrenzungslinien bilden in diesem Falle eine abgetreppte Figur. Siehe Fig. 102, 104, 107, 108—112, 117 und 120. Bei den Körpern mit ganzer oder auch nur mit teilweiser stetiger Belastung dagegen ändern sich die Scherkräfte innerhalb der stetigen Lastverteilung auch stetig, was im Diagramm durch eine schräge gerade Linie dargestellt wird. Siehe Fig. 105, 113, 115, 116, 118 und 121.

Eine sprungweise Änderung der Linie findet z. B. an solchen Stellen statt, wo zu der gleichmäßigen Lastverteilung noch Einzelkräfte hinzutreten. Siehe Fig. 106, 114, 119 und 122. Wie die Fig. 107 bis 123 erkennen lassen, liegen die größten Biegungsmomente an den Stellen, wo die Schubkräfte ihre Vorzeichen wechseln, d. h. wo in den Transversalkraft- oder Schubkraftdiagrammen die horizontalen Trägerachsen durchschnitten werden. Man kann deshalb auch die letzten Diagramme zur Bestimmung der Lagen der am meisten beanspruchten Querschnittsstellen und der damit im Zusammenhange stehenden größten Biegungsmomente benutzen, was bei komplizierten Belastungsfällen, ·die sonst weitgehende Rechnungen erforderlich machen, besonders wichtig ist. Vergl. hierzu noch die im Abs. b, 1 dieses Paragraphen angefügten Erläuterungen zur Fig. 107.

a) Der Freiträger.

Unter einem Freiträger versteht man einen an einem Ende fest eingespannten Träger, der in beliebiger Weise belastet sein kann.

Mit der Einspannung des Trägers ist der Begriff verknüpft, daß die in § 14 unter a, 3 und 4 und b, 1 und 2 genannte elastische Linie an der Einspannstelle die ursprünglich gerade Trägerachse zur Tangente hat.

Die Einspannung des Trägers kann man sich beispielsweise so vorstellen, daß das eingespannte Ende durch zwei, wie aus beistehender Fig. 101ᵃ ersichtlich ist, entgegengesetzt gerichtete und unveränderlich wirkende Auflager gehalten wird. Als Einspannstelle gilt die Querschnittsstelle A.

Will man nun die beiden Auflagerdrücke an der Stelle A und C bestimmen, so denkt man sich nach Fig. 101ᵇ zwei gleiche, aber entgegengesetzt gerichtete Kräfte $+P$ und $-P$ an der Einspannstelle A angebracht, wodurch an dem Gleichgewichtzustande nichts geändert wird.

Wird von dem Eigengewichte des Trägers abgesehen, so wirken an ihm drei Kräfte, nämlich die am freien Ende B wirkende Kraft P und die beiden an der Stelle A zugefügten Kräfte $+P$ und $-P$. Von den letzten beiden Kräften kann man sich die Kraft $+P$ durch die Auflage A aufgehoben, d. h. wirkungslos denken, so daß nur noch die beiden, an der Stelle A mit $-P$ und am freien Ende B mit $+P$ wirkenden Kräfte in Frage kommen, die mit der freitragenden Trägerlänge l ein rechtsdrehendes Moment $M = Pl$ bilden.

Dieses Moment muß nun durch ein innerhalb der eingespannten Strecke $\overline{AC}$ zur Wirkung· kommendes Gegenmoment $-M = P_x x$ ins Gleichgewicht gebracht werden, woraus die Bedingung $Pl = P_x x$ sich ergibt.

Den an der Stelle C anzuordnenden Widerlagerdruck P_x erhält man dann aus der vorliegenden Gleichgewichtsbedingung zu

$$P_x = \frac{Pl}{x} \qquad \ldots \ldots \ldots \ldots \quad 76$$

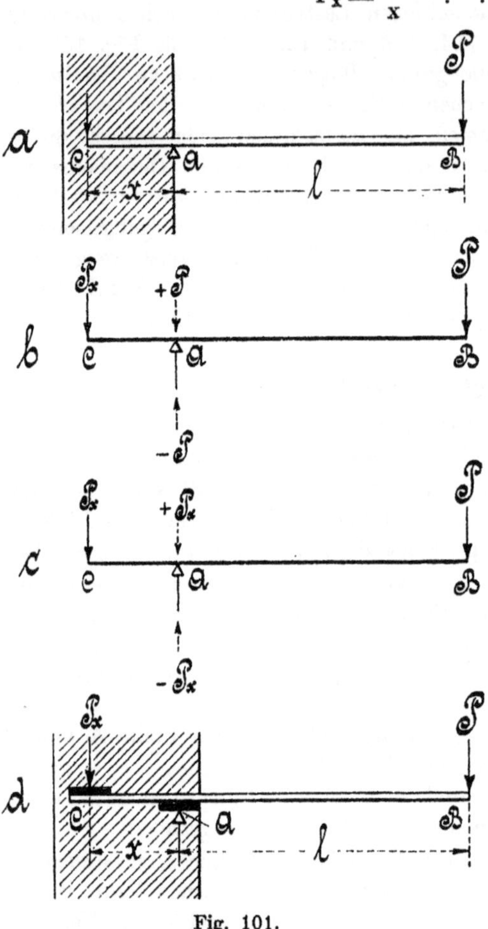

Fig. 101.

Denkt man sich nun nach Fig. 101ᶜ auch diesen Druck an der Einspannstelle A als $+ P_x$ und $- P_x$ zugefügt, so hebt sich der erstere Druck $+ P_x$ mit der Auflage A auf, während der letztere Druck $- P_x$ mit dem Widerlagerdrucke bei C das linksdrehende Moment bildet.

Die Auflage A ergibt sich dann nach dem vorhergehenden zu

$$A = P + P_x = P + \frac{Pl}{x}$$

$$= P\left(1 + \frac{1}{x}\right) \quad . \quad . \quad 77$$

Anmerkung: Die verschieden hohen Widerlagerdrücke bei A und C, die um so größer werden, sobald die Strecke x im Verhältnis zur Länge l sehr klein wird, geben sehr leicht die Veranlassung zu einer Zusammendrückung des Unterstützungs- als auch des Trägermaterials an den Widerlagerstellen A und C.

Infolge der Zusammendrückung wird aber eine Lageänderung der Auflagestellen A und C aus der Horizontalrichtung so eintreten, daß der Träger bei A abwärts und bei C aufwärts bewegt wird. Durch diese Bewegung tritt nun aber eine Neigung des Trägers aus seiner Anfangslage ein, womit die am Eingange dieses Abschnittes ausgesprochene Voraussetzung, die elastische Linie habe an der Einspannstelle A die anfänglich gerade Trägerachse zur Tangente, nicht mehr genau zutrifft.

Die Zusammendrückung des Materials wird auch dann noch — wenn auch in weit geringerem Maße — zu erwarten sein, wenn, so wie es in

Fig. 101^d an den Auflagestellen A und C der Fall ist, die Widerlagerdrücke auf untergelegte Platten einwirken.

1. Der durch eine Einzellast am freien Ende belastete Freiträger.

Für den aus Fig. 102 ersichtlichen, beliebigen Querschnitt BB, der von der Einspannstelle AA den Abstand x hat, ergibt sich das Biegungsmoment
$$M_x = P(l - x).$$

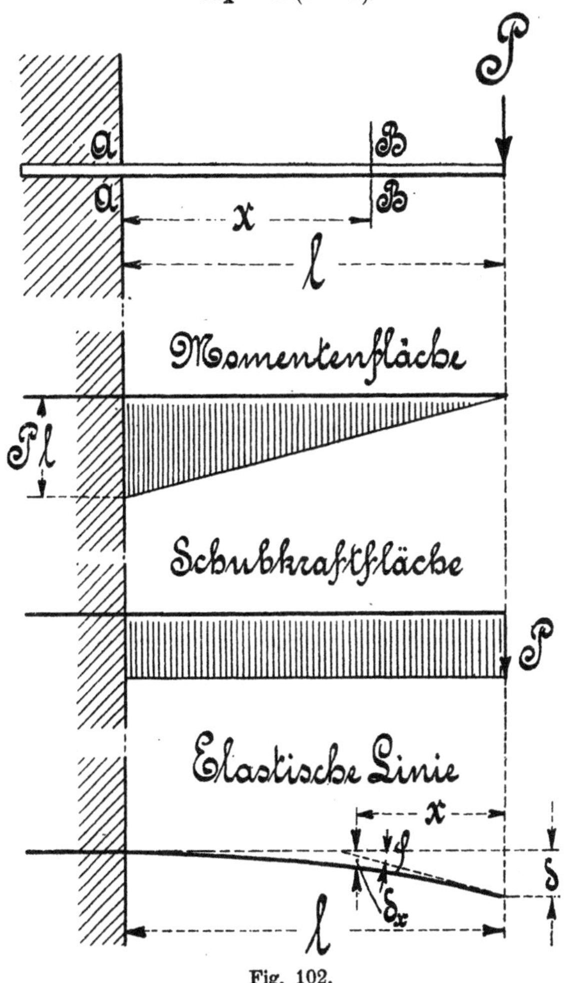

Fig. 102.

Da nun für x = 0 das Moment M_x seinen größten Wert
$$M_{max} = Pl \ldots \ldots \ldots \ldots \ldots 78$$
erreicht, so findet auch nach § 14, 1 die größte Beanspruchung an der

Einspannstelle AA statt, weshalb man auch diesen Querschnitt als den gefährlichen Querschnitt bezeichnet.

Die Gleichung der elastischen Linie für die Durchbiegung an beliebiger Stelle des Trägers ist

$$\delta_x = \frac{P}{6\,E\,\Theta}\,(3\,l^2\,x - x^3)$$
$$ = \frac{P\,\alpha}{6\,\Theta}\,(3\,l^2\,x - x^3).$$

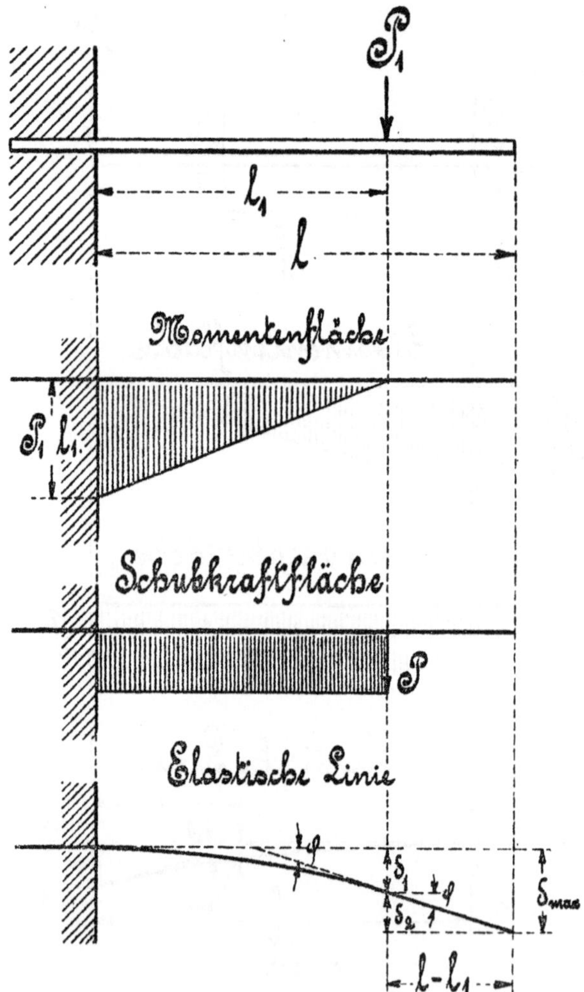

Fig. 103.

Die größte Durchbiegung beträgt für $x = l$
$$\delta = \frac{1}{3}\frac{P\,l^3}{E\,\Theta} = \frac{1}{3}\frac{M\,\alpha\,l^2}{\Theta}.$$

Der größten Durchbiegung δ entspricht dann auch der größte Winkel φ, der von der Kurventangente und Horizontalen gebildet wird. Er wird gefunden aus

$$\operatorname{tg}\varphi = \frac{1}{2}\frac{P\,l^2}{E\Theta} = \frac{1}{2}\frac{M\,l\alpha}{\Theta}.$$

Anmerkung: Wirkt die Einzellast P_1 nicht am Ende des Freiträgers, sondern an einer beliebigen Stelle, so wird nach Fig. 103 das größte Biegungsmoment $M_{max} = P_1\,l_1$, die Durchbiegung an der Laststelle, wie vorher,

$$\delta_1 = \frac{1}{3}\frac{P_1\,l_1^3}{E\Theta}.$$

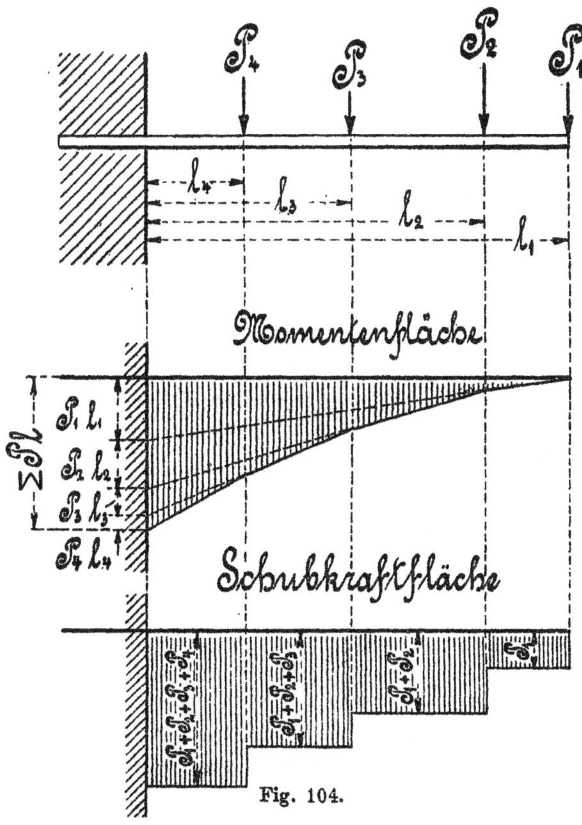

Fig. 104.

Die Durchbiegung am Ende ergibt sich dann aus

$$\delta_{max} = \delta_1 + \delta_2 = \delta_1 + (1 - l_1)\sin\varphi.$$

Da nun aber für kleine Winkel „$\sin\varphi = \operatorname{tg}\varphi$" gesetzt werden kann und

$$\operatorname{tg}\varphi = \frac{1}{2}\frac{P_1\,l_1^2}{E\Theta}$$

beträgt, so erhält man die größte Durchbiegung

$$\delta_{max} = \frac{1}{3}\frac{P_1\,l_1^3}{E\Theta} + (1 - l_1)\frac{1}{2}\frac{P_1\,l_1^2}{E\Theta}.$$

2. Der durch mehrere beliebig verteilte Einzellasten belastete Freiträger.

Das größte Biegungsmoment ergibt sich für den in Fig. 104 dargestellten Belastungsfall wieder an der Einspannstelle zu

$$M_{max} = P_1 l_1 + P_2 l_2 + P_3 l_3 + P_4 l_4 \quad \ldots \ldots \quad 79$$

oder allgemein

$$M_{max} = \sum_{1}^{n} P l.$$

Anmerkung: Da jede einzelne Last eine größte Durchbiegung des freien Trägerendes veranlaßt, so ergibt sich die gesamte Durchbiegung aus der Summe der Einzeldurchbiegungen. Dieses Verfahren nennt man das **Prinzip der Übereinanderlagerung** (Superposition), womit man verwickeltere Belastungsfälle auf einfache Fälle zurückführen kann.

Wirken Lasten entgegengesetzt, so werden die zugehörigen Durchbiegungen subtrahiert.

3. Der über die ganze Länge gleichmäßig verteilt belastete Freiträger.

Ist ein Träger, wie Fig. 105 zeigt, über seine ganze Länge mit einer Gesamtlast Q gleichmäßig verteilt belastet, so kann man sich die Last Q im Schwerpunkte S konzentriert denken.

Da nun wegen der gleichmäßigen Lastverteilung der Schwerpunkt S im Abstande $\dfrac{l}{2}$ von der Einspannstelle liegt so ergibt sich das größte

Biegungsmoment $$M_{max} = \frac{Q l}{2} \quad \ldots \ldots \ldots \quad 80$$

Für einen beliebig im Abstande x von der Einspannstelle gelegenen Querschnitt beträgt das zugehörige Moment

$$M_x = p\,(l - x)\,\frac{l - x}{2} = p\,\frac{(l - x)^2}{2},$$

wenn p die gleichmäßige Belastung für die Längeneinheit bedeutet.

Diese allgemeine, für jeden Querschnitt des Trägers gültige Momentengleichung liefert für $x = 0$ das bereits angegebene größte Biegungsmoment.

Die Gleichung der elastischen Linie lautet

$$\delta_x = \frac{p}{24\,E\,\Theta}\,(4\,l^3 x - x^4) = \frac{p\,\alpha}{24\,\Theta}\,(4\,l^3 x - x^4).$$

Die größte Durchbiegung beträgt dann für $x = l$

$$\delta = \frac{1}{8}\,\frac{p\,l^4}{E\,\Theta} = \frac{1}{8}\,\frac{Q\,l^3}{E\,\Theta} = \frac{1}{8}\,\frac{Q\,\alpha\,l^3}{\Theta}$$

und der dazu gehörige Winkel $\operatorname{tg}\varphi = \dfrac{1}{6}\,\dfrac{Q\,l^2}{E\,\Theta}$

4. Der über seine ganze Länge gleichmäßig verteilt und am freien Ende mit einer Einzellast belastete Freiträger.

Nach Fig. 106 ergibt sich das Biegungsmoment für den beliebigen, um x von der Einspannstelle abstehenden Querschnitt BB aus

$$M_x = P(l-x) + p\frac{(l-x)^2}{2}$$

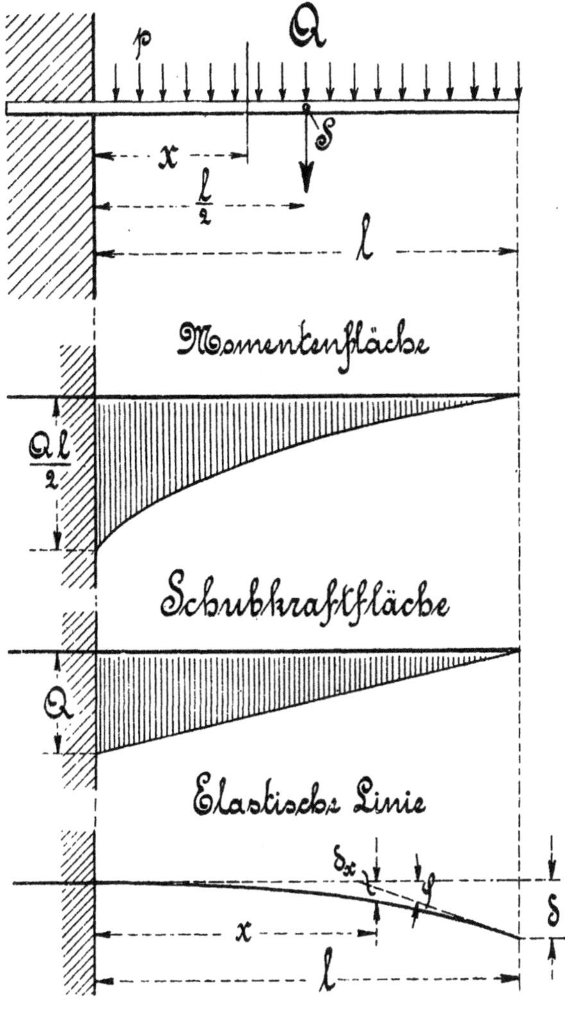

Fig. 105.

Für $x = 0$ erlangt M_x seinen größten Wert

$$M_{max} = Pl + p\,\frac{l^2}{2} = Pl + Q\,\frac{l}{2} = \left(P + \frac{Q}{2}\right)l \quad . \quad . \quad . \quad 81$$

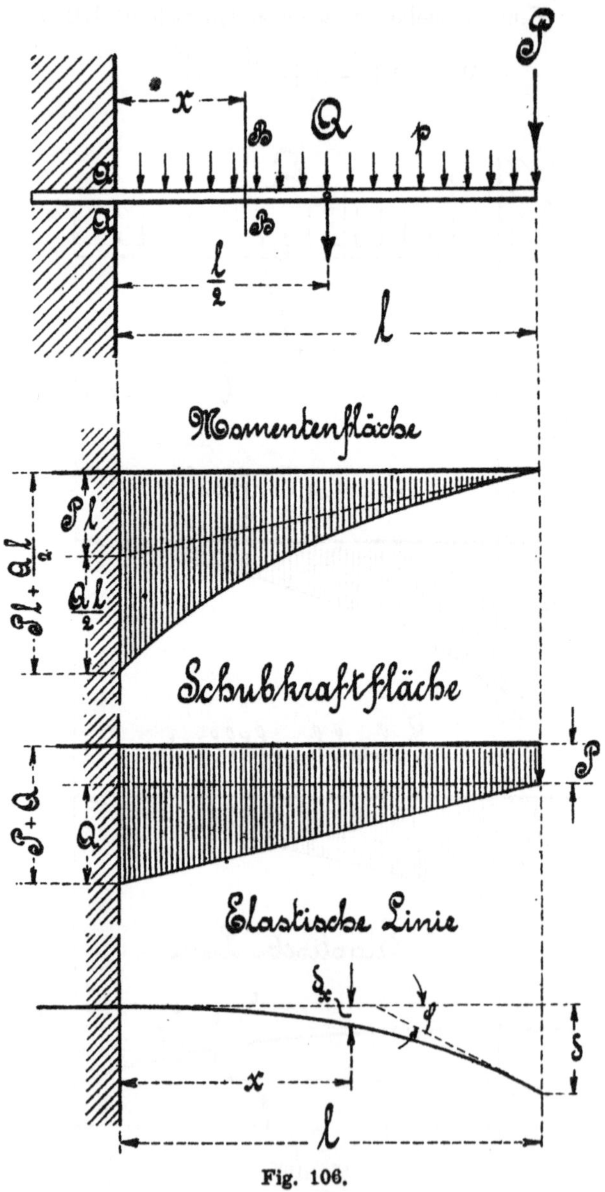

Fig. 106.

Die Gleichung der elastischen Linie heißt

$$\delta_x = \frac{\alpha}{\Theta}\left[\frac{P}{2}\left(1-\frac{x}{3}\right)+\frac{p}{4}\left(l^2-\frac{2}{3}lx+\frac{x^2}{6}\right)\right]x^2;$$

die größte Durchbiegung am freien Ende erhält man für $x=l$ mit

$$\delta = \frac{\alpha}{\Theta}\left(\frac{P}{3}+\frac{pl}{8}\right)l^3 = \frac{\alpha}{\Theta}\left(\frac{P}{3}+\frac{Q}{8}\right)l^3 = \frac{1}{3}\frac{P+\frac{3}{8}Q}{E\,\Theta}l^3.$$

Der größten Durchbiegung entspricht der Winkel

$$\varphi = \frac{1}{2}\frac{Pl^2}{E\,\Theta}+\frac{1}{6}\frac{Ql^2}{E\,\Theta} = \frac{1}{2}\frac{\left(P+\frac{1}{3}Q\right)l^2}{E\,\Theta}.$$

Anmerkung: Auch hier gilt für mehrere Einzellasten das im Falle 2 genannte Prinzip der Übereinanderlagerung.

NB. Bei weiteren Belastungsarten stellt das maximale Biegungsmoment gleichfalls die algebraische Summe der von den einzelnen Belastungen hervorgerufenen Biegungsmomente dar.

Soll bei einer Konstruktion das Eigengewicht eines Trägers mit Berücksichtigung finden, so kann es als eine über die ganze Länge des Trägers gleichmäßig verteilte Belastung angesehen werden.

b) Der frei auf zwei Stützen liegende Träger.

Sobald ein Träger auf 2 Stützen gelagert ist, müssen zuerst die Auflage- oder Reaktionsdrücke bestimmt werden. Sie lassen sich ebenfalls sehr leicht nach dem bereits am Eingange dieses Paragraphen genannten Satze der Mechanik,

„die algebraische Summe der um einen Drehpunkt wirkenden Momente muß im Falle des Gleichgewichtes gleich Null sein",

bestimmen, sofern an Stelle eines Lagerdruckes ein Drehpunkt gedacht wird, um den sich der Träger bewegen kann.

Während man nun auf diese Weise beide Reaktionen ermitteln kann, genügt es auch, nur eine derselben nach dem genannten Hebelgesetze zu bestimmen, während die zweite Reaktion sich mit Hilfe des weiteren mechanischen Satzes,

„die algebraische Summe der in einer Richtung wirkenden Kräfte muß im Falle des Gleichgewichtes gleich Null sein",

angeben läßt, was in den meisten Fällen viel schneller zum Ziele führt.

1. Der Träger ist in der Mitte mit einer Einzellast belastet.

Die in Fig. 107 angegebene Belastung P verteilt sich auf beide Auflagen gleichmäßig, weshalb die Reaktionen die Werte

$$A = \frac{P}{2} \text{ und } B = \frac{P}{2} \quad \ldots \ldots \ldots \quad 82$$

erhalten.

Sieht man nun die in der Mitte liegende Laststelle als Unterstützung an, so wirkt der vorliegende Träger ebenso wie 2 Freiträger, an deren freien Enden die Kraft $\frac{P}{2}$ angreift.

Das größte, im Abstande $\frac{l}{2}$ von A oder B gelegene Biegungsmoment ergibt sich dann aus

$$M_{max} = A \frac{l}{2} = \frac{P}{2} \frac{l}{2} = \frac{Pl}{4} \quad \ldots \ldots \ldots \quad 83$$

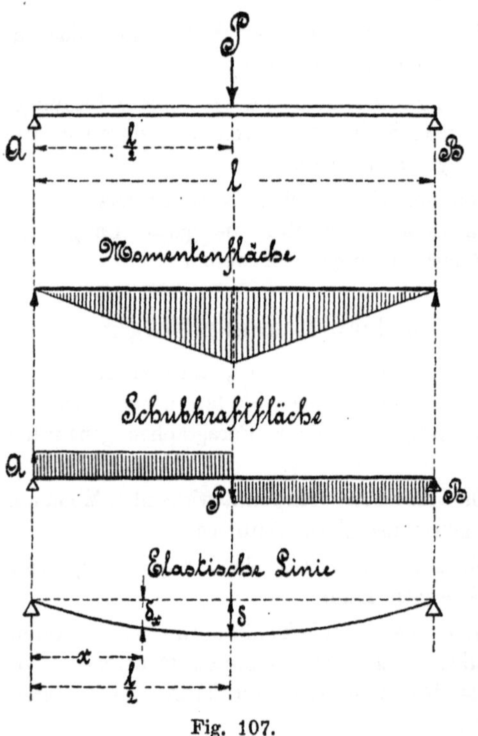

Fig. 107.

Wie bereits im Vorwort des vorliegenden Paragraphen angegeben, erhält man die Momentenfläche, wenn man das genannte größte Biegungsmoment in einem beliebig zu wählenden Maßstabe in der Mitte des Trägers senkrecht aufträgt und den Endpunkt dieser Ordinate mit den freien Auflagerstellen A und B verbindet. Die von den Verbindungslinien begrenzten Ordinaten ergeben dann die Biegungsmomente für die zugehörigen Querschnittsstellen.

Da man sich — wie es in Fig. 101 für die Einspannstelle A des Freiträgers schon angezeigt wurde — die gegebene Einzellast P an jeder beliebigen Querschnittsstelle des Trägers zweimal mit entgegengesetzten Vorzeichen wirkend denken kann, wovon dann die eine Hilfskraft mit der gegebenen Einzellast das sogenannte Kräftepaar darstellt, welches das zugehörige Biegungsmoment hervorruft, so ist ohne weiteres einzusehen, daß die zweite Hilfskraft die für jeden Querschnitt gleich große Schubkraft bildet.

Die Schubkraftfläche ist sofort graphisch darzustellen, wenn die Auflagerdrücke A und B bekannt sind. An dem linken Trägerende A trage man in einem beliebigen Kräftemaßstabe den Lagerdruck A senk-

recht nach oben auf, gehe dann parallel zur Trägerrichtung bis zur Laststelle P, welche senkrecht nach unten angetragen wird. Geht man nun
parallel bis zum Trägerende B, so entspricht die dort nach oben gerichtete
Kraft dem Auflagerdrucke B.

Betrachtet man z. B. noch die von A ausgehende Schubkraftfläche,
so findet man, daß der bis zu irgend einem Trägerquerschnitt vorliegende
Inhalt dieser Fläche mit dem Biegungsmomente des fraglichen Querschnittes
übereinstimmt, so daß schließlich auch die Schubkraftfläche zur Berechnung
der Biegungsmomente benutzt werden kann. Besonders wichtig ist aber die
Erkenntnis, daß an der Stelle des Querschnittes, an der die Schubkräfte
das Vorzeichen wechseln, d. h. wo die Schubkraftfläche die Achsenrichtung
schneidet, das größte Biegungsmoment bezw. der am meisten beanspruchte
Querschnitt des Trägers vorliegt.

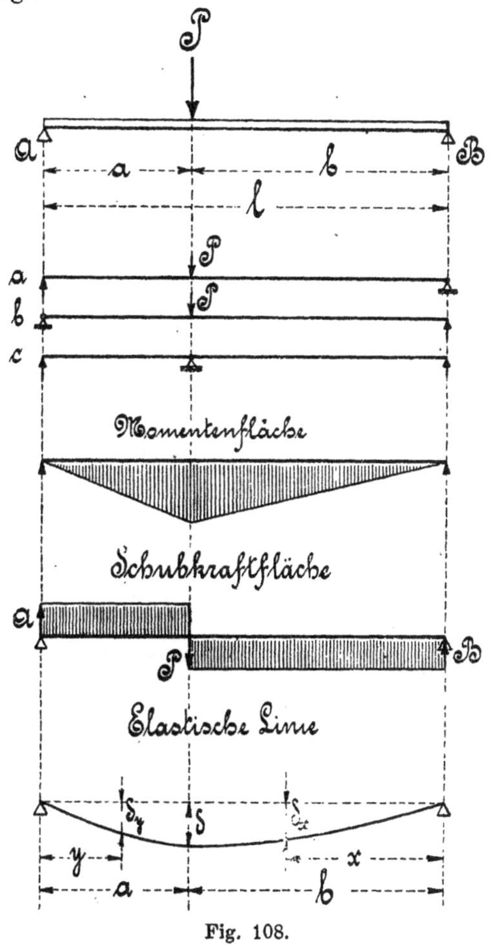

Fig. 108.

Die Gleichung der ela-
stischen Linie wird aus der
zu Fig. 102 gehörigen Gleichung so gefunden, daß man
für P und l die Werte $\frac{P}{2}$ und
$\frac{l}{2}$ einsetzt; man erhält somit

$$\delta_x = \frac{\frac{P}{2}}{6\,E\,\Theta}\left\{3\left(\frac{l}{2}\right)^2 x - x^3\right\}$$

$$\text{„} = \frac{P}{12\,E\,\Theta}\left(\frac{3}{4}\,l^2 x - x^3\right)$$

$$\text{„} = \frac{P}{48\,E\,\Theta}\,(3\,l^2 x - 4\,x^3)$$

$$\text{„} = \frac{P\,a}{48\,\Theta}\,(3\,l^2 x - 4\,x^3).$$

Die größte Durchbiegung
erhält man dann für

$$x = \frac{l}{2} \text{ aus } \delta = \frac{1}{48}\frac{P\,l^3}{E\,\Theta}.$$

2. Der Träger ist an be-liebiger Stelle mit einer Einzellast belastet.

Zur Bestimmung der
aus Fig. 108 ersichtlichen
Reaktion A lege man, wie
Fig. 108[a] zeigt, in B den
Drehpunkt, dann ergibt sich

$$A\,l - P\,b = 0,$$

$$A = \frac{P\,b}{l} \quad . \quad . \quad 84$$

Um nun B zu ermitteln, lege man entweder den Drehpunkt, wie Fig. 108^b zeigt, nach A, so ist $B1 - Pa = 0$,

$$B = \frac{Pa}{l},$$

oder man bildet den Summensatz $A + B - P = 0$,

woraus sich dann $\quad B = P - A = P - \frac{Pb}{l} = \frac{Pl - Pb}{l}$

$$\text{„} = \frac{P(l - b)}{l} = \frac{Pa}{l} \qquad \cdots \cdots \quad 85$$

bestimmen läßt.

Das größte, an der Laststelle P auftretende Biegungsmoment ergibt sich nach Fig. 108^c durch Annahme der Laststelle als Unterstützungs- oder Drehpunkt, wodurch der vorliegende Träger in 2 ungleich lange Freiträger zerlegt wird, an deren freien Enden die Kräfte A bezw. B wirken.

Die gleichgroßen biegenden Momente der Freiträger bilden dann das größte Biegungsmoment

$$\left.\begin{aligned} M_{max} &= Aa = \frac{Pb}{l}\,a = P\,\frac{ab}{l}. \\[2mm] \text{„} &= Bb = \frac{Pa}{l}\,b = P\,\frac{ab}{l} \end{aligned}\right\} \quad \cdots \cdots \quad 86$$

Die Gleichung der elastischen Linie für die rechte Trägerseite lautet

$$\delta_x = \frac{P}{E\Theta}\,\frac{b^2 a^2}{6l}\left(2\,\frac{x}{b} + \frac{x}{a} - \frac{x^3}{b^2 a}\right),$$

für die linke dagegen $\delta_y = \dfrac{P}{E\Theta}\,\dfrac{a^2 b^2}{6l}\left(2\,\dfrac{y}{a} + \dfrac{y}{b} - \dfrac{y^3}{a^2 b}\right).$

Die größte Durchbiegung ergibt sich für

$$1. \quad x = b\sqrt{\frac{1}{3} + \frac{2a}{3b}}, \text{ wenn } b > a,$$

$$2. \quad y = a\sqrt{\frac{1}{3} + \frac{2b}{3a}}, \text{ wenn } b < a,$$

zu

$$\delta = \frac{P}{E\Theta}\,\frac{l^3}{3}\,\frac{b^2}{l^2}\,\frac{a^2}{l^2}.$$

3. Der Träger ist durch mehrere Einzellasten belastet.

Nimmt man in Fig. 109 den Drehpunkt bei A an, so beträgt die Reaktion B

$$B1 - P_1 l_1 - P_2 l_2 - P_3 l_3 - P_4 l_4 = 0,$$

$$B = \frac{P_1 l_1 + P_2 l_2 + P_3 l_3 + P_4 l_4}{l} \qquad \cdots \cdots \quad 87$$

Die zweite Reaktion A folgt dann aus

$$A + B - P_1 - P_2 - P_3 - P_4 = 0,$$

$$A = P_1 + P_2 + P_3 + P_4 - B \quad \cdot \quad 88$$

Der am meisten beanspruchte Querschnitt des Trägers liegt nun an der Laststelle, wo das Biegungsmoment am größten ist; es ist deshalb notwendig, daß für jede Laststelle das Biegungsmoment bestimmt wird.

Um die Momente der Reihenfolge nach zu berechnen, denke man sich, wie in Fig. 109ᵃ bis 109ᵈ dargestellt ist, in jedem einzelnen Falle den Dreh- oder Unterstützungspunkt an die Laststelle gelegt, für die das biegende Moment festgestellt werden soll.

Auf diese Weise wird der vorgelegte Träger wieder in zwei Freiträger zerlegt, die an der Unterstützungsstelle ihren größten gemeinschaftlichen Querschnitt haben, für den die beiderseitig biegenden Momente gleich groß sind. Es ist deshalb auch gleichgültig, für welche Seite das Moment in Rechnung gezogen wird; der Zweckmäßigkeit halber wählt man am besten die Seite, woran die wenigsten Kräfte angreifen.

Danach ergeben sich die Momente:

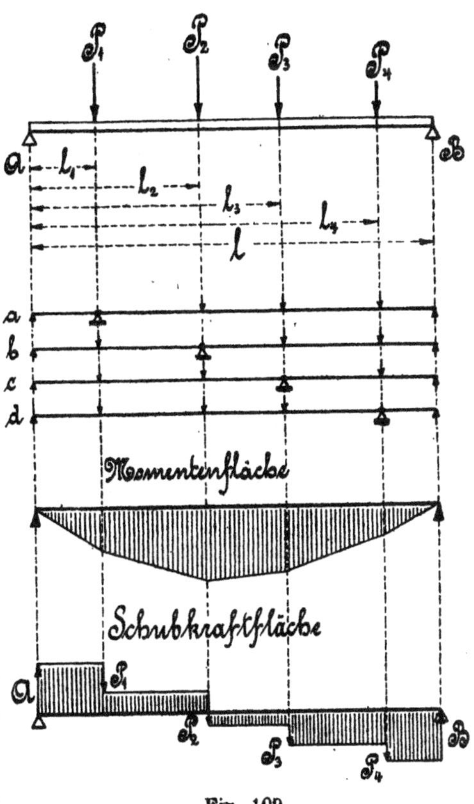

Fig. 109.

1. an der Laststelle P_1 nach Fig. 109ᵃ
$$M_1 = A\,l_1$$
oder auch „ $= B\,(l - l_1) - P_4\,(l_4 - l_1) - P_3\,(l_3 - l_1) - P_2\,(l_2 - l_1),$

2. an der Laststelle P_2 nach Fig. 109ᵇ
$$M_2 = A\,l_2 - P_1\,(l_2 - l_1)$$
oder auch „ $= B\,(l - l_2) - P_4\,(l_4 - l_2) - P_3\,(l_3 - l_2),$

3. an der Laststelle P_3 nach Fig. 109ᶜ
$$M_3 = A\,l_3 - P_1\,(l_3 - l_1) - P_2\,(l_3 - l_2)$$
oder auch „ $= B\,(l - l_3) - P_4\,(l_4 - l_3),$

4. an der Laststelle P_4 nach Fig. 109ᵈ
$$M_4 = A\,l_4 - P_1\,(l_4 - l_1) - P_2\,(l_4 - l_2) - P_3\,(l_4 - l_3)$$
oder auch „ $= B\,(l - l_4).$

4a. Der Träger ist durch zwei symmetrisch liegende, gleichgroße Einzellasten innerhalb der Auflager beansprucht.

Wegen der aus Fig. 110 ersichtlichen symmetrischen Belastung des Trägers kommt auf jede Auflage die Hälfte der Gesamtbelastung, also

$$A = P \text{ und } B = P \quad \ldots \ldots \ldots \ldots \quad \textbf{89}$$

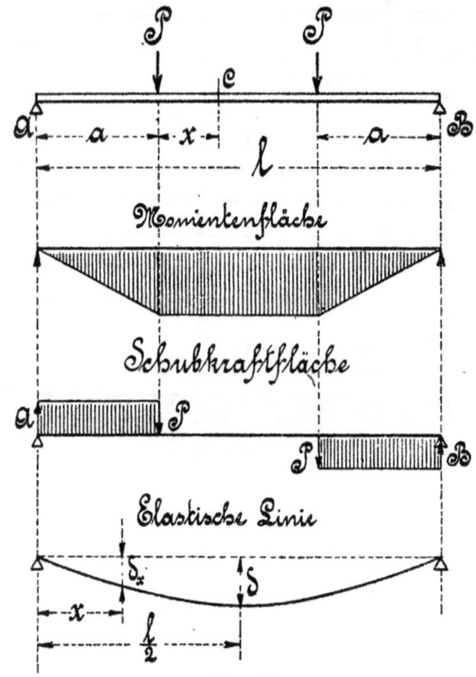

Um das der Dimensionierung des Trägers zugrunde zu legende, größte Biegungsmoment zu bestimmen, ermittele man zunächst das Moment für einen beliebig zwischen den beiden Laststellen P gelegenen Querschnitt C, der beispielsweise von der linken Laststelle den Abstand x hat; dieses Moment beträgt

$$M_x = A (a + x) - Px$$
$$\text{} \ '' \ = P (a + x) - Px$$
$$\text{} \ '' \ = Pa + Px - Px = Pa.$$

Da nun die biegenden Momente für alle zwischen der Unterstützungs- und Laststelle liegenden Querschnitte, des kleiner als a betragenden Abstandes halber, kleiner werden, so ist das innerhalb der beiden Laststellen gleichbleibende, größte Biegungsmoment, wie oben bereits angegeben ist,

Fig. 110.

$$M_{max} = Pa \quad \ldots \ldots \ldots \ldots \quad \textbf{90}$$

Die Gleichung der elastischen Linie beträgt

$$\delta_x = \frac{P}{24\,E\,\Theta}\,(3\,l^2 x - 4 x^3) = \frac{P}{48\,E\,\Theta}\,(6\,l^2 x - 8 x^3) = \frac{P\,a}{48\,\Theta}\,(6\,l^2 x - 8 x^3).$$

Die größte Durchbiegung ergibt sich für $x = \dfrac{l}{2}$ zu

$$\delta = \frac{1}{24}\,\frac{P\,l^3}{E\,\Theta} = \frac{1}{24}\,\frac{P\,a\,l^3}{\Theta} = \frac{1}{24}\,\frac{M\,a\,l^2}{\Theta}.$$

4b. Der Träger ist durch zwei symmetrisch liegende Einzellasten außerhalb der Auflager beansprucht.

Da die in Fig. 111 vorliegende Belastung symmetrisch auf den Träger einwirkt, so erhalten die beiden Auflagen A und B je die Hälfte der Gesamtlast, also $A = P$ und $B = P$ $\ldots \ldots \ldots \ldots$ **91**

Für eine beliebige im Abstande x von 'der Auflage A gelegene Querschnittsstelle C ergibt sich das Biegungsmoment zu

$$M^x = A\,x - P\,(x + a) = A\,x - P\,x - P\,a = P\,x - P\,x - P\,a = - P\,a.$$

Dieses Resultat besagt, daß die Biegungsmomente für alle Querschnitte innerhalb der beiden Unterstützungen A und B gleich groß, dagegen für alle außerhalb der Auflagen gelegenen Querschnitte kleiner werden.

Das größte Moment beträgt deshalb

$$M_{max} = P\,a \quad . \quad . \quad \textbf{92}$$

Die Gleichung der elastischen Linie lautet

$$\delta_x = \frac{P\,a}{2\,E\,\Theta}\,(l\,x - x^2)$$

$$„ = \frac{P\,a\,\alpha}{2\,\Theta}\,(l\,x - x^2).$$

Die größte Durchbiegung ergibt sich für $x = \dfrac{l}{2}$ zu

$$\delta = \frac{1}{8}\,\frac{P\,a\,l^2}{E\,\Theta} = \frac{1}{8}\,\frac{P\,a\,l^2\,\alpha}{\Theta},$$

die Durchbiegung für die an den freien Enden gelegenen Laststellen aus

$$\delta_P = \frac{P}{E\,\Theta}\left(\frac{a^3}{3} + \frac{a^2\,l}{2}\right).$$

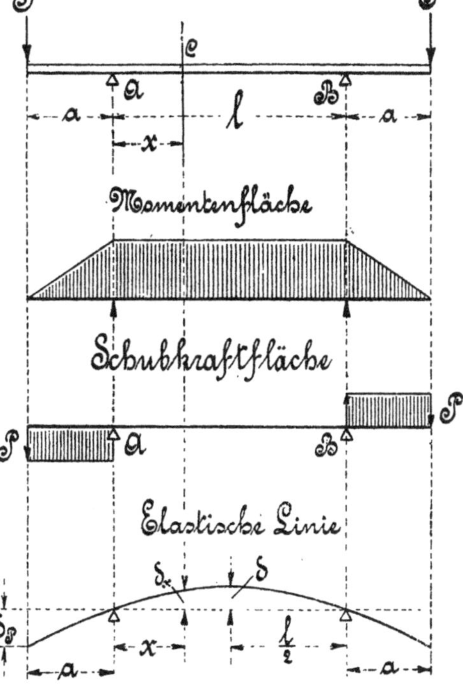

Fig. 111.

Der konstante Krümmungshalbmesser ist $\varrho = \dfrac{E\,\Theta}{P\,a} = \dfrac{\Theta}{P\,a\,\alpha} = \dfrac{\Theta}{M\,\alpha}.$

5. Der Träger ist durch mehrere Einzellasten innerhalb und außerhalb der Lagerstellen belastet.

Um die Reaktion A zu erhalten, nehme man in Fig. 112 den Drehpunkt bei B an, wodurch der daselbst vorhandene Auflagerdruck für die Biegung wirkungslos wird. Es ist dann

$$A\,l + P_5\,l_5 + P_6\,l_6 = P_1\,(l + l_1) + P_2\,(l - l_2) + P_3\,(l - l_3) + P_4\,(l - l_4),$$

$$A = \frac{P_1\,(l + l_1) + P_2\,(l - l_2) + P_3\,(l - l_3) + P_4\,(l - l_4) - P_5\,l_5 - P_6\,l_6}{l}\,. \quad \textbf{93}$$

Die zweite Reaktion B hat den Wert

$$A + B = \overset{6}{\underset{1}{\Sigma}} P,$$

$$B = \overset{6}{\underset{1}{\Sigma}} P - A \quad \dots \dots \dots \quad 94$$

Das maximale Biegungsmoment ergibt sich nun, wie unter 3 bereits gesagt worden ist, als das größte der bei A, P_2, P_3, P_4, B und P_5 gelegenen Momente. Diese 6 Biegungsmomente betragen:

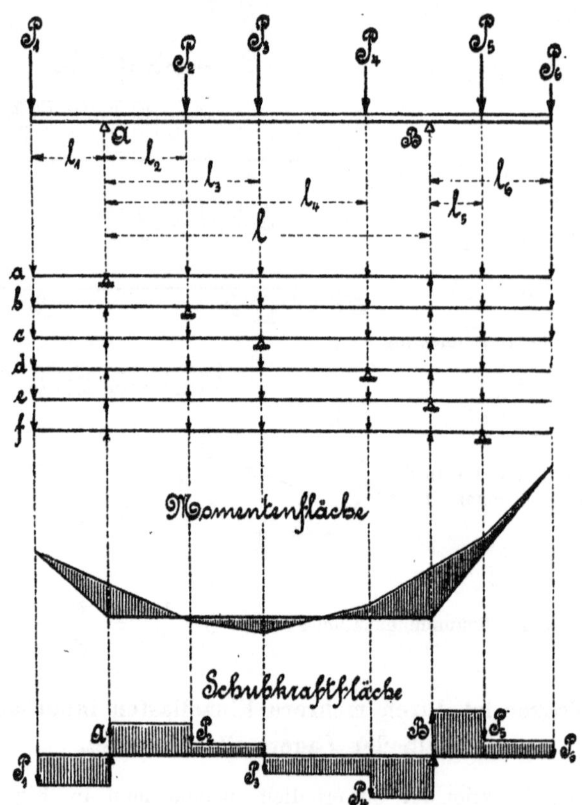

Fig. 112.

1. an der Laststelle A nach Fig. 112^a (linke Seite)
$$M_A = P_1 l_1,$$

2. an der Laststelle P_2 nach Fig. 112^b (linke Seite)
$$M_2 = P_1 (l_1 + l_2) - A l_2,$$

3. an der Laststelle P_3 nach Fig. 112^c (linke Seite)
$$M_3 = P_1(l_1 + l_3) - A l_3 + P_2(l_3 - l_2),$$
4. an der Laststelle P_4 nach Fig. 112^d (linke Seite)
$$M_4 = P_1(l_1 + l_4) - A l_4 + P_2(l_4 - l_2) + P_3(l_4 - l_3),$$
5. an der Laststelle B nach Fig. 112^e (rechte Seite)
$$M_5 = P_5 l_5 + P_6 l_6,$$
6. an der Laststelle P_5 nach Fig. 112^f (rechte Seite)
$$M_6 = P_6(l_6 - l_5).$$

6. Der Träger ist gleichmäßig über seine ganze Länge belastet.

In Fig. 113 sind wegen der symmetrischen Lastverteilung beide Auflagerdrücke gleich groß.

Bezeichnet Q die gleichmäßig verteilte Last, so ist

$$A = \frac{Q}{2} \quad \text{und} \quad B = \frac{Q}{2} \ . \ 95$$

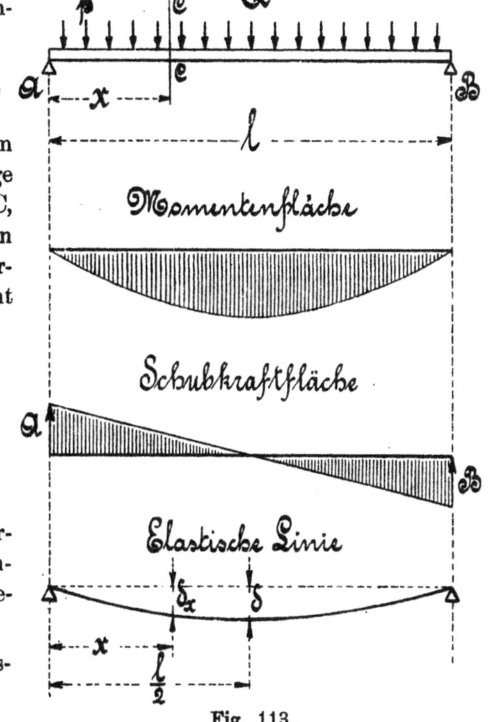

Fig. 113.

Für einen beliebigen, im Abstande x von der Auflage A gelegenen Querschnitt CC, an welcher Stelle man sich den Drehpunkt denken kann, ergibt sich das biegende Moment

$$M_x = A x - p x \frac{x}{2}$$
$$\text{''} = \frac{Q}{2} x - \frac{p x^2}{2}$$
$$\text{''} = \frac{1}{2} x (Q - p x),$$

worin p die gleichmäßig verteilte Belastung für die Längeneinheit darstellt und die Gesamtlast $Q = pl$ ist.

Das größte Biegungsmoment liefert $x = \frac{l}{2}$ mit

$$M_{max} = \frac{1}{2} \frac{l}{2} \left(Q - p \frac{l}{2} \right) = \frac{1}{4} \left(Q - \frac{Q}{2} \right) = \frac{Ql}{8} \ . \ . \ . \ 96$$

Die Gleichung der elastischen Linie ist

$$\delta_x = \frac{p}{24 E \Theta} (x^4 - 2 l x^2 + l^3 x) = \frac{p a}{24 \Theta} (x^4 - 2 l x^2 + l^3 x).$$

Die größte Durchbiegung für $x = \frac{l}{2}$ beträgt $\delta = \frac{5}{384} \frac{p l^4}{E \Theta} = \frac{5}{384} \frac{Q a l^3}{\Theta}$.

7. Der Träger ist gleichmäßig über seine ganze Länge und außerdem durch eine unsymmetrisch gelegene Einzellast belastet.

Die in Fig. 114 vorliegenden Auflagerreaktionen A und B ergeben sich 1. unter der Annahme, daß die Einzellast P allein auf den Träger einwirkt, nach dem Abschnitte b, 2 dieses Paragraphen zu

$$A = \frac{P\,b}{l} \quad \text{u.} \quad B = \frac{P\,a}{l},$$

2. unter der Annahme bei nur gleichmäßig verteilter Belastung, nach Abschnitt b, 6 dieses Paragraphen

$$A = \frac{Q}{2} \quad \text{u.} \quad B = \frac{Q}{2}.$$

Da nun im vorliegenden Falle beide Lasten gleichzeitig auf den Träger einwirken, so ergeben sich die Auflagerreaktionen A und B als die Summe der vorgenannten Lagerdrücke zu

$$A = \frac{P\,b}{l} + \frac{Q}{2} \quad \text{und}$$

$$B = \frac{P\,a}{l} + \frac{Q}{2} \quad . \quad 97$$

Mit diesen Auflagerdrücken kann nun die Schubkraftfläche konstruiert werden, wie sie aus Fig. 114 für zwei Belastungsmöglichkeiten zu ersehen ist,

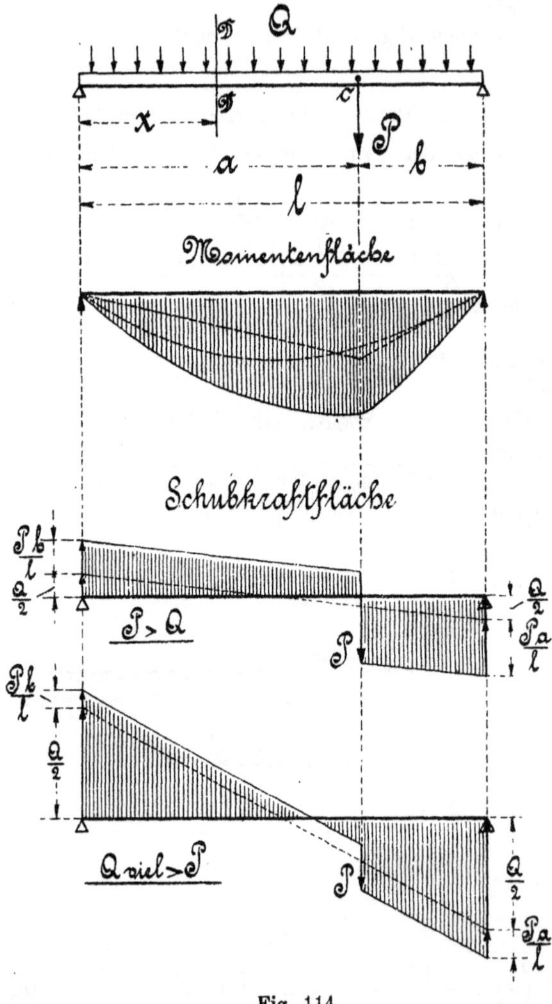

Fig. 114.

welche im vorliegenden Belastungsfalle denkbar sind.

Diese Flächen zeigen, daß der am meisten beanspruchte Trägerquerschnitt

1. an der Einzellaststelle C liegt, wenn die Einzellast P bedeutend größer ist als die gleichmäßig verteilte Last Q, und daß er

2. zwischen der Trägermitte und der Einzellaststelle C auftritt, falls die Last Q wesentlich größer als P ist.

Wählt man zunächst einen beliebigen Querschnitt D D des Trägers, der von der Auflage A den Abstand x hat, so beträgt das zugehörige Biegungsmoment

$$M_x = A\,x - p\,x\,\frac{x}{2} = A\,x - \frac{p\,x^2}{2} \quad \ldots \ldots \quad 98$$

das im ersteren Falle für $\qquad x = a,$

im letzteren Falle aber für $\qquad A = p\,x$ bezw. für

$$x = \frac{A}{p} = \frac{\dfrac{P\,b}{l} + \dfrac{Q}{2}}{\dfrac{Q}{l}} = \frac{2\,P\,b + Q\,l}{2\,Q} = \frac{P\,b}{Q} + \frac{l}{2}$$

seinen größten Wert erreicht, worin A den linken Auflagerdruck und p die von Q herrührende gleichmäßig verteilte Belastung pro lfd. m Träger bedeutet.

Während also mit dem letzteren Falle zu rechnen ist, wenn

$$x < a \text{ oder } \frac{P\,b}{Q} + \frac{l}{2} < a$$

$$\text{\textquotedblright} \quad \frac{P\,b}{Q} < a - \frac{l}{2} < \frac{2\,a - l}{2} < \frac{2\,a - (a + b)}{2}$$

$$\text{\textquotedblright} \quad \frac{P}{Q} < \frac{a - b}{2\,b} \text{ ist,}$$

kommt der erstere Fall in Frage, wenn

$$x \geqq a \text{ bezw. } \frac{P}{Q} > \frac{a - b}{2\,b} \text{ wird.}$$

Damit ergeben sich nun die größten Biegungsmomente:

1. für $x < a$

$$M_{max} = A\,x - \frac{p\,x^2}{2} = \left(\frac{P\,b}{l} + \frac{Q}{2}\right)\left(\frac{P\,b}{Q} + \frac{l}{2}\right) - \frac{p}{2}\left(\frac{P\,b}{Q} + \frac{l}{2}\right)^2$$

$$\text{\textquotedblright} \quad = \left(\frac{(P\,b)^2}{Q\,l} + \frac{P\,b}{2} + \frac{P\,b}{2} + \frac{Q\,l}{4}\right) - \left(\frac{(P\,b)^2\,p\,l}{2\,Q^2\,l} + \frac{P\,b\,p\,l}{2\,Q} + \frac{p\,l^2}{8}\right)$$

$$\text{\textquotedblright} \quad = \frac{(P\,b)^2}{Q\,l} + P\,b + \frac{Q\,l}{4} - \frac{(P\,b)^2}{2\,Q\,l} - \frac{P\,b}{2} - \frac{Q\,l}{8}$$

$$\text{\textquotedblright} \quad = \frac{(P\,b)^2}{2\,Q\,l} + \frac{P\,b}{2} + \frac{Q\,l}{8} = \left(P\,\frac{b}{l} + \frac{Q}{2}\right)^2 \frac{l}{2\,Q} \quad \ldots \ldots \quad 99$$

2. für $x = a$

$$M_{max} = A\,a - \frac{p\,a^2}{2} = \left(\frac{Pb}{l} + \frac{Q}{2}\right) a - \frac{p\,a^2}{2}$$

$$\text{„} \; = a\left(\frac{Pb}{l} + \frac{Q}{2} - \frac{p\,a}{2}\right) = \frac{a}{2l}\left(2\,P\,b + Q\,l - p\,l\,a\right)$$

$$\text{„} \; = \frac{a}{2l}\left[2\,P\,b + Q\,(l - a)\right] = \frac{a}{2l}\left(2\,P\,b + Q\,b\right)$$

$$\text{„} \; = (P + 0{,}5\,Q)\frac{a\,b}{l} \quad . \;.\;.\;.\;.\;.\;.\;.\;.\;.\;.\;.\;.\;. \quad \mathbf{100}$$

N B. Dieses letztgenannte Biegungsmoment liefert

1. Für $Q = 0$, das bereits im Abschnitte b,2 dieses Paragraphen genannnte Moment $\quad M_{max} = \left(P + \frac{0}{2}\right)\frac{a\,b}{l} = P\frac{a\,b}{l},$

2. für $Q = 0$ und $a = b = \dfrac{l}{2}$, das im Abschnitte b,1 ufgeführte

Moment $\quad M_{max} = \left(P + \dfrac{0}{2}\right)\dfrac{\frac{l}{2}\cdot\frac{l}{2}}{l} = \dfrac{P\,l}{4},$

3. für $P = 0$, wobei $a = b = \dfrac{l}{2}$ ist, das im Abschnitte b,6 entwickelte Moment $\quad M_{max} = \left(0 + \dfrac{Q}{2}\right)\dfrac{\frac{l}{2}\cdot\frac{l}{2}}{l} = \dfrac{Q\,l}{8}.$

Die Gleichung der elastischen Linie für die linke Trägerseite von der Länge a beträgt $\delta_x = \dfrac{a}{\Theta}\left(P\,\dfrac{a\,b\,(a + 2\,b)}{6\,l} + \dfrac{Q\,l^2}{24}\right)$, für die rechte Strecke b des Trägers dagegen $\delta_x = \dfrac{a}{\Theta}\left(P\,\dfrac{a\,b\,(2\,a + b)}{6\,l} + \dfrac{Q\,l^2}{24}\right)$.

Die Durchbiegung an der Laststelle P ist $\delta = \left(P + \dfrac{l^2 + a\,b}{8\,a\,b}\,Q\right)\dfrac{a^2 b^2}{3\,E\,\Theta\,l}.$

1. **Anmerkung.** Für den Fall, daß der Abstand $a = b = \dfrac{l}{2}$ ist, also die Einzellast P in der Mitte angreift, ergibt sich die Gleichung der elastischen Linie zu $\quad \delta_x = \delta_y = \dfrac{a}{\Theta}\dfrac{l^2}{16}\left(P + \dfrac{2}{3}Q\right)$

und die größte in der Mitte des Trägers auftretende Durchbiegung

$$\delta = \frac{a}{\Theta}\frac{l^3}{48}\left(P + \frac{5}{8}Q\right).$$

Wird die gleichmäßige Belastung $Q = 0$, so erhält man wieder den in Fig 107 dargestellten ersten Belastungsfall.

2. **Anmerkung.** Wenn das Eigengewicht eines Trägers bei Berechnungen Berücksichtigung finden soll, so kann das Gewicht zumeist als eine gleichmäßig über die ganze Länge des Trägers verteilte Belastung angesehen werden.

Kommt dann zu dem Eigengewichte noch eine beliebige innerhalb der Auflagen befindliche Einzellast hinzu, so liegt, wie bereits im vorhergehenden unter 2 gesagt ist, das größte Biegungsmoment an der Belastungsstelle, so lange das Eigengewicht des Trägers in bezug auf das Gewicht der Einzellast nicht allzugroß ist.

8. Der Träger ist durch eine teilweise symmetrisch zu den beiden Auflagen angeordnete, gleichmäßig verteilte Belastung beansprucht.

Da in diesem Falle, wie Fig. 115 zeigt, eine zu den beiden Auflagen A und B symmetrisch gelegene Belastung vorliegt, so sind auch die Auflagen gleich groß, also

$$A = \frac{Q}{2} \quad \text{und} \quad B = \frac{Q}{2} \qquad 101$$

Wie hier ohne weiteres zu erkennen ist, liegt der am meisten beanspruchte Querschnitt des Trägers in der Mitte, woselbst auch die größte Biegung eintritt.

Zur Bestimmung des größten Biegungsmomentes denke man sich den Träger in der Mitte drehbar gelagert, wodurch er wieder in zwei Freiträger zerlegt wird, die ihren größten Querschnitt an der Drehpunktstelle haben.

Nach Abschnitt a, 4 dieses Paragraphen ist nun

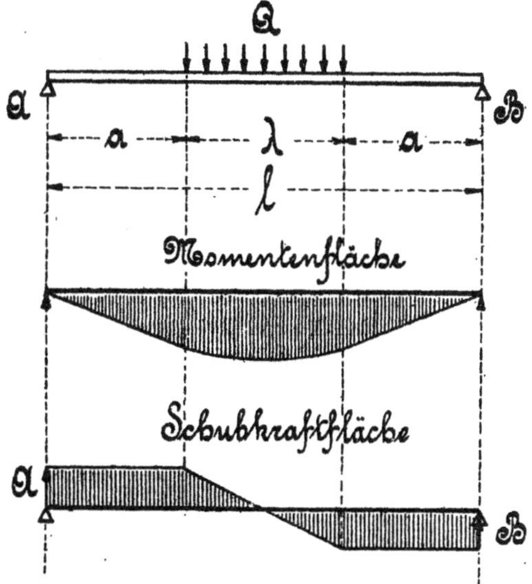

Fig. 115.

das größte Biegungsmoment

$$M_{max} = A \frac{l}{2} - \frac{Q}{2} \frac{\lambda}{4}$$

$$\text{,,} \quad = A \frac{l}{2} - \frac{Q \lambda}{8}$$

$$\text{,,} \quad = \frac{Q}{2} \frac{l}{2} - \frac{Q \lambda}{8}$$

$$\text{,,} \quad = \frac{Q}{8} (2\,l - \lambda) \quad \ldots \ldots \ldots \quad 102$$

N B. Erhält die gleichmäßig verteilte Last Q

1. eine Länge $\lambda = 1$, so ergibt sich das im Abschnitte b, 6 dieses Paragraphen angegebene Moment

$$M_{max} = \frac{Q}{8}(2\,1 - \lambda) = \frac{Q}{8}(21 - 1) = \frac{Q\,1}{8},$$

2. für eine Länge $\lambda = 0$, ist das im Abschnitte b, 1 genannte Moment

$$M_{max} = \frac{Q}{8}(21 - \lambda) = \frac{Q}{8}(21 - 0) = \frac{Q}{8}\,21 = \frac{Q\,1}{4}.$$

9. Der Träger ist teilweise durch eine unsymmetrisch zu den beiden Auflagen angeordnete, gleichmäßig verteilte Belastung beansprucht.

Die in Fig. 116 auftretenden Auflage- oder Reaktionsdrücke A und B werden nach Abschnitt b, 2 dieses Paragraphen gefunden, indem man die gleichmäßig verteilte Last Q als Einzellast auffaßt, die im Schwerpunkte, d. h. in der Mitte von λ angreift. Es ist dann

$$\left. \begin{aligned} &A\,1 - Q\left(\frac{\lambda}{2} + b\right) = 0, \text{ woraus } A = \frac{Q\left(\frac{\lambda}{2} + b\right)}{1} = \frac{Q\,(\lambda + 2\,b)}{2\,1} \\ &B\,1 - Q\left(a + \frac{\lambda}{2}\right) = 0, \quad \text{\tiny ,,} \quad B = \frac{Q\left(\frac{\lambda}{2} + a\right)}{1} = \frac{Q\,(\lambda + 2\,a)}{21} \end{aligned} \right\} \quad \textbf{103}$$

folgt. Zur Bestimmung des größten Biegungsmomentes ist es zweckmäßig, sich des beistehenden Schubdiagramms zu bedienen, aus dem zu erkennen ist, daß die den gefährlichsten Querschnitt CC bestimmenden Abschnitte x und y im gleichen Verhältnisse stehen, wie die Auflagen A und B.

Es besteht deshalb die Proportion

$$x : y = A : B \text{ oder } x : (\lambda - x) = A : B.$$

woraus sich dann

$$x\,B = (\lambda - x)\,A = \lambda\,A - x\,A$$

oder

$$x\,(B + A) = \lambda\,A$$

,,

$$x = \frac{A}{A + B}\,\lambda \text{ ergibt} \quad \dots \dots \dots \quad \textbf{104}$$

Das größte Biegungsmoment erhält man durch Annahme des Drehpunktes an der gefährlichen Querschnittsstelle CC zu

$$M_{max} = A\,(a + x) - p\,x\,\frac{x}{2},$$

worin p wieder die gleichmäßig verteilte Belastung der Längeneinheit des Trägers bedeutet.

Da nun aber nach Fig. 116 die Proportion

$$x : \lambda = p\,x : Q$$

besteht, woraus die Belastung

$$p x = \frac{Q x}{\lambda}$$

folgt, so ergibt sich durch Einsetzen dieses Wertes

$$M_{max} = A (a + x) - \frac{Q x}{\lambda} \frac{x}{2}$$

$$,, \quad = A (a + x) - \frac{Q x^2}{2 \lambda}.$$

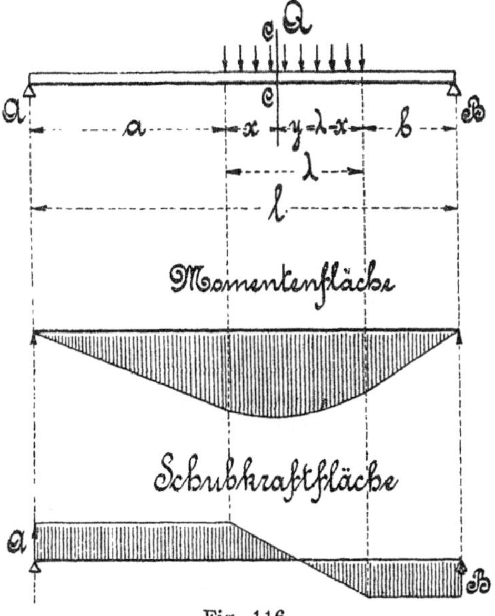

Fig. 116.

Setzt man in diese Gleichung noch die Werte für A und x ein, so ist

$$M_{max} = A \left(a + \frac{A}{A + B} \lambda \right) - \frac{Q}{2 \lambda} \left(\frac{A}{A + B} \lambda \right)^2$$

$$,, \quad = \frac{Q (\lambda + 2 b)}{2 l} \left(a + \frac{\dfrac{Q (\lambda + 2 b)}{2 l}}{\dfrac{Q (\lambda + 2 b)}{2 l} + \dfrac{Q (\lambda + 2 a)}{2 l}} \lambda \right) -$$

$$\quad - \frac{Q}{2 \lambda} \left(\frac{\dfrac{Q (\lambda + 2 b)}{2 l}}{\dfrac{Q (\lambda + 2 b)}{2 l} + \dfrac{Q (\lambda + 2 a)}{2 l}} \lambda \right)^2$$

$$M_{max} = \frac{Q(\lambda + 2b)}{2l}\left(a + \frac{\lambda + 2b}{(\lambda + 2b) + (\lambda + 2a)}\lambda\right) -$$

$$- \frac{Q}{2\lambda}\left(\frac{\lambda + 2b}{(\lambda + 2b) + (\lambda + 2a)}\lambda\right)^2$$

$$\text{''} \quad = \frac{Q(\lambda + 2b)}{2l}\left(a + \frac{\lambda + 2b}{2(\lambda + b + a)}\lambda\right) - \frac{Q}{2\lambda}\left(\frac{\lambda + 2b}{2(\lambda + b + a)}\lambda\right)^2$$

$$\text{''} \quad = \frac{Q(\lambda + 2b)}{2l}\left(a + \frac{\lambda + 2b}{2l}\lambda\right) - \frac{Q}{2\lambda}\left(\frac{\lambda + 2b}{2l}\right)^2\lambda^2$$

$$\text{''} \quad = \frac{Q(\lambda + 2b)}{2l}\left[\left(a + \frac{\lambda + 2b}{2l}\lambda\right) - \frac{1}{2}\cdot\frac{\lambda + 2b}{2l}\lambda\right]$$

$$\text{''} \quad = \frac{Q(\lambda + 2b)}{2l}\left(a + \frac{1}{2}\frac{\lambda + 2b}{2l}\lambda\right) = \frac{Q(\lambda + 2b)}{2l}\frac{4la + (\lambda + 2b)\lambda}{4l}$$

$$\text{''} \quad = \frac{Q(\lambda + 2b)(4al + \lambda^2 + 2b\lambda)}{8l^2}$$

$$\text{''} \quad = \frac{Q}{8l^2}(\lambda + 2b)(\lambda^2 + 2b\lambda + 4al)\ \ldots \ldots \ldots \ldots \ldots \quad 105$$

NB. Diese letzte Gleichung, die das größte Biegungsmoment direkt aus den gestellten Bedingungen berechnen läßt, zeigt, daß trotz der noch sehr einfachen Belastungsweise die allgemeine Entwickelung schon sehr umständlich wird, so daß es bei noch ungünstigeren Belastungsfällen zweckmäßig ist, von der allgemeinen algebraischen Entwickelung abzusehen, sondern die Rechnung zahlenmäßig zu verfolgen, wie beispw. die Aufgabe 78 genügend erkennen läßt.

c) Der eingespannte Träger.

Während die im Abschnitte a und b dieses Paragraphen aufgeführten Trägerarten eine elementare Entwickelung der Hauptgleichungen gestatteten, bedingt die im vorliegenden Abschnitte c in Frage kommende Trägerart zu ihrer Untersuchung die Anwendung der bereits im § 14a Abs. 4 genannten allgemein gültigen Gleichung der elastischen Linie, die zu ihrer Verwertung die Kenntnis der Differential- und Integralrechnung notwendig macht.

Da also die Entwickelungen der Gleichungen der elastischen Linien außerhalb des Rahmens dieses Werkes liegen, mögen an dieser Stelle nur die Ergebnisse genannt sein, soweit sie für die Behandlung der nachbenannten Belastungsfälle nötig sind.

1. Der Träger ist an beiden Enden eingespannt und in der Mitte mit einer Einzellast belastet.

Die Auflagerdrücke sind nach Fig. 117

$$A = \frac{P}{2} \quad \text{und} \quad B = \frac{P}{2} \qquad \ldots \ldots \ldots \quad 106$$

Die elastische Linie hat die in der Figur dargestellte Gestalt ACDEB und besitzt an den Stellen C und E sogenannte **Wende-** oder **Inflexionspunkte,** in denen keine Biegungsspannung vorhanden ist.

Nach der Theorie der Elastizität liegen die Wendepunkte um 0,25 l von den Auflagen A und B entfernt.

Man kann sich nun das Mittelstück C E des Trägers an den Stellen C und E, den Endpunkten der beiden, als Freiträger wirkenden Teile A C und B E, aufgehängt oder gelagert denken, dann beträgt das bei A und B auftretende Biegungsmoment der Freiträger nach Abschnitt a, 1 dieses Paragraphen

$$M_A = M_B = \frac{P}{2}\frac{l}{4} = \frac{Pl}{8}.$$

Da auch das Biegungsmoment an der Mittelstelle D den gleichen Wert liefert, so ist nach Abs. b, 1 dieses Paragraphen das größte, der Berechnung des Trägers zugrunde zu legende Moment

$$M_{max} = \frac{Pl}{8}\qquad 107$$

Die Gleichung der elastischen Linie ist

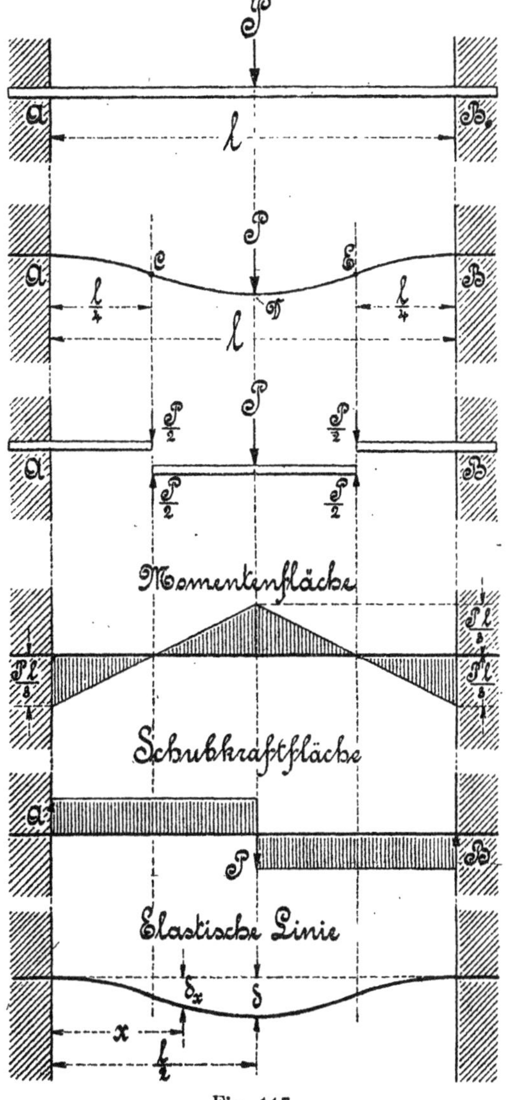

Fig. 117.

$$\delta_x = \frac{Pl^3}{16\,E\,\Theta}\left(\frac{x^2}{l^2} - \frac{4}{3}\frac{x^3}{l^3}\right) = \frac{P}{16\,\Theta}\left(l x^2 - \frac{4}{3}x^3\right),$$

woraus die größte Durchbiegung $\delta = \frac{1}{192}\frac{Pl^3}{E\,\Theta} = \frac{1}{192}\frac{Pl^3}{\Theta}$ für $x = \frac{l}{2}$ erhalten wird.

2. Der Träger ist an beiden Enden eingespannt und über seine ganze Länge gleichmäßig verteilt belastet.

In Fig. 118 betragen die Auflagerdrücke der symmetrischen Belastung zufolge

$$A = \frac{Q}{2} \quad \text{und} \quad B = \frac{Q}{2} \qquad \ldots \ldots \ldots \quad 108$$

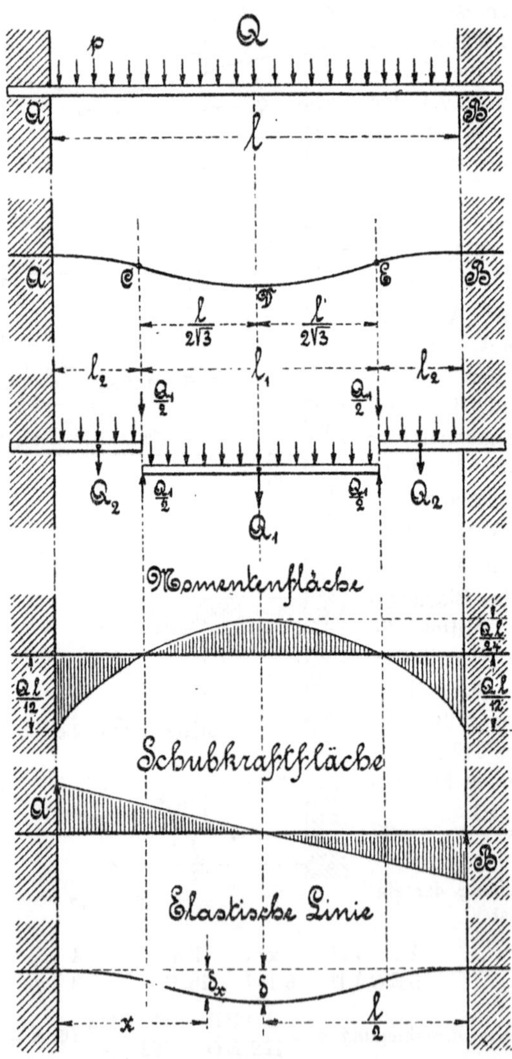

Fig. 118.

Die aus Fig. 118ᵃ ersichtliche elastische Linie $ACDEB$ besitzt auch hier zwei Wendepunkte C und E, die von der Mitte des Trägers aus die Abstände von je $\dfrac{1}{2\sqrt{3}}$ haben.

Infolge der spannungslosen Stellen C und E kann man sich den vorliegenden Träger wieder in drei einzelne Träger zerlegt denken.

Die auf dem Mittelträger vorhandene Last Q_1 beträgt dann

$$Q_1 = \frac{p\,2l}{2\sqrt{3}} = \frac{pl}{\sqrt{3}} = \frac{Q}{\sqrt{3}}$$

Das an der Stelle D des Mittelstückes auftretende Biegungsmoment hat nach Abschnitt b, 6 dieses Paragraphen den Wert

$$M_D = \frac{Q_1 l_1}{8} = \frac{Q}{\sqrt{3}} \frac{2l}{2\sqrt{3}\cdot 8} = \frac{Ql}{24}.$$

Die auf den Freiträgern ruhende Last Q_2 ist

$$Q_2 = pl_2 = p\left(\frac{l}{2} - \frac{1}{2\sqrt{3}}\right) = pl\frac{\sqrt{3}-1}{2\sqrt{3}} = Q\frac{\sqrt{3}-1}{2\sqrt{3}}.$$

Das an den Einspannstellen der Freiträger auftretende Biegungsmoment M_A und M_B beträgt nach Abschnitt a, 4 dieses Paragraphen

$$M_A = \frac{Q_1}{2}l_2 + Q_2\frac{l_2}{2} = (Q_1+Q_2)\frac{l_2}{2} = \left(\frac{Q}{\sqrt{3}} + Q\frac{\sqrt{3}-1}{2\sqrt{3}}\right)\left(\frac{l}{2} - \frac{1}{2\sqrt{3}}\right)\frac{1}{2}$$

$$\text{\textquotedblright} = \frac{Ql}{2}\left(\frac{1}{\sqrt{3}} + \frac{\sqrt{3}-1}{2\sqrt{3}}\right)\left(\frac{1}{2} - \frac{1}{2\sqrt{3}}\right)$$

$$\text{\textquotedblright} = \frac{Ql}{2}\frac{2+\sqrt{3}-1}{2\sqrt{3}}\frac{\sqrt{3}-1}{2\sqrt{3}} = \frac{Ql}{2\cdot4\cdot3}(\sqrt{3}+1)(\sqrt{3}-1)$$

$$\text{\textquotedblright} = \frac{Ql}{24}(3-1) = \frac{Ql}{12}.$$

Da das letztere Moment größer ist als das erstere M_D, so ist es der Berechnung des vorliegenden Trägers zugrunde zu legen; dasselbe beträgt

$$M_{max} = \frac{Ql}{12} \quad \cdots \cdots \cdots \quad 109$$

Die Gleichung der elastischen Linie beträgt

$$\delta_x = \frac{Ql^3}{24\,E\,\Theta}\left(\frac{x^2}{l^2} - 2\frac{x^3}{l^3} + \frac{x^4}{l^4}\right) = \frac{Q\,\alpha}{24\,\Theta}\left(l x^2 - 2x^3 + \frac{x^4}{l}\right).$$

Die größte Durchbiegung liefert $x = \dfrac{l}{2}$ mit $\delta = \dfrac{Ql^3}{384\,E\,\Theta} = \dfrac{Ql^3\,\alpha}{384\,\Theta}.$

3. Der Träger ist an beiden Enden eingespannt, über die ganze Länge gleichmäßig verteilt und außerdem noch mit einer in der Mitte angreifenden Einzellast belastet.

Da sich hier gewissermaßen die beiden vorgenannten Belastungsfälle vereinigen, so kann man nach dem Prinzip der Übereinanderlagerung

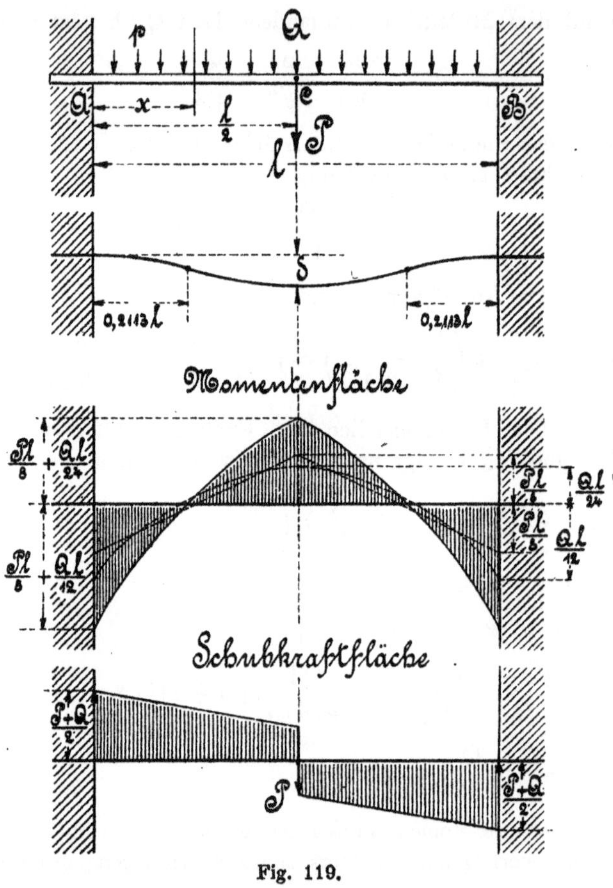

Fig. 119.

die einzelnen Momenten- und Schubkraftflächen zu einer resultierenden Momenten- und Schubkraftfläche zusammensetzen, wie es auch in Fig. 119 angegeben ist.

Wenn nun diese zusammengesetzten Flächen auch alles Wissenswerte des vorliegenden Belastungsfalles ergeben, so sei im folgenden doch noch eine besondere Entwickelung der Hauptgleichungen angefügt.

Bezeichnet wieder $Q = pl$ die gleichmäßig über die Trägerlänge verteilte Belastung und P die in der Mitte wirkende Einzellast, so sind die Auflagerdrücke wegen der Symmetrie der Belastung

$$A = \frac{P}{2} + \frac{Q}{2} \quad \text{und} \quad B = \frac{P}{2} + \frac{Q}{2} \quad . \quad . \quad . \quad . \quad \mathbf{110}$$

Für einen beliebigen im Abstande x von der Einspannstelle A gelegenen Querschnitt erhält man das Biegungsmoment

$$M_x = M_A + A_x - \frac{px^2}{2} \quad . \quad . \quad . \quad . \quad . \quad . \quad \mathbf{110^a}$$

Setzt man für M_x den Wert aus § 14a, 4 ein, so lautet die vorstehende Gleichung

$$- \frac{\Theta}{\alpha} \frac{d^2y}{dx^2} = M_A + Ax - \frac{px^2}{2}.$$

Durch einmalige Integration findet man

$$- \frac{\Theta}{\alpha} \frac{dy}{dx} = M_A x + \frac{Ax^2}{2} - \frac{px^3}{6} + C.$$

Die Integrationskonstante C ist aber gleich Null, weil auf Grund der vorausgesetzten Befestigungsweise die trigonometrische Tangente $\frac{dy}{dx}$ an der Befestigungsstelle A gleich Null, d. h. für $x = 0$ auch $\frac{dy}{dx} = 0$ ist.

Da nun aber weiter für $x = \frac{l}{2}$ auch $\frac{dy}{dx} = 0$ sein muß, so nimmt die letzte Gleichung die Form an, $0 = M_A \frac{l}{2} + \frac{A}{2} \frac{l^2}{4} - \frac{p}{6} \frac{l^3}{8}$,

woraus dann das Biegungsmoment an der Einspannstelle A auf folgende Weise erhalten wird:

$$M_A = - \left(\frac{Al^2}{8} - \frac{pl^3}{48} \right) \frac{2}{l} = - \left(\frac{\left(\frac{P}{2} + \frac{Q}{2} \right) l^2}{8} - \frac{pl^3}{48} \right) \frac{2}{l}$$

$$\text{\textquotedbl} \quad = - \frac{l^2}{l} \frac{2}{} \left(\frac{\frac{P}{2} + \frac{Q}{2}}{8} - \frac{pl}{48} \right) = - 2l \left(\frac{P + Q}{16} - \frac{Q}{48} \right)$$

$$\text{\textquotedbl} \quad = - 2l \frac{3P + 3Q - Q}{48} = - 2l \frac{3P + 2Q}{48} = - l \frac{3P + 2Q}{24}$$

$$\text{\textquotedbl} \quad = - \left(\frac{3Pl}{24} + \frac{2Ql}{24} \right) = - \left(\frac{Pl}{8} + \frac{Ql}{12} \right).$$

Das Minuszeichen besagt, daß das Moment M_A ein linksdrehendes ist, wie es den Ausführungen im § 23 Abschnitt a vollkommen entspricht.

Setzt man nunmehr das Moment M_A als auch den Auflagedruck A in die obige Biegungsmomentengleichung 110^a ein, so erhält man

$$M_x = - \left(\frac{Pl}{8} + \frac{Ql}{12} \right) + \left(\frac{P}{2} + \frac{Q}{2} \right) x - \frac{px^2}{2} \quad . \quad . \quad . \quad \mathbf{110^b}$$

Für den in der Trägermitte C gelegenen Querschnitt, d. h. für $x = \dfrac{l}{2}$, liefert die vorliegende Gleichung das Biegungsmoment

$$M_C = -\left(\frac{Pl}{8} + \frac{Ql}{12}\right) + \left(\frac{P}{2} + \frac{Q}{2}\right)\frac{l}{2} - \frac{pl^2}{2\cdot 4}$$

$$\text{,,} = -\left(\frac{Pl}{8} + \frac{Ql}{12}\right) + \frac{l}{2}\left(\frac{P}{2} + \frac{Q}{2} - \frac{Q}{4}\right)$$

$$\text{,,} = -\left(\frac{Pl}{8} + \frac{Ql}{12}\right) + \frac{l}{2}\left(\frac{P}{2} + \frac{Q}{4}\right) = -\left(\frac{Pl}{8} + \frac{Ql}{12}\right) + \frac{Pl}{4} + \frac{Ql}{8}$$

$$\text{,,} = -\frac{Pl}{8} + \frac{Pl}{4} - \frac{Ql}{12} + \frac{Ql}{8} = \frac{Pl}{8} + \frac{Ql}{24}.$$

Da dieses rechtsdrehende Moment um $\dfrac{Ql}{24}$ geringer als das linksdrehende Moment M_A ist, so muß der Dimensionierung des Trägers auch das letztere Biegungsmoment $M_{max} = \dfrac{Pl}{8} + \dfrac{Ql}{12}$ **111**

zugrunde gelegt werden, was auch bereits aus der Fig. 119 zu ersehen war.

Die verschieden drehenden, d. h. positiven und negativen Momente M_C und M_A besagen auch, daß zwischen der Einspannstelle A bezw. B und der Trägermitte je ein Wendepunkt der elastischen Linie liegt. Derselbe hat einen von der Befestigungsstelle aus gemessenen Abstand von 0,2113 l.

Die größte Durchbiegung ergibt sich aus der Summe der beiden vorhergehenden Belastungsfälle zu

$$\delta = \frac{1}{192}\frac{Pl^3}{E\,\Theta} + \frac{1}{384}\frac{Ql^3}{E\,\Theta} = \frac{1}{192}\frac{l^3}{E\,\Theta}\left(P + \frac{Q}{2}\right) = \frac{1}{192}\frac{\alpha l^3}{\Theta}\left(P + \frac{Q}{2}\right).$$

Anmerkung. Die letzte Momentengleichung liefert wieder die im vorgenannten Abs. 1 und 2 aufgeführten einzelnen Momente

$$1. \quad M_{max} = \frac{Pl}{8} \quad \text{und} \quad 2. \quad M_{max} = \frac{Ql}{12},$$

je nachdem $Q = 0$ oder $P = 0$ gesetzt wird.

4. Der Träger ist an einem Ende horizontal eingespannt, am anderen Ende frei aufliegend und trägt in der Mitte eine Einzellast.

Auch die elastische Linie dieses Trägers besitzt, wie Fig. 120[b] zeigt, an der Stelle C einen Wendepunkt, der von der Einspannstelle A einen Abstand $\dfrac{3}{11} l$ hat.

Man kann sich daher den in Fig. 120[a] vorgelegten Träger nach Fig. 120[c] aus zwei Teilen zusammengesetzt denken, wovon der eine Teil einen Freiträger von der Länge $\frac{3}{11}$ l, der andere Teil einen auf zwei Stützen ruhenden Träger von der Länge $\frac{8}{11}$ l darstellt.

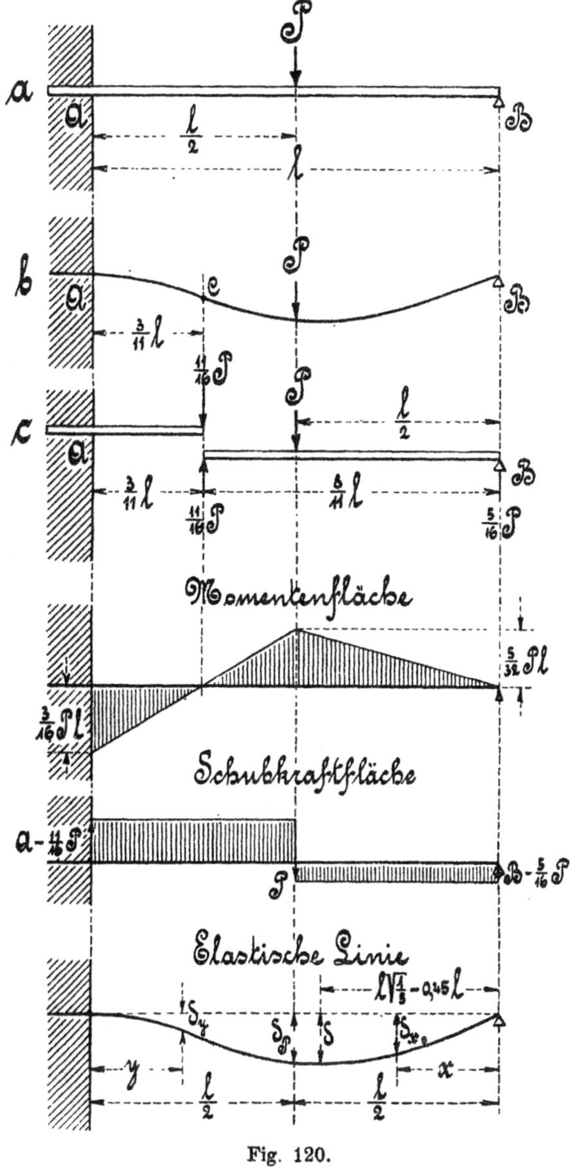

Fig. 120.

Die Auflagerdrücke A und B ergeben sich dann nach dem Abschnitte a Abs. 1 und b Abs. 2, wie folgt:

Man lege den Drehpunkt des Trägerteiles BC an die Stelle C, so ergibt sich der Auflagerdruck B zu $B \dfrac{8}{11} l = P \left(\dfrac{l}{2} - \dfrac{3}{11} l \right)$,

woraus
$$B = \frac{P \left(\dfrac{l}{2} - \dfrac{3}{11} l \right)}{\dfrac{8}{11} l} = \frac{P \dfrac{11 . l - 6 l}{22}}{\dfrac{2 . 8}{22} l} = \frac{P 5 l}{16 l} = \frac{5}{16} P \qquad . \quad . \quad \mathbf{112}$$

folgt. Der Auflagerdruck A ist dann

$$A + B = P,$$

$$A = P - B = P - \frac{5}{16} P = \frac{11}{16} P \quad . \quad . \quad . \quad . \quad \mathbf{113}$$

Das größte Biegungsmoment des Trägerteils BC liegt nach Abschnitt b Abs. 2 an der Laststelle P, es beträgt

$$M_P = B \frac{l}{2} = \frac{5}{16} P \frac{l}{2} = \frac{5}{32} Pl.$$

Das größte an der Einspannstelle A gelegene Biegungsmoment des Freiträgerteiles AC hat aber den Wert

$$M_A = \frac{11}{16} P \frac{3}{11} l = \frac{3}{16} Pl.$$

Da das letzte Moment das größere ist, so ist es auch der Berechnung des vorgelegten Trägers zugrunde zu legen. Es ist also

$$M_{max} = \frac{3}{16} Pl \quad . \quad . \quad . \quad . \quad . \quad . \quad . \quad \mathbf{114}$$

Die Gleichung der elastischen Linie lautet für die rechte Hälfte des Trägers

$$\delta_x = \frac{P}{32 \, E \, \Theta} \left(l^2 x - \frac{5}{3} x^3 \right) = \frac{P \, a}{32 \, \Theta} \left(l^2 x - \frac{5}{3} x^3 \right),$$

woraus die größte Durchbiegung für $x = l \sqrt{\dfrac{1}{5}} = 0{,}45 \, l$ zu

$$\delta = \frac{1}{48} P \frac{l^3}{E \, \Theta} \sqrt{\frac{1}{5}} = 0{,}45 \frac{P l^3}{48 \, E \, \Theta} = 0{,}45 \frac{P l^3 \, a}{48 \, \Theta} \quad \text{erhalten wird.}$$

Die Durchbiegung im Angriffspunkte der Last P wird für $x = \dfrac{l}{2}$

$$\delta_P = \frac{7}{768} \frac{P l^3}{E \, \Theta} = \frac{7}{768} \frac{P l^3 \, a}{\Theta} = \backsim \frac{1}{110} \frac{P l^3 \, a}{\Theta}.$$

Die Gleichung der elastischen Linie lautet für die linke Trägerhälfte

$$\delta_y = \frac{P l^3}{32 \, E \, \Theta} \left(\frac{1}{4} \frac{y}{l} + \frac{5}{2} \frac{y^2}{l^2} - \frac{11}{3} \frac{y^3}{l^3} \right) = \frac{P}{32 \, E \, \Theta} \left(\frac{1}{4} l^2 y + \frac{5}{2} l y^2 - \frac{11}{3} y^3 \right).$$

Auch diese Gleichung liefert für $x = \dfrac{l}{2}$ die an der Laststelle P vorhandene Durchbiegung δ_P.

5. Der Träger ist an einem Ende horizontal eingespannt, am anderen Ende frei aufliegend und über die ganze Länge gleichmäßig verteilt belastet.

Die in Fig. 121^b dargestellte elastische Linie des Trägers besitzt an der Stelle C einen Wendepunkt, der von der Einspannstelle A den Abstand $\frac{l}{4}$ hat.

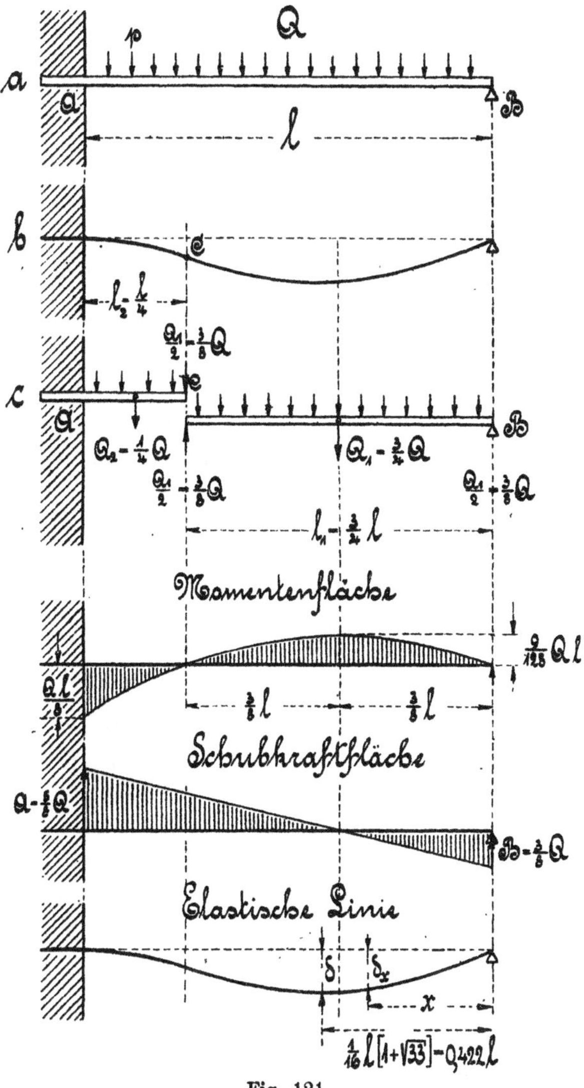

Fig. 121.

Man kann sich deshalb den in Fig. 121ᵃ vorgelegten Träger ebenso wie im vorhergehenden Falle aus zwei Teilen bestehend denken, wie dieses Fig. 121ᶜ zeigt.

Mit Bezugnahme auf Abschnitt a Abs. 4 und b Abs. 6 ergeben sich dann die Auflagerdrücke A und B, wie folgt:

Nach Fig. 121ᶜ ist der Auflagerdruck

$$B = \frac{Q_1}{2} = \frac{1}{2}\frac{3}{4}Q = \frac{3}{8}Q, \quad \dots \dots \quad \textbf{115}$$

der Auflagerdruck A dagegen

$$A + B = Q,$$

$$A = Q - B = Q - \frac{3}{8}Q = \frac{5}{8}Q \quad \dots \dots \quad \textbf{116}$$

Das größte Biegungsmoment für den Trägerteil BC beträgt nach

Abschnitt b Abs. 6 $\qquad M_b = \dfrac{Q_1 l_1}{8} = \dfrac{\frac{3}{4}Q\frac{3}{4}l}{8} = \dfrac{9}{128}Ql,$

das größte Biegungsmoment des Freiträgerteiles AC dagegen nach Abschnitt a Abs. 4

$$M_A = \frac{Q_1}{2}l_2 + Q_2\frac{l_2}{2} = \frac{3}{8}Q\frac{l}{4} + \frac{1}{4}Q\frac{l}{8} = \frac{3}{32}Ql + \frac{1}{32}Ql = \frac{Ql}{8}.$$

Das letztere Moment bildet, als das größere, das der Berechnung des Trägers zugrunde zu legende maximale Biegungsmoment

$$M_{max} = \frac{Ql}{8} \quad \dots \dots \dots \quad \textbf{117}$$

Die Gleichung der elastischen Linie lautet

$$\delta_x = \frac{1}{48}\frac{p\,l}{E\,\Theta}\left(3x^3 - 2\frac{x^4}{l} - l^2 x\right) = \frac{1}{48}\frac{Q}{E\,\Theta}\left(3x^3 - 2\frac{x^4}{l} - l^2 x\right),$$

welche die größte Durchbiegung liefert für

$$x = \frac{1}{16}l\,(1 + \sqrt{33}) = 0,42151 \backsim 0,422\,l \quad \text{zu}$$

$$\delta = \frac{1}{48}\,0,261\,\frac{Q\,l^3}{E\,\Theta} = 0,00544\,\frac{Q\,l^3}{E\,\Theta} \backsim \frac{1}{184}\frac{Q\,l^3}{E\,\Theta}.$$

6. Der an einem Ende horizontal eingespannte, am anderen Ende aber frei aufliegende Träger ist außer einer gleichmäßig über seine ganze Länge verteilten Belastung noch mit einer in der Mitte angreifenden Einzellast belastet.

Der in Fig. 122 vorgelegte Belastungsfall setzt sich aus den beiden vorhergehenden, in Fig. 120 und Fig. 121 angegebenen Belastungsfällen zusammen.

Bezeichnen A_1 und B_1 die Auflagerdrücke nach Fig. 120, ferner A_2 und B_2 die gleichen nach Fig. 121, so betragen die hier vorliegenden Lagerdrücke

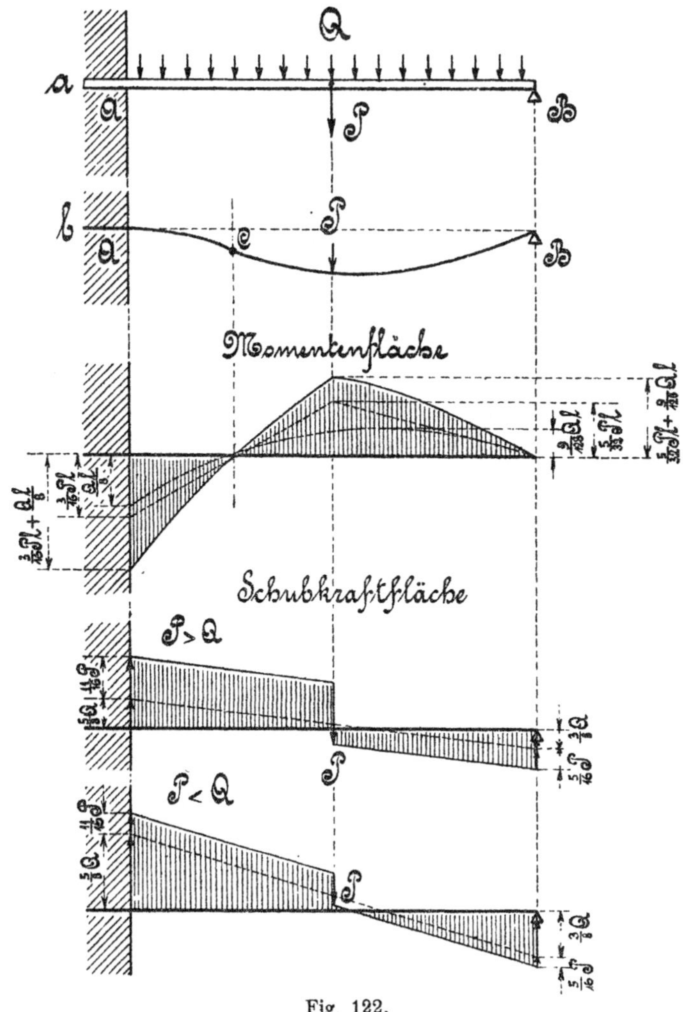

Fig. 122.

$$A = A_1 + A_2 = \frac{11}{16}P + \frac{5}{8}Q = \frac{1}{16}(11P + 10Q)$$

$$B = B_1 + B_2 = \frac{5}{16}P + \frac{3}{8}Q = \frac{1}{16}(5P + 6Q)$$

118

Bezeichnet weiter M_1 das größte Biegungsmoment nach Fig. 120 und M_2 das gleiche nach Fig. 121, so erhält man das größte für den vorliegenden Träger in Rechnung zu ziehende Moment aus

$$M_{max} = M_1 + M_2 = \frac{3}{16}Pl + \frac{1}{8}Ql = \frac{1}{16}l(3P + 2Q) \quad . \quad . \quad \textbf{119}$$

Der Wendepunkt C liegt zwischen $\frac{3}{11}l$ und $\frac{1}{4}l$ oder zwischen $\frac{12}{44}l$

und $\frac{11}{44}l$ von der Einspannstelle A entfernt.

7. Der Träger ist an einem Ende horizontal eingespannt, am anderen Ende aufliegend und trägt an beliebiger Stelle eine Einzellast.

Da hier in Fig. 123 die beiden Reaktionen A und B als auch das Moment an der Einspannstelle A statisch unbestimmbar sind, so kann man mit Hilfe des in diesem Paragraphen unter Abs. a, 1 und 2 genannten Prinzipes der Übereinanderlagerung bezw. der daselbst aufgeführten Durchbiegungs- oder Formänderungsgleichung, beispielsweise die Reaktion B, wie folgt, bestimmen:

Man denke sich die Reaktion B als Kraft wirkend, so daß der vorliegende Belastungsfall als ein Freiträger angesehen werden kann, an dem die beiden Kräfte P und B angreifen.

Wirkt nun nach Fig. 123^c die Kraft P allein, so ergibt sich die größte Durchbiegung am freien Ende zu

$$\delta_{max} = \delta_1 + \delta_2 = \frac{1}{3}\frac{Pl_2{}^3}{E\Theta} + \frac{1}{2}\frac{Pl_1 l_2{}^2}{E\Theta}.$$

Wirkt dagegen nach Fig. 123^d die Reaktion B allein, so beträgt die Durchbiegung $\qquad \delta = -\frac{1}{3}\frac{Bl^3}{E\Theta}.$

Soll nun B eine unbewegliche Stützstelle darstellen, so muß die algebraische Summe der Einzeldurchbiegungen gleich Null sein, d. h. also

$$\delta_{max} + \delta = 0$$

oder $\qquad \left(\frac{1}{3}\frac{Pl_2{}^3}{E\Theta} + \frac{1}{2}\frac{Pl_1 l_2{}^2}{E\Theta}\right) - \frac{1}{3}\frac{Bl^3}{E\Theta} = 0.$

Aus dieser Gleichung erhält man dann die Reaktion B zu

$$\frac{1}{3}Pl_2{}^3 + \frac{1}{2}Pl_1 l_2{}^2 = \frac{1}{3}Bl^3$$

$$Pl_2{}^2(2l_2 + 3l_1) = 2Bl^3,$$

$$B = \frac{1}{2}P\frac{l_2{}^2(2l_2 + 3l_1)}{l^3} = \frac{1}{2}\frac{Pl_2{}^2(3l - l_2)}{l^3} \quad . \quad . \quad \textbf{120}$$

Die zweite Reaktion A folgt aus

$$A + B = P \quad \text{mit} \quad A = P - B \quad \ldots \ldots \quad 121$$

Das an der Einspannstelle gelegene Moment ergibt sich zu

$$M_A = -(-Bl + Pl_2) = Bl - Pl_2.$$

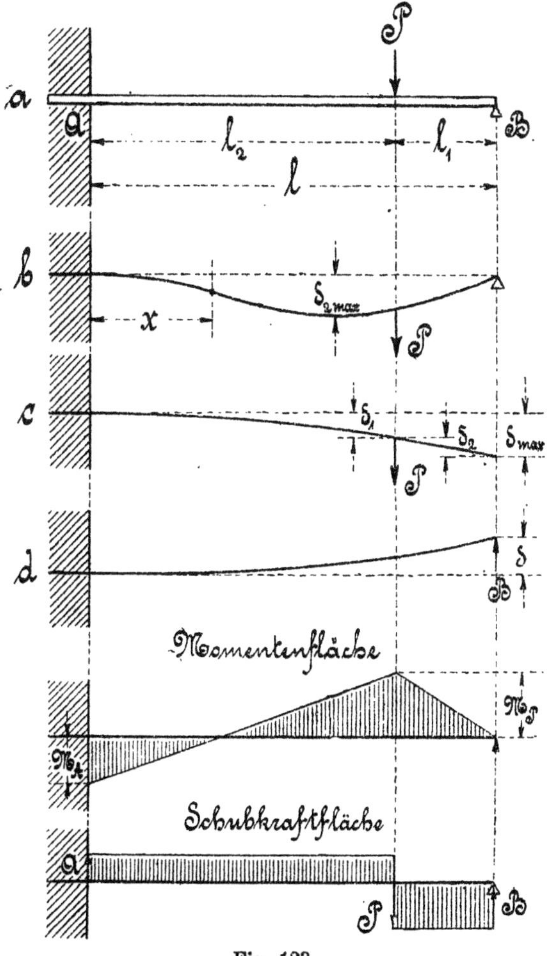

Fig. 123.

Innerhalb der Strecke l_1 ist das an der Laststelle P gelegene Biegungsmoment M_P am größten, es beträgt

$$M_P = -Bl_1 = -\frac{1}{2}\frac{Pl_2{}^2(3l - l_2)}{l^3}(l - l_2) \quad \ldots \quad 122$$

Innerhalb der Strecke l_2 erreicht das Biegungsmoment an der Einspannstelle A den größten Wert

$$M_A = -Bl + P(l-l_1) = -\frac{1}{2}\frac{Pl_2^2(3l-l_2)}{l^3}l + Pl_2$$

$$" = +\frac{1}{2}\frac{Pl_2}{l^2}(2l^2 - 3ll_2 + l_2^2)$$

$$" = +\frac{1}{2}\frac{Pl_2(l-l_2)(2l-l_2)}{l^2} \qquad \ldots \ldots \ldots \quad \mathbf{123}$$

Da die ersten Klammerglieder l und $2l > l_2$ sind, so ist das Moment M_A stets positiv, also abwärtswirkend.

Der gefährliche Querschnitt des vorliegenden Trägers kann entweder an der Einspannstelle A oder an der Laststelle P liegen, je nachdem das Moment M_A oder M_P einen größeren Wert besitzt.

Für den Fall, daß beide Momente gleiche Werte erreichen sollen, müssen die Lastabstände l_1 und l_2 folgende Werte haben:

Aus der Bedingung $\qquad M_A = M_P$

oder $\qquad \dfrac{1}{2}\dfrac{Pl_2(l-l_2)(2l-l_2)}{l^2} = \dfrac{1}{2}\dfrac{Pl_2^2(3l-l_2)(l-l_2)}{l^3},$

$$2l - l_2 = \frac{l_2(3l-l_2)}{l},$$

$$2l^2 - l_2 l = 3l_2 l - l_2^2,$$

$$2l^2 - 4l_2 l + l_2^2 = 0$$

folgt $\qquad l_2 = 2l \pm \sqrt{2l^2} = l(2 \pm \sqrt{2}) = l(2-\sqrt{2}) = 0{,}586\,l$

und $\qquad l_1 = l - l_2 = 0{,}414\,l.$

In nachstehender Tabelle sind die Resultate für einige in der Praxis öfters vorkommende Teilungsverhältnisse zwischen l_1 und l_2 aufgeführt.

$l_1 = \frac{1}{4}l$	$\frac{1}{3}l$	$\frac{1}{2}l$	$\frac{2}{3}l$	$\frac{3}{4}l$
$l_2 = \frac{3}{4}l$	$\frac{2}{3}l$	$\frac{1}{2}l$	$\frac{1}{3}l$	$\frac{1}{4}l$
$B = \frac{81}{128}P$	$\frac{14}{27}P$	$\frac{5}{16}P$	$\frac{4}{27}P$	$\frac{11}{128}P$
$A = \frac{47}{128}P$	$\frac{13}{27}P$	$\frac{11}{16}P$	$\frac{23}{27}P$	$\frac{117}{128}P$
$M_P = -\frac{81}{512}Pl$	$-\frac{14}{81}Pl$	$-\frac{5}{32}Pl$	$-\frac{8}{81}Pl$	$-\frac{33}{512}Pl$
$M_A = \frac{15}{128}Pl$	$\frac{4}{27}Pl$	$\frac{3}{16}Pl$	$\frac{5}{27}Pl$	$\frac{21}{128}Pl$

Die Gleichung der elastischen Linie beträgt

1. für den Fall, daß innerhalb der Strecke AP das Maximum der größten Durchbiegung liegt, was nur dann möglich sein kann, sofern $l_1 > 0,586\,l$ ist,

$$\delta_1\,\text{max} = \frac{1}{3}\,\frac{Pl_2{}^3}{E\,\Theta}\,\frac{(2l^2 - 3ll_2 + l_2{}^2)\,(3l - l_2)^2}{(2l^2 + 2ll_2 - l_2{}^2)^2};$$

2. für den Fall, daß innerhalb der Strecke BP die größte Durchbiegung eintritt, was nur für $l_2 < 0,586$ möglich ist,

$$\delta_1\,\text{max} = \frac{1}{6}\,\frac{Pl_2{}^2\,(l - l_2)}{E\,\Theta}\,\sqrt{\frac{l - l_2}{3l - l_2}};$$

3. für den Fall, daß die größte Durchbiegung an der Laststelle P eintritt, d. h., daß die Strecke AP den Wert $l_2 = 0,586\,l$ erreicht,

$$\delta = \frac{Pl_2{}^2}{6\,E\,\Theta}\left(2l_2 - \frac{(3l - l_2)^2\,l_2{}^2}{2l^3}\right).$$

Das für eine Stelle innerhalb der Strecke AP in Frage kommende Biegungsmoment gleich Null ergibt sich aus der Bedingung

$$P\,(l_2 - x) - B\,(l - x) = 0$$

oder

$$Pl_2 - Px - Bl + Bx = 0,$$

woraus die Lage des Wende- oder Inflextionspunktes folgt mit

$$x = \frac{Bl - Pl_2}{B - P}.$$

A n m e r k u n g: Nach der Formänderungsgleichung im § 14 Abs. 3 $\dfrac{1}{\varrho} = \dfrac{\alpha M_b}{\Theta}$ ist für $M_b = 0$ der Krümmungsradius $\varrho = \infty$, was einem Wendepunkte an der Stelle x entspricht.

Für den bereits im Abschnitte C Abs. 4 dieses Paragraphen aufgeführten speziellen Fall der Mittelbelastung, bei dem $l_1 = l_2 = \dfrac{l}{2}$ und das Moment M_A am größten ist, liegt die maximale Durchbiegung innerhalb der Strecke BP, weil $l_2 < 0,586\,l$ ist. Diese Durchbiegung beträgt

$$\delta_1\,\text{(max)} = 0,0093\,\frac{Pl^3}{\Theta\,E}.$$

Der Wendepunkt liegt hier bei $x = \dfrac{3}{11}\,l$.

§ 24. Körper von gleicher Biegungsfestigkeit.

Im vorhergehenden § 23 kam es darauf an, für die einzelnen unter den verschiedenartigsten Lagerungen und Belastungen angenommenen Trägerarten, das größte Biegungsmoment zu bestimmen, mit dem die Dimensionierung der Träger nach der im § 14 Abs. 1 aufgestellten Biegungsgleichung „$M_b = W\,k_b$" vorgenommen werden konnte.

Der so ermittelte, gefährlichste Querschnitt, in dem die größte Materialspannung auftritt, wurde dann für die ganze Trägerlänge beibehalten, womit jedoch eine mehr oder weniger große Materialverschwendung verknüpft war, da nach der genannten Biegungsgleichung, bei gleichbleibendem Widerstandsmomente, jeder Querschnittsstelle des Trägers ein anderes Biegungsmoment und damit auch eine andere Spannung entspricht. Wenn nun in der Praxis trotz der Materialverschwendung, die vielfach durch höhere Bearbeitungskosten wieder aufgehoben wird, die obigen Trägerformen meistens Verwendung finden, so werden doch auch Körperformen verlangt, bei denen die Materialspannung einen konstanten Wert hat, der Körper also an allen Stellen gleiche Festigkeit besitzt. Ein solcher Körper bietet aber zngleich auch eine größere Sicherheit gegen Stoßwirkungen als ein Körper mit konstantem Querschnitte, bei dem sich die Formänderung fast nur auf den gefährlichen Querschnitt erstreckt, während sie sich bei einem Körper gleichen Widerstandes fast gleichmäßig über alle Querschnitte verteilt.

Um eine Übersicht zu gewinnen, seien im folgenden einige Körper gleicher Festigkeit bestimmt.

1. Der am freien Ende mit einer Einzellast belastete Freiträger.

Nach § 23 Abschnitt a, 1 beträgt für den in Fig. 124 angenommenen Belastungsfall das an der Einspannstelle A gelegene Maximalmoment

$$M_A = Pl.$$

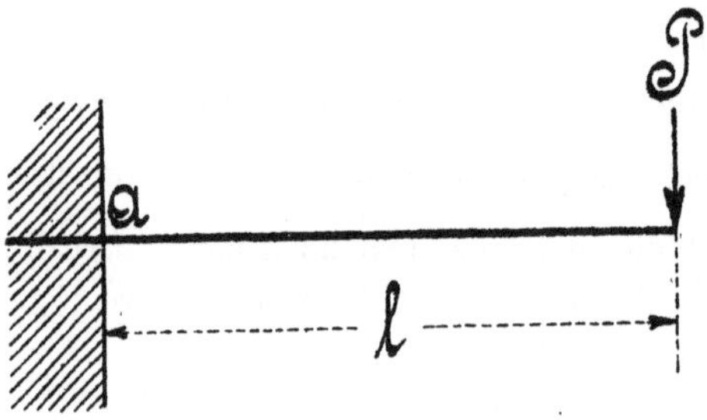

Das Biegungsmoment besitzt für jeden Querschnitt einen anderen Wert, weshalb auch nach der Biegungsgleichung, bei gleichbleibender Spannung, das Widerstandsmoment für jeden Querschnitt einen anderen Wert erhalten muß. Damit ist nun aber auch die Veränderlichkeit des Querschnittes bedingt, für den sich eine allgemeine Beziehungsgleichung in folgender Weise aufstellen läßt.

Fig. 124.

Nach Fig. 125^a erhält man für den rechteckigen Querschnitt an der Einspannstelle

$$M_{max} = W_{max}\, k_b = \frac{b h^2}{6}\, k_b \quad \text{bezw.} \quad k_b = \frac{6\, M_{max}}{b h^2}.$$

Für einen beliebigen, im Abstande x von dem freien Ende gelegenen Querschnitt gilt dagegen

$$M_x = W_x\, k_b = \frac{z y^2}{6}\, k_b \quad \text{oder} \quad k_b = \frac{6\, M_x}{z y^2}.$$

Aus den beiden Gleichungen der konstanten Spannung k_b ergibt sich nun

$$\frac{6\,M_{max}}{b\,h^2} = \frac{6\,M_x}{z\,y^2}$$

oder $\left(\dfrac{y}{h}\right)^2 = \dfrac{b}{z}\cdot\dfrac{M_x}{M_{max}}.$

Da aber $M_{max} = Pl$ und $M_x = Px$ ist, so erhält man in dem Ausdruck

$$\left(\frac{y}{h}\right)^2 = \frac{b}{z}\cdot\frac{Px}{Pl} = \frac{b}{z}\cdot\frac{x}{l} \qquad 124$$

eine **allgemeine Beziehungsgleichung,** in der die Breite z und die Höhe y veränderlich sind.

Für die praktische Verwendung hat diese Körperform, die auch angenähert durch eine in Fig.

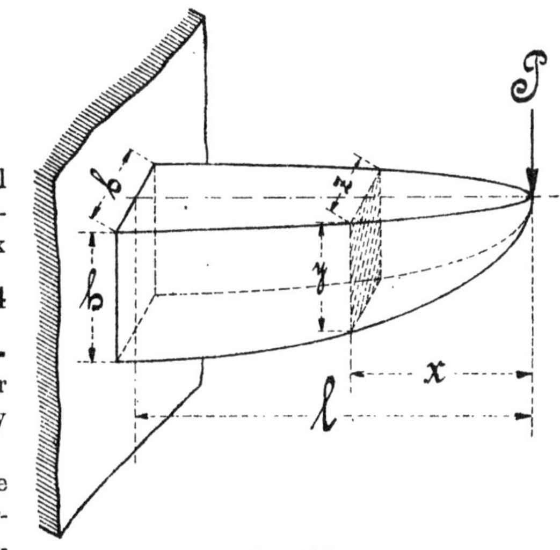

Fig. 125a.

125^b dargestellte abgestumpfte Pyramide ersetzt werden kann, wenig Bedeutung, dagegen findet sie bei Balanzier- und Kurbelarmen, bei Lagerkonsolen, Ständern etc. häufig für die konstante Breite z Anwendung.

Außerdem kann aber auch die Höhe y konstant gehalten werden.

Oftmals findet man auch kreisförmigen Querschnitt ausgeführt.

Für die einzelnen Querschnittsformen ergeben sich nunmehr die Biegungsgleichungen, mit deren Hilfe sich gegebenenfalls die Profilformen schnell auftragen lassen, wie folgt:

a) **Für konstante Breite b**

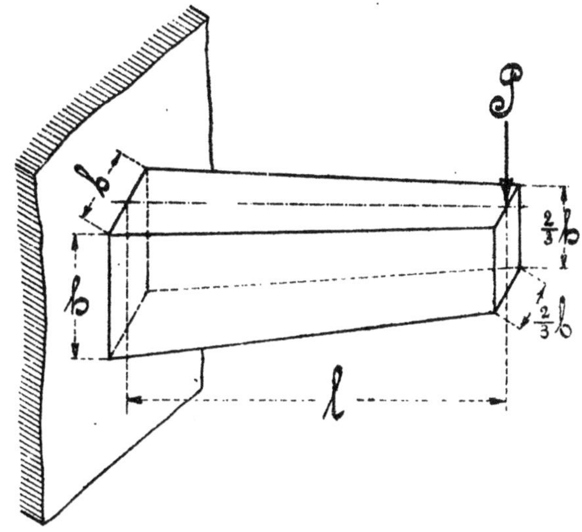

Fig. 125 b.

(siehe Fig. 126ᵃ und 126ᵇ) erhält man die zugehörige Profilgleichung aus der allgemeinen Beziehungsgleichung 124

9*

$$\left(\frac{y}{h}\right)^2 = \frac{b}{z}\,\frac{x}{l},$$

durch Einsetzen der Breite b an Stelle der sonst Veränderlichen z, zu

$$\left(\frac{y}{h}\right)^2 = \frac{b}{b}\,\frac{x}{l} = \frac{x}{l} \quad \text{oder} \quad \frac{y}{h} = \sqrt{\frac{x}{l}} \quad \text{bezw.} \quad y = h\sqrt{\frac{x}{l}} \qquad . \quad \mathbf{125}$$

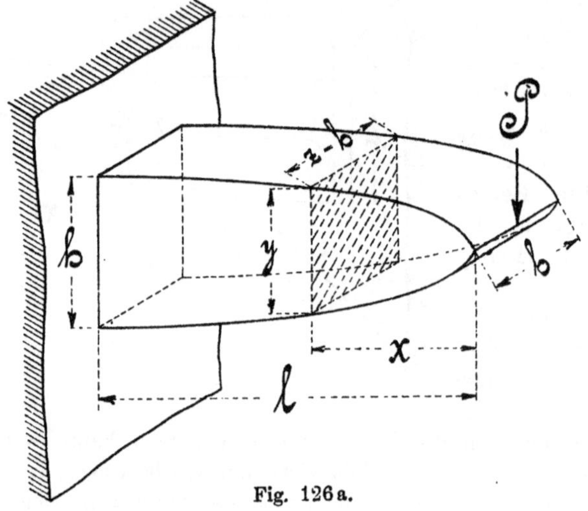

Fig. 126 a.

Diese Gleichung besagt, daß die Profilkurve des vorliegenden Trägers eine Parabel darstellt, die nun nach Fig. 126[a] als ganze oder nach Fig. 126[b] als halbe Parabel aufgetragen werden kann.

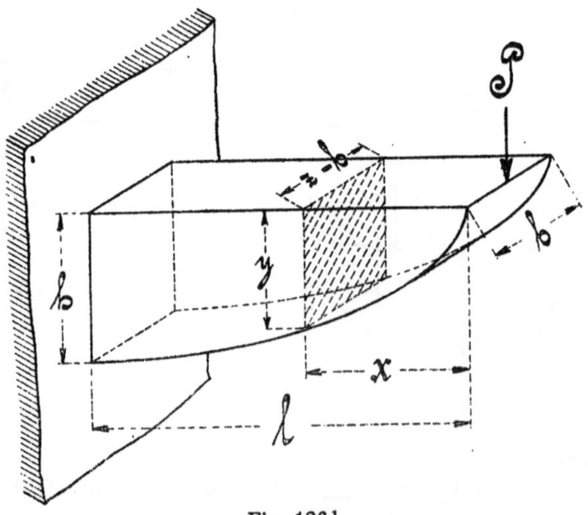

Fig. 126 b.

Angenähert läßt sich auch, wie Fig. 126ᶜ zeigt, der vorliegende Körper durch eine abgestumpfte Pyramide ersetzen.

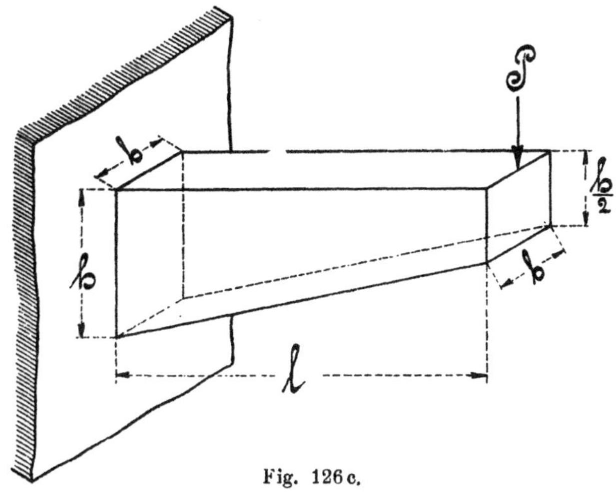

Fig. 126 c.

Die Gleichung der elastischen Linie lautet

$$\delta_{\mathrm{x}} = \frac{\mathrm{P\,l\,}\alpha}{\Theta}\left(2\,\mathrm{l\,x} - \frac{4}{3}\,\mathrm{x}\,\sqrt{\mathrm{l\,x}} - \frac{2}{3}\,\mathrm{l}^2\right),$$

welche für $\mathrm{x} = 0$ die größte Durchbiegung

$$\delta = \frac{2}{3}\frac{\mathrm{P\,l}^3\,\alpha}{\Theta} = \frac{2}{3}\frac{\mathrm{P\,l}^3\,\alpha}{\dfrac{\mathrm{b\,h}^3}{12}} = \frac{8\,\mathrm{P\,l}^3\,\alpha}{\mathrm{b\,h}^3}\ \text{liefert.}$$

b) Für konstante Höhe h (siehe Fig. 127) findet sich . die Profilgleichung ebenfalls aus der allgemeinen Beziehungsgleichung 124

$$\left(\frac{\mathrm{y}}{\mathrm{h}}\right)^2 = \frac{\mathrm{b}}{\mathrm{z}}\frac{\mathrm{x}}{\mathrm{l}},$$

durch Einsetzen der Höhe h an Stelle der Veränderlichen y, zu

$$\left(\frac{\mathrm{h}}{\mathrm{h}}\right)^2 = \frac{\mathrm{b}}{\mathrm{z}}\frac{\mathrm{x}}{\mathrm{l}},$$

$$1 = \frac{\mathrm{b}}{\mathrm{z}}\frac{\mathrm{x}}{\mathrm{l}},$$

$$\mathrm{z} = \frac{\mathrm{b}}{\mathrm{l}}\mathrm{x} \quad . \quad \mathbf{126}$$

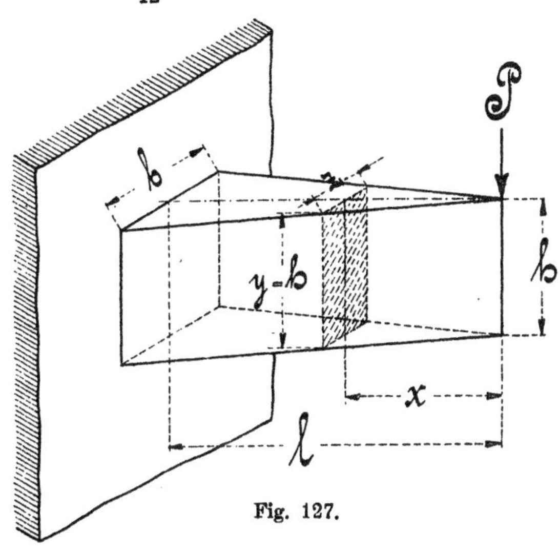

Fig. 127.

Diese Gleichung liefert als Begrenzungslinie eine gerade Linie. Der Grundriß des Körpers ist ein Dreieck.

Die elastische Linie ist, wie bereits in § 14 Abs. b, 1 angegeben, eine Kreislinie mit dem Krümmungsradius

$$\varrho = \frac{e}{\alpha\,k_b} = \frac{e}{\alpha\,\dfrac{M}{W}} = \frac{e\,W}{\alpha\,M} = \frac{e\,\dfrac{\Theta}{e}}{\alpha\,M} = \frac{\Theta}{\alpha\,M}$$

und der größten Durchbiegung $\delta = \dfrac{l^2}{2\,\varrho} = \dfrac{l^2\,\alpha\,M}{2\,\Theta} = \dfrac{P\,l^3\,\alpha}{2\,\Theta} = \dfrac{P\,l^3\,\alpha}{2\,\dfrac{b\,h^3}{12}} = \dfrac{6\,P\,l^3\,\alpha}{b\,h^3}.$

c) **Für kreisförmigen Querschnitt** (siehe Fig. 128) findet sich folgende Profilgleichung:

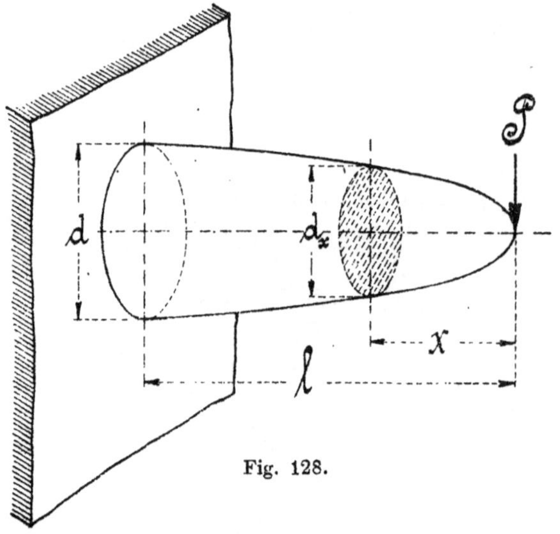

Fig. 128.

Für die Einspannstelle gilt das Biegungsmoment

$$M_{max} = W_{max}\,k_b \quad \text{oder} \quad k_b = \frac{M_{max}}{W_{max}} = \frac{Pl}{\dfrac{d^3\pi}{32}} = \frac{32\,Pl}{d^3\pi};$$

für eine beliebig gelegene Querschnittsstelle beträgt das Biegungsmoment

$$M_x = W_x\,k_b, \quad \text{woraus} \quad k_b = \frac{M_x}{W_x} = \frac{Px}{\dfrac{d_x^3\pi}{32}} = \frac{32\,Px}{d_x^3\pi}.$$

Da nun wieder die Materialspannungen gleichen Wert haben sollen, so folgt durch Gleichsetzen beider Gleichungen

$$\frac{32\,Pl}{d^3\pi} = \frac{32\,Px}{d_x{}^3\pi},$$

$$\frac{l}{d^3} = \frac{x}{d_x{}^3},$$

$$d_x = \sqrt[3]{\frac{x\,d^3}{l}} = d\sqrt[3]{\frac{x}{l}} \quad \ldots \ldots \ldots \ 127$$

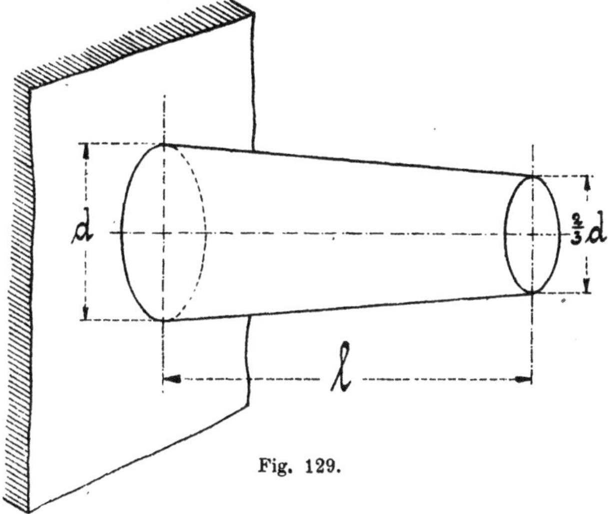

Fig. 129.

Diese Gleichung stellt eine kubische Parabel als Provilkurve dar. Die Körperform selbst ist ein Rotationsparaboloid, das auch die theoretische Grundform der Tragachsen bildet.

Eine angenäherte Körperform gibt der in Fig. 129 dargestellte abgestumpfte Kegel, der bis auf $^2/_3\,d$ verjüngt ist.

2. Der über seine Länge gleichmäßig belastete Freiträger.

Nach § 23 Abs. a,3 beträgt das größte, an der Einspannstelle der Fig. 130 gelegene Biegungsmoment

$$M_{max} = \frac{Q\,l}{2} = \frac{p\,l\,l}{2} = \frac{p\,l^2}{2},$$

für eine andere im Abstande x vom freien Ende aus gelegene Querschnittsstelle ergibt sich nach Fig. 131 das Biegungsmoment

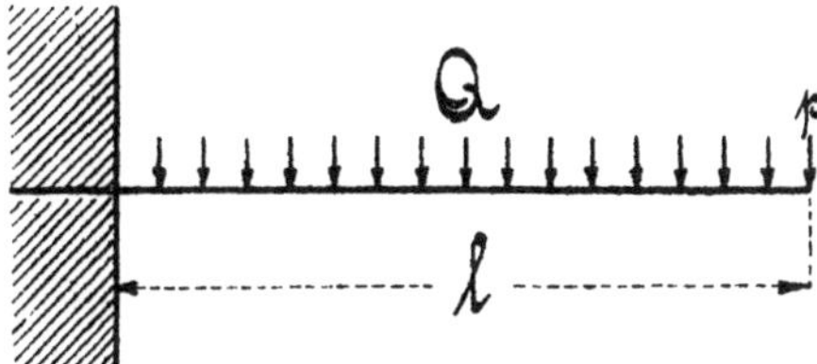

Fig. 130.

$$M_x = p\,x\,\frac{x}{2} = \frac{p\,x^2}{2}.$$

Setzt man diese Biegungsmomente nebst den zugehörigen Widerstandsmomenten in Beziehung zueinander, so lautet die Profilgleichung

$$M_{max} = W_{max}\, k_b, \text{ woraus } k_b = \frac{M_{max}}{W_{max}} = \frac{\dfrac{p\,l^2}{2}}{\dfrac{b\,h^2}{6}} = \frac{3\,p\,l^2}{b\,h^2},$$

$$M_x = W_x\, k_b, \qquad \text{„} \qquad k_b = \frac{M_x}{W_x} = \frac{\dfrac{p\,x^2}{2}}{\dfrac{z\,y^2}{6}} = \frac{3\,p\,x^2}{z\,y^2}.$$

Durch Gleichsetzung folgt

$$\frac{3\,p\,l^2}{b\,h^2} = \frac{3\,p\,x^2}{z\,y^2},$$

$$\frac{l^2}{b\,h^2} = \frac{x^2}{z\,y^2},$$

$$\left(\frac{y}{h}\right)^2 = \frac{b}{z}\left(\frac{x}{l}\right)^2 \qquad \ldots \ldots \; \mathbf{128}$$

In dieser Profilgleichung sind die Abmessungen y und z veränderliche Werte, was weniger Bedeutung für die praktische Verwertung hat.

Dagegen kommen die nachgenannten Körper mit konstanter Breite oder auch konstanter Höhe häufig vor.

a) Für konstante Breite (siehe Fig. 132) liefert die vorliegende, für rechteckigen Querschnitt

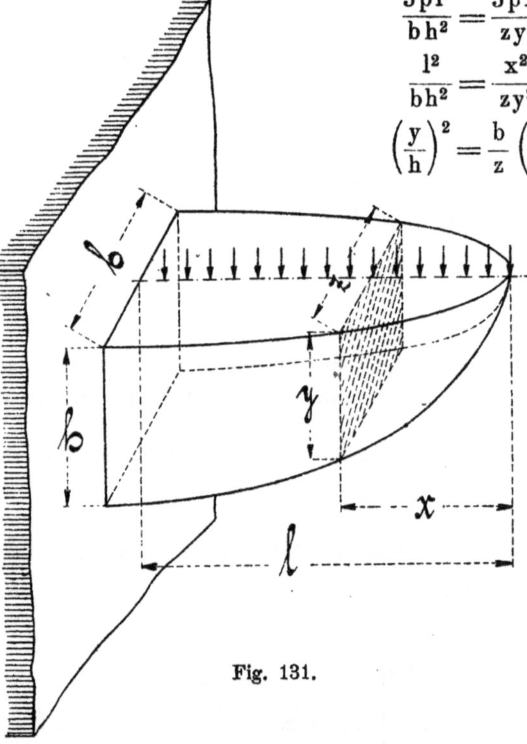

Fig. 131.

gültige Beziehungsgleichung 128

$$\left(\frac{y}{h}\right)^2 = \left(\frac{x}{l}\right)^2 \frac{b}{b}$$

den Wert

$$\left(\frac{y}{h}\right)^2 = \left(\frac{x}{l}\right)^2,$$

$$y = \sqrt{\left(\frac{x}{l}\right)^2 h^2}$$

$$\text{„} = \frac{h}{l} x \quad \cdot \quad \cdot \quad \cdot \quad \cdot \quad \cdot \quad \cdot \quad \cdot \quad \mathbf{129}$$

Diese Profilgleichung besagt, daß die Begrenzungslinie eine gerade Linie ist.

b) **Für konstante Höhe** (siehe Fig. 133) entwickelt sich aus der allgemeinen Gleichung 128

$$\left(\frac{h}{h}\right)^2 = \frac{b}{z}\left(\frac{x}{l}\right)^2$$

der Ausdruck

$$1 = \frac{b}{z}\left(\frac{x}{l}\right)^2,$$

$$z = b\left(\frac{x}{l}\right)^2, \quad \cdot \quad \mathbf{130}$$

der eine parabelförmige Begrenzung andeutet.

c) **Für architektonische Zwecke,** z. B. bei Anwendungen von Tragsteinen, macht man auch noch die Breite z und die Höhe y so veränderlich, daß sich nach beiden Richtungen hin parabolische

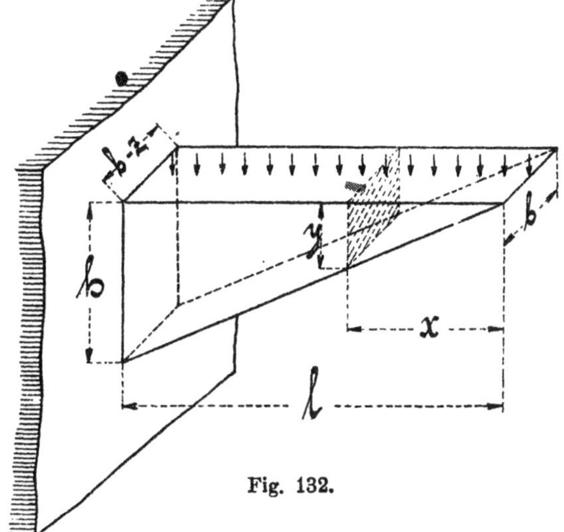

Fig. 132.

Begrenzungslinien ergeben. Dieses geschieht, wenn man in der allgemeinen Gleichung 128

$$\left(\frac{y}{h}\right)^2 = \frac{b}{z}\left(\frac{x}{l}\right)^2$$

folgende Werte einsetzt: 1. $y = \dfrac{z \cdot h}{b}$, gefunden aus $y : h = z : b$,

2. $z = \dfrac{b \cdot y}{h}$, „ „ $y : h = z : b$.

Den ersten Wert eingeführt, gibt

$$\left(\frac{\frac{z\,h}{b}}{h}\right)^2 = \frac{b}{z}\left(\frac{x}{l}\right)^2 \quad \text{oder} \quad \left(\frac{z}{b}\right)^2 = \frac{b}{z}\left(\frac{x}{l}\right)^2$$

$$\text{„} \quad \left(\frac{z}{b}\right)^3 = \left(\frac{x}{l}\right)^2,$$

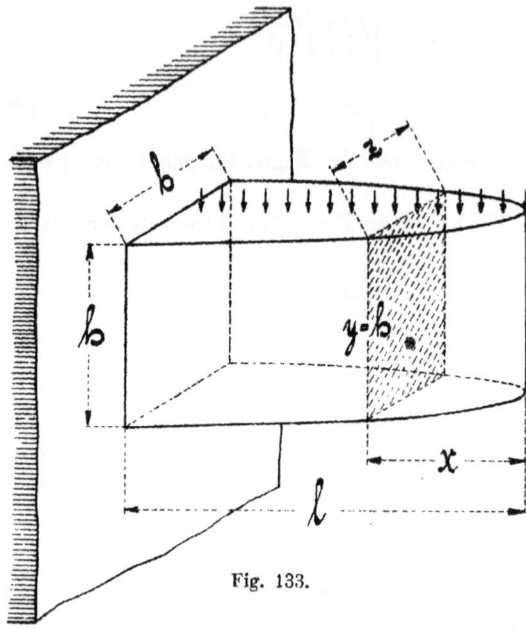

Fig. 133.

$$z = \sqrt[3]{b^3 \left(\frac{x}{l}\right)^2}$$

$$= b \sqrt[3]{\left(\frac{x}{l}\right)^2} \quad . \quad \mathbf{131}$$

Mit dem zweiten Werte erhält man

$$\left(\frac{y}{h}\right)^2 = \frac{b}{\dfrac{by}{h}} \left(\frac{x}{l}\right)^2$$

oder

$$\left(\frac{y}{h}\right)^2 = \frac{h}{y} \left(\frac{x}{l}\right)^2$$

oder

$$\left(\frac{y}{h}\right)^3 = \left(\frac{x}{l}\right)^2,$$

$$y = h \sqrt[3]{\left(\frac{x}{l}\right)^2} \quad \mathbf{132}$$

Die Gleichungen 131 und 132 ergeben die semiparabolische Form des in Fig. 134 dargestellten Körpers.

d) Für kreisförmigen Querschnitt ergibt sich nach Fig. 135^a die Profilgleichung in folgender Weise:

Das größte Biegungsmoment für den an der Einspannstelle gelegenen Querschnitt beträgt

$$M_{max} = \frac{Q\,l}{2}$$

$$" \quad = \frac{p\,l\,l}{2} = \frac{p\,l^2}{2}.$$

Das Biegungsmoment für einen beliebigen, im Abstande x vom freien Ende aus gelegenen Querschnitt ist

$$M_x = p\,x\,\frac{x}{2} = \frac{p\,x^2}{2}.$$

Diese Momente, mit den zugehörigen Widerstandsmomenten in Beziehung gesetzt, liefern

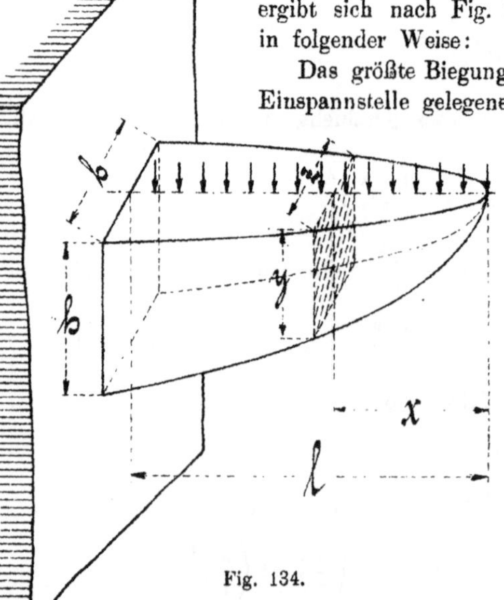

Fig. 134.

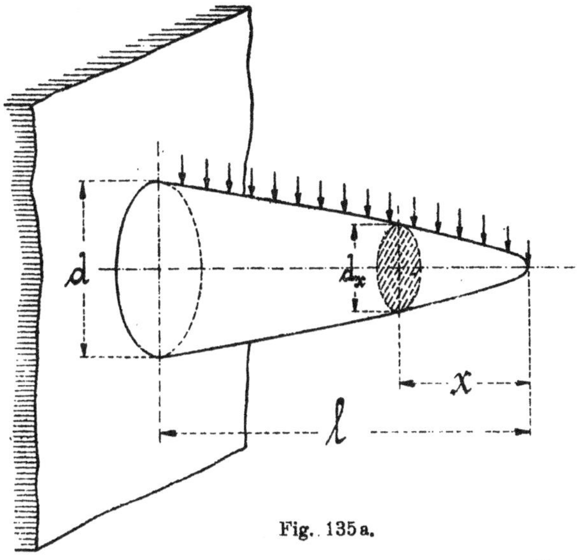

Fig. 135 a.

$$M_{max} = W_{max}\, k_b = \frac{d^3\pi}{32} k_b, \quad \text{woraus} \quad k_b = \frac{32\, M_{max}}{d^3\pi} = \frac{32\,\dfrac{p l^2}{2}}{d^3\pi} = \frac{16\, p l^2}{d^3\pi},$$

$$M_x = W_x\, k_b = \frac{d_x^3\pi}{32} k_b, \quad ,, \quad k_b = \frac{32\, M_x}{d_x^3\pi} = \frac{32\,\dfrac{p x^2}{2}}{d_x^3\pi} = \frac{16\, p x^2}{d_x^3\pi}.$$

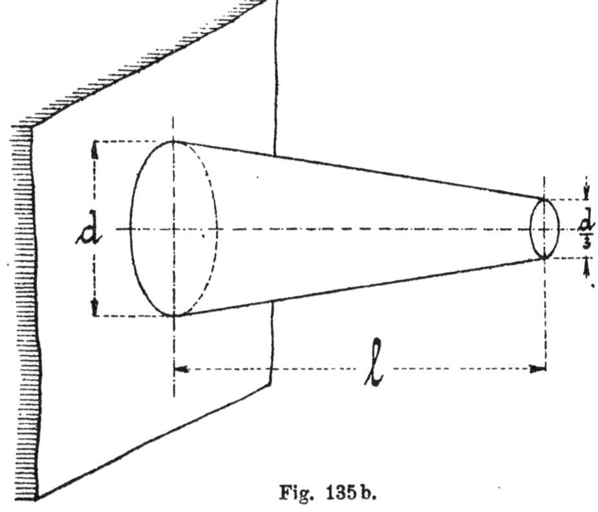

Fig. 135 b.

Die beiden Spannungswerte gleichgesetzt, gibt

$$\frac{16\,\mathrm{p}\,l^2}{d^3\,\pi} = \frac{16\,\mathrm{p}\,x^2}{d_x{}^3\,\pi},$$

bezw. $\quad\dfrac{l^2}{d^3} = \dfrac{x^2}{d_x{}^3}\ \text{ oder }\ \dfrac{d_x{}^3}{d^3} = \dfrac{x^2}{l^2}$

oder $\quad d_x = \sqrt[3]{d^3\,\dfrac{x^2}{l^2}} = d\,\sqrt[3]{\dfrac{x^2}{l^2}} \quad \cdots \cdots \quad \mathbf{133}$

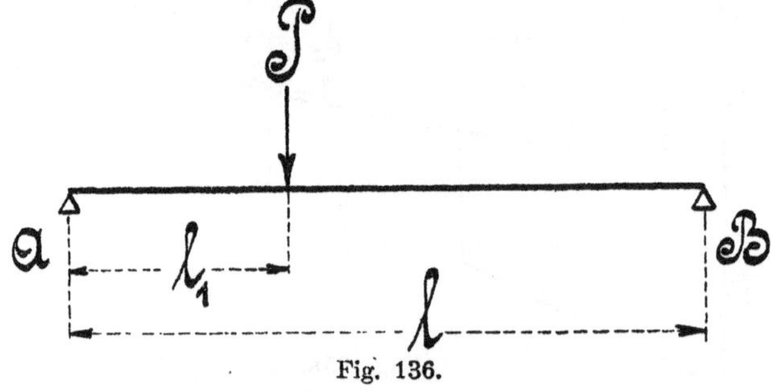

Fig. 136.

Auch durch diese Gleichung ist eine semikubische Parabel als Begrenzung gekennzeichnet, die annäherungsweise durch einen in Fig. 135[b]
dargestellten, abgestumpften Kegel ersetzt werden kann, der sich bis auf
$^1/_3$ d verjüngt.

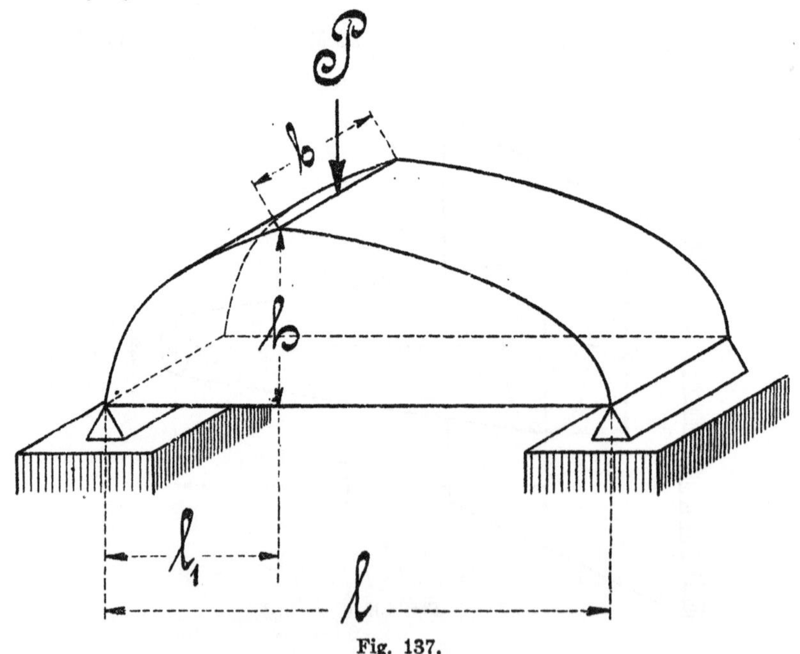

Fig. 137.

3. Der auf zwei Stützen ruhende, durch eine festliegende Einzellast belastete Träger.

Wie bereits in § 23 Abschnitt b unter 2 gesagt, kann man sich den in Fig. 136 vorgelegten Träger aus zwei Freiträgern zusammengesetzt denken, die an der Laststelle unterstützt und an den beiden Enden mit den Reaktionen A und B beansprucht werden.

Jeder der beiden Freiträger erhält dann nach der Fig. 126^b im Abschnitte 1 unter a dieses Paragraphen je eine Parabel als Begrenzungslinie, die an der Laststelle ihre größte Höhe h erreicht.

Die Fig. 137 zeigt einen Träger von rechteckigem Querschnitte und von konstanter Breite, bei dem die Parabel nach einer Seite hin aufgetragen worden ist.

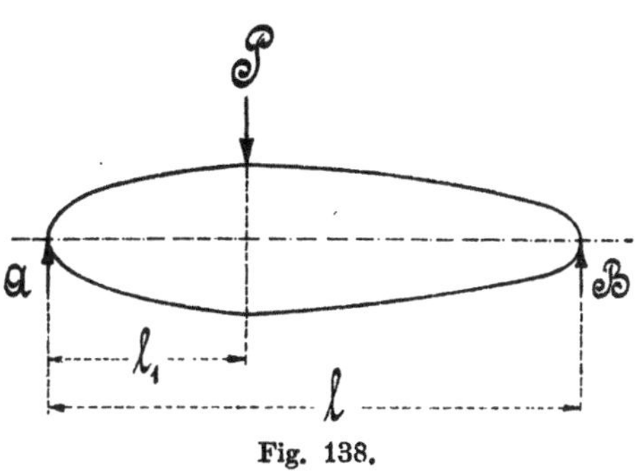

Fig. 138.

Die Fig. 138 stellt einen Körper von rundem Querschnitte dar, wie er als Grundkörper der Tragachsen charakterisiert ist. Er bildet ein Rotationsparaboloid.

Bemerkung: Da diese reinen Biegungskörper für die Auflagerstellen A und B keinen Querschnitt ergeben, so sind die Stellen noch besonders gegen die abscherenden Kräfte A und B zu dimensionieren.

4. Der auf zwei Stützen ruhende, durch eine wandelbare Einzellast belastete Träger mit rechteckigem Querschnitte.

Für die aus Fig. 139 ersichtliche momentane Laststelle C ergibt sich die Auflagerreaktion A aus

$$A l = P x,$$

$$A = \frac{P x}{l}.$$

Diese Reaktion liefert für die Stelle C das Biegungsmoment

$$M_C = A (l - x) = \frac{P x}{l} (l - x),$$

das für $x = \frac{l}{2}$ das größte, in der Mittelstellung D auftretende Moment

$$M_D = \frac{P l}{1 \cdot 2} \left(1 - \frac{l}{2}\right) = \frac{P l}{4} \ \text{ergibt.}$$

Aus den Biegungs- und den zugehörigen Widerstandsmomenten läßt sich nach Fig. 140 die Profilgleichung in folgender Weise bestimmen.

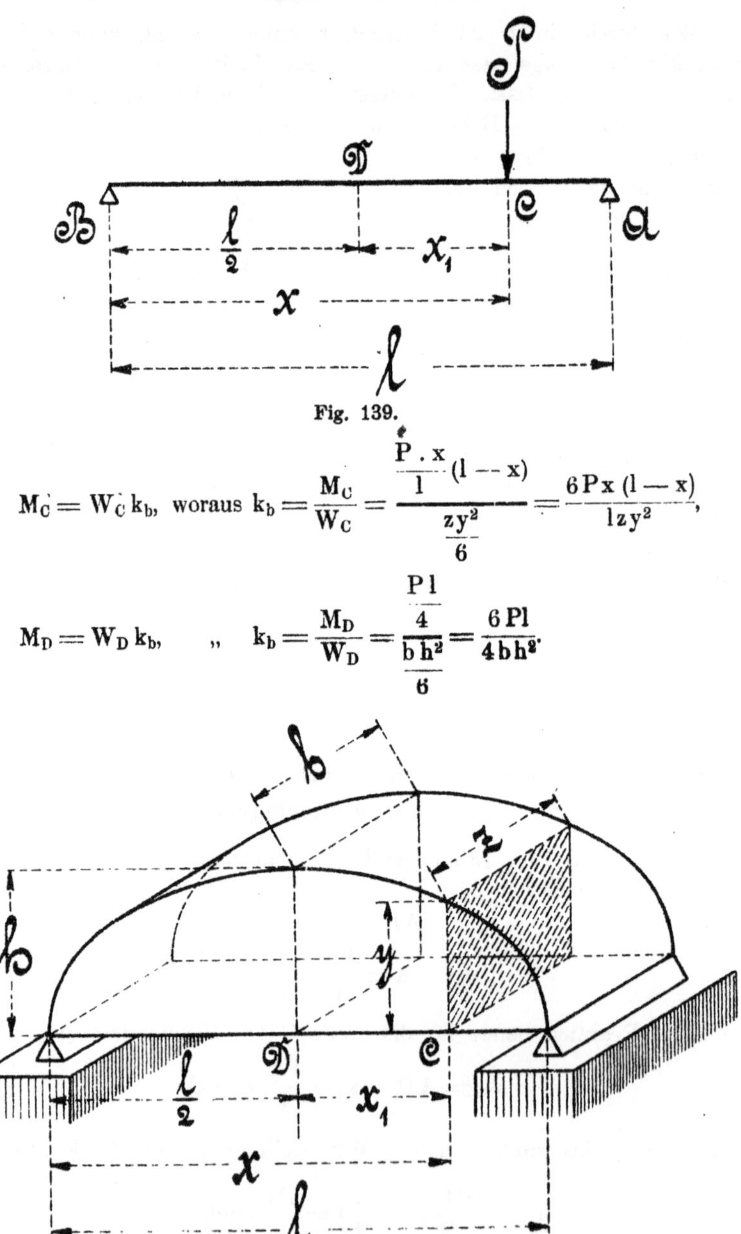

Fig. 139.

$$M_C = W_C\, k_b, \quad \text{woraus} \quad k_b = \frac{M_C}{W_C} = \frac{\dfrac{P\cdot x}{l}(l-x)}{\dfrac{zy^2}{6}} = \frac{6\,P\,x\,(l-x)}{l\,z\,y^2},$$

$$M_D = W_D\, k_b, \qquad \text{,,} \qquad k_b = \frac{M_D}{W_D} = \frac{\dfrac{Pl}{4}}{\dfrac{bh^2}{6}} = \frac{6\,Pl}{4\,bh^2}.$$

Fig. 140.

Werden nun wieder die Werte von k_b gleich gesetzt, so folgt

$$\frac{6\,P\,x\,(l-x)}{l\,z\,y^2} = \frac{6\,P\,l}{4\,b\,h^2},$$

$$\frac{x\,(l-x)}{l\,z\,y^2} = \frac{l}{4\,b\,h^2},$$

$$\frac{z\,y^2}{4\,b\,h^2} = \frac{x\,(l-x)}{l^2}.$$

Um nun die Form des vorgelegten Trägers besser beurteilen zu können, lege man den Koordinatenanfang nach der Trägermitte D, wofür der Querschnittsabstand $x = \frac{l}{2} + x_1$ beträgt. Setzt man den Wert in die letzte Gleichung ein, so ist

$$\frac{z\,y^2}{4\,b\,h^2} = \frac{\left(\frac{l}{2}+x_1\right)\left[l-\left(\frac{l}{2}+x_1\right)\right]}{l^2} = \frac{\left(\frac{l}{2}\right)^2 - x_1^2}{l^2} = \frac{\dfrac{l^2-4\,x_1^2}{4}}{l^2}$$

$$\text{,,} \quad = \frac{l^2-4\,x_1^2}{4\,l^2} \quad \text{oder} \quad \frac{z\,y^2}{b\,h^2} = \frac{l^2-4\,x_1^2}{l^2} \quad \ldots \ldots \ldots \ldots \textbf{134}$$

In dieser Gleichung sind die Werte z und y veränderlich. Je nachdem man nun z oder y konstant annimmt, ergeben sich die folgenden beiden Fälle:

a) **für konstante Breite,** d. h. $z = b$, erhält man

$$\frac{b}{b}\,\frac{y^2}{h^2} = \frac{l^2-4\,x_1^2}{l^2} = 1 - \frac{4\,x_1^2}{l^2},$$

$$\left(\frac{y}{h}\right)^2 + \left(\frac{x_1}{\frac{1}{2}l}\right)^2 = 1 \quad \ldots \ldots \ldots \ldots \textbf{135}$$

Die Gleichung besagt, daß die Begrenzungslinie des vorliegenden Trägers eine Ellipse sein muß, deren kleine Halbachse h und die halbe große Achse $\frac{1}{2}\,l$ beträgt.

b) **für konstante Höhe,** d. h. $y = h$, ergibt sich die aus Fig. 141 ersichtliche Profilform,

$$\frac{z\,h^2}{b\,h^2} = \frac{l^2-4\,x_1^2}{l^2},$$

$$\text{,,} \quad = 1 - \frac{x_1^2}{\left(\frac{1}{2}l\right)^2},$$

$$\frac{z}{b} = 1 - \left(\frac{x_1}{\frac{1}{2}l}\right)^2$$

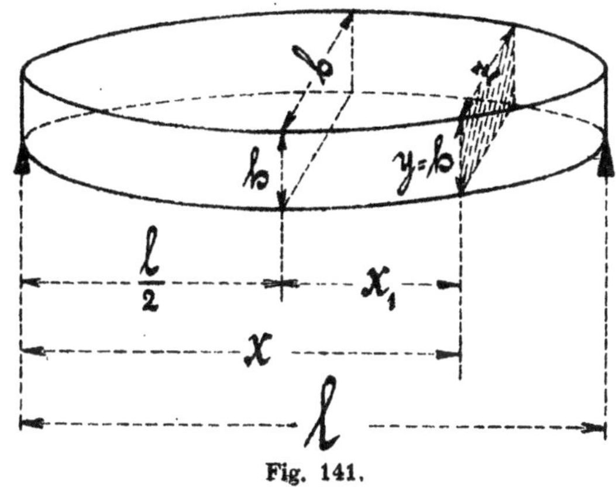

Fig. 141.

Setzt man wieder

$$x_1 = x - \frac{l}{2}, \text{ so ist}$$

$$\frac{z}{b} = 1 - \left(\frac{x - \frac{l}{2}}{\frac{1}{2}l}\right)^2 = 1 - \left(\frac{2x - l}{l}\right)^2 = 1 - \left(\frac{2x}{l} - 1\right)^2$$

oder $\quad \dfrac{z}{b} = 1 - \left(\dfrac{2x}{l}\right)^2 + \dfrac{4x}{l} - 1 = \dfrac{4x(l - x)}{l^2}$ **136**

Diese Gleichung liefert eine Parabel als Begrenzungslinie.

5. Der auf 2 Stützen ruhende und gleichmäßig belastete Träger mit rechteckigem Querschnitte.

Auch für den in Fig. 142 dargestellten Belastungsfall hat die Ausführung unter 4 Geltung.

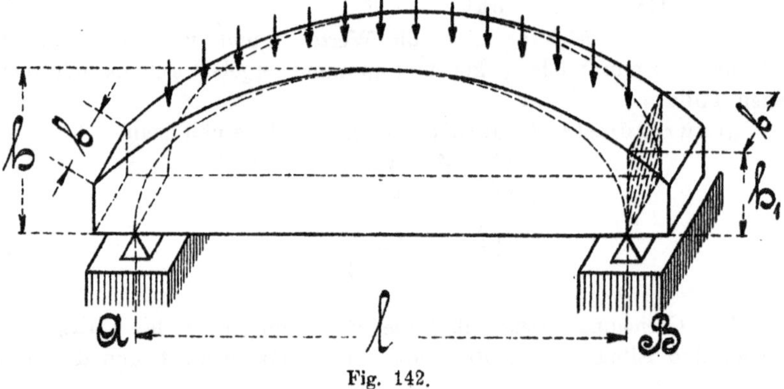

Fig. 142.

Bei konstanter Breite ist die Begrenzungslinie eine Ellipse, bei konstanter Höhe dagegen eine Parabel.

Die beiden Auflagerreaktionen A und B als Schubkräfte bedingen an den beiden Seiten des Trägers eine Mindesthöhe, die sich nach der Schubfestigkeit folgendermaßen bestimmen läßt.

Die Auflagerdrücke betragen $\quad A = B = \dfrac{Q}{2}.$

Da nun $\qquad\qquad\qquad A = f k_s = b h_1 k_s,$

so ist $\qquad\qquad h_1 = \dfrac{A}{b k_s} = \dfrac{\frac{Q}{2}}{b k_s} = \dfrac{Q}{2 b k_s}$ **137**

Fünfter Abschnitt.

Knickung.

---

§ 25. Die Knickfestigkeit.

1. Allgemeines über Knickung.

Bei der in § 1 und 2 erläuterten Druckfestigkeit wurde angenommen, daß die einen Körper auf Druck beanspruchende Kraft P sich gleichmäßig über den ganzen Querschnitt verteilt. Diese Annahme kann nun aber nur dann richtig sein, wenn

1. das Material des Körpers überall gleichartig und gleich dicht ist,
2. der Körper so ausgerichtet ist, daß er den Bedingungen einer geraden Linie entspricht,
3. daß die Richtung der Druckkraft P genau mit der geometrischen Achse des Körpers zusammenfällt, und
4. daß der Körper von keinerlei Seitenkräften beeinflußt wird.

Obwohl nun diese Voraussetzungen niemals vollständig erfüllt sind, konnte dennoch bei verhältnismäßig kurzen, auf Druck beanspruchten Körpern das Fehlen dieser Eigenschaften übersehen werden, denn der Bruch dieser Körper erfolgte den Erwartungen gemäß lediglich durch Zerdrücken derselben.

Ganz anders erscheint nun aber der Bruch eines ebenfalls auf Druck beanspruchten Körpers, der im Verhältnis zum Querschnitt eine große Länge besitzt, wie es bei allen stabförmigen Körpern, z. B. Säulen, Fachwerkstreben, Pleuelstangen etc. der Fall ist. Bei diesen Körpern tritt niemals ein Bruch durch Zerdrücken ein, sondern es biegen sich dieselben infolge der oben genannten fehlerhaften Eigenschaften schon bei kleineren Belastungen durch, als die Bruchlast des Materials beträgt. Es tritt also in diesen Fällen eine aus Druck und Biegung zusammengesetzte Festigkeit auf, die man als Knickungsfestigkeit bezeichnet hat.

2. Bestimmung der allgemeinen Knickungsgleichung.

1. Der weiteren Betrachtung sei zunächst ein in Fig. 143 dargestellter stabförmiger Körper unterzogen, der, am unteren Ende A eingespannt, d. h. unwandelbar befestigt, am oberen Ende B dagegen frei beweglich und in der Achsenrichtung mit einer Kraft P belastet ist.

Unter der Belastung P wird sich nun der Stab am freien Ende um die Strecke δ ausbiegen, wobei eine Seitenkraft Q überwunden wird, die, an der Stablänge l angreifend, den Stab auf Biegung beansprucht. Da die Ausbiegung δ in Wirklichkeit nur einen sehr kleinen Wert erhalten darf, so kann auch der gekrümmte Stab ohne merkbaren Fehler durch seine Sehnenlänge s ersetzt werden, die mit der ursprünglichen geraden Stabachse den Winkel α einschließt.

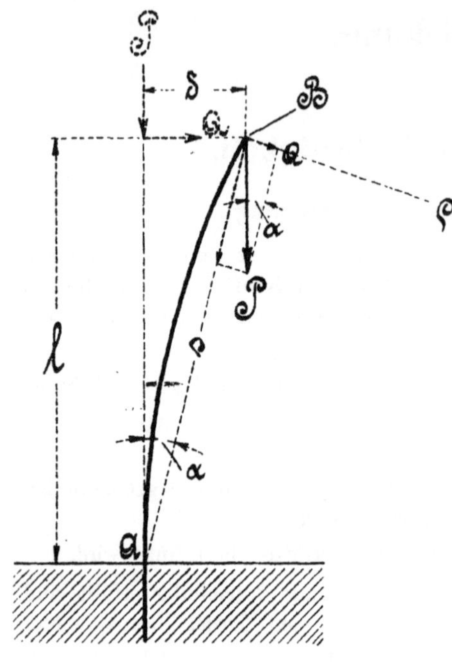

Fig. 143.

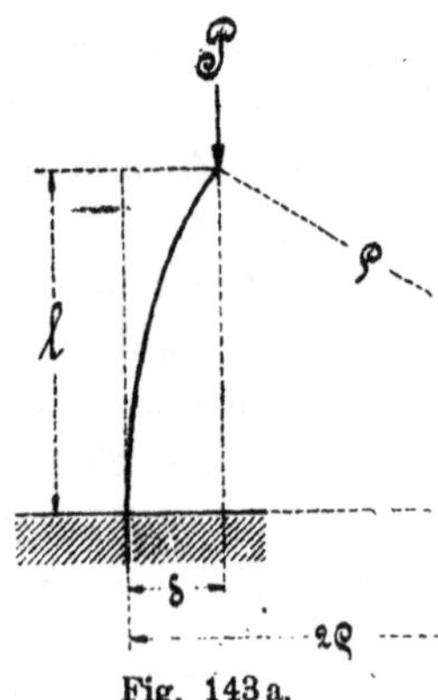

Fig. 143a.

Zerlegt man nun noch die Kraft P in die beiden parallel zur Sehne s und Seitenkraft Q gerichteten Komponenten, so ergibt sich $\sin \alpha = \dfrac{Q}{P}$.

Andererseits ist $\sin \alpha = \dfrac{\delta}{s} = \sim \dfrac{\delta}{l}$, weil $\sin \alpha = \operatorname{tg} \alpha$ für kleine Winkel α gesetzt werden kann.

Aus den beiden Gleichungen folgt $\dfrac{Q}{P} = \dfrac{\delta}{l}$,

woraus man das Biegungsmoment $Ql = P\delta = M_b$ erhält.

Nach § 14,3 beträgt der Krümmungshalbmesser

$$\varrho = \frac{\Theta}{\alpha\, M_b} = \frac{\Theta}{\alpha\, P\, \delta},$$

woraus die Belastung

$$P = \frac{\Theta}{\alpha\, \varrho\, \delta} \text{ folgt.}$$

Unter der weiteren Annahme einer kreisbogenförmigen Krümmung, siehe Fig. 143ᵃ, beträgt nach § 14 Abschnitt 4 unter b, 1

$$l^2 = \delta(2\varrho - \delta) = 2\varrho\delta - \delta^2,$$

woraus mit Vernachlässigung der unwesentlichen Größe δ^2 sich $l^2 = 2\varrho\delta$ oder $\varrho\delta = \dfrac{l^2}{2}$ bestimmt.

Wird dieser Wert oben eingeführt, so erhält man die folgende Näherungsgleichung

$$P = \frac{\Theta}{\alpha\dfrac{l^2}{2}} = \frac{2\,\Theta}{\alpha l^2} = 2\frac{1}{\alpha}\frac{\Theta}{l^2},$$

die mit der allgemeinen, mit Hilfe der höheren Analysis entwickelten Knickungsgleichung bis auf die Zahl 2, für die der Wert $\dfrac{\pi^2}{4} = 2{,}46$ zu setzen ist, vollständig übereinstimmt.

In der Gleichung bedeutet P die Bruchbelastung, weshalb noch der Sicherheitsgrad m in die Gleichung einzuführen ist, um sie praktisch verwendbar zu machen.

Hiernach erhält man die zulässige Belastung P für den in Fig. 143 vorliegenden Belastungsfall zu

$$P = \frac{\pi^2}{4}\frac{1}{m}\frac{1}{\alpha}\frac{\Theta}{l^2} \quad \ldots \ldots \ldots \ldots \quad \mathbf{138}$$

In gewöhnlichen Fällen nimmt man bei ruhender Belastung den **Sicherheitsgrad m** für Schmiedeeisen $= 5$, Gußeißen $= 6$, Holz $= 10$.

Bei wechselnder Belastung zwischen Null und max. oder zwischen minus und plus max. rechnet man das 2 bezw. 3 fache dieser Werte.

2. Weitere, in der Praxis vielfach verwendete Belastungsfälle zeigen die Fig. 144ᵇ, ᶜ und ᵈ, unter denen der in Fig. 144ᵇ dargestellte Fall am meisten in Rechnung gezogen wird. Die Enden dieses Stabes sind in ihrer Lage festgelegt, ohne daß der Stab selbst an der Durchbiegung verhindert wird.

Da hierbei die größte Durchbiegung δ in der Mitte des Stabes liegt, so kann man jede Stabhälfte für sich als den in Fig. 144ᵃ genannten Belastungsfall ansehen, und es ergibt sich daher die zugehörige Knickungsgleichung, wenn man in die für den Fall a entwickelte Gleichung 138 an Stelle der ganzen Länge l nur die halbe Länge $\dfrac{l}{2}$ einführt,

$$P = \frac{\pi^2}{4}\frac{1}{m}\frac{1}{\alpha}\frac{\Theta}{\left(\dfrac{l}{2}\right)^2} = \pi^2\frac{1}{m}\frac{1}{\alpha}\frac{\Theta}{l^2} \quad \ldots \ldots \ldots \quad \mathbf{139}$$

Die infolge der Durchbiegung δ in der Mitte auftretende Seitenkraft Q beansprucht den Stab ebenso, wie § 23 Abschnitt b, 1 zeigt.

3. Der in Fig. 144^c dargestellte Stab biegt sich erfahrungsmäßig so durch, daß er annähernd aus drei einzelnen Stäben von je $\frac{1}{3}$ der Länge gedacht werden kann, die sich wie der Stab in Fig. 144^a verhalten. Führt man deshalb in die Gleichung 138 den Wert $\frac{1}{3}$ ein, so ergibt sich die zu Fig. 144^c gehörige angenäherte Knickungsgleichung

$$P = \frac{\pi^2}{4}\frac{1}{m}\frac{1}{\alpha}\frac{\Theta}{\left(\frac{1}{3}\right)^2} = \frac{9}{4}\pi^2\frac{1}{m}\frac{1}{\alpha}\frac{\Theta}{l^2},$$

die mit der mit Hilfe der höheren Analysis entwickelten Gleichung bis auf die Zahl $\frac{9}{4}$, für die der Wert 2 zu treten hat, vollständig übereinstimmt.

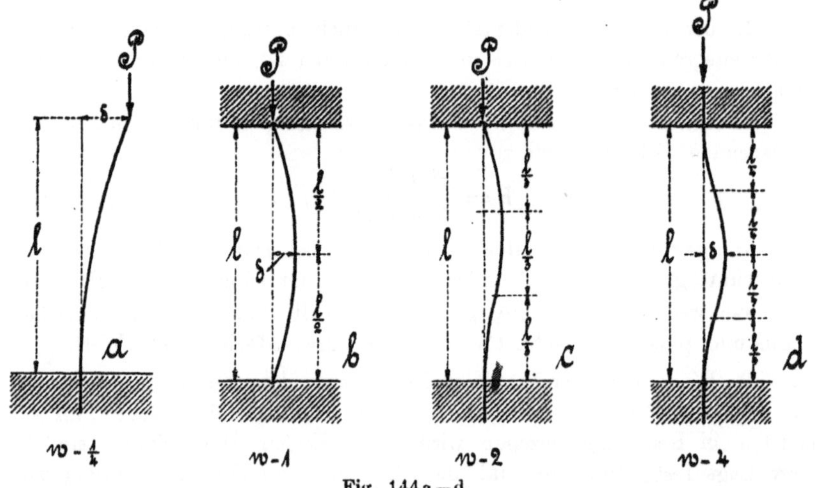

Fig. 144a—d.

Setzt man noch den letzten Wert ein, so erhält man die genaue Gleichung

$$P = 2\,\pi^2\,\frac{1}{m}\,\frac{1}{\alpha}\,\frac{\Theta}{l^2} \qquad \ldots \ldots \ldots \quad \textbf{140}$$

Bezüglich der Seitenkraft Q sei auf § 23 Abschnitt c, 7 verwiesen.

4. Der in Fig. 144^d vorgelegte Stab erreicht in der Mitte seine größte Durchbiegung δ, an welcher Stelle auch die Seitenkraft Q überwunden wird.

In § 23 Abschnitt C, 1 wurde bereits gesagt, daß ein solcher Stab, im Abstande $\frac{1}{4}$ von den Einspannstellen aus gemessen, je einen Wendepunkt besitzt.

Man kann sich deshalb den ganzen Stab in 4 gleiche Teile geteilt denken, wobei jeder Teil den Belastungsfall a darstellt.

Setzt man daher in die Gleichung 138 an Stelle der Länge l nur den 4. Teil derselben ein, so ergibt sich die Knickungsgleichung für den hier vorliegenden Fall

$$P = \frac{\pi^2}{4} \frac{1}{m} \frac{1}{\alpha} \frac{\Theta}{\left(\frac{1}{4}\right)^2} = 4\pi^2 \frac{1}{m} \frac{1}{\alpha} \frac{\Theta}{l^2} \quad \cdot \quad \cdot \quad \cdot \quad \cdot \quad \cdot \quad \textbf{141}$$

Allgemein. Wie ein Vergleich der 4 aufgestellten Knickungsgleichungen erkennen läßt, stimmen sie bis auf die ersten, von den einzelnen Belastungsfällen abhängigen Zahlenwerten vollständig überein.

Werden nun diese Werte noch mit ω bezeichnet, so erhält man die **für alle Belastungsfälle gültige Knickungsgleichung**

$$P = \frac{\omega}{m} \frac{\pi^2}{\alpha} \frac{\Theta}{l^2} \quad \cdot \quad \cdot \quad \cdot \quad \cdot \quad \cdot \quad \cdot \quad \cdot \quad \textbf{142}$$

worin $\omega = \dfrac{1}{4}$ für den Belastungsfall in Fig. 144ᵃ,

$\omega = 1$ „ „ „ „ „ 144ᵇ (Eulersche Gleichung),

$\omega = 2$ „ „ „ „ „ 144ᶜ,

$\omega = 4$ „ „ „ „ „ 144ᵈ.

3. Bestimmung der Grenze zwischen Druck und Knickung.

Setzt man in der vorstehenden Knickungsgleichung vorübergehend den konstanten Wert

$$\frac{\omega}{m} \frac{\pi^2}{\alpha} = a,$$

so lautet die Gleichung

$$P = a \frac{\Theta}{l^2}$$

oder

$$\Theta = \frac{P}{a} l^2.$$

Diese Gleichung liefert nun für verschiedene Werte von l verschiedene Trägheitsmomente oder Querschnitte, die für $l = 0$ auch den Wert Null erreichen.

Da nun aber die am Eingang dieses Paragraphen erwähnte Druckfestigkeit, die vollständig unabhängig von der Länge ist, bereits einen Mindestquerschnitt bedingt, so ist es von besonderem Interesse zu wissen, welche Länge diesem Mindestquerschnitte entspricht.

Diese Länge wird dann zugleich auch die Grenze zwischen Druck und Knickung insofern darstellen, als ein auf Druck beanspruchter Körper auf Knickung berechnet werden muß, sobald die Grenzlänge überschritten wird; dagegen liefert bei Unterschreitung dieser Länge die einfache Druckfestigkeit einen größeren Querschnitt.

An der Grenze selbst ist es einerlei, ob auf Druck oder Knickung gerechnet wird.

Um eine darauf bezügliche Gleichung zu erhalten, verfahre man in folgender Weise:

1. Die zulässige Belastung bei **Knickung** ist $P = \dfrac{\omega}{m}\dfrac{\pi^2}{\alpha}\dfrac{\Theta}{l^2}$,

2. „　　„　　„　　„ **Druck**　　„　$P = f k_d$.

Da nun beide Belastungen P gleiche Werte darstellen, so ergibt sich

die Grenzlänge
$$\frac{\omega}{m}\frac{\pi^2}{\alpha}\frac{\Theta}{l^2} = f k_d,$$

$$l = \sqrt{\frac{\omega}{m}\frac{\pi^2}{\alpha}\frac{\Theta}{f k_d}} = \pi\sqrt{\frac{\omega\,\Theta}{m\,\alpha f k_d}} \quad \ldots \ldots \quad \textbf{143}$$

4. Bestimmung der Knickungsgleichung von Navier.

Die in Abschnitt 2 dieses Paragraphen aufgestellte Knickungsgleichung 142 enthält, entgegen der sonstigen Gewohnheit, keine Materialbeanspruchung k, sondern einen Sicherheitsgrad m, der, den verschiedenartigsten Verhältnissen entsprechend, größer oder kleiner zu wählen ist.

Will man nun die Materialspannung k, wie es oftmals gewünscht worden ist, in einer Gleichung darstellen, so verfahre man nach **Navier**, wie folgt:

Man denke sich, so wie es in Wirklichkeit auch mehr oder weniger zutrifft, den in Fig. 145 dargestellten Stab von der Kraft P so angegriffen, daß sie exzentrisch auf den Querschnitt einwirkt, dann ergibt sich infolge der dadurch veranlaßten Durchbiegung des Stabes nach § 14 Abs. 1 und § 25 Abs. 2, 1 das für den mittleren Querschnitt des Stabes gültige Biegungsmoment

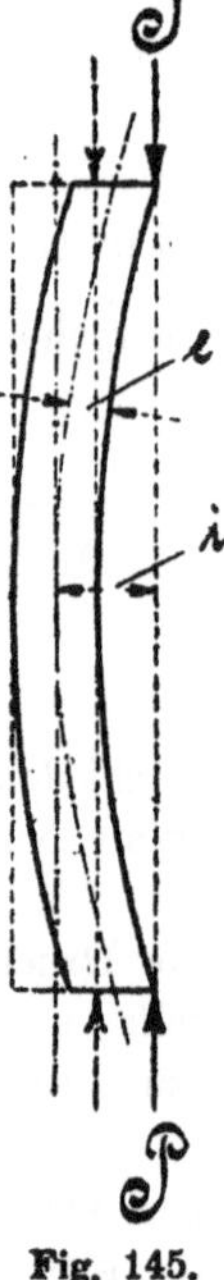

$$M_b = P i = W k_1 = \frac{\Theta}{e} k_1, \quad \text{wobei} \quad k_1 = \frac{P i e}{\Theta}$$

den Druck auf die innere Faserschicht darstellt.

Da nun der Stab außer der Biegung auch noch auf Druck beansprucht wird, so ist $P = f k_2$, woraus $k_2 = \dfrac{P}{f}$ ebenfalls als Druck auf die innere Faserschicht folgt.

Die genannte Faserschicht erleidet daher eine Pressung von

Fig. 145.

$$k = \frac{P}{f} + \frac{P i e}{\Theta} = \frac{P}{f}\left(1 + \frac{i e f}{\Theta}\right) \text{ bezw. } P = f\frac{k}{1 + \dfrac{i e f}{\Theta}}.$$

Die in der Gleichung einzige Unbekannte i hat nun die Bestimmung, alle die im Abschnitte 1 dieses Paragraphen aufgeführten und sonstigen Voraussetzungen, die außerhalb der theoretischen Betrachtungen liegen, zu berücksichtigen.

Um nun dennoch eine Unterlage für diese Größe zu erhalten, ist weiter darauf hinzuweisen, daß infolge des Biegungsmomentes „$M_b = Pi$" in der äußersten Faserschicht eine Spannung von $k_1 = \dfrac{Pie}{\Theta}$ auftritt, zu der eine Dehnung von $\varepsilon = \alpha k_1$, woraus $k_1 = \dfrac{\varepsilon}{\alpha}$ folgt, gehört.

Werden die letzten beiden Werte von k_1 gleichgesetzt, so erhält man

$$\frac{Pie}{\Theta} = \frac{\varepsilon}{\alpha} \quad \text{oder} \quad P = \frac{\varepsilon}{\alpha} \frac{\Theta}{ie}.$$

Setzt man den Wert mit der in Abschnitt 2 entwickelten Knickungsgleichung 142 gleich, so ist

$$P = \frac{\varepsilon}{\alpha} \frac{\Theta}{ie} = \frac{\omega}{m} \frac{\pi^2}{\alpha} \frac{\Theta}{l^2}$$

oder

$$ie = \frac{\varepsilon m}{\pi^2 \omega} l^2 = \chi l^2.$$

Hierin bedeutet

$$\chi = \frac{\varepsilon m}{\pi^2 \omega}.$$

Wird dieser Wert in obige Gleichung für P eingesetzt, so erhält man

$$P = f \frac{k}{1 + \dfrac{\chi l^2 f}{\Theta}} = f \frac{k}{1 + \chi \left(\dfrac{1}{r}\right)^2} \quad \cdots \cdots \quad 144$$

worin r den Trägheitshalbmesser bezeichnet, der sich aus der Momentengleichung $\Theta = f r^2$ bestimmen läßt.

Sechster Abschnitt.

Torsion.

---

§ 26. Die Torsionsfestigkeit.

1. Vorgang beim Verdrehen.

Ist ein Körper, wie beistehende Fig. 146 zeigt, an einem Ende in irgend einer Weise eingeklemmt oder festgehalten und wird das andere

Ende durch ein Kräftepaar von der Größe $M = Pr$, dessen Drehungsebene senkrecht zur Achse des vorliegenden Körpers gerichtet ist, verdrehend beansprucht, so verdrehen und verschieben sich die Querschnitte so gegeneinander, daß die Verschiebungen der einzelnen Querschnitte gegenüber dem in Ruhe verbleibenden eingeklemmten Querschnitte direkt proportional den zugehörigen Abständen sind. Die größte Verschiebung bezw. Verdrehung erleidet demnach der äußerste, im Abstande l befindliche Querschnitt mit $\lambda = BB_1$.

Den genannten Verdrehungen oder Verschiebungen entsprechen nun aber auch sogenannte Verdrehungs- oder Torsionswinkel, die sich ergeben, sobald man die Anfangs- und Endpunkte der Verschiebungen, wie z. B. in Fig. 146, die Punkte CC_1 bezw. BB_1 mit den sogenannten Torsionsmittelpunkten S_1 bezw. S verbindet.

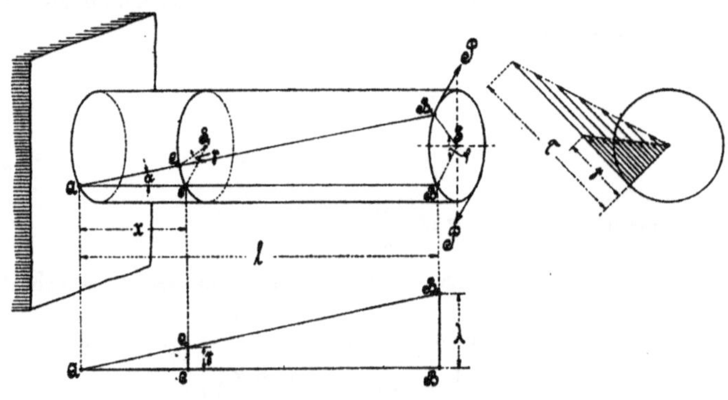

Fig. 146.

Die von Null an stetig zunehmenden, bis zu einem im freien Endquerschnitte erreichten größten Winkel φ besagen, daß die Verdrehungen am Umfange des Körpers am größten sind und nach der Mitte zu bis auf Null abnehmen. Die Scheitelpunkte sämtlicher Torsionswinkel liegen, wie nachfolgend unter 2 nachgewiesen wird, auf der durch die Schwerpunkte der einzelnen Querschnitte gehenden geometrischen Achse, die auch, da sie schiebungs- und damit auch spannungsfrei ist, als neutrale Achse bezeichnet werden kann.

Nach dem Umfange zu nehmen, wie Fig. 146[a] zeigt, auch die Maximalspannungen, die hierbei als Schubspannungen auftreten, proportional den Schiebungen zu.

Diese **Schubspannungen**, die nach § 13 Abs. 2 stets **paarweise** auftreten, wirken sowohl **in der Querschnittsrichtung als auch**, wie das in Fig. 147 dargestellte Körperelement zeigt, senkrecht dazu, also **in**

Achsenrichtung. Die letzte Kraft ist auch die Ursache dafür, daß bei gewalztem Schweißeisen, Draht etc. infolge der ausgeprägten Faserrichtung und des damit verknüpften geringen Widerstandes sehr leicht Längsrisse auftreten.

Die Querschnitte selbst bleiben beim zylindrischen Körper auch während der Verdrehung eben und senkrecht zur Achse gerichtet, dagegen wölben sich die Querschnitte beim elliptischen, reckteckigen oder quadratischen stabförmigen Körper, während die beiden Hauptachsen ihre Lage in der ursprünglichen Ebene und ihre senkrechte Richtung beibehalten haben.

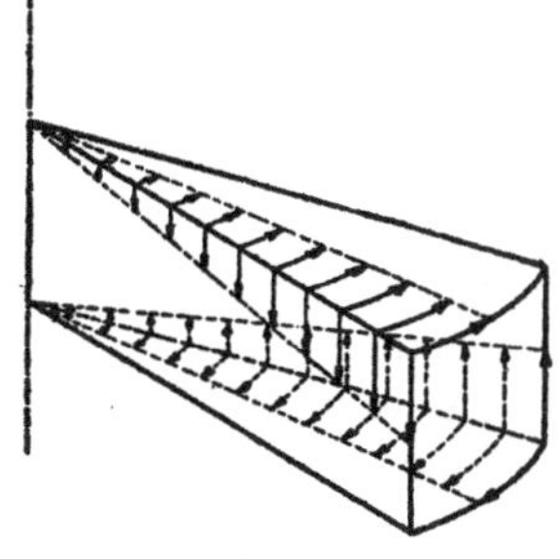

Fig. 147.

2. Lage des Drehungsmittelpunktes.

Denkt man sich in Fig. 148 den beliebig gestaltenen Querschnitt eines auf Drehung beanspruchten Körpers vorgelegt und bezeichnet S den Drehungs- oder Torsionsmittelpunkt, so ergibt sich für ein durch den Punkt S gelegtes Koordinatensystem folgendes:

Bezeichnen f_1, f_2, f_3 etc. beliebige Flächenelemente, die vom Punkte S die Abstände ϱ_1, ϱ_2, ϱ_3 etc. haben, und stellen τ_1, τ_2, τ_3 etc. die in den einzelnen Flächenelementen wirkenden Schubspannungen dar, so ergeben sich die in den Elementen wirkenden Tangentialkräfte T_1, T_2, T_3 etc. zu

$$T_1 = f_1 \tau_1 \qquad T_2 = f_2 \tau_2$$
$$T_3 = f_3 \tau_3 \text{ etc.,}$$

die die im Querschnitte wirkenden inneren Momente

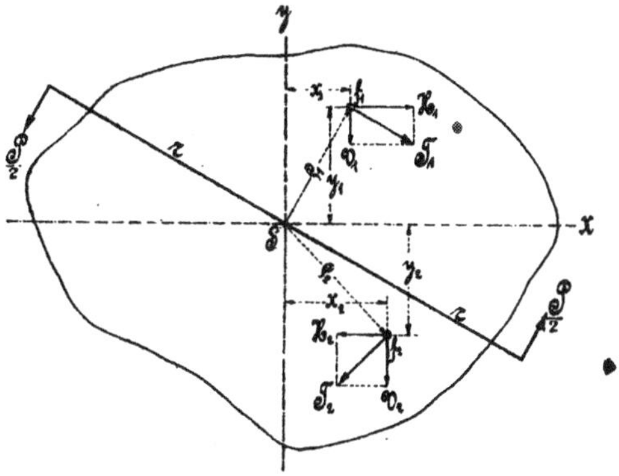

Fig. 148.

$$m_1 = T_1 \varrho_1 \qquad m_2 = T_2 \varrho_2 \qquad m_3 = T_3 \varrho_3 \text{ etc.}$$

hervorrufen, deren Summe sich mit dem äußeren Drehmomente $M_t = Pr$ das Gleichgewicht halten muß.

Es besteht somit die Gleichgewichtsbedingung

$$M_t = m_1 + m_2 + m_3 + \ldots = \sum_1^n m$$

$$\text{,,} = T_1 \varrho_1 + T_2 \varrho_2 + T_3 \varrho_3 + \qquad = \sum_1^n T\varrho.$$

Zerlegt man nun die Tangentialkräfte T, die nach § 13 Abs. 2 bezw. nach Fig. 147 auch in der Achsenrichtung wirken, in die Seitenkräfte H und V, so veranlassen

1. Die Momente $m_{h1} = H_1 y_1$, $m_{h2} = H_2 y_2$, $m_{h3} = H_3 y_3$ etc. eine Verschiebung der Flächenelemente um die x-Achse,
2. die Momente $m_{v1} = V_1 x_1$, $m_{v2} = V_2 x_2$, $m_{v3} = V_3 x_3$ etc. eine Verschiebung dieser Elemente um die y-Achse.

Da nun aber der Torsionsmittelpunkt S weder eine Verschiebung in der Richtung der x-Achse, noch senkrecht dazu erleiden darf, so müssen sich die letztgenannten Momente, für sich allein betrachtet, gegenseitig aufheben. Es bestehen somit die beiden Bedingungsgleichungen

$$1.\ \Sigma m_h = \Sigma H y = 0, \quad 2.\ \Sigma m_v = \Sigma V x = 0 \ . \ . \ . \ . \ \mathbf{145}$$

Die beiden Gleichungen besagen, daß die x- und die y-Achse, wie es in § 14 Abs. 2 bereits gesagt worden ist, sogenannte Schwerlinien des Querschnittes darstellen, die ihren gemeinschaftlichen Schwerpunkt im Durchschnittspunkte S haben.

Damit ist nun aber die Übereinstimmung des Torsionsmittelpunktes mit dem Schwerpunkte des auf Verdrehen beanspruchten Querschnittes gegeben.

3. Entwickelung der Festigkeitsgleichung der Drehung.

a) Für kreisförmigen Querschnitt.

Wie bereits vorher unter 2 ausgeführt worden ist, sind die Tangentialkräfte T_1, T_2, T_3 etc. abhängig von den Flächenelementen f_1, f_2, f_3 etc. und den Schubspannungen τ_1, τ_2, τ_3 etc., die nun ihrerseits wieder von den Abständen ϱ_1, ϱ_2, ϱ_3 etc. abhängen. Nach dem unter 1 Gesagten besteht zwischen den Schubspannungen und den zugehörigen Abständen Proportionalität, so daß der aus Fig. 149 ersichtlichen äußersten Faserschicht auch die größte Spannung τ zugehört.

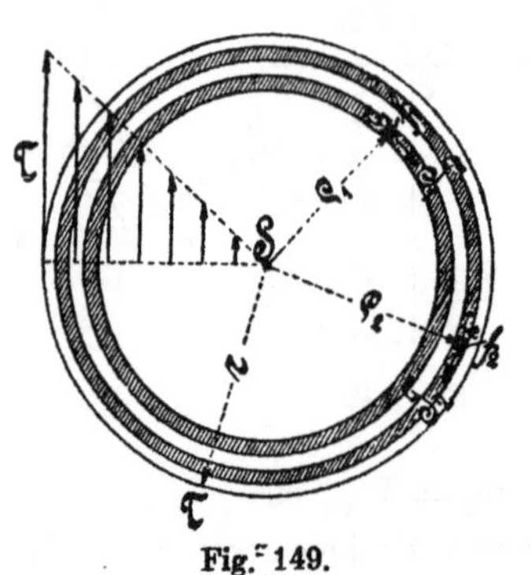

Fig. 149.

Die in den einzelnen Elementen herrschenden Spannungen ergeben sich zu:

$$\tau_1 : \tau = \varrho_1 : r \qquad \tau_2 : \tau = \varrho_2 : r \qquad \tau_3 : \tau = \varrho_3 : r \text{ etc.}$$

$$\tau_1 = \frac{\tau \varrho_1}{r} \qquad \tau_2 = \frac{\tau \varrho_2}{r} \qquad \tau_3 = \frac{\tau \varrho_3}{r} \text{ etc.}$$

Setzt man diese Werte in die unter 2 genannte Gleichgewichtsbedingung

$$M_t = T_1\varrho_1 + T_2\varrho_2 + T_3\varrho_3 + \ldots \ldots = \Sigma T\varrho$$
$$\text{„} \; = f_1\tau_1\varrho_1 + f_2\tau_2\varrho_2 + f_3\tau_3\varrho_3 + \ldots \ldots = \Sigma f\tau\varrho$$

ein, so ergibt sich

$$M_t = f_1 \frac{\tau\varrho_1}{r}\varrho_1 + f_2 \frac{\tau\varrho_2}{r}\varrho_2 + f_3 \frac{\tau\varrho_3}{r}\varrho_3 + \ldots \ldots$$

$$\text{„} \; = \frac{\tau}{r}(f_1\varrho_1{}^2 + f_2\varrho_2{}^2 + f_3\varrho_3{}^2 + \ldots) = \frac{\tau}{r}\Sigma f\varrho^2.$$

Der Klammerwert stellt aber das bereits in § 15 Abs. 4 erwähnte polare Trägheitsmoment Θ_p dar, dem das polare Widerstandsmoment $W_p = \dfrac{\Theta_p}{r}$ zur Seite steht. Führt man diese Bezeichnungen in die Momentengleichung ein und wird noch die Spannung τ durch die zulässige Spannung k_t ersetzt, so ergibt sich die der Drehung zugrunde liegende **Festigkeitsgleichung**

$$M_t = \frac{k_t}{r}\Theta_p = \frac{\Theta_p}{r}k_t = W_p k_t \ldots \ldots \quad \mathbf{146}$$

Die Gleichung setzt nun einen konstanten Schubkoeffizienten voraus, was bei dem in der Praxis zumeist verwendeten Material Schmiedeeisen und Stahl fast vollständig zutrifft.

Handelt es sich dagegen um Gußeisen, bei dem der Schubkoeffizient β mit wachsender Schiebung bezw. Spannung zunimmt, so braucht man nur in der vorliegenden Momentengleichung die Schubspannung τ durch den veränderlichen Koeffizienten β nach der im § 13 Abs. 1 aufgeführten Elastizitätsgleichung

$$\gamma = \beta\tau, \text{ woraus } \tau = \frac{\gamma}{\beta} \text{ folgt, zu ersetzen.}$$

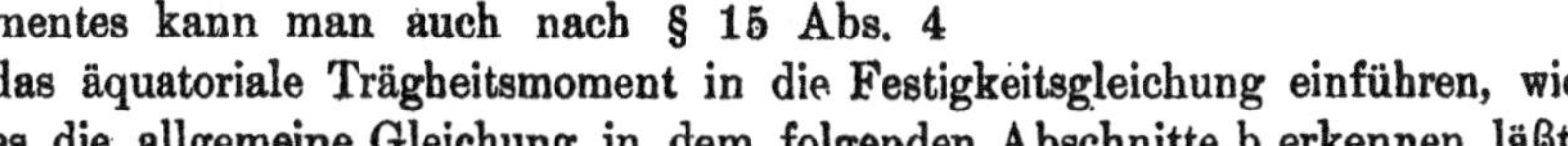

Fig. 150.

An Stelle des polaren Trägheitsmomentes kann man auch nach § 15 Abs. 4 das äquatoriale Trägheitsmoment in die Festigkeitsgleichung einführen, wie es die allgemeine Gleichung in dem folgenden Abschnitte b erkennen läßt.

NB. Setzt man in der vorstehenden Gleichung 146 das polare Widerstandsmoment für den Kreisquerschnitt ein, so ergibt sich der Durchmesser von schmiedeeisernen Wellen aus

$$M_t = W_p k_t = \frac{d^3\pi}{16}k_t$$

zu
$$d = \sqrt[3]{\frac{16}{\pi}\frac{M_t}{k_t}} = 1{,}72\sqrt[3]{\frac{M_t}{k_t}} \ldots \ldots \quad \mathbf{147}$$

Wählt man für normale Verhältnisse die Schubspannung $k_t =$ 2,11 kg/qmm als einen praktisch viel gebrauchten Mittelwert, so erhält man den nur auf Festigkeit berechneten Wellendurchmesser

$$d = 1,72 \sqrt[3]{\frac{M_t}{2,11}} = 1,341 \sqrt[3]{M_t} \quad \ldots \ldots \quad \textbf{148}$$

Da nun nach den Regeln der Mechanik die Arbeit aus Kraft mal Weg gefunden wird, so ergibt sich nach Fig. 150 für einen Punkt am Umfange der Welle, in dem die Umfangskraft P am Radius r wirkt, die Arbeit in einer Sekunde

$$A = Ps = P \frac{2r\pi n}{60} \text{ kgmm} = \frac{P2r\pi n}{60.1000} \text{ kgm} = \frac{P\,2r\pi n}{60.1000.75} \, PS$$

oder $\;N = \dfrac{Pr2\pi n}{60.1000.75} = \dfrac{2\pi n M_t}{60.1000.75}$

„ $\;M_t = \dfrac{60.1000.75}{2\pi} \dfrac{N}{n} = \sim 716\,200 \dfrac{N}{n} \quad \ldots \ldots \ldots \quad \textbf{149}$

Setzt man diesen Wert in die Gleichung 148 ein, so berechnet sich der Wellendurchmesser, ausgedrückt durch Pferdestärken und Tourenzahl, aus

$$d = 1,341 \sqrt[3]{716\,200 \frac{N}{n}} = 120 \sqrt[3]{\frac{N}{n}} \quad \ldots \ldots \quad \textbf{150}$$

b) Für elliptischen und rechteckigen Querschnitt.

In früherer Zeit hat man die vorher für den Kreisquerschnitt aufgestellte Festigkeitsgleichung auch für andere Querschnitte angewandt, indem man für den Halbmesser r den größten Abstand des Querschnittes, vom Torsionsmittelpunkte aus gemessen, einführte, womit angenommen wurde, daß im größten Abstande auch die größte Spannung vorhanden sei. Die weiteren Erfahrungen haben indessen ergeben, daß nicht im größten, sondern im kleinsten Faserabstande eines Querschnittes die größten Spannungen auftreten.

Eine solche Spannungsverteilung zeigen die Figuren 151 und 152, und zwar zeigt die Figur 151, daß für Flächenteilchen in der Richtung einer beliebigen Halbachse des elliptischen Querschnittes Proportionalität zwischen den Schubspannungen und den zugehörigen, vom Mittelpunkte aus gemessenen Abständen besteht.

Ebenso zeigt die Fig. 152 eine Proportionalität für die beiden Hauptachsen des rechteckigen Querschnittes; außerdem gibt diese Figur noch eine Übersicht über die Spannungsverteilungen in den Querschnittselementen der Umfangs- und der Diagonalrichtung.

Während nun jede Querschnittsform eine eigene Entwickelung nötig macht, deren Durchführung selbst für die beiden vorliegenden Querschnitte außerhalb der Grenzen dieses Buches liegt, so sei doch an dieser Stelle darauf aufmerksam gemacht, daß sich die Resultate der Festigkeitsgleichungen für die Ellipse und das Rechteck in der bereits unter a dieses Abschnittes für den Kreis aufgestellten Festigkeitsgleichung 146 darstellen lassen, sofern man noch einen Faktor ω einführt, der die einzelnen Querschnitte zu berücksichtigen hat.

Die allgemeine Festigkeitsgleichung lautet

$$M_t \leqq \omega \frac{\Theta}{e} k_t \quad \ldots \ldots \ldots \ldots \quad 151$$

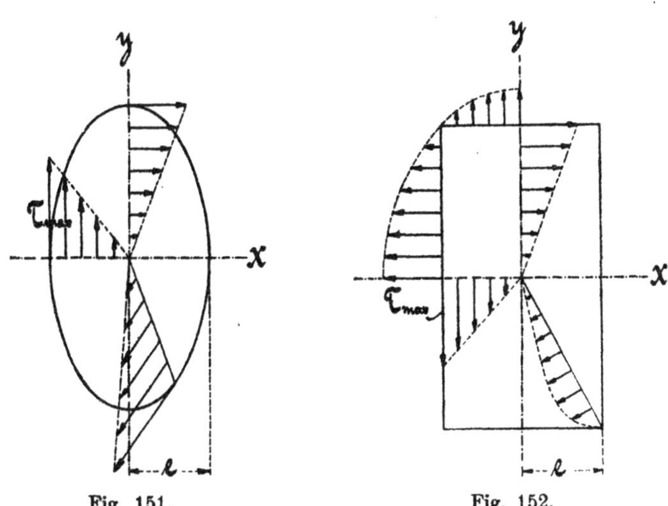

Fig. 151.   Fig. 152.

Hierin bedeutet

M_t das Moment des drehenden Kräftepaares,

Θ das kleinere der beiden Hauptträgheitsmomente,

e den kleineren der beiden in den Hauptachsenrichtungen zu messenden äußersten Faserabstand, falls die Abstände verschieden sein sollten,

k_t die zulässige Materialspannung gegen Drehung,

ω einen Zahlenwert, der

     1. für den Kreis und den Kreisring $\omega = 2$,

     2. für die Ellipse und den Ellipsenring $\omega = 2$,

     3. für das Rechteck $\omega = \dfrac{4}{3}$

beträgt.

NB. Der allgemeineren Festigkeitsgleichung 151 folgen auch gerade stabförmige Körper, deren Querschnitte ein gleichseitiges Dreieck oder ein gleichseitiges Sechseck darstellt;

$$\text{für den ersteren Fall ist } \omega = 1{,}385,$$
$$\text{„ „ , letzteren „ „ } \omega = 1{,}694.$$

4. Entwickelung der Formänderungsgleichung, Verdrehungswinkel.

In der praktischen Anwendung kommen viele Fälle vor, wo die Dimensionierung der auf Drehung beanspruchten Körper nach der unter 3 aufgestellten Festigkeitsgleichung allein nicht genügt. Die so erhaltenen Resultate können bei großem Drehmomente und langen Körpern, wie es bei Triebwerkswellen meistens der Fall ist, zu kleine Werte erreichen, so daß die Körper eine praktisch unzulässige Verdrehung erleiden könnten.

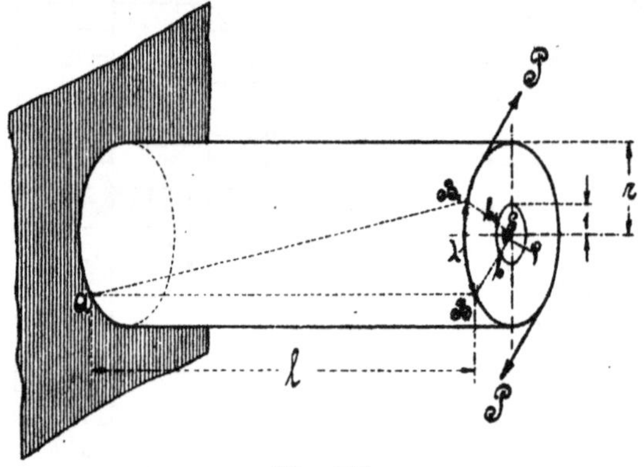

Fig. 153.

Es macht sich deshab notwendig, alle auf Festigkeit berechneten Körper noch auf Verdrehung zu untersuchen. Um eine solche Gleichung für kreisförmigen Querschnitt zu erhalten, verfahre man, wie folgt:

Nach Fig. 153 beträgt die größte Verdrehung λ des Endquerschnittes gegenüber dem festgeklemmten

$$\lambda = \widehat{BB_1} = r \operatorname{arc} \varphi.$$

Nach der im § 13 Abs. 1 vorliegenden Schubelastizitätsgleichung 43 ist die Verdrehung $\qquad \lambda = \gamma l = \beta \tau l.$

Durch Gleichsetzen der beiden λ-Werte erhält man

$$r \operatorname{arc} \varphi = \beta \tau l \quad \text{oder} \quad \operatorname{arc} \varphi = \frac{\beta \tau l}{r}.$$

Die Schubspannung τ entwickelt sich nun nach der im Abschnitte 3, a dieses Paragraphen aufgeführten Gleichung 146 „$M_t = \dfrac{\Theta_p}{r}\,\tau$" zu

$$\tau = \frac{M_t\,r}{\Theta_p}$$

Diesen Wert oben eingesetzt, gibt

$$\mathrm{arc}\,\varphi = \frac{\beta\,\dfrac{M_t\,r}{\Theta_p}\,l}{r} = \frac{\beta\,M_t\,l}{\Theta_p} = \frac{M_t}{G}\,\frac{l}{\Theta_p} \quad \ldots \ldots \quad \textbf{151a}$$

Führt man nun den letzten Wert in die Verhältnisgleichung des **Einheitskreises** $\qquad \mathrm{arc}\,\varphi : \varphi^0 = 2\pi : 360^0$ ein, so erhält man den Verdrehungswinkel bezw. die **Formänderungsgleichung**

$$\varphi^0 = \frac{360\,\mathrm{arc}\,\varphi}{2\,\pi} = \frac{180}{\pi}\,\mathrm{arc}\,\varphi$$

$$„ = \frac{180}{\pi}\,\frac{\beta\,M_t\,l}{\Theta_p} = \frac{180}{\pi}\,\frac{M_t}{G}\,\frac{l}{\Theta_p} \quad \ldots \ldots \ldots \quad \textbf{152}$$

Hierin bedeutet

M_t das Drehmoment,

l die Länge des auf Drehung beanspruchten zylindrischen Körpers,

Θ_p das polare Trägheitsmoment,

β den Schubkoeffizienten,

G den Schubelastizitätsmodul, der das 0,4 fache vom Elastizitätsmodul E ist.

Erfahrungsgemäß läßt man bei schmiedeeisernen Wellen eine Verdrehung von $^1/_4{}^0$ für den laufenden Meter zu, was bei einer 1 Meter langen Welle einem Verdrehungswinkel von $\varphi = \dfrac{1}{4}\,1 = \dfrac{1}{4}$ Grad und bei einer 1 Millimeter langen Welle einen solchen von $\varphi = \dfrac{1}{4\,.\,1000}$ Grad entspricht.

Da nun ferner nach § 13 Abs. 1 $\beta = \dfrac{1}{G} = \dfrac{1}{\dfrac{2}{5}\,E} = \dfrac{1}{\dfrac{2}{5}\,20000} = \dfrac{1}{8000}$

und nach § 16 Abs. 3 $\Theta_p = \dfrac{d^4\pi}{32}$ ist, so liefert die vorstehende Formänderungsgleichung 152 einen Wellendurchmesser von

$$\varphi = \frac{180}{\pi}\,\frac{M_t}{G}\,\frac{l}{\Theta_p},$$

$$\frac{1}{4000} = \frac{180}{\pi}\,\frac{M_t}{8000}\,\frac{1}{\dfrac{d^4\pi}{32}},$$

$$d = \sqrt[4]{\frac{180}{\pi}\,\frac{4000}{8000}\,M_t\,\frac{32}{\pi}} = 4{,}125\,\sqrt[4]{M_t} \quad \ldots \ldots \quad \textbf{153}$$

Mit Bezugnahme auf die der Mechanik angehörenden **Arbeitsgleichung** 149 „$M_t = 716\,200\,\dfrac{N}{n}$", womit das drehende Moment durch Pferdestärken und Tourenzahl ersetzt werden kann, ergibt sich der Wellendurchmesser

$$d = 4{,}125\,\sqrt[4]{716\,200\,\frac{N}{n}} = \sim 120\,\sqrt[4]{\frac{N}{n}} \quad . \quad . \quad \mathbf{154}$$

NB. Eine für kreisförmige, elliptische und rechteckige Querschnitte gültige **Formänderungsgleichung** ist

$$\varphi^0 = \omega\,\frac{180}{\pi}\,\frac{\Theta_x + \Theta_y}{4\,\Theta_x\,\Theta_y}\,\beta\,M_t\,l = \omega\,\frac{180}{\pi}\,\frac{\Theta_p}{4\,\Theta_x\,\Theta_y}\,\frac{M_t}{G}\,l, \quad . \quad . \quad \mathbf{155}$$

worin Θ_x und Θ_y die beiden Hauptträgheitsmomente,

$\quad\quad\quad\quad \Theta_p$ das polare Trägheitsmoment,

$\quad\quad\quad\quad$ l die Länge des Körpers

und $\quad\quad\quad\quad \omega = 1$ für kreis- und kreisringförmige Querschnitte,

$\quad\quad\quad\quad \omega = 1$ für elliptische Querschnitte,

$\quad\quad\quad\quad \omega = 1{,}2$ für alle rechteckigen Querschnitte darstellt.

Diese Gleichung gilt natürlich auch für gerade und gewundene Drehungsfedern.

5. Grenzwertbestimmung zwischen Festigkeit und Formänderung.

Da eine nach Abschnitt 3 nur auf Festigkeit berechnete Welle in den meisten Fällen auch einer gegebenen Formänderung entsprechen soll, umgekehrt aber auch eine nach Abschnitt 4 auf Verdrehung bestimmte Welle der Festigkeitsgleichung Genüge leisten muß, so geht daraus hervor, daß von beiden Rechnungsarten stets der größte Wert für die praktische Anwendung zu benutzen ist.

Da man nun aber nicht immer voraussehen kann, welche Gleichung den größten Wert liefert, so ist es von Interesse zu wissen, was für einen Grenzwert beide Gleichungen gemeinsam haben.

Dieser Wert ergibt sich in folgender Weise:

1. Nach der Festigkeit ist $\quad\quad M_t = W_p\,k_t = \dfrac{d^3\pi}{16}\,k_t,$

2. nach der Formänderung $\quad\quad \varphi^0 = \dfrac{180}{\pi}\,\dfrac{\beta\,M_t\,l}{\Theta_p}$

$$\quad\quad\quad\quad\quad\quad\quad\quad\quad\quad\quad\quad " = \frac{180}{\pi}\,\frac{1}{G}\,\frac{1}{\dfrac{d^4\pi}{32}}\,M_t,$$

woraus $\quad\quad\quad\quad M_t = \dfrac{\pi^2\,G\,\varphi\,d^4}{180 \cdot 32\,l}$ folgt.

Da in beiden Fällen M_t dasselbe Moment ist, so erhält man durch Gleichsetzen

$$\frac{\pi^2 G \varphi d^4}{180.321} = \frac{d^3 \pi}{16} k_t,$$

$$\frac{\pi G \varphi d}{180.2.1} = k_t,$$

$$d = \frac{180.2.1 k_t}{\pi G \varphi} = 114{,}588 \frac{l k_t}{\varphi G} \quad \ldots \ldots \quad \mathbf{156}$$

Dieser **Grenzdurchmesser** besagt, daß bei Unterschreitung desselben die Wellen auf Verdrehung, bei Überschreitung dagegen auf Festigkeit berechnet werden müssen.

Der genannte Durchmesser beträgt unter den in Abschnitt 3 und 4 gemachten Annahmen, nämlich $k_t = 2{,}11$ kg pro qmm, $G = 8000$ kg pro qmm und $\varphi = \dfrac{0{,}25 l}{1000} = \dfrac{25}{100\,000} l = \dfrac{1}{4000}$ Grad,

$$d = 114{,}588 \frac{l.2{,}11}{\dfrac{25}{100000} l.8000} = \frac{114{,}588.2{,}11.100\,000}{25.8000}$$

$$\text{„} = 120{,}89 \backsim 121 \text{ mm} \ldots \ldots \ldots \ldots \ldots \quad \mathbf{157}$$

Unter Einsetzung dieses Durchmessers in eine der beiden Torsionsgleichungen 146 bezw. 152 kann man auch einen Grenzwert für das drehende Moment herleiten. So erhält man z. B. aus der Festigkeitsgleichung 146

$$M_t = \frac{d^3 \pi}{16} k_t = \frac{\pi 2{,}11}{16} d^3 = \frac{\pi 2{,}11}{16} 121^3 = \underline{733\,900 \text{ kgmm}} \quad . \quad . \quad \mathbf{158}$$

Wird das Moment unterschritten, so muß auf Verdrehung, im anderen Falle dagegen auf Festigkeit gerechnet werden.

Im übrigen ergeben auch die im Abschnitte 3 und 4 aufgestellten speziellen Gleichungen, nämlich $d = 120 \sqrt[3]{\dfrac{N}{n}}$ und $d = 120 \sqrt[4]{\dfrac{N}{n}}$, für das Verhältnis $\dfrac{N}{n} = 1$ ein und denselben Wellendurchmesser. Wird das Verhältnis kleiner als eins, so liefert die 4. Wurzel der Formänderungsgleichung den größten Wert, ist aber das Verhältnis größer als eins, so gibt die 3. Wurzel der Festigkeitsgleichung den größten Wert.

NB. Zu beachten ist immer, daß für jede andere Materialspannung oder für einen anderen Verdrehungswinkel die Grenzwerte andere Werte annehmen.

<hr>

Anwendungen der Festigkeitslehre.

Erste Aufgabengruppe.

Zu § 2. Zug- und Druckfestigkeit.

1. Beispiel. Für einen auf 5 Atmosphären Überdruck beanspruchten Dampfzylinder von 600 mm Durchmesser soll der Kerndurchmesser der Deckelschrauben für den Fall bestimmt werden, daß 10 Stück
derselben bei einer zulässigen Materialbeanspru-
chung von 3 kg pro qmm zur Verwendung kommen
sollen.

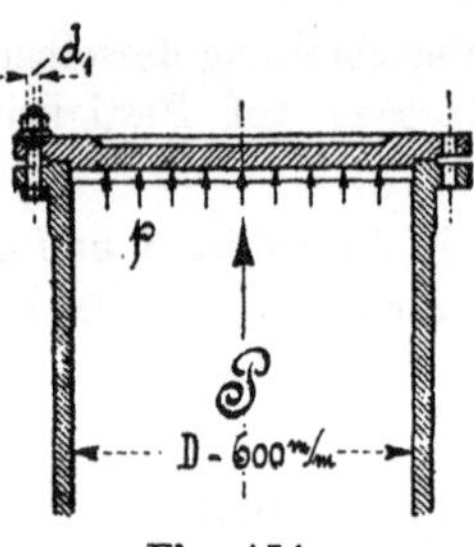

Fig. 154.

Lösung: Nach Formel 7.

1. **Der Dampfdruck.** $P = \dfrac{D^2 \pi}{4} p,$

2. **Der Kerndurchmesser d_1.**

$$P = f k_z = \frac{d_1{}^2 \pi}{4} i k_z,$$

$$d_1 = \sqrt{\frac{4}{\pi i k_z} P} = \sqrt{\frac{4}{\pi i k_z} \cdot \frac{D^2 \pi}{4} p} = D \sqrt{\frac{p}{i k_z}} = 60 \sqrt{\frac{5}{10.3}} = \underline{24{,}49}\,\text{mm}.$$

Dieser Durchmesser entspricht einer $1\,^1/_4''$ Schraube nach Whitworth
mit $d_1 = \underline{27{,}10}$ mm Kerndurchmesser.

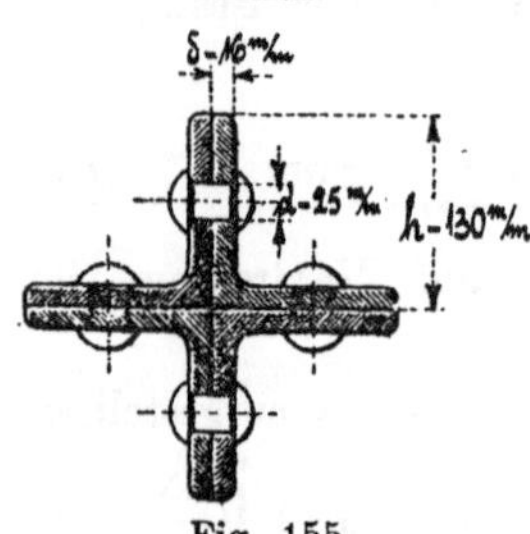

Fig. 155.

2. Beispiel. Eine aus 4 gleichschenkligen
Winkeleisen hergestellte kreuzförmige Zugstange
werde mit 700 kg/cm² Querschnitt beansprucht.
Die Schenkelhöhe der Winkeleisen sei mit
130 mm, die mittlere Dicke der Schenkel mit
16 mm und der Durchmesser der zur Verbindung benutzten Nieten mit 25 mm gegeben.

Welche Belastung kann die Stange erhalten?

Lösung: Nach Formel 7.

$$P = f k_z = i \{ h \delta + (h - \delta - d) \delta \} k_z = i \delta k_z (h + h - \delta - d)$$
$$\text{\textquotedbl} = i \delta k_z (2h - \delta - d) = 4 \cdot 16 \cdot 7 (2 \cdot 130 - 16 - 25)$$
$$\text{\textquotedbl} = 448 \cdot 219 = \underline{98\,112} \text{ kg.}$$

3. Beispiel. Es soll die Bruchfestigkeit eines vorhandenen Förderseiles bestimmt werden. Dasselbe besteht aus 7 Litzen, wobei jede Litze aus 18 Drähten von je 2,5 mm Durchmesser hergestellt ist. Die bei 5facher Sicherheit in Frage kommende Tragfähigkeit des Seiles betrage 12000 kg.

Lösung: Nach den Formeln 6 und 7.

$$P = f k_z = f \frac{s_z}{m},$$

$$s_z = \frac{Pm}{f} = \frac{Pm}{7 i \dfrac{\delta^2 \pi}{4}} = \frac{12\,000 \cdot 5}{7 \cdot 18 \cdot \dfrac{2,5^2 \pi}{4}} = \underline{97 \text{ kg pro qmm.}}$$

4. Beispiel. Für einen Riemenzug von 72 kg soll die Dicke des Riemens ermittelt werden, wenn die Breite desselben 120 mm und die Materialspannung 12 kg pro qcm beträgt.

Lösung: Nach Formel 7.

$$P = f k_z = b \delta k_z,$$

$$\delta = \frac{P}{b k_z} = \frac{72}{120 \cdot 0,12} = \underline{5 \text{ mm.}}$$

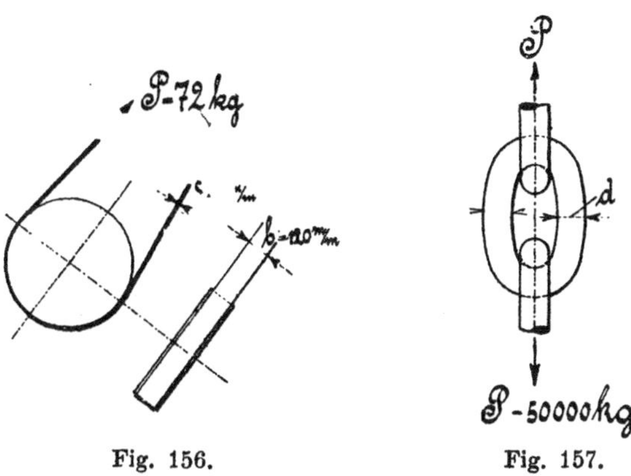

Fig. 156. Fig. 157.

5. Beispiel. Ein Kettenglied zerreißt bei einer Zugbelastung 50 Tonnen.

Welche Bruchfestigkeit besitzt das Material, wenn der Durchmesser des aus Rundeisen hergestellten Ketteneisens 25 mm beträgt?

11*

Gegeben: $P = 50\,t$

$d = 25\ mm$

Gesucht: $s_z = ?$

Lösung: Nach Formel 7.

$$P = f s_z = 2\,\frac{d^2\pi}{4}\,s_z,$$

$$s_z = \frac{P \cdot 4}{2 \cdot d^2\pi} = \frac{50\,000 \cdot 4}{2 \cdot 25^2 \cdot \pi} = 50,9$$

„ $\sim 51\ $ kg pro qmm.

6. Beispiel. Ein auf 2 Mauern gelagerter I-Eisenträger werde in der Mitte mit 12000 kg belastet.

Welche Auflagelänge muß derselbe erhalten, wenn die Flanschbreite 18,5 cm beträgt und eine besondere Druckplatte nicht angewendet werden soll? Die Beanspruchung des Mauerwerks sei mit 12 kg pro qcm vorgeschrieben.

Lösung: Nach Formel 8.

$$P = f k_d = b\,l\,2\,k_d,$$

$$l = \frac{P}{2 b k_d} = \frac{12\,000}{2 \cdot 18,5 \cdot 12} = \frac{100}{3,7} = \underline{27\ cm}.$$

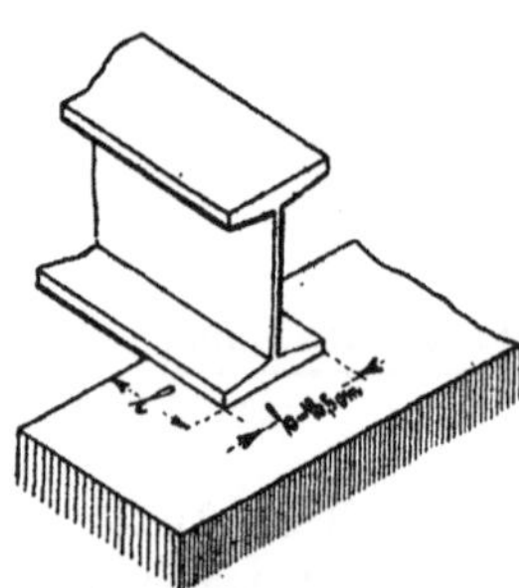

Fig. 158.

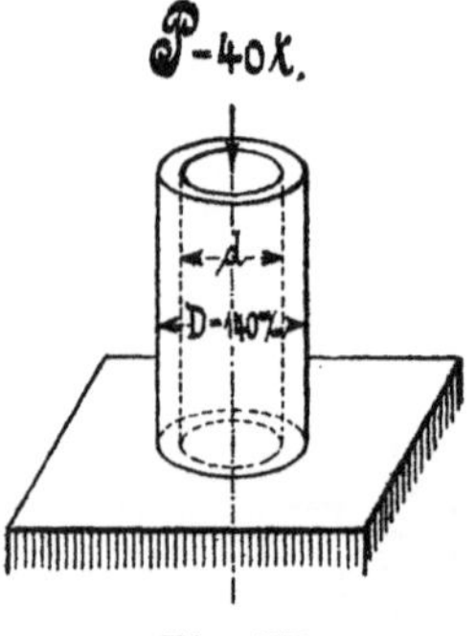

Fig. 159.

7. Beispiel. Es soll der lichte Durchmesser einer kurzen, hohlen, gußeisernen Säule bestimmt werden, die bei einem äußeren Durchmesser von 140 mm und 500 kg Materialspannung eine Belastung von 40 t tragen kann.

Lösung: Nach Formel 8.

$$P = f k_d = \left(\frac{D^2\pi}{4} - \frac{d^2\pi}{4}\right) k_d = (D^2 - d^2)\frac{\pi}{4} k_d,$$

woraus
$$\frac{4P}{\pi k_d} - D^2 = -d^2,$$

$$d = \sqrt{D^2 - \frac{4P}{\pi k_d}} = \sqrt{140^2 - \frac{4 \cdot 40000}{\pi \cdot 5}}$$

$$„ = 20\sqrt{49 - \frac{80}{\pi}} = 20\sqrt{49 - 25,48}$$

$$„ = 20\sqrt{23,52} = 20 \cdot 4,85 = \underline{97,00\ mm}\ \text{folgt.}$$

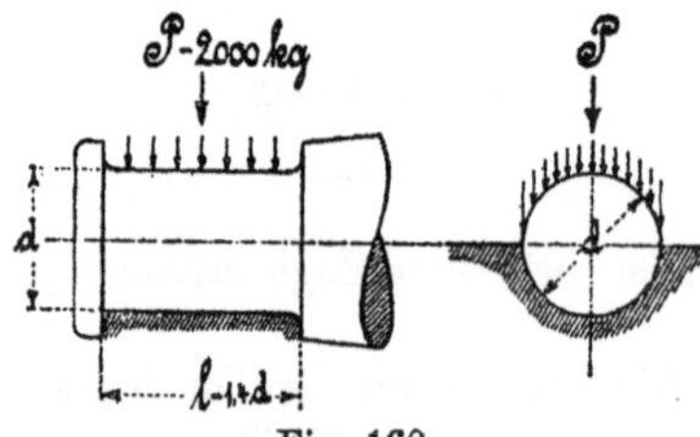

Fig. 160

8. Beispiel. Ein schmiedeeiserner Zapfen beanspruche den Lagerkörper mit 2000 kg. Die Länge des Zapfens sei gleich dem 1,4 fachen Durchmesser desselben, der mit 40 mm gegeben ist.

Wie groß ist der Flächendruck zwischen Zapfen und Lager?

Lösung: Nach Formel 8.

$$P = fp = dlp = d \cdot 1,4\,d \cdot p$$
$$\text{„} = 1,4\,d^2 p,$$
$$p = \frac{P}{1,4\,d^2} = \frac{2000}{1,4 \cdot 40^2} = \frac{5}{5,6}$$
$$\text{„} = \underline{0,893\ \text{kg}}.$$

9. Beispiel. Für eine in der Achsenrichtung mit 12500 kg belastete Welle soll der Durchmesser des Spurzapfens für den Fall bestimmt werden, daß die aus Bronze hergestellte Spurplatte als Ringplatte mit einer Bohrung gleich dem halben Zapfendurchmesser ausgebildet ist und daß der Flächendruck 0,35 kg pro qmm nicht überschreitet.

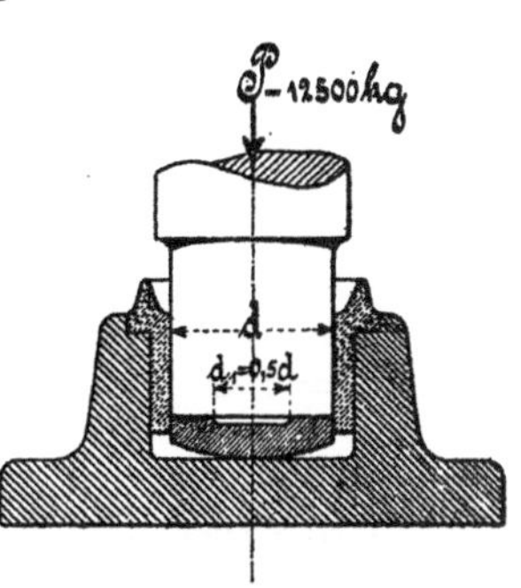

Fig. 161.

Lösung: Nach Formel 8.

$$P = fp = (d^2 - d_1{}^2)\frac{\pi}{4}\,p = \{d^2 - (0,5\ d)^2\}\frac{\pi}{4}\,p$$

$$\text{„} = d^2(1 - 0,25)\frac{\pi}{4}\,p = 0,75\,\frac{\pi}{4}\,d^2 p,$$

woraus $\quad d = \sqrt{\dfrac{4\,P}{0,75\,\pi\,p}} = 4 \cdot 0,564\,\sqrt{\dfrac{P}{3\,p}} = 2,256\,\sqrt{\dfrac{12\,500}{3 \cdot 0,35}}$

$$\text{„} = 245,99 = \underline{\sim 246\ \text{mm}}\ \text{folgt.}$$

10. Beispiel. Wie groß muß der Wellendurchmesser eines Kammzapfens ausgeführt werden, wenn die aufzunehmende Kraft 7500 kg, die Tourenzahl 200 beträgt und 5 Ringe in Frage kommen? Die Ringbreite soll hierbei das 0,1 fache des Zapfendurchmessers betragen; der von der

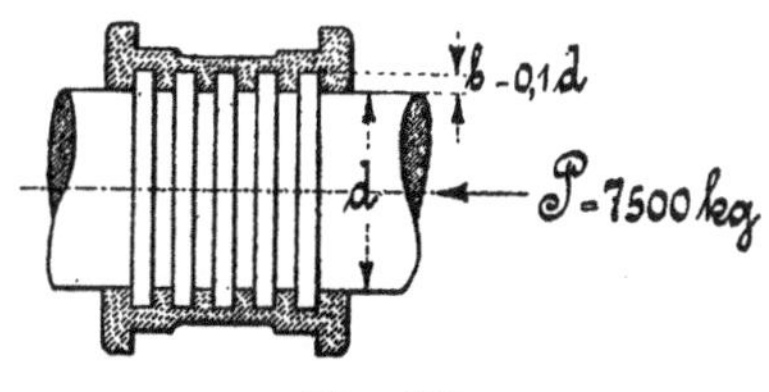

Fig. 162.

Tourenzahl abhängig zu machende Flächendruck sei nach der empirischen Gleichung $p = \dfrac{33}{n}$ festzustellen.

Gegeben: $P = 7500$ kg

$\qquad i = 5$

$\qquad n = 200$

$\qquad p = \dfrac{33}{n}$

Lösung: Nach Formel 8.

$$P = fp = i\{(d + 2b)^2 - d^2\}\frac{\pi}{4}\frac{33}{n}$$

$$\text{„} = \frac{i\pi\,33}{4n}\{(d + 2 \cdot 0,1\,d)^2 - d^2\}$$

$$\text{Gesucht:} \quad \frac{b = 0,1\,d}{d = ?}$$

$$P = \frac{i\pi\,33}{4\,n}\{(1,2\,d)^2 - d^2\}$$

$$_{,,} = \frac{i\pi\,33}{4\,n}(1,44\,d^2 - d^2)$$

$$_{,,} = \frac{i\pi\,33}{4\,n}\,0,44\;d^2 = 3,63\,\pi\,\frac{i\,d^2}{n},$$

$$\text{woraus}\quad d = \sqrt{\frac{P\,n}{3,63\,\pi\,i}} = \sqrt{\frac{7500 \cdot 200}{3,63 \cdot \pi \cdot 5}} = 100 \cdot 0,564\,\sqrt{\frac{150}{3,63 \cdot 5}}$$

$$_{,,} = 56,4\,\sqrt{\frac{1000}{121}} = \frac{564}{11}\,\sqrt{10} = 51,27 \cdot 3,16$$

$$_{,,} = \underline{162\ \text{mm}}\ \text{folgt.}$$

11. Beispiel. Eine gußeiserne Säule vom lichten Durchmesser 12 cm beansprucht ein aus Ziegelsteinen hergestelltes Fundament mit 50 000 kg.

Welche Seitenlänge muß die quadratische Fußplatte erhalten, wenn die runde Aussparung berücksichtigt und 1 qcm Mauerwerk mit 12 kg belastet werden soll?

Gegeben:

$P = 50\,000$ kg

$k_d = 12$ kg pro qcm

Gesucht:

$$a = ?$$

Lösung: Nach Formel 8.

$$P = f\,k_d = \left(a^2 - \frac{d^2\pi}{4}\right)k_d,$$

$$a = \sqrt{\frac{P}{k_d} + \frac{d^2\pi}{4}}$$

$$_{,,} = \sqrt{\frac{50\,000}{12} + \frac{12^2\pi}{4}}$$

$$_{,,} = \sqrt{4166,67 + 113,09}$$

$$_{,,} = \sqrt{4279,76} = \underline{65,4}\ \text{cm.}$$

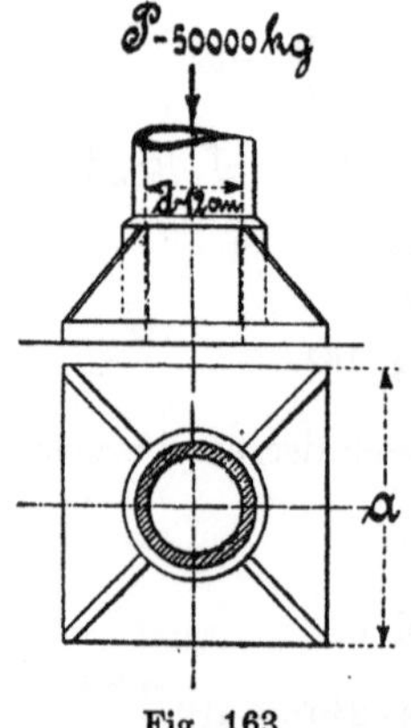

Fig. 163.

12. Beispiel. Für eine Zuglast von 2500 kg soll ein Spannschloß nach beistehender Ausführung hergestellt werden. Die Mutterhöhe betrage das 1,5-fache des Gewindedurchmessers, der lichte Abstand der Muttern sei das 3 fache der Mutterhöhe.

1. Welchen Kern- und Gewindedurchmesser erhält die Schraube, wenn mit Rücksicht auf das Anziehen derselben auch während des Betriebes nur 300 kg pro qcm Materialspannung in Rechnung gesetzt werden soll?

2. Welchen Durchmesser erhalten die runden Verbindungseisen für eine zulässige Beanspruchung von 480 kg/cm²?

3. Welche Höhen haben die Muttern und welche Länge ist dem Spannschloß zu geben?

Lösung:

1. Der Kern- und Gewindedurchmesser. Nach Formel 7.

$$P = fk_z = \frac{d_1{}^2\pi}{4} \cdot k_z,$$

$$d_1 = \sqrt{\frac{4P}{\pi k_z}} = 1{,}128\sqrt{\frac{P}{k_z}} = 1{,}128\sqrt{\frac{2500}{300}} = 3{,}26 \text{ cm}$$

Diesem entspricht eine $1\,{}^1\!/_2''$ Schraube mit $d = 38{,}10$ mm Gewindedurchmesser und $d_1 = 32{,}68$ mm Kerndurchmesser.

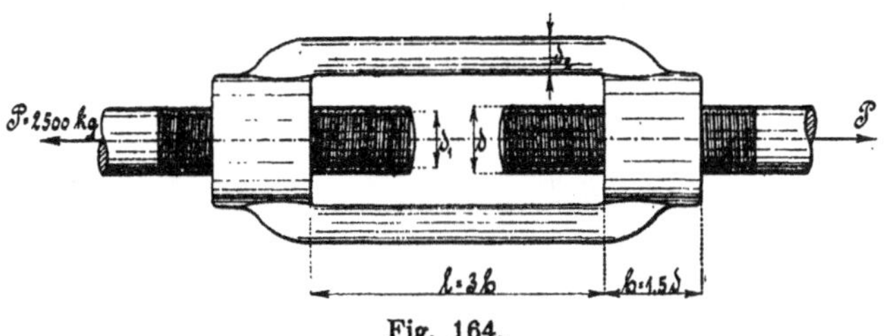

Fig. 164.

2. Der Durchmesser der Verbindungseisen. Nach Formel 7.

$$P = fk_z = 2\frac{d_2{}^2\pi}{4}k_z = \frac{d_2{}^2\pi}{2}k_z,$$

$$d_2 = \sqrt{\frac{2P}{\pi k_z}} = 0{,}564\sqrt{\frac{2P}{k_z}} = 0{,}564\sqrt{\frac{2 \cdot 2500}{480}} = 1{,}818 \sim 1{,}9 \text{ cm.}$$

3. Die Mutterhöhe und die lichte Länge des Spannschlosses.

$$h = 1{,}5\,d = 1{,}5 \cdot 38{,}10 = 57{,}15 \sim 58 \text{ mm,}$$
$$l = 3h = 3 \cdot 58 = 174 \text{ mm.}$$

Zweite Aufgabengruppe.

Zu § 3. Elastizität.

18. Beispiel. Eine Zugstange von Flacheisen mit $2{,}5 \times 7$ cm Querschnitt und 3,5 m Länge werde mit einer Kraft von 18 t beansprucht.

1. Welcher Anstrengung ist das Material ausgesetzt, und

2. welche Verlängerung wird die Stange erleiden?

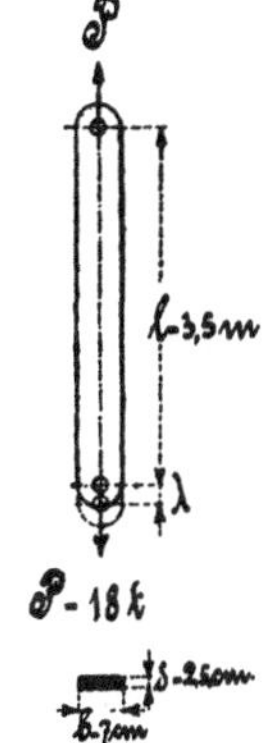

Fig. 165.

<table>
<tr><td>

Gegeben:

$P = 18$ t

$l = 3{,}5$ m

$\delta = 2{,}5$ cm

$b = 7$ cm

Gesucht:

1. $k_z = ?$

2. $\lambda = ?$

</td><td>

Lösung: Nach den Formeln 7 und 11.

1. $P = f k_z = \delta b k_z,$

$$k_z = \frac{P}{\delta b} = \frac{18\,000}{2{,}5 \cdot 7}$$

„ $= 1028{,}6$ kg pro qcm.

2. $\lambda = \alpha \sigma l = \dfrac{1}{2\,000\,000}\,1028{,}6 \cdot 350$

„ $= 0{,}18$ cm.

</td></tr>
</table>

14. Beispiel. Es soll die Länge eines mit 450 kg pro qcm beanspruchten Kupferdrahtes bestimmt werden, der sich unter der Belastung um 5 cm verlängert hat.

Der Elastizitätsmodul beträgt 1 300 000 kg pro qcm.

<table>
<tr><td>

Gegeben: $k_z = 450 \dfrac{\text{kg}}{\text{cm}^2}$

$\lambda = 5$ cm

$E = 1\,300\,000 \dfrac{\text{kg}}{\text{cm}^2}$

Gesucht: $l = ?$

</td><td>

Lösung: Nach den Formeln 11 und 12

$$\lambda = \alpha \sigma l = \frac{1}{E} k_z l,$$

$$l = \frac{\lambda E}{k_z} = \frac{5 \cdot 1\,300\,000}{450}$$

„ $= 14444{,}4$ cm $= 144{,}444$ m.

</td></tr>
</table>

15. Beispiel. Welchen Durchmesser hat eine schmiedeeiserne Stange, die bei 15 000 kg Belastung eine Verlängerung von $\dfrac{1}{3000}$ ihrer Länge erleidet.

Lösung: Nach Formel 11.

$$\lambda = \alpha \sigma l = \alpha \frac{P}{f} l = \frac{1}{E} \frac{P}{\frac{d^2 \pi}{4}} l = \frac{4\,P l}{E d^2 \pi},$$

$$d = \sqrt{\frac{4\,P l}{E \lambda \pi}} = 1{,}128 \sqrt{\frac{P l}{E \frac{l}{3000}}} = 1{,}128 \sqrt{\frac{15\,000 \cdot 3000}{2\,000\,000}}$$

$$\text{„} = \frac{1{,}128}{2} \sqrt{90} = 5{,}35 \text{ cm.}$$

16. Beispiel. Unter der Belastung von 245 t drückt sich eine 40 cm lange Gußeisenstange von 350 qcm Querschnitt um 0,28 mm zusammen.

Welchen Elastizitätsmodul besitzt das vorliegende Material?

<table>
<tr><td>

Gegeben: $P = 245$ t

$f = 350$ qcm

$\lambda = 0{,}28$ mm

$l = 40$ cm

Gesucht: $E = ?$

</td><td>

Lösung: Nach den Formeln 11 und 12.

$$\lambda = \alpha \sigma l = \frac{1}{E} \frac{P}{f} l,$$

$$E = \frac{P l}{\lambda f} = \frac{245\,000 \cdot 40}{0{,}028 \cdot 350}$$

„ $= 1\,000\,000$ kg pro qcm.

</td></tr>
</table>

17. Beispiel. Für eine Kraft von 2500 kg soll bei 6 kg pro qmm Materialinanspruchnahme eine 2 m lange Zugstange von Rundeisen hergestellt werden.

1. Wie groß ist der Durchmesser der Stange zu wählen?

2. Um welchen Betrag wird sich dieselbe unter der genannten Belastung verlängern?

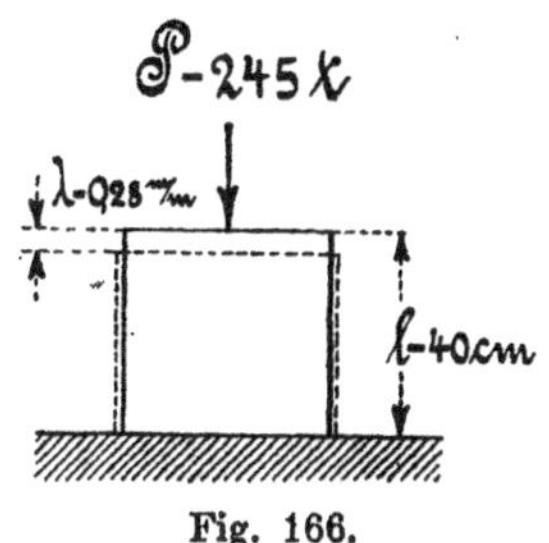

Fig. 166.

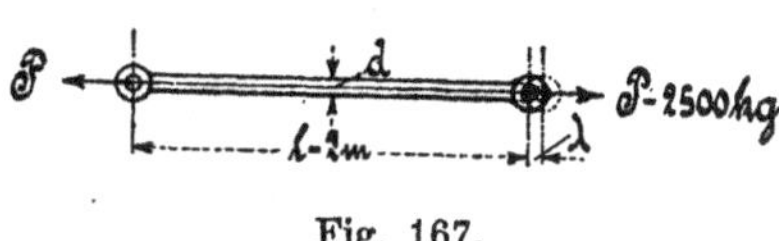

Fig. 167.

Gegeben: $P = 2500$ kg

$$k_z = 6\,\frac{\text{kg}}{\text{qmm}}$$

$$l = 2 \text{ m}$$

Gesucht: 1. $d = ?$

2. $\lambda = ?$

Lösung: Nach den Formeln 7 und 11.

1. $P = f k_z = \dfrac{d^2 \pi}{4} k_z,$

$$d = \sqrt{\frac{4\,P}{\pi\,k_z}} = \sqrt{\frac{4 \cdot 2500}{\pi \cdot 6}}$$

$$\text{,,} = \underline{23 \text{ mm.}}$$

2. $\lambda = \alpha \sigma l = \dfrac{1}{2\,000\,000}\,600 \cdot 2$

$$\text{,,} = 0{,}0006 \text{ m} = \underline{0{,}6 \text{ mm.}}$$

18. Beispiel. Zwei gleichlange Rundeisenstäbe sind in 16,4 m Abstand derart charnierartig aufgehängt, daß die Stabenden A und B in gleicher Höhe liegen, während die anderen Enden sich im Punkte C ver-

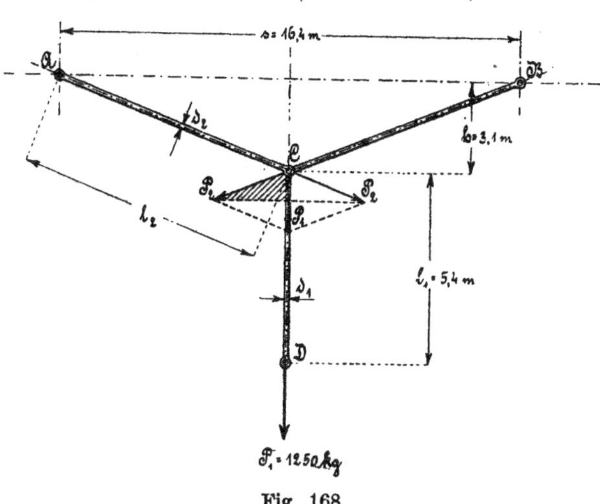

Fig. 168.

einigen, in dem noch ein dritter, vertikal gerichteter Stab drehbar befestigt ist, an dessen unterem Ende D eine Last von 1250 kg wirkt.

1. Welche Durchmesser müssen die einzelnen Stäbe erhalten, und

2. welche Senkung wird die Kraftangriffsstelle D erleiden, wenn die zulässige Beanspruchung des Materials 500 kg/cm² betragen soll?

Lösung:

1. Die Durchmesser d_1 und d_2. Nach Formel 7.

Die Stab-Zugkraft P_2: Nach den in der Figur markierten ähnlichen Dreiecken ist

$$P_2 : l_2 = 0,5\, P_1 : h,$$

$$P_2 = \frac{l_2\, 0,5\, P_1}{h} = \frac{P_1\, l_2}{2h} = \frac{P_1 \sqrt{\left(\frac{8}{2}\right)^2 + h^2}}{2h}$$

$$\text{,,} = \frac{1250 \sqrt{8,2^2 + 3,1^2}}{2 \cdot 3,1} = 1767,4 \sim \underline{1768}\ \text{kg.}$$

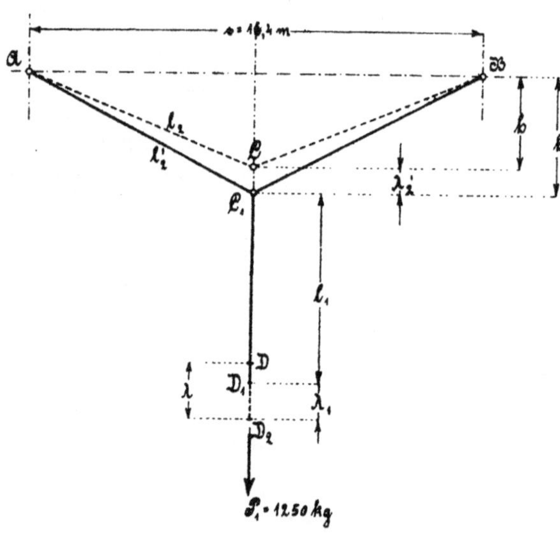

Fig. 169.

Die Durchmesser:

$$P_1 = f_1\, k_z = \frac{d_1^2\, \pi}{4}\, k_z,$$

$$d_1 = \sqrt{\frac{4\, P_1}{\pi\, k_z}} = 1,128 \sqrt{\frac{1250}{500}} = 1,78 \sim \underline{1,8}\ \text{cm}$$

und

$$d_2 = \sqrt{\frac{4\, P_2}{\pi\, k_z}} = 1,128 \sqrt{\frac{1768}{500}} = \underline{2,1}\ \text{cm.}$$

2. Die Senkung λ des Kraftangriffspunktes D.

a) Die Verlängerung λ_2 des Stabes l_2. Nach Formel 11.

$$\lambda_2 = \alpha\sigma l_2, \quad \text{wo } l_2 = \sqrt{8{,}2^2 + 3{,}1^2} = 8{,}766 \text{ m ist,}$$

$$„ = \frac{1}{2\,000\,000}\,500 \cdot 8{,}766 = \underline{0{,}00219} \text{ m,}$$

$$l_2' = l_2 + \lambda_2 = 8{,}766 + 0{,}00219 = 8{,}76819 \text{ m.}$$

b) Die Senkung λ_2' des Knotenpunktes C.

$$h_1 = \sqrt{(l_2')^2 - \left(\frac{s}{2}\right)^2} = \sqrt{8{,}76819^2 - 8{,}2^2} = 3{,}105 \text{ m,}$$

$$\lambda_2' = h_1 - h = 3{,}105 - 3{,}1 = \underline{0{,}005} \text{ m.}$$

c) Die Verlängerung λ_1 des Stabes l_1. Nach Formel 11.

$$\lambda_1 = \alpha\sigma l_1 = \frac{1}{2\,000\,000} \cdot 500 \cdot 5{,}4 = \underline{0{,}00135} \text{ m.}$$

d) Die gesuchte Senkung λ des Punktes D.

$$\lambda = \lambda_1 + \lambda_2' = 0{,}00135 + 0{,}005$$

$$„ = 0{,}00635 \text{ m} = \underline{6{,}35} \text{ mm.}$$

19. Beispiel. Unter welcher Belastung verlängert sich ein 800 m langer Draht von 5 mm Durchmesser um 30 cm.

Lösung: Nach Formel 11 a.

$$\lambda = \alpha\sigma l = \alpha\,\frac{P + 0{,}5\,G}{f}\,l,$$

$$\text{wo } G = f l \gamma = \frac{(5 \cdot 0{,}01)^2\pi}{4} \cdot 8000 \cdot 7{,}8 = 19{,}63 \cdot 0{,}8 \cdot 7{,}8$$

$$„ = 122{,}49 \backsim 122{,}5 \text{ kg,}$$

$$\lambda = 30 \text{ cm,} \quad \alpha = \frac{1}{2\,000\,000}, \quad l = 800 \text{ m}$$

und

$$f = \frac{d^2\pi}{4} = \frac{0{,}5^2\pi}{4} = 0{,}1963 \text{ cm}^2.$$

Damit wird

$$P = \frac{\lambda f}{\alpha l} - 0{,}5\,G = \frac{30 \cdot 0{,}1963}{\dfrac{1}{2\,000\,000}\,80000} - 0{,}5 \cdot 122{,}5$$

$$„ = 147{,}225 - 61{,}25 = 85{,}97 \backsim \underline{86} \text{ kg.}$$

Dritte Aufgabengruppe.
Zu § 4. Ausdehnung durch Wärme.

20. Beispiel. Eine schmiedeeiserne Fachwerkstrebe von 6 m Länge ist einer Temperaturschwankung von $t_1 = -20^0$ C bis $t_2 = 60^0$ C aus-gesetzt.

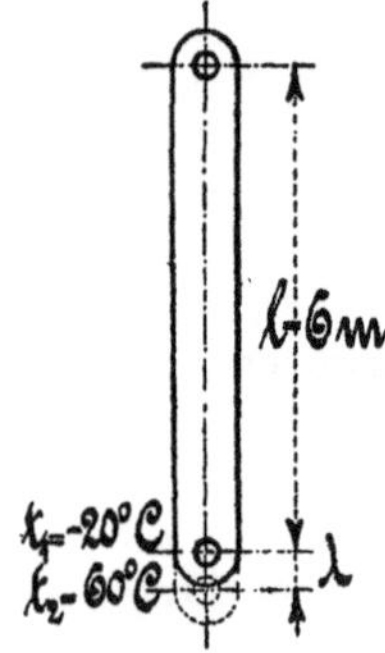

Fig. 170.

Um wieviel wird sich die Strebe ausdehnen, wenn der Ausdehnungskoeffizient für das vorliegende Material $0{,}1231 . 10^{-4}$ beträgt?

Lösung: Nach Formel 13.

$$\lambda = \alpha\,(t_2 - t_1)\,l = 0{,}1231 . 10^{-4} \{60 - (-20)\} 6$$
$$„ = 0{,}1231 . 10^{-4} . 80 . 6 = 0{,}005\,908\,8 \text{ m}$$
$$= 5{,}9088 \text{ mm.}$$

21. Beispiel. Eine massive Kugel aus Kupfer hat bei einer Temperatur von 170^0 C einen Radius von 4,5 cm.

Um wieviel verkleinert sich infolge der Zusammenziehung

1. der Radius,
2. die Oberfläche und
3. der Rauminhalt der Kugel, wenn die Temperatur bis auf 10^0 C abgekühlt wird und der Ausdehnungskoeffizient des Kupfers $18 . 10^{-6}$ beträgt.

Lösung: Nach Formel 13.

1. $\lambda = \alpha\,(t_1 - t_2)\,l = 18 . 10^{-6} (170 - 10)\,4{,}5 = 0{,}01\,296$ cm.

2. $\omega = 4\,r_1{}^2\pi - 4\,r_2{}^2\pi = 4\pi\,(r_1{}^2 - r_2{}^2)$
$$„ = 4\pi \{4{,}5^2 - (4{,}5 - 0{,}01\,296)^2\} = 1{,}46\,289 \text{ qcm.}$$

3. $v = \dfrac{4}{3}\,r_1{}^3\pi - \dfrac{4}{3}\,r_2{}^3\pi = \dfrac{4\pi}{3}\,(r_1{}^3 - r_2{}^3)$
$$„ = \dfrac{4\pi}{3} \{4{,}5^3 - (4{,}5 - 0{,}01\,296)^3\} = 3{,}2969 \text{ ccm.}$$

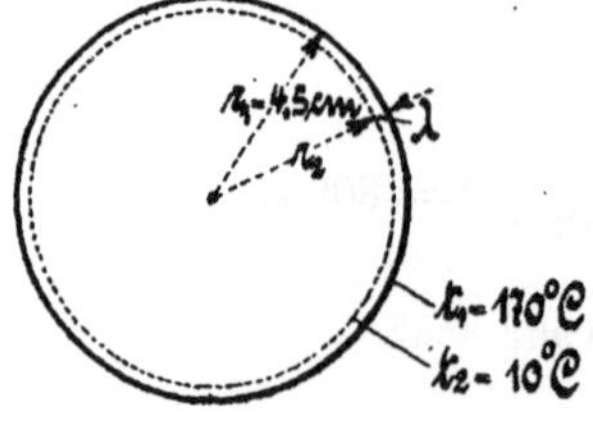

Fig. 171.

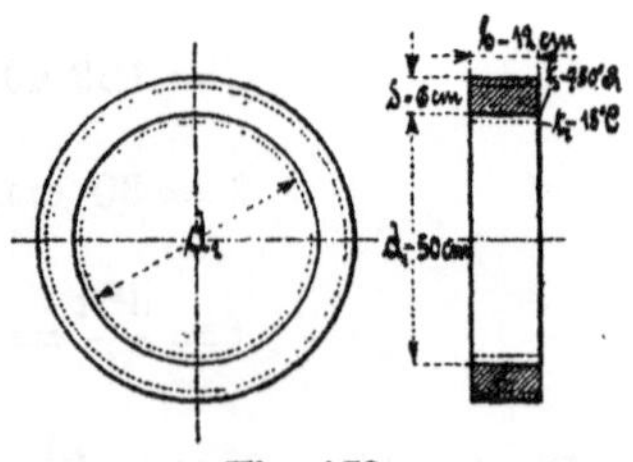

Fig. 172.

22. Beispiel. Ein aus Schweißeisen hergestellter Schrumpfring habe bei 750^0 R einen lichten Durchmesser von 50 cm. Die Breite des Ringes betrage 12 cm und die Dicke 6 cm.

Auf welchen lichten Durchmesser wird sich der Ring zusammenziehen, wenn er sich auf 18° C abgekühlt hat und von der kleinen Zusammenziehung in Richtung des Querschnittes abgesehen werden soll? Der Ausdehnungskoeffizient beträgt 0,1212 . 10⁻⁴.

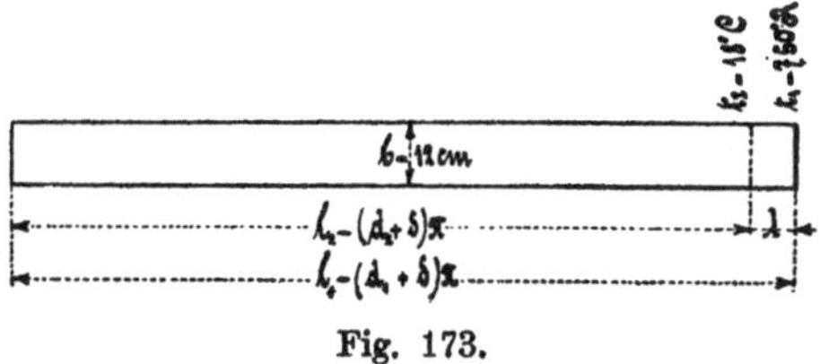

Fig. 173.

Lösung nach den Formeln 1 und 13.

$$l_2 = l_1 - \lambda = l_1 - \alpha\,(t_1 - t_2)\,l_1 = l_1\{1 - \alpha\,(t_1 - t_2)\},$$

oder die Werte eingesetzt,

$$(d_2 + \delta)\,\pi = (d_1 + \delta)\,\pi\,\{1 - \alpha\,(t_1 - t_2)\},$$

woraus $\quad d_2 = (d_1 + \delta)\{1 - \alpha\,(t_1 - t_2)\} - \delta$

$$\text{„} = (50 + 6)\left\{1 - 0{,}1212 . 10^{-4}\left(750 . \frac{5}{4} - 18\right)\right\} - 6$$

$$\text{„} = 56\,(1 - 0{,}1212 . 10^{-4} . 919{,}5) - 6 = 56 . 0{,}9889 - 6$$

$$\text{„} = 55{,}3784 - 6 = 49{,}3784 = \sim \underline{49{,}38}\ \text{cm folgt.}$$

23. Beispiel. Es soll 1. die Kraft ermittelt werden, die bei der Ausdehnung einer Flacheisenstange von 25 mm Dicke und 70 mm Breite überwunden werden kann, wenn die Stange eine Länge von 3,5 m besitzt und von Flußeisen hergestellt ist. Die Temperatur der Stange erhöht sich von 12° R auf 50° C.

Der Elastizitätsmodul des vorliegenden Materials beträgt 2000000 kg pro qcm, der Ausdehnungskoeffizient 0,1176 . 10⁻⁴.

2. Welche Arbeitsleistung kann bei der fraglichen Erwärmung geleistet werden?

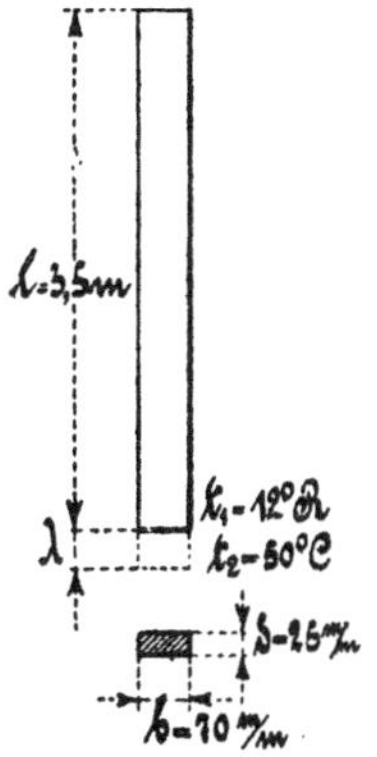

Fig. 174.

Lösung:

1. $\quad P = \alpha\,E\,(t_2 - t_1)\,f = \alpha\,E\,(t_2 - t_1)\,b\delta$

$$\text{„} = 0{,}1176 . 10^{-4} . 2000000\left(50 - 12.\frac{5}{4}\right) 7 . 2{,}5 = \underline{14406}\ \text{kg.}$$

2. $\quad A = \dfrac{P\lambda}{2} = \dfrac{P\alpha}{2}\,(t_2 - t_1)\,l$

$$\text{„} = \frac{14406 . 0{,}1176 . 10^{-4}}{2} . \left(50 - 12.\frac{5}{4}\right) 3{,}5 = \underline{10{,}3765}\ \text{kgm.}$$

24. Beispiel. Gegeben ist ein Schrumpfring, der bei 15° Celsius einen Durchmesser haben soll, der um 0,001 desselben kleiner ist als der Durchmesser der Nabe bezw. des Horns, auf dem der Ring aufgezogen werden soll.

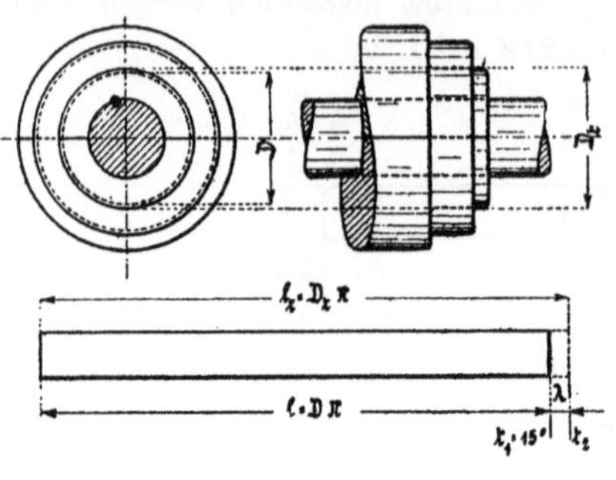

Fig. 175.

1. Bis auf welche Temperatur muß der Ring erwärmt werden, damit er aufgezogen werden kann, wenn der Ausdehnungskoeffizient des Materials $0{,}117 \cdot 10^{-4}$ beträgt, und

2. welcher Materialspannung ist hierbei der Ring im Betriebe ausgesetzt.

Lösung:

1. Die Temperatur t_2.

Nach Formel 13: $l_t = 1 + \lambda = 1 + \alpha\,(t_2 - t_1)\,1 = 1[1 + \alpha\,(t_2 - t_1)]$,
nach Voraussetzung: $l_t = 1 + \lambda = 1 + 0{,}001\,1 = 1(1 + 0{,}001)$.
Durch Gleichsetzen folgt: $1[1 + \alpha\,(t_2 - t_1)] = 1(1 + 0{,}001)$,

$$1 + \alpha\,(t_2 - t_1) = 1 + 0{,}001,$$
$$\alpha\,(t_2 - t_1) = 0{,}001,$$
$$t_2 = \frac{0{,}001}{\alpha} + t_1 = \frac{0{,}001}{0{,}117 \cdot 10^{-4}} + 15$$
$$\text{„} = 85{,}47 + 15 = \sim \underline{100^0 \text{ Celsius}}.$$

2. Die Materialspannung σ. Nach Formel 11.

$$\lambda = \varepsilon\,l = \alpha\,\sigma\,l,$$
$$\varepsilon = \alpha\,\sigma,$$
$$\sigma = \frac{\varepsilon}{\alpha} = \frac{0{,}001}{\dfrac{1}{2\,000\,000}} = \underline{2\,000 \ \text{kg/cm}^2}.$$

Vierte Aufgabengruppe.

Zu § 5. Erweitertes Hookesches Gesetz.

25. Beispiel. Ein neuer Lederriemen von 10 m Länge werde mit 27 kg pro qcm beansprucht.

Welche Ausdehnung wird der Riemen erleiden, wenn der Dehnungskoeffizient $\dfrac{1}{1250}$ beträgt?

Lösung: Nach den Formeln 11 und 15.

$$\lambda = \varepsilon\, l = \alpha\, \sigma^m\, l = \frac{1}{1250}\cdot 27^{0,7}\cdot 10 = \frac{10}{1250}\cdot 27^{0,7}$$

$$\text{„} = \overline{N\,0,7\log 27 + \log 10 - \log 1250}$$

$$\text{„} = \overline{N\,0,7\cdot 1,43136 + 1 - 3,09691} = \overline{N\,2,00195 - 3,09691}$$

$$\text{„} = \overline{N\,0,90504 - 2} = 0,08036 \ \text{m} = \underline{8,036 \ \text{cm}}.$$

26. Beispiel. Es soll die Höhe eines Fundamentes aus Grånit bestimmt werden, wenn das Material mit 45 kg pro qcm beansprucht wird und eine Zusammendrückung von 0,0004 m erfährt.

Der Dehnungskoeffizient beträgt $\dfrac{1}{240\,000}$.

Lösung: Nach den Formeln 11 und 15.

$$\lambda = \varepsilon\, l = \alpha\, \sigma^m\, l,$$

$$l = \frac{\lambda}{\alpha\, \sigma^m} = \overline{N\,\log\lambda - \log\alpha - m\log\sigma}$$

$$\text{„} = \overline{N\,\log 0,0004 - \log 1 + \log 240\,000 - 1,374\log 45}$$

$$\text{„} = \overline{N\,0,60296 - 4 - 0,0 + 5,38021 - 1,374\cdot 1,65321}$$

$$\text{„} = \overline{N\,5,98227 - 6,27151} = \overline{N\,0,71076 - 1} = \underline{0,51376} \ \text{m}.$$

Fünfte Aufgabengruppe.

Zu § 7. Gehinderte Dehnung.

27. Beispiel. Ein schmiedeeiserner Körper habe ein Länge von 1,2 m, eine Breite von 0,4 m und eine Höhe von 0,8 m.

Der Körper werde in der Längsrichtung mit einer Kraft von 75 t, in der Breitenrichtung mit 500 t und in Richtung der Höhe mit 150 t auf Zug beansprucht. Der Erfahrungswert m sei mit 3,5 angenommen.

Um wieviel wird sich der Körper in der Längsrichtung ausdehnen?

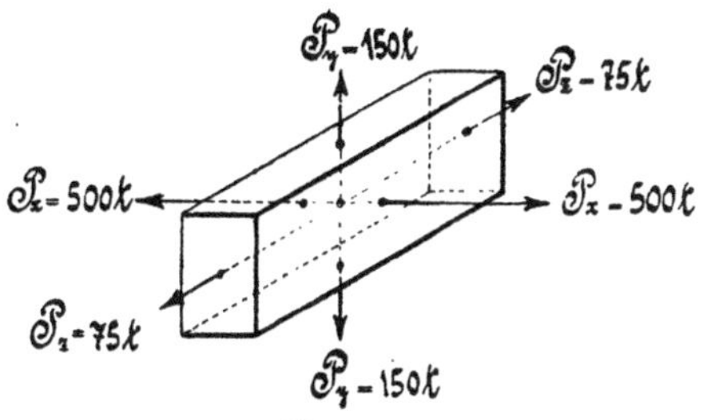

Fig. 176.

Lösung: Nach Formel 18.

$$\varepsilon_1 = \varepsilon_x - \frac{\varepsilon_{q(y)} + \varepsilon_{q(z)}}{m} = \alpha\,\sigma_x - \frac{\alpha\,\sigma_y + \alpha\,\sigma_z}{m} = \alpha\left(\sigma_x - \frac{\sigma_y + \sigma_z}{m}\right),$$

worin $\sigma_x = \dfrac{P_x}{f_x} = \dfrac{P_x}{lh} = \dfrac{500\,000}{120\,.\,80} = \dfrac{625}{12} = 52{,}08$ kg pro qcm,

$$\sigma_y = \frac{P_y}{f_y} = \frac{P_y}{bl} = \frac{150\,000}{40\,.\,120} = \frac{125}{4} = 31{,}25 \text{ kg } „ \quad „$$

und $\quad \sigma_z = \dfrac{P_z}{f_z} = \dfrac{P_z}{bh} = \dfrac{75\,000}{40\,.\,80} = \dfrac{187{,}5}{8} = 23{,}44$ kg „   „ ist.

Nach Einsetzung der Werte ergibt sich

$$\varepsilon_1 = \frac{1}{2\,000\,000}\left(52{,}08 - \frac{31{,}25 + 23{,}44}{3{,}5}\right) = \frac{1}{2\,000\,000}\,(52{,}08 - 15{,}63)$$

$$„ = \frac{1}{2\,.\,10^6}\,36{,}45 = \frac{18{,}225}{10^6} = 18{,}225\,.\,10^{-6} = \underline{0{,}000\,018\,225 \text{ cm.}}$$

Sechste Aufgabengruppe.

Zu § 8. Zugfestigkeit mit Berücksichtigung des Eigengewichtes.

28. Beispiel. Eine schmiedeeiserne Rundeisenstange von 2,7 m Länge und 1,8 cm Durchmesser werde mit 6500 kg belastet.

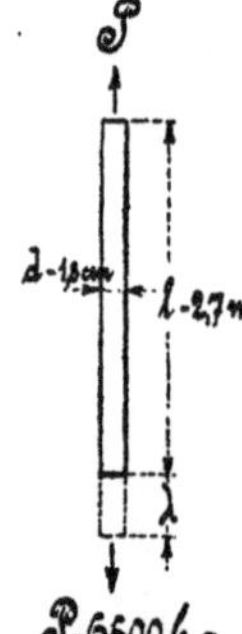

Fig. 177.

Welcher größten Spannung ist das Material ausgesetzt, wenn die Stange vertikal angeordnet ist und das spezifische Gewicht 7,6 beträgt?

Lösung. Nach Formel 19.

$P = f(k_z - l\gamma)$, worin $P = 6500$ kg, $\gamma = 7{,}6$,

$$f = \frac{d^2\pi}{4} = \frac{1{,}8^2\pi}{4} = 2{,}545 \text{ cm}^2$$

und $l = 2{,}7$ m ist.

Damit wird $k_z = \dfrac{P}{f} + l\gamma = \dfrac{6500}{0{,}02545} + 27\,.\,7{,}6$

$$„ = 255\,402{,}75 + 205{,}2 = 255\,607{,}95 \text{ kg/dm}^2$$

$$„ = \sim \underline{2556 \text{ kg/cm}^2.}$$

29. Beispiel. Es soll der Querschnitt eines 250 m langen schmiedeeisernen Schachtgestänges für den Fall bestimmt werden, daß es außer seinem Eigengewichte noch eine Last von 35000 kg tragen kann. Das spezifische Gewicht des Materials sei mit 7,6 und die Inanspruchnahme desselben mit 7,5 kg pro qmm vorausgesetzt.

Lösung: Nach Formel 19.

$$f = \frac{P}{k_z - l\gamma} = \frac{35\,000}{7{,}5\,.\,10\,000 - 2\,500\,.\,7{,}6} = \frac{35\,000}{2\,500\,(7{,}5\,.\,4 - 7{,}6)}$$

$$„ = \frac{14}{22{,}4} = 0{,}625 \text{ dm}^2 = \underline{62{,}5 \text{ cm}^2.}$$

30. Beispiel. Ein ursprünglich auf 5 fache Sicherheit berechnetes Förderseil von 300 m Länge besteht aus 7 Litzen, deren jede aus 18 Drähten von je 2,5 mm Durchmesser gebildet ist.

Es soll nun der Bruchmodul des Materials angegeben werden, wenn bei der genannten Sicherheit die Tragfähigkeit des Seiles außer dem Eigengewicht 9000 kg und das spezifische Gewicht 7,8 beträgt.

Lösung: Nach Formel 19.

$$f = \frac{P}{k_z - l\gamma} = \frac{P}{\dfrac{s_z}{m} - l\gamma},$$

woraus $f\left(\dfrac{s_z}{m} - l\gamma\right) = P$ oder $\dfrac{s_z}{m} = \dfrac{P}{f} + l\gamma$,

$$s_z = \left(\frac{P}{f} + l\gamma\right) m = \left(\frac{P}{\dfrac{d^2\pi}{4}\, i\,.\,7} + l\gamma\right) m$$

$$\text{,,} = \left(\frac{9000}{\dfrac{0{,}025^2\pi}{4}\,.\,18\,.\,7} + 3000\,.\,7{,}8\right) 5$$

$$s_z = (145\,590{,}948 + 23\,400)\,5 = 168\,990{,}948\,.\,5 = 844\,954{,}740 \ \text{kg pro qdm}$$

$$s_z \sim 84{,}5 \ \text{kg pro qmm.}$$

31. Beispiel. Ein Pumpengestänge von Flacheisen habe die Länge von 25 m und werde mit einer Last von 1500 kg beansprucht. Die Materialspannung sei mit 600 kg pro qcm und das spezifische Gewicht des in Frage kommenden Materials mit 7,6 vorgeschrieben.

Welche Abmessungen muß der Querschnitt erhalten, wenn die Breite und Dicke im Verhältnis stehen wie 7 : 2,5?

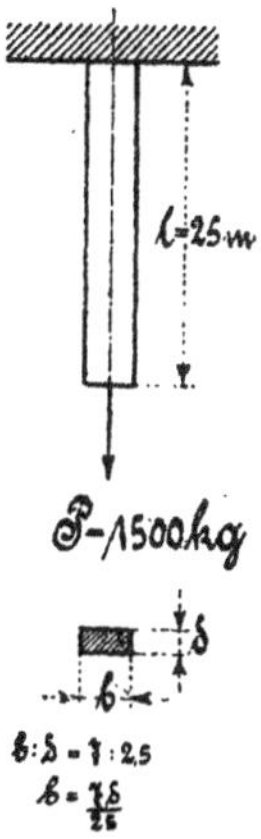

Lösung: Nach Formel 19.

$$f = \frac{P}{k_z - l\gamma}, \ \text{worin} \ f = b\delta = \frac{7\,\delta}{2{,}5}\,\delta = \frac{7\,\delta^2}{2{,}5}$$

$$\text{,,} = \frac{7\,\delta^2\,4}{10} = 2{,}8\,\delta^2 \ \text{ist.}$$

Den Wert eingesetzt, gibt

$$2{,}8\,\delta^2 = \frac{P}{k_z - l\gamma},$$

woraus $\delta = \sqrt{\dfrac{P}{k_z - l\gamma}\,\dfrac{1}{2{,}8}} = \sqrt{\dfrac{1500}{(60000 - 250\,.\,7{,}6)\,2{,}8}} = 0{,}096 \ \text{dm}$

$$\text{,,} = 9{,}6 \ \text{mm} \sim \underline{10 \ \text{mm}}$$

und $b = \dfrac{7\,\delta}{2{,}5} = 2{,}8\,\delta = 2{,}8\,.\,9{,}6 = 26{,}88 \ \text{mm} \sim \underline{27 \ \text{mm}}$ folgt.

Fig. 178.

32. Beispiel. Die beistehend skizzierte, aus Rundeisen von 35 mm Durchmesser hergestellte Kette werde mit einer Höchstlast von 5000 kg belastet. Die in der Praxis vielfach benutzte Materialspannung ist mit 6 kg gegeben, die einer 4 bis 5 fachen Sicherheit gegenüber einer zwischen Null und max. wechselnden Belastung entpricht. Das spezifische Gewicht des Ketteneisens beträgt 7,7.

Welche Traglänge erhält die Kette?

Lösung:

1. Mittlerer Umfang eines Kettengliedes.

Für das Verhältnis

$$\frac{b}{a} = \frac{(0,75 + 0,5)\,d}{(1,3 + 0,5)\,d} = \frac{1,25}{1,8} = 0,7$$

wird der mittlere Umfang aus der folgenden Annäherungsgleichung bestimmt.

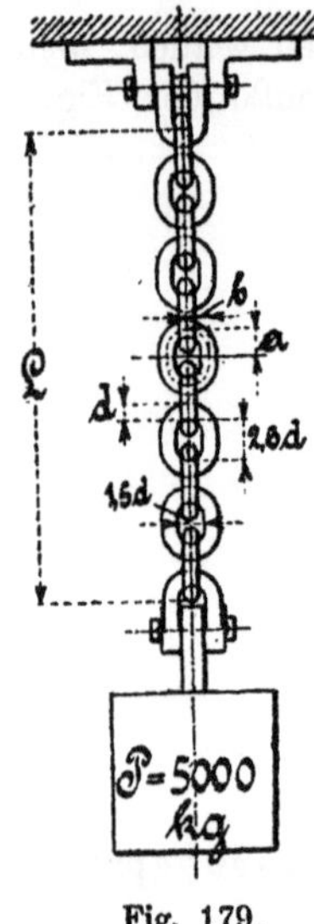

Fig. 179.

$$u = 4,4\,\sqrt{a^2 + b^2} = 4,4\,\sqrt{(1,8\,d)^2 + (1,25\,d)^2}$$
$$\text{„} = 4,4\,d\,\sqrt{3,24 + 1,5625} = 4,4\,d\,\sqrt{4,8025}$$
$$\text{„} = 4,4\,d\,.\,2,1908 = 9,64\,d = \sim 10\,d.$$

2. Tragfähigkeit. Nach Formel 7 und 19.

$$P + G = f k_z = 2\,\frac{d^2\pi}{4}\,k_z = \frac{d^2\pi}{2}\,k_z.$$

3. Gewicht eines Kettengliedes.

$$g = V\gamma = f u \gamma = \frac{d^2\pi}{4}\,10\,d\gamma.$$

4. Anzahl der Kettenglieder pro lfd. Meter.

$$A = \frac{1}{2,6\,d}.$$

5. Gewicht pro lfd. Meter Kette.

$$G_1 = g A = \frac{d^2\pi}{4}\,10\,d\gamma\,\frac{1}{2,6\,d}.$$

6. Gewicht der ganzen Kette.

$$G = G_1 L = \frac{d^2\pi}{4}\,10\,d\gamma\,\frac{1}{2,6\,d}\,L.$$

7. Traglänge der Kette.

$$P + G = \frac{d^2\pi}{2}\,k_z, \text{ oder die Werte eingesetzt,}$$

$$P + \frac{d^2\pi}{4}\,10\,d\gamma\,\frac{1}{2,6\,d}\,L = \frac{d^2\pi}{2}\,k_z$$

woraus
$$L = \left(\frac{d^2\pi}{2}k_z - P\right)\frac{4 \cdot 2{,}6}{d^2\pi\,10\gamma l}$$

$$\text{„} = \left(\frac{0{,}35^2\pi}{2}\,60\,000 - 5\,000\right)\frac{4 \cdot 2{,}6}{0{,}35^2\pi \cdot 10 \cdot 7{,}7 \cdot 10}$$

$$\text{„} = 65{,}45\,356\;\frac{2{,}6}{0{,}0962\,113 \cdot 7{,}7} = \underline{229{,}68}\;\text{m.}$$

33. Beispiel. Welche Traglänge erhält ein aus i Drähten gedrehtes Seil für den Fall, daß das Drahtmaterial mit 12 kg beansprucht werden kann und das spezifische Gewicht 7,8 beträgt?

Beim Drehen des Seiles verkürzen sich die einzelnen Drähte um 10% ihrer Länge.

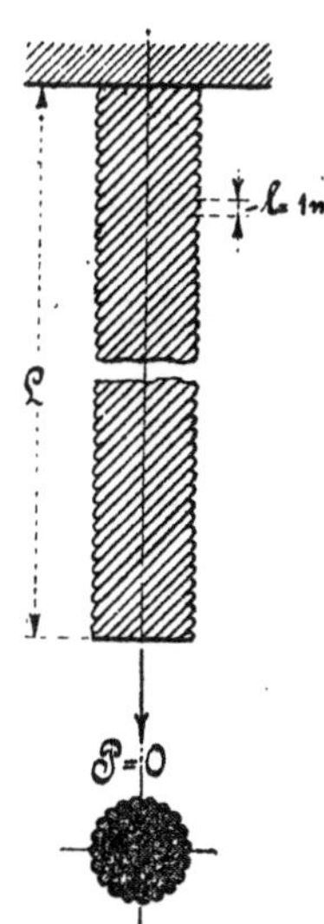

Fig. 180.

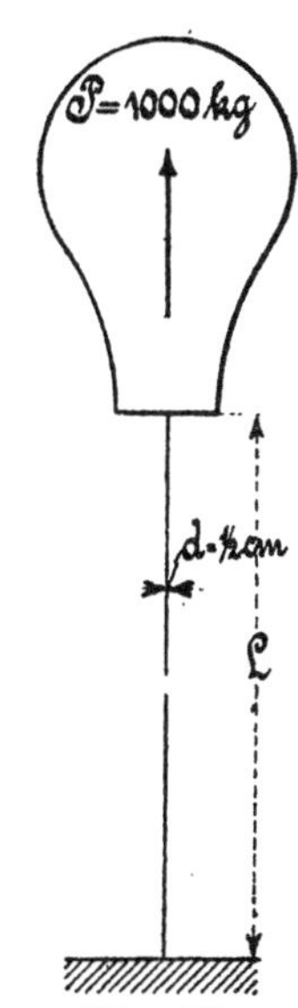

Fig. 181.

Lösung:

1. Tragfähigkeit.
$$G = fk_z.$$

2. Gewicht pro lfd. Meter Drahtseil.
$$G_1 = V\gamma = f(1 + 0{,}1 \cdot l)\gamma = 1{,}1\,fl\gamma.$$

3. Gewicht des ganzen Seiles.
$$G = G_1 L.$$

4. Traglänge des Seiles.
$$G = fk_z \;\text{ oder }\; G_1 L = fk_z,$$

woraus
$$L = \frac{fk_z}{G_1} = \frac{fk_z}{1{,}1\,fl\gamma} = \frac{k_z}{1{,}1\,l\gamma} = \frac{120\,000}{1{,}1 \cdot 10 \cdot 7{,}8}$$

$$\text{„} = \frac{2000}{1{,}43} = \underline{1398}\;\text{m folgt.}$$

34. Beispiel. Wie lang muß das $^1/_2$ cm dicke Drahtseil eines Luftballons werden, wenn er einen Auftrieb von 1000 kg besitzt und das Seil mit der Erde in Berührung bleiben soll?

Das spezifische Gewicht des Seilmaterials sei 7,8.

Lösung:

1. Tragfähigkeit.

$$P = f k_z = \frac{d^2 \pi}{4} k_z = 1000 \text{ kg.}$$

2. Gewicht des Seiles.

$$G = V \gamma = f l \, \gamma = \frac{d^2 \pi}{4} \gamma L.$$

3. Seillänge.

$$G = P \text{ oder } \frac{d^2 \pi}{4} \gamma L = P,$$

$$L = \frac{P4}{d^2 \pi \gamma} = \frac{1000 \cdot 4}{0,05^2 \pi \cdot 7,8} = \frac{1000 \cdot 4}{5^2 \cdot 10^{-4} \cdot \pi \cdot 7,8}$$

$$\text{''} = \frac{8\,000\,000}{1\,194,59} = 65\,294,3 \text{ dm} = \underline{6\,529,43 \text{ m.}}$$

35. Beispiel. Welcher Materialspannung wird die im vorhergehenden Beispiele bestimmte Seillänge entsprechen?

Lösung: Nach Formel 7.

$$P = \frac{d^2 \pi}{4} k_z,$$

$$k_z = \frac{4P}{d^2 \pi} = \frac{4 \cdot 1000}{0,5^2 \cdot \pi} = 5095,5 \, \frac{\text{kg}}{\text{qcm}}.$$

36. Beispiel. Bei welcher Länge würde das verwandte Seil reißen, wenn der Bruchmodul 40 kg pro qmm beträgt?

Lösung:

$$P = G, \text{ worin } P = f k_z$$
$$\text{und } G = f L \gamma \text{ ist.}$$

Eingesetzt, gibt $\qquad f k_z = f L \gamma,$

$$L = \frac{k_z}{\gamma} = \frac{400\,000}{7,8} = 51\,282,05 \text{ dm} = \underline{5\,128,205 \text{ m.}}$$

Siebente Aufgabengruppe.

Zu § 9.　Körper von gleicher Zug- und Druckfestigkeit.

37. Beispiel. Das aus Rundeisen hergestellte Gestänge einer Pumpenanlage habe eine Länge von 150 m und soll aus 5 gleichlangen Teilen von konstantem Querschnitte hergestellt werden. Der auf dem Kolben lastende Wasserdruck einschließlich des Kolbengewichtes und der Reibung betrage 20 Tonnen. Die Materialspannung sei mit 4 kg und das spezifische Gewicht mit 7,6 in Rechnung gezogen.

Welche Durchmesser sind den 5 Stangenteilen zu geben?

Lösung: Nach Formel 19 und 20 ergeben sich folgende Werte:

1. $f_1 = \dfrac{d_1{}^2 \pi}{4} = \dfrac{P}{k_z - l_1 \gamma}$,

$$d_1 = \sqrt{\dfrac{4}{\pi} \dfrac{P}{k_z - l_1 \gamma}} = 1{,}128 \sqrt{\dfrac{20\,000}{40\,000 - 300 \cdot 7{,}6}}$$

$$" = 1{,}128 \sqrt{\dfrac{20\,000}{400\,(100 - 3 \cdot 1{,}9)}} = 1{,}128 \sqrt{\dfrac{50}{100 - 5{,}7}}$$

$$" = 1{,}128 \sqrt{\dfrac{50}{94{,}3}} = 0{,}821 \text{ dm} = \underline{82{,}1 \text{ mm.}}$$

2. $f_2 = \dfrac{d_2{}^2 \pi}{4} = \dfrac{P k_z}{(k_z - l_1 \gamma)(k_z - l_2 \gamma)}$,

$$d_2 = \sqrt{\dfrac{4}{\pi} \dfrac{P k_z}{(k_z - l_1 \gamma)(k_z - l_2 \gamma)}}$$

$$= 1{,}128 \sqrt{\dfrac{20\,000 \cdot 40\,000}{(40\,000 - 300 \cdot 7{,}6)^2}}$$

$$" = 11{,}28 \sqrt{\dfrac{50}{8892{,}49}} = 0{,}8458 \text{ dm}$$

$$= \underline{84{,}58 \text{ mm.}}$$

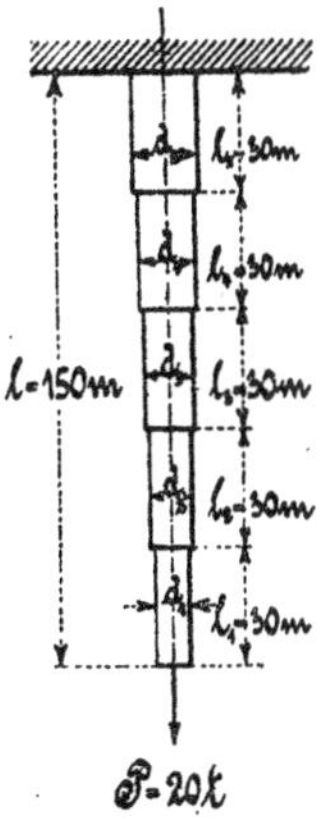

3. $f_3 = \dfrac{d_3{}^2 \pi}{4} = \dfrac{P k_z{}^2}{(k_z - l_1 \gamma)(k_z - l_2 \gamma)(k_z - l_3 \gamma)}$,

$$d_3 = \sqrt{\dfrac{4}{\pi} \dfrac{P k_z{}^2}{(k_z - l_1 \gamma)(k_z - l_2 \gamma)(k_z - l_3 \gamma)}}$$

$$" = 1{,}128 \sqrt{\dfrac{20\,000 \cdot 40\,000^2}{(40\,000 - 300 \cdot 7{,}6)^3}}$$

$$" = \dfrac{112{,}8}{94{,}3} \sqrt{\dfrac{50}{94{,}3}} = 0{,}8710 \text{ dm} = \underline{87{,}1 \text{ mm.}}$$

4. $f_4 = \dfrac{d_4{}^2 \pi}{4} = \dfrac{P k_z{}^3}{(k_z - l_1 \gamma)(k_z - l_2 \gamma)(k_z - l_3 \gamma)(k_z - l_4 \gamma)}$,

$$d_4 = \sqrt{\dfrac{4}{\pi} \dfrac{P k_z{}^3}{(k_z - l_1 \gamma)(k_z - l_2 \gamma)(k_z - l_3 \gamma)(k_z - l_4 \gamma)}}$$

l=150m
d_5 l_5=30m
d_4 l_4=30m
d_3 l_3=30m
d_2 l_2=30m
d_1 l_1=30m
P=20t

Fig. 182.

$$d_4 = 1{,}128 \sqrt{\frac{20\,000\,.\,40\,000^3}{(40\,000 - 300\,.\,7{,}6)^4}}$$

$$„\; = \frac{1128}{94{,}3^2} \sqrt{50} = 0{,}8969 \text{ dm} = \underline{89{,}69 \text{ mm.}}$$

$$\textbf{5.}\;\; f_5 = \frac{d_5{}^2\pi}{4} = \frac{P k_z{}^4}{(k_z - l_1\gamma)(k_z - l_2\gamma)(k_z - l_3\gamma)(k_z - l_4\gamma)(k_z - l_5\gamma)}$$

$$d_5 = \sqrt{\frac{4}{\pi}\,\frac{P k_z{}^4}{(k_z - l_1\gamma)(k_z - l_2\gamma)(k_z - l_3\gamma)(k_z - l_4\gamma)(k_z - l_5\gamma)}}$$

$$„\; = 1{,}128 \sqrt{\frac{20\,000\,.\,40\,000^4}{(40\,000 - 300\,.\,7{,}6)^5}} = \frac{11\,280}{94{,}3^2} \sqrt{\frac{50}{94{,}3}}$$

$$„\; = 0{,}9237 \text{ dm} = \underline{92{,}37 \text{ mm.}}$$

38. Beispiel. Eine mit 5000 kg belastete Zugstange von Flacheisen soll unter Berücksichtigung des Eigengewichtes für den Fall bestimmt werden, daß die Länge derselben 35 m und das Verhältnis der Breite zur Dicke des Querschnittes gleich 5,5 zu 1,5 sein und die Materialbeanspruchung 5 kg pro qmm betragen soll.

Das spezifische Gewicht betrage 7,6.

Berechnet sollen werden

1. die Abmessungen des größten Querschnittes,

2. die Querschnittsabmessungen, im Abstande 20 m vom freien Ende aus gemessen, und

3. die Seiten des kleinsten Querschnittes.

Lösung: Nach Formel 22.

$$\textbf{1.}\;\; f = \frac{P}{k}\,e^{\frac{l}{k}\gamma} = \frac{5000}{50\,000}\,2{,}71828^{\frac{350}{50\,000}\cdot 7{,}6}$$

$$= 0{,}1\,.\,2{,}71\,828^{0{,}0532}$$

$$= 0{,}10\,547 \text{ qdm} = 10{,}547 \text{ qcm.}$$

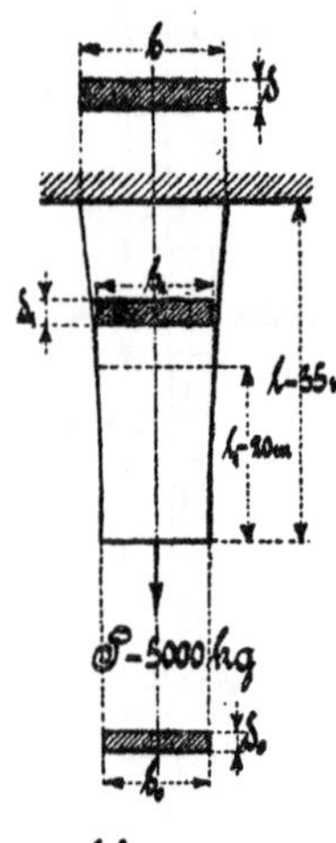

Fig. 183.

Da nun
$$f = b\delta = \frac{11}{3}\delta\,.\,\delta = \frac{11}{3}\delta^2 \text{ ist,}$$

so erhält man
$$d = \sqrt{\frac{3\,f}{11}} = \sqrt{\frac{3\,.\,10{,}547}{11}} = \underline{1{,}696 \text{ cm}}$$

und
$$b = \frac{11}{3}\,\delta = \frac{11}{3}\,.\,1{,}696 = \underline{6{,}215 \text{ cm.}}$$

$$\textbf{2.}\;\; f_1 = \frac{P}{k}\,e^{\frac{l_1}{k}\gamma} = \frac{5000}{50\,000}\,2{,}71\,828^{\frac{200}{50\,000}\,7{,}6}$$

$$„\; = 0{,}1\,.\,2{,}71\,828^{0{,}0304} = 0{,}10\,307 \text{ qdm} = 10{,}307 \text{ qcm.}$$

Da nun $f_1 = b_1 \delta_1 = \dfrac{11}{3} \delta_1 \cdot \delta_1 = \dfrac{11}{3} \delta_1{}^2$ ist, so folgt

$$\delta_1 = \sqrt{\dfrac{3 f_1}{11}} = \sqrt{\dfrac{3 \cdot 10{,}307}{11}} = \underline{1{,}676 \text{ cm}}$$

und

$$b_1 = \dfrac{11}{3} \delta_1 = \dfrac{11}{3} \, 1{,}676 = \underline{6{,}149 \text{ cm}}.$$

3. $f_0 = \dfrac{P}{k} e^{\frac{0}{k}\gamma} = \dfrac{P}{k} e^0 = \dfrac{P}{k} = \dfrac{5000}{50000} = 0{,}1 \text{ qdm} = 10 \text{ qcm}.$

Nun ist aber $f_0 = b_0 \delta_0 = \dfrac{11}{3} \delta_0 \cdot \delta_0 = \dfrac{11}{3} \delta_0{}^2$, woraus

$$\delta_0 = \sqrt{\dfrac{3 f_0}{11}} = \sqrt{\dfrac{3 \cdot 10}{11}} = \underline{1{,}651 \text{ cm}}$$

und

$$b_0 = \dfrac{11}{3} \delta_0 = \dfrac{11}{3} \cdot 1{,}651 = \underline{6{,}050 \text{ cm}} \text{ folgt.}$$

Achte Aufgabengruppe.

Zu § 10. Hohlzylinder und Hohlkugel.

39. Beispiel. Ein gußeisernes Rohr habe einen lichten Durchmesser von 450 mm und eine Wandstärke von 15 mm.

Welchen Überdruck wird das Rohr aushalten können, wenn das Material mit 150 kg pro qcm beansprucht werden soll?

Lösung: Nach Formel 25.

$$\delta = \dfrac{1}{2} \dfrac{p}{k} d, \text{ woraus } p = \dfrac{2 k \delta}{d} = \dfrac{2 \cdot 150 \cdot 1{,}5}{45} = \underline{10 \text{ Atm.}} \text{ folgt.}$$

40. Beispiel. Ein schmiedeeisernes Rohr habe einen lichten Durchmesser von 30 cm, das zur Fortleitung einer unter 5 Atm. Überdruck stehenden Flüssigkeit dienen soll. Die Materialspannung soll 4 kg betragen. Mit Rücksicht auf die Abnutzung und die Eigengewichtswirkung soll dem Festigkeitswerte noch eine Konstante von 8 mm zugefügt werden.

Welche Wandstärke muß das Rohr haben?

Lösung: Nach Formel 25.

$$\delta = \dfrac{1}{2} \dfrac{p}{k} d + c = \dfrac{1}{2} \dfrac{5}{400} \, 30 + 0{,}8 = 0{,}187 + 0{,}8 = \underline{0{,}987 \text{ cm}}.$$

41. Beispiel. Es soll die Wandstärke einer aus Kupfer hergestellten Hohlkugel von 90 cm lichtem Durchmesser für den Fall angegeben werden, daß die Materialspannung 2,2 kg pro qmm, der Innenüberdruck 3,5 Atm. beträgt und daß der durch die Rechnung sich ergebenden Wandstärke noch ein Erfahrungswert von 4 mm zugefügt wird.

Lösung: Nach Formel 23.

$$\delta = \frac{1}{4}\frac{p}{k}d + c = \frac{1}{4}\frac{3,5}{220}\,90 + 0,4 = 0,358 + 0,4 = \underline{0,758\ \text{cm}}.$$

42. Beispiel. Der Durchmesser des Zylinders einer liegenden Dampfmaschine betrage 50 cm. Die absolute Dampfspannung sei 8 Atm. Die Materialspannung des vorliegenden Gußeisens sei 130 kg pro qcm.

Welche Wandstärke muß der Dampfzylinder erhalten?

Lösung: Nach Formel 28.

$$\delta = \frac{1}{2}\frac{(p-1)+2}{k}d + c = \frac{1}{2}\frac{(8-1)+2}{130}\,50 + 1,5 = 1,73 + 1,5$$

$$\text{„} = \underline{3,23\ \text{em}}.$$

43. Beispiel. Die Blechstärke eines Dampfkessels von 1,5 m lichtem Durchmesser soll für 12 Atm. Überdruckspannung ermittelt werden.

Die Materialspannung des vorliegenden Kesselbleches sei mit 500 kg pro qcm in Rechnung zu ziehen.

Lösung: Nach Formel 28.

$$\delta = \frac{1}{2}\frac{p+2}{k}d + c = \frac{1}{2}\frac{12+2}{500}\,150 + 0,3 = 2,1 + 0,3 = \underline{2,4\ \text{cm}}.$$

44. Beispiel. Wie groß ist die Blechstärke eines Lokomotivkessels, mit 120 cm lichtem Durchmesser und 9 Atm. Überdruck zu wählen, wenn Schweißeisen für das Blech- und Nietmaterial mit 3000 kg Bruchmodul zur Verwendung und zweireihig versetzte Überlappungsnietung bei 4,5facher Sicherheit in Frage kommen soll? Die Festigkeitsverhältniszahl der Nietnaht sei erfahrungsgemäß mit 0,70 gegeben. Der sich aus der Rechnung ergebenden Wandstärke soll noch ein Zuschlag von 0,8 mm zugefügt werden.

Lösung: Nach Formel 27.

$$\delta = \frac{1}{2}\frac{p\,m}{s\,\varphi}d + c = \frac{1}{2}\frac{9\cdot 4,5}{3000\cdot 0,70}\,120 + 0,08 = 1,15 + 0,08 = \underline{1,23\ \text{cm}}.$$

45. Beispiel. Es soll der äußere Durchmesser und die Wanddicke eines auf 12 Atm. beanspruchten Dampfkesselheizrohres von 40 cm lichtem Durchmesser für eine Materialspannung von 5 kg pro qmm bestimmt werden.

Lösung: Nach Formel 33.

$$d_a = d_i\sqrt{\frac{k_d}{k_d - 1,7\,p_a}} = 40\sqrt{\frac{500}{500 - 1,7\cdot 12}} = \underline{40,84\ \text{cm}},$$

$$\delta = \frac{1}{2}(d_a - d_i) = \frac{1}{2}(40,84 - 40) = \frac{1}{2}\cdot 0,84 = \underline{0,42\ \text{cm}}.$$

46. Beispiel. Das Hauptdampfrohr zu einem Wasserrohrkessel von 750 mm Durchmesser hat eine Wandstärke von 10 mm, der Dampfdruck beträgt 14 Atm.

Welcher Beanspruchung ist das Material ausgesetzt, wenn der Gütegrad der Nietnaht 0,94 beträgt?

Lösung: Nach Formel 27.

$$\delta = \frac{1}{2}\frac{p\,m}{s\,\varphi}\,d, \text{ wo } \delta = 10\text{ mm}, \ p = 14\text{ Atm.,}$$

$$\varphi = 0,94 \text{ und } d = 75\text{ cm ist.}$$

$$k_z = \frac{s}{m} = \frac{1}{2}\frac{p\,d}{\delta\,\varphi} = \frac{14\cdot75}{2\cdot1\cdot0,94} = 558 \sim \underline{560 \text{ kg/cm}^2}.$$

47. Beispiel. Welche Teilung ist einer einreihigen und einschnittigen Nietnaht zu geben, wenn zwischen dem Nietdurchmesser d und der Blechdicke δ, z. B. nach Unwin, die Beziehung „$d = 6,3\sqrt{\delta}$" besteht, welche den Druck im Nietloch sowie die Herstellung des Schließkopfes durch Stauchen des Materials berücksichtigt?

Lösung:

Nach Schwedler denkt man sich um jeden Nietbolzen einen schmalen Blechstreifen oder ein Blechband von der Dicke δ und der Breite 0,5 b seilartig gelegt, so muß die Festigkeit eines Nietbolzens gleich der Festigkeit des Blechbandes sein.

Es ist also

1. die Schubfestigkeit des Nietbolzens:

$$P_1 = \frac{d^2\,\pi}{4}\cdot k_s,$$

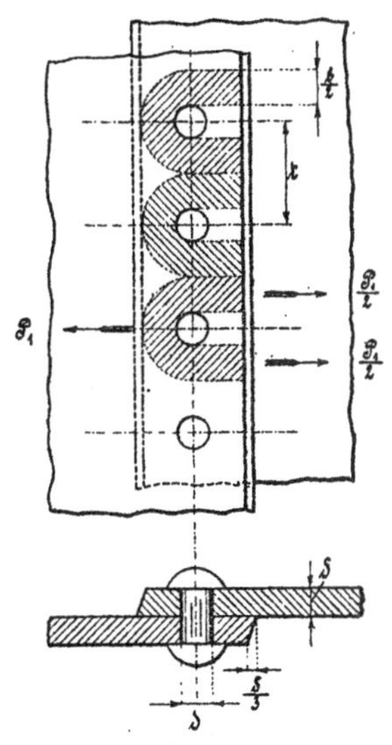

Fig. 184.

2. die Zugfestigkeit des Blechbandes: $P_1 = 2\cdot0,5\,b\cdot\delta\cdot k_z = b\,\delta\cdot k_z$. Durch Gleichsetzen folgt:

$$\frac{d^2\,\pi}{4}\cdot k_s = b\,\delta\cdot k_z \quad \text{oder} \quad b = \frac{d^2\,\pi}{4}\cdot\frac{k_s}{\delta\,k_z} = \frac{\pi}{4}\cdot\frac{d^2}{\delta}\cdot\frac{k_s}{k_z}.$$

Damit erhält man an Hand der Figur **die Teilung im allgemeinen**

$$t = b + d = 2\cdot\frac{\pi}{4}\cdot\frac{d^2}{\delta}\cdot\frac{k_s}{k_z} + d = \frac{\pi}{2}\cdot\frac{d^2}{\delta}\cdot\frac{k_s}{k_z} + d.$$

Soll noch das eventuelle Abrosten des Bleches Berücksichtigung finden, so hat man δ noch mit einem Werte η zu multiplizieren, der in der Regel $\eta = 0,80$ bis 0,90 ist, welcher einer Abrostung von 20 bis 10% entspricht.

Setzt man $k_s = k_z$, wie es bei normalen, gut ausgeführten Eisennietungen der Fall ist, und bestimmt man aus der angegebenen Beziehungsgleichung

$$d = 6{,}3 \sqrt{\delta} \text{ den Wert } \frac{d^2}{\delta} = 39{,}7,$$

so erhält man die Teilung

$$t = \frac{\pi}{4} \cdot 39{,}7 \cdot 1 + d \sim d + 30,$$

wo d in mm zu setzen ist.

Bei dieser Berechnung ist die ungünstig wirkende, hohe Biegungsbeanspruchung des Nietbolzens gegenüber des zugunsten der Konstruktion wirkenden Reibungswiderstandes zwischen den Blechen vernachlässigt worden, sowie es in der Regel bei Festigkeitsrechnungen zu geschehen pflegt.

Anmerkung: Zur Wahl eines passenden Nietdurchmessers können außer der in der vorstehenden Aufgabe angegebenen Beziehungsgleichung auch noch folgende Erfahrungsgleichungen benutzt werden:

1. nach Grove $\quad d = \dfrac{36\,\delta}{9 + \delta}$ oder $\delta = \dfrac{9\,d}{36 - d}$ (δ und d in mm),

2. $\qquad\qquad\qquad d = \delta + 9$ oder $\delta = d - 9$ für Schweißeisenblech
$$\text{(d und } \delta \text{ in mm),}$$
$$d = \delta + 10 \text{ oder } \delta = d - 10 \text{ für Flußeisenblech,}$$

3. nach Bach $\quad d = \sqrt{5\,\delta} - 0{,}4$ oder $\delta = \dfrac{(d + 0{,}4)^2}{5}$ (d und δ in cm).

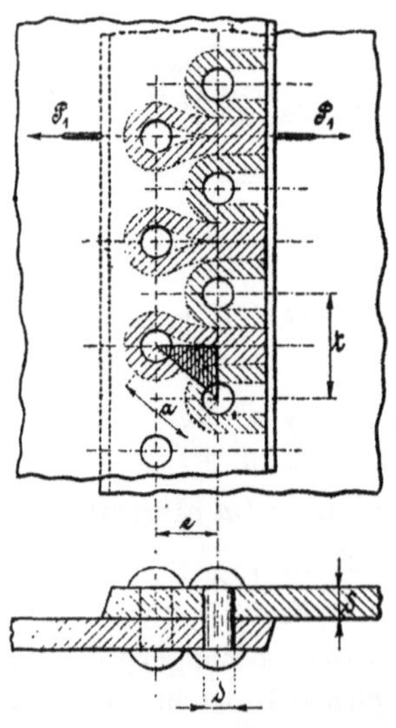

Fig. 185.

Zur Berechnung der Teilung liegt auch noch die von Bach angegebene Gleichung $t = 2\,d + 0{,}8$ (t und d in cm) vor, die innerhalb der praktisch möglichen Grenzen mit der vorgenannten Teilung nahezu den gleichen Wert liefert.

Den Abstand der Blechkante von der Nietnaht macht man erfahrungsgemäß gleich 1,5 d.

48. Beispiel. Welche Teilung und welchen Nietnahtabstand muß eine zweireihige, einschnittige Nietnaht erhalten, wenn d und δ wieder den Durchmesser des Nietbolzens und die Blechdicke bezeichnen, zwischen denen wieder die Beziehungsgleichung „$d = 6{,}3 \sqrt{\delta}$" besteht.

Lösung:

Da man auch hier um jeden Nietbolzen in der vorher beschriebenen Weise ein Blechband seilartig legen kann, wo jedes Band wieder die vorher berechnete Breite

$$b = \frac{\pi}{4} \cdot \frac{d^2}{\delta} \cdot \frac{k_s}{k_z}$$

erhalten muß, so folgt an Hand der Figur die gesuchte Teilung

$$t = 2\,b + d = 2 \cdot \frac{\pi}{4} \cdot \frac{d^2}{\delta} \cdot \frac{k_s}{k_z} + d.$$

Setzt man wieder $k_s = k_z$ und $\dfrac{d^2}{\delta} = 39{,}7$, so beträgt die Teilung

$$t = 2 \cdot \frac{\pi}{4} \cdot 39{,}7 \cdot 1 + d \sim d + 60,$$

worin d in mm zu setzen ist.

Auch hier liegt eine von Bach angegebene Erfahrungsgleichung
$$t = 2{,}6\,d + 1{,}5 \quad (t \text{ und } d \text{ in cm})$$
vor, nach der man eine passende Teilung ermitteln kann.

Den Nietnahtabstand e erhält man aus dem in der Figur markierten Dreieck zu

$$e = \sqrt{a^2 - \left(\frac{t}{2}\right)^2} = \sqrt{(b+d)^2 - \left(\frac{2\,b+d}{2}\right)^2} = \frac{1}{2}\sqrt{d\,(4\,b + 3\,d)}$$

oder auch nach der von Bach angegebenen Gleichung
$$e = 0{,}6\,t \quad (e \text{ und } t \text{ in cm}).$$

Anmerkung. Für Kettennietungen kann man $t = 2{,}6\,d + 1{,}0$ und $e = 0{,}8\,t$ verwenden, worin wieder alle Abmessungen in cm zu setzen sind.

49. Beispiel. Welchen Gleitungswiderstand erhält die Längs-Niethnaht eines Dampfkessels, dessen lichter Durchmesser D ist? Es bezeichne ferner p den Dampfüberdruck, t die Teilung der Nietnaht, i die Anzahl der auf einer Rohrlänge gleich der Teilung befindlichen Nieten, f den Nietquerschnitt und k_s den Gleitungswiderstand oder, was dasselbe ist, die vorliegende Schubspannung des Nietmaterials.

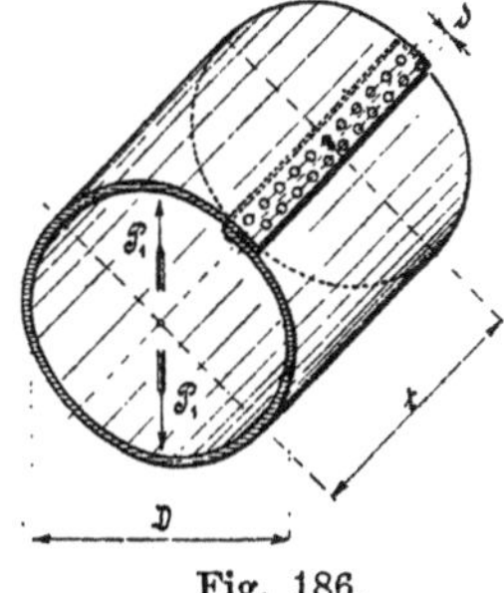

Fig. 186.

Lösung:

Der Dampfdruck gegen die Rohrwand: $P_1 = D\,t \cdot p$,
die Beanspruchung einer Wandung bezw. der Nietnaht, welche von

i Nieten zusammen gehalten ist: $\dfrac{P_1}{2} = \dfrac{D\,t \cdot p}{2}$,

die Beanspruchung eines Nietquerschnittes: $\dfrac{D\,t\,p}{2\,i}$, woraus dann die Beanspruchung von 1 qcm Nietquerschnitt oder der gesuchte ·Gleitungswiderstand

$$k_s = \frac{D\,t\,p}{2\,i\,f}$$

erhalten wird.

Anmerkung. Der Gleitungswiderstand kann bei sachgemäßer Ausführung und bei Verwendung von gutem Material betragen:

1. bei einschnittiger, einreihiger Vernietung zu 600 bis 700 kg/cm²,
2. „   „   , zweireihiger   „   „ 550 „ 650 „
3. „   „   , dreireihiger   „   „ 500 „ 600 „
4. „ zweischnittiger, einreihiger   „   „ 500 „ 600 „
5. „   „   , zweireihiger   „   „ 475 „ 575 „
6. „   „   , dreireihiger   „   „ 450 „ 550 „

50. Beispiel. Es sollen die Verhältnisse einer zweireihigen Überlappungsnietung für einen mit 8 Atm. Überdruck arbeitenden Dampfkessel von 180 cm Durchmesser festgestellt werden. Das zur Verfügung stehende Flußeisenblech habe eine absolute Festigkeit von 3600 kg pro qcm.

Lösung:

1. Die Blechdicke δ. Nach Formel 27.

$$\delta = \frac{1}{2} \cdot \frac{p\,m}{s\,\varphi}\,D, \quad \text{wo } m = 5, \ s = 3600 \text{ kg/cm}^2,$$

$$p = 8 \text{ Atm.}, \quad \varphi = 0{,}7 \text{ und } D = 180 \text{ cm.}$$

$$\delta = \frac{1}{2} \cdot \frac{8 \cdot 5}{3600 \cdot 0{,}7} \cdot 180 = 1{,}43 \sim \underline{1{,}5 \text{ cm.}}$$

2. Der Nietdurchmesser d. Nach Aufgabe 47.

$$d = \sqrt{5\,\delta} - 0{,}4 = \sqrt{5 \cdot 1{,}5} - 0{,}4 = 2{,}33 \sim \underline{2{,}4\,\text{cm.}}$$

3. Die Nietteilung t. Nach Aufgabe 48.

$$t = 2{,}6\,d + 1{,}5 = 2{,}6 \cdot 2{,}4 + 1{,}5 = 7{,}74 \sim \underline{7{,}8 \text{ cm.}}$$

4. Der Gleitungswiderstand k_s. Nach Aufgabe 49.

$$k_s = \frac{D\,t\,p}{2\,i\,f} = \frac{180 \cdot 7{,}8 \cdot 8}{2 \cdot 2 \cdot \dfrac{2{,}4^2\,\pi}{4}} = \underline{620{,}6 \text{ kg/cm}^2.}$$

Da dieser Wert noch innerhalb des größten zulässigen Betrages von 650 kg liegt, so sind die berechneten Abmessungen brauchbar.

5. Der Abstand e der Nietnähte. Nach Aufgabe 48.

$$e = 0{,}6\,t = 0{,}6 \cdot 7{,}8 = 4{,}68 \sim \underline{4{,}7 \text{ cm.}}$$

6. Der wirklich vorliegende Gütegrad φ.

$$\varphi = \frac{t - d}{t} = \frac{7{,}8 - 2{,}4}{7{,}8} = \frac{5{,}4}{7{,}8} = \underline{0{,}69.}$$

51. Beispiel. Das vorher angeführte Beispiel soll für eine zweireihige Laschennietung nachgerechnet werden.

Lösung:

1. Die Blechdicke δ. Nach Formel 27.

$$\delta = \frac{1}{2} \cdot \frac{p\,m}{s\,\varphi}\,D, \quad \text{wo} \quad p = 8 \text{ Atm.}, \quad m = 4{,}5,$$

$$s = 3600 \text{ kg/cm}^2, \quad D = 180 \text{ cm}, \quad \varphi = 0{,}75,$$

$$\delta = \frac{1}{2} \cdot \frac{8 \cdot 4{,}5}{3600 \cdot 0{,}75} \cdot 180 = \underline{1{,}2 \text{ cm}}.$$

2. Der Nietdurchmesser d.

$$d = \sqrt{5\,\delta} - 0{,}6 = \sqrt{5 \cdot 1{,}2} - 0{,}6 = 1{,}84 \sim \underline{1{,}8 \text{ cm}}.$$

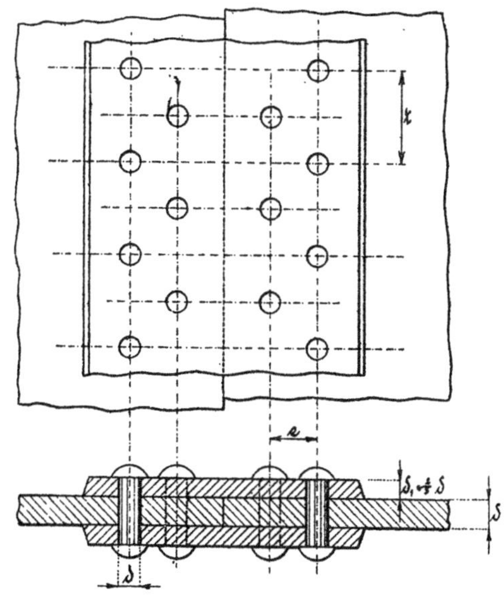

Fig. 187.

3. Die Nietteilung t.

$$t = 3{,}5\,d + 1{,}5 = 3{,}5 \cdot 1{,}8 + 1{,}5 = \underline{7{,}8 \text{ cm}}.$$

4. Der Gleitungswiderstand k_s. Nach Aufgabe 49.

$$k_s = \frac{D\,t\,p}{2\,i\,f} = \frac{180 \cdot 7{,}8 \cdot 8}{2 \cdot 4 \cdot \dfrac{1{,}8^2\,\pi}{4}} = \underline{551{,}7 \text{ kg/cm}^2}.$$

Dieser Wert liegt noch innerhalb des zulässigen Betrages von 475 bis 575 kg.

5. Der Abstand e der Nietnähte.

$$e = 0{,}5\,t = 0{,}5 \cdot 7{,}8 = \underline{3{,}9 \text{ cm}}.$$

6. Der wirklich vorliegende Gütegrad φ.

$$\varphi = \frac{t-d}{t} = \frac{7,8-1,8}{7,8} = \frac{6}{7,8} = \underline{0,769}.$$

52. Beispiel: Welche Verhältnisse erhält die als einreihige Überlappungsnietung ausgeführte Quer- oder Rundnaht eines Dampfkessels, der die im Beispiel 51 berechnete Nietverbindung als Längsnaht hat?

Lösung:

1. Die Teilung t. Nach Aufgabe 47.

$$t = 2d + 0,8 = 2 \cdot 1,8 + 0,8 = 3,6 + 0,8 = \underline{4,4}\ \text{cm}.$$

2. Der Gleitungswiderstand k_s.

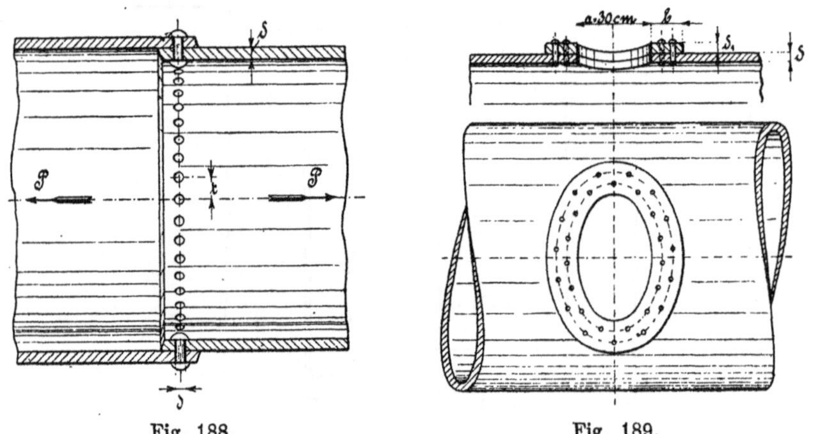

Fig. 188.Fig. 189.

Der von dem Rohrwandquerschnitt bezw. von der Nietnaht aufzufangende Bodendruck P des Kessels beträgt $P = \dfrac{D^2 \pi}{4} \cdot p$.

Auf 1 cm Umfang kommt ein Druck: $P_1 = \dfrac{P}{D\pi} = \dfrac{\frac{D^2 \pi}{4} p}{D\pi} = \dfrac{Dp}{4}$,

auf t cm „ „ „ „ $P_1 \cdot t = \dfrac{Dpt}{4}$,

der von i Nieten aufgenommen werden muß, die auf einer Teilung der Nietnaht sich befinden.

Auf einen Nietquerschnitt kommt dann die Belastung $\dfrac{Dtp}{4i}$, woraus die Belastung für 1 qcm Nietquerschnitt oder der gesuchte Gleitungswiderstand

$$k_s = \frac{Dtp}{4if}$$

erhalten wird. Bei der vorliegenden Nietnaht wird nun

$$k_s = \frac{180 \cdot 8 \cdot 4{,}4}{4 \cdot 1 \cdot \dfrac{1{,}8^2\,\pi}{4}} = 622{,}4 \ \text{kg/cm}^2,$$

welcher Betrag noch innerhalb der zulässigen Werte von $600-700$ kg liegt.

53. Beispiel. In einem Dampfkessel vom Durchmesser $D = 220$ cm, 12 Atm. Überdruck, dem Güteverhältnis $\varphi = 0{,}85$, der Blechdicke $\delta = 2{,}1$ cm und einem Nietdurchmesser von $d = 2{,}6$ cm soll ein Mannloch hergestellt werden. Die Breite des quergelegten Loches betrage $a = 30$ cm; der Verstärkungsring soll eine Dicke von 2,5 cm erhalten. Der Gleitungswiderstand sei mit Rücksicht auf die nicht gleichmäßige Verteilung der Kraft auf die einzelnen Nietbolzen nur mit 500 kg/cm² in Rechnung zu setzen.

1. Welche Breite muß der Ring erhalten, und
2. mit wieviel Nieten ist der Ring zu befestigen?

Lösung:

1. Die Ringbreite b.

Der herausgeschnittene Blechstreifen vom Inhalt $f = b\,\delta$ muß durch den als Ersatz dienenden Ringquerschnitt ersetzt werden, wobei beachtet werden kann, daß die Blechdicke δ nach Maßgabe des Güteverhältnisses φ der Längsnietnaht an der ungeschwächten Stelle etwas zu groß ist, weshalb der Ring eine entsprechend geringere Breite zu erhalten braucht. Es ist

die Zugfestigkeit des herausgeschnittenen Bleches: $P = a\,\delta\,\varphi \cdot k_z,$
„ „ „ Ersatzringquerschnittes: $P = 2\,(b - d)\,\delta_1 \cdot k_z.$

Durch Gleichsetzen folgt:

$$a\,\delta\,\varphi \cdot k_z = 2\,(b-d)\,\delta_1 \cdot k_z \quad \text{oder} \quad a\,\delta\,\varphi = 2\,(b-d)\,\delta_1,$$

$$b = \frac{a\,\delta\,\varphi}{2\,\delta_1} + d, \quad \text{wo } a = 30 \text{ cm}, \ \delta = 2{,}1 \text{ cm}, \ \varphi = 0{,}85, \ \delta_1 = 2{,}5 \text{ cm und}$$

$$d = 2{,}6 \text{ cm ist.}$$

Damit wird

$$b = \frac{30 \cdot 2{,}1 \cdot 0{,}85}{2 \cdot 2{,}5} + 2{,}6 = 10{,}71 + 2{,}6 = 13{,}3 \infty \underline{13 \text{ cm}}.$$

2. Die Anzahl der Nieten.

Auch hier gilt die im Beispiel 49 entwickelte Gleichung, in der nur an Stelle der Teilung t eine Rohrlänge gleich der Ausschnittlänge a zu setzen ist.

Damit erhält man die auf eine Ringhälfte kommenden Nieten

$$k_s = \frac{D\,a\,p}{2\,i\,f} \quad \text{bezw.} \quad i = \frac{D\,a\,p}{2\,k_s\,f},$$

wo $D = 220$ cm, $a = 30$ cm, $p = 12$ Atm.,

$$k_8 = 500 \text{ kg/cm}^2 \text{ und } f = \frac{d^2 \pi}{4} = \frac{2{,}6^2 \pi}{4} = 5{,}31 \text{ cm}^2.$$

Eingesetzt, gibt $i = \dfrac{220 \cdot 30 \cdot 12}{2 \cdot 500 \cdot 5{,}31} = 14{,}9 \sim 15$ Nieten.

Zur Befestigung des ganzen Ringes gehören demnach

$$2\,i = 2 \cdot 15 = 30 \text{ Nieten.}$$

54. Beispiel. Mit welchem Überdruck kann ein aus Gußeisen hergestelltes Rohr von 25 cm lichtem und 54 cm äußerem Durchmesser beansprucht werden, wenn die Materialspannung 250 kg betragen soll?

Lösung: Nach Formel 26.

$$d_a = d_i \sqrt{\frac{k_z + 0{,}4\,p}{k_z - 1{,}3\,p}},$$

$$\left(\frac{d_a}{d_i}\right)^2 (k_z - 1{,}3\,p) = k_z + 0{,}4\,p,$$

$$\left(\frac{d_a}{d_i}\right)^2 k_z - \left(\frac{d_a}{d_i}\right)^2 1{,}3\,p = k_z + 0{,}4\,p,$$

$$k_z \left[\left(\frac{d_a}{d_i}\right)^2 - 1\right] = p \left[1{,}3 \left(\frac{d_a}{d_i}\right)^2 + 1\right],$$

$$p = \frac{k_z \left[\left(\frac{d_a}{d_i}\right)^2 - 1\right]}{1{,}3 \left(\frac{d_a}{d_i}\right)^2 + 1} = \frac{250 \left[\left(\frac{54}{25}\right)^2 - 1\right]}{1{,}3 \left(\frac{54}{25}\right)^2 + 1} = \frac{250\,(2{,}16^2 - 1)}{1{,}3 \cdot 2{,}16^2 + 1}$$

$$_{\text{,,}} = \frac{250 \cdot 3{,}6656}{1{,}3 \cdot 4{,}6656 + 1} = \frac{916{,}4}{7{,}06528} = 129{,}7 \sim 130 \text{ Atm.}$$

Neunte Aufgabengruppe.

Zu § 12. Schub- oder Scherfestigkeit.

55. Beispiel. Welche Kraft hat man beim Lochen eines schmiedeeisernen Bleches von 10 mm Dicke aufzuwenden, wenn der Lochdurchmesser des Bleches 30 mm und die Schubfestigkeit gegen Bruch 35 kg beträgt?

Lösung: Nach Formel 40.

$$P_{max} = f\,s_8 = d\,\pi\,\delta\,s_8 = 30\,\pi \cdot 10 \cdot 35$$
$$_{\text{,,}} = 32970 \text{ kg.}$$

56. Beispiel. Bis zu welcher Grenze lassen sich in vorstehender Blechtafel noch Löcher stanzen, wenn die Bruchfestigkeit gegen Druck des gehärteten Stahlstempels 100 kg beträgt, und wie groß müßte hierbei die zum Lochen nötige Kraft sein?

Lösung: Nach den Formeln 40 und 8.

1. Der Lochdurchmesser d.

$P = d \pi \delta s_s$ gegen Schub,

$P = \dfrac{d^2 \pi}{4} s_d$ gegen Druck.

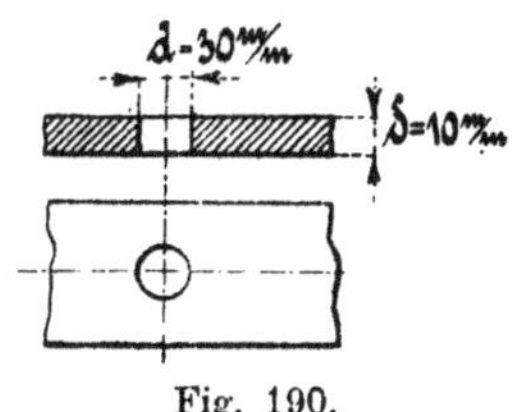

Fig. 190.　　　　　　　　　Fig. 191.

Durch Gleichsetzen folgt:

$$d \pi \delta s_s = \frac{d^2 \pi}{4} s_d, \quad \text{woraus man} \quad \delta s_s = \frac{d}{4} s_d$$

oder

$$d = 4 \delta \frac{s_s}{s_d} = 4 \cdot 10 \cdot \frac{35}{100} = \underline{14 \text{ mm}} \text{ erhält.}$$

2. Die Kraft $P = d \pi \delta s_s = 14 \pi \cdot 10 \cdot 35 = \underline{15386 \text{ kg.}}$

57. Beispiel. Welche Abmessungen erhält die beistehende Zugstangenverbindung für eine Belastung von 10000 kg bei 750 kg Materialspannung?

Lösung: Nach den Formeln 7 und 40.

1. Der Zugstangendurchmesser d.

$$P = f k_z = \frac{d^2 \pi}{4} k_z,$$

$$d = \sqrt{\frac{4P}{\pi k_z}} = 1{,}128 \sqrt{\frac{P}{750}} = 0{,}0412 \sqrt{P}$$

$$„ = 0{,}0412 \sqrt{10000} = 0{,}0412 \cdot 100 = 4{,}12 \text{ cm} = \sim \underline{42 \text{ mm.}}$$

2. Die Gabeldicke δ.

$$P = f k_z = 2 d \delta k_z,$$

$$\delta = \frac{P}{2 d k_z} = \frac{10000}{2 \cdot 4{,}2 \cdot 750} = 1{,}59 \text{ cm} = \sim \underline{16 \text{ mm.}}$$

3. Der Bolzendurchmesser $d_1.$

$$P = f k_s = \frac{2 d_1^2 \pi}{4} 0{,}8 k_z = 0{,}4 d_1^2 \pi k_z,$$

$$d_1 = \sqrt{\frac{P}{0{,}4\,\pi\,k_z}} = \frac{0{,}564}{2}\sqrt{\frac{10 \cdot 10000}{750}} = 3{,}26 \text{ cm} = \sim \underline{33 \text{ mm.}}$$

4. Der Augendurchmesser D. Die beiden Augen der Gabel können entweder durch Zerreißen senkrecht zur Stangenrichtung oder durch Herausscheren des Bolzens in Richtung der Stange zum Bruche geführt werden.

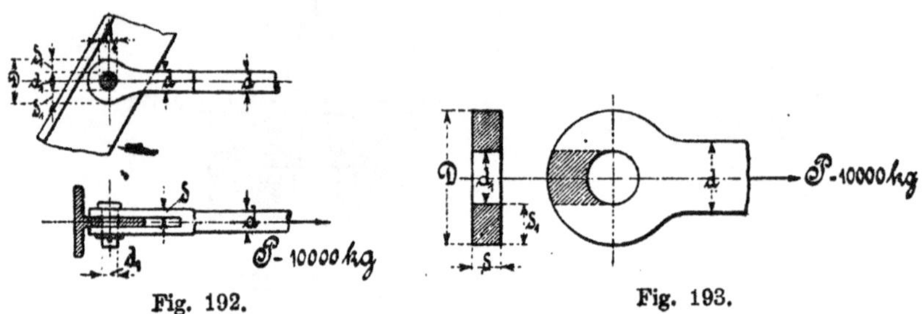

Fig. 192.   Fig. 193.

1. gegen Zug: $\quad P = f k_z = (D - d_1)\,\delta\,2\,k_z,$

$$D = \frac{P}{2\,\delta\,k_z} + d_1 = \frac{10000}{2 \cdot 1{,}6 \cdot 750} + 3{,}3 = 4{,}167 + 3{,}3$$

$$\text{„} = 7{,}467 \text{ cm} = \sim \underline{75 \text{ mm.}}$$

2. gegen Schub: $P = f k_s = 2\,\delta_1\,\delta\,2 \cdot 0{,}8\,k_z = 3{,}2\,\delta_1\,\delta\,k_z,$

$$\delta_1 = \frac{P}{3{,}2\,k_z\,\delta} = \frac{10000}{3{,}2 \cdot 750 \cdot 1{,}6} = 2{,}604 \text{ cm.}$$

$$D = 2\,\delta_1 + d_1 = 2 \cdot 2{,}604 + 3{,}3 = 8{,}508 \text{ cm} = \sim \underline{85 \text{ mm.}}$$

Der letzte Durchmesser, als der größere, ist der Ausführung zugrunde zu legen.

58. Beispiel. Es sind die Abmessungen eines einfachen Hängewerkes für eine Spannweite und Höhe von 8 bezw. 3 m zu bestimmen.

Der Elastizitätsmodul für Holz beträgt rund 100000 kg/qcm. Die Sicherheit in den Streben soll 10 fach sein. Die zulässigen Spannungen gegen Zug, Druck und Abscherung sind für das Holzmaterial mit 100,60 und 10 kg/qcm, für Schmiedeeisen dagegen mit 750 kg vorgeschrieben.

Zu ermitteln sind also

1. die Länge l_1 der beiden Streben,
2. der Neigungswinkel α zwischen Horizontalbalken und Strebe,
3. der Strebendruck S,
4. der Horizontaldruck H_1,
5. der Horizontaldruck H_2,
6. die Seite δ_1 des quadratischen Querschnittes der Streben,
7. die Seite δ_2 des quadratischen Querschnittes der Hängesäule,

8. die Höhe h_1 des überstehenden Kopfes der Säule,

9. die Materialspannungen gegen Schub und Druck der Streben gegenüber der Säule,

10. die Durchmesser der beiden Schraubenbolzen, womit die Flacheisen an der Säule befestigt sind,

11. die Breite b_1 der zu einer Schraube ausgebildeten Flacheisen, deren Dicke mit 10 mm angenommen ist,

12. der Kerndurchmesser d der Schraube,

13. die Plattendicke δ_3, deren Breite gleich der Flacheisenbreite sein soll,

14. der Bolzenabstand h_2 vom Säulenende,

15. die Breite b_2 der Zapfen, womit sich die Streben auf den Horizontalbalken stützen, und

16. die Länge l_2 des vor den Zapfen stehenden Holzes, für eine Zapfentiefe von 5 cm.

Lösung:

1. Die Strebenlänge l_1.

Nach dem geometrischen Satze des Pythagoras ergibt sich

$$l_1 = \sqrt{\left(\frac{l}{2}\right)^2 + h^2} = \sqrt{\left(\frac{8}{2}\right)^2 + 3^2} = \sqrt{16 + 9} = \sqrt{25} = \underline{5 \text{ m}}.$$

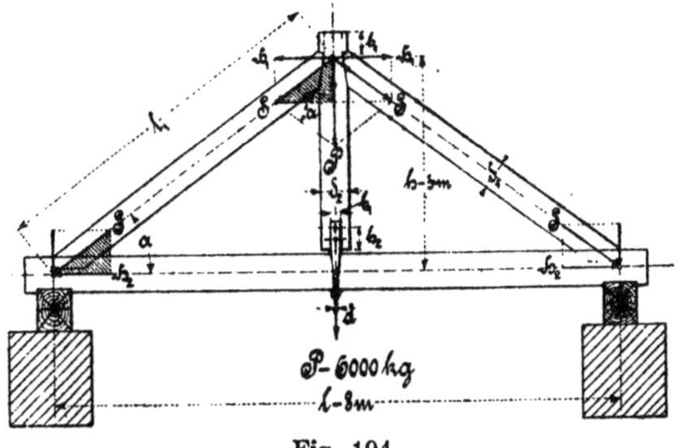

Fig. 194.

2. Der Neigungswinkel α.

$$\sin \alpha = \frac{h}{l_1} = \frac{3}{5} = 0,6 \text{ bezw. } \alpha \sim 36^0 50'.$$

3. Der Strebendruck S.

Aus der Ähnlichkeit des halben Dachbinderdreieckes mit dem schraffierten **Kräftedreiecke** folgt der Strebendruck

13*

$$S : l_1 = \frac{P}{2} : h \quad \text{oder} \quad S = \frac{l_1 \dfrac{P}{2}}{h} = \frac{l_1 P}{2 h} = \frac{5 \cdot 6000}{2 \cdot 3} = \underline{5000 \text{ kg.}}$$

4. Der Horizontaldruck H_1.

Aus den gleichen Dreiecken folgt auch

$$H_1 : \frac{l}{2} = \frac{P}{2} : h \quad \text{oder} \quad H_1 = \frac{\dfrac{l}{2} \cdot \dfrac{P}{2}}{h} = \frac{lP}{4h} = \frac{8 \cdot 6000}{4 \cdot 3} = \underline{4000 \text{ kg.}}$$

5. Der Horizontaldruck H_2.

Auch der Druck H_2 ergibt sich aus der Kongruenz der beiden schraffierten Kraftdreiecke ebenso groß als der Druck H_1, also
$$H_2 = H_1 = \underline{4000 \text{ kg.}}$$

6. Die Quadratseite δ_1 der Streben. Nach Formel 142.

Die Berechnung der Streben ist auf Knickungsfestigkeit vorzunehmen, die zwar noch nicht an diese Stelle gehört, der Vollständigkeit halber aber nach der genannten Formel ausgeführt werden soll.

$$P = \frac{\omega}{m} \frac{\pi^2}{\alpha} \frac{\Theta}{l^2},$$

worin $\omega = 1$ eine Erfahrungszahl, $m = 10$ den vorgeschriebenen Sicherheitsgrad, $\pi^2 = \text{rd } 10$, $\alpha = \dfrac{1}{100\,000}$ den Dehnungskoeffizienten, $\Theta = \dfrac{\delta_1^4}{12}$ das Trägheitsmoment, l die Strebenlänge in cm gemessen und P die Belastung in kg bezeichnet.

Nach Θ aufgelöst folgt die Gleichung

$$\Theta = \frac{m \, \alpha \, l^2 P}{\omega \pi^2} = \frac{10 \cdot \dfrac{1}{100\,000} \, l^2 P}{1 \cdot 10} = \frac{P l^2}{100\,000}.$$

Will man diesen Ausdruck noch auf eine in der Praxis gut bekannte Formel überführen, so hat man nur nötig, die Kraft P in Tonnen und die Länge l im Metermaße auszudrücken, indem man das erste Maß mit 1000, das letzte dagegen mit 100 multipliziert.

Dies ausgeführt, gibt $\Theta = \dfrac{P l^2 \, 1000 \cdot 100^2}{100\,000} = 100\,P l^2.$

Wird in diese Gleichung der oben genannte Wert für Θ eingesetzt, so ist $\dfrac{\delta_1^4}{12} = 100\,P l^2$, woraus $\delta_1 = \sqrt[4]{12 \cdot 100\,P l^2} = \sqrt[4]{12 \cdot 100 \cdot 6 \cdot 5^2}$

$$= 5 \cdot 2 \sqrt[4]{18} = 10 \cdot 2{,}0 = \underline{20 \text{ cm}} \text{ folgt.}$$

7. Die Quadratseite δ_2 der Hängesäule. Nach Formel 7.

Den kleinsten Querschnitt hat die Säule an der Stelle, wo die beiden Streben die auf Zug beanspruchte Säule unterstützen.

Die Quadratseite δ_2 wird dann unter der Annahme, daß die Streben das $^1/_5$ fache von δ_2 in die Säule eingelassen sind, erhalten aus

$$P = f k_z = (\delta_2 - 2\,c)\,\delta_2 k_z = \left(\delta_2 - 2\,\frac{\delta_2}{5}\right)\delta_2 k_z = 0{,}6\,\delta_2{}^2 k_z,$$

$$\delta_2 = \sqrt{\frac{P}{0{,}6\,k_z}} = \sqrt{\frac{6000}{0{,}6\,.\,100}} = \sqrt{100} = \underline{10\ \text{cm}}.$$

Das Resultat besagt, daß eine Hängesäule mit 10 cm Quadratseite den gestellten Bedingungen vollständig entspricht. Da nun aber die Streben bereits eine Quadratseite von 20 cm erhalten müssen, so ist es angebracht, der Hängesäule die gleiche Abmessung zu geben. Es sei deshalb $\delta_2 = \underline{20\ \text{cm}}$ angenommen.

8. Die überstehende Kopfhöhe h_1 der Säule. Nach Formel 40.

Der Zug P der Hängesäule wird von den beiden Vertikaldrücken der Streben von je 0,5 P aufgefangen, die nun das vor ihnen stehende

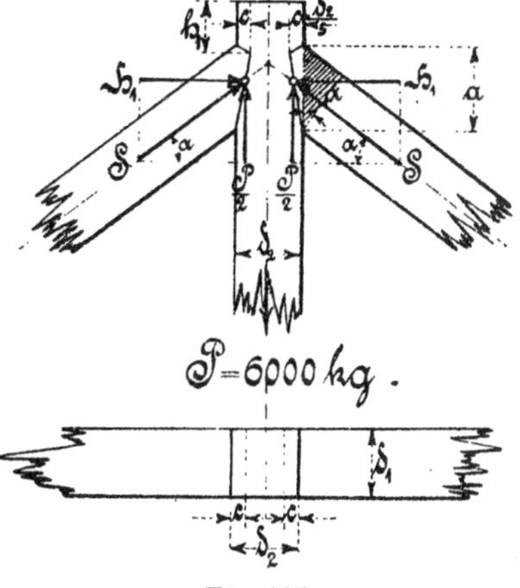

Fig. 195.

Holzmaterial von der Höhe h_1 abzuscheren suchen. Die dadurch bedingte Mindesthöhe ergibt sich aus

$$P = f k_s = 2\,h_1 \delta_2 k_s \quad \text{zu} \quad h_1 = \frac{P}{2\,\delta_2 k_s} = \frac{6000}{2\,.\,20\,.\,10} = \underline{15\ \text{cm}}.$$

9. Die Materialspannungen zwischen Säule und Streben.

1. Man hat sich zu überzeugen, ob die durch den Querschnitt der Streben festgelegte Höhe a der abscherenden Vertikalkraft genügend Widerstand leistet.

Die Formel 40 ergibt die Schubspannung zu

$$P = f k_s = 2\,\delta_1 a k_s = 2\,\delta_1 \frac{\delta_1}{\cos \alpha}\,k_s,$$

$$k_s = \frac{P\,.\,\cos \alpha}{2\,\delta_1{}^2} = \frac{6000\,.\,0{,}800}{2\,.\,20^2} = \underline{6\ \text{kg/qcm}}.$$

Da die zulässige Schubspannung mit 10 kg/qcm vorgeschrieben war, der vorliegende Wert aber innerhalb dieser Grenze bleibt, so kann die Höhe a beibehalten werden.

2. Die Streben drücken mit dem Horizontaldrucke H_1 gegen die Hängesäule, deren Druckfläche so groß sein muß, daß die zulässige Druckspannung nicht überschritten wird.

Die Formel 8 liefert eine Materialspannung

$$H_1 = f k_d = \delta_1 a k_d = \delta_1 \frac{\delta_1}{\cos \alpha} k_d = \frac{\delta_1{}^2}{\cos \alpha} k_d,$$

$$k_d = \frac{H_1 \cdot \cos \alpha}{\delta_1{}^2} = \frac{4000 \cdot 0{,}800}{20^2} = 8 \text{ kg/qcm.}$$

Auch diese Spannung liegt innerhalb der zulässigen Grenze, die mit 60 kg/qcm vorgeschrieben ist.

10. Die Bolzendurchmesser d_2. Nach Formel 40.

$$P = f k_s = 4 \frac{d_2{}^2 \pi}{4} 0{,}8 \, k_z = 0{,}8 \, d_2{}^2 \pi k_z,$$

$$d_2 = \sqrt{\frac{P}{0{,}8 \pi k_z}} = 0{,}282 \sqrt{5 \frac{P}{k_z}} = 0{,}282 \sqrt{5 \frac{6000}{750}} = 1{,}78 \sim 2 \text{ cm.}$$

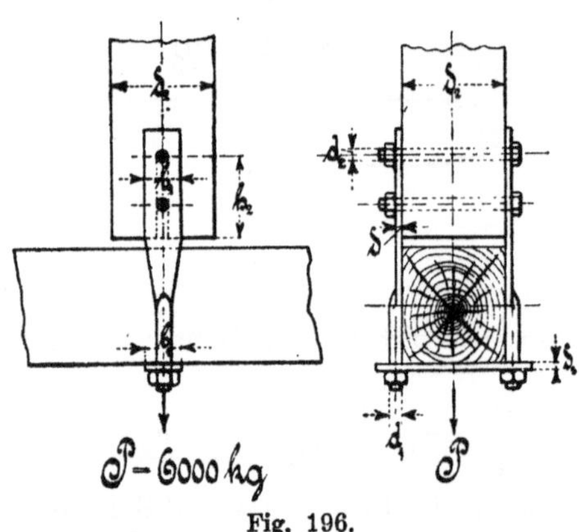

Fig. 196.

Bei der Wahl der Bolzendurchmesser ist aber auch noch auf den Leibungsdruck, der 60 kg/qcm nicht überschreiten soll, Rücksicht zu nehmen.

Nach Formel 8 findet sich ein solcher Durchmesser d_2 zu

$$P = f k_d = 2 d_2 \delta_2 k_d,$$

woraus sich

$$d_2 = \frac{P}{2 \delta_2 k_d} = \frac{6000}{2 \cdot 20 \cdot 60}$$

$$,, = 2{,}5 \text{ cm}$$

ergibt, welcher Wert der Ausführung zugrunde zu legen ist.

11. Die Flanschenbreite b_1. Nach Formel 7.

$$P = f k_z = 2 (b_1 - d_2) \delta k_z,$$

$$b_1 = \frac{P}{2 \delta k_z} + d_2 = \frac{6000}{2 \cdot 1 \cdot 750} + 2{,}5 = 4 + 2{,}5 = 6{,}5 \text{ cm.}$$

12. Der Schraubendurchmesser d_1. Nach Formel 7.

$$P = f k_z = 2 \frac{d_1{}^2 \pi}{4} k_z = 0{,}5 \, d_1{}^2 \pi k_z,$$

$$d_1 = \sqrt{\frac{P}{0,5\,\pi\,k_z}} = 0,564\,\sqrt{2\frac{P}{k_z}} = 0,564\,\sqrt{2\frac{P}{k_z}}$$

$$\text{„} = 0,564\,\sqrt{2\frac{6000}{750}} = 0,564\,.\,4 = 2,256\ \text{cm} = \underline{22{,}56\ \text{mm}}.$$

Diesem entspricht nach der Gewindetabelle von Whitworth ein Gewinde von $1^1/_8''$ mit $d_1 = \underline{23{,}93\ \text{mm}}$.

13. Die Plattendicke δ_3. Nach Formel 40.

$$P = f\,k_s = 2\,b_1\,\delta_3\,0,8\,k_z = 1,6\,b_1\,\delta_3\,k_z,$$

$$\delta_3 = \frac{P}{1,6\,b_1\,k_z} = \frac{6000}{1,6\,.\,6,5\,.\,750} = 0,77 \sim \underline{1\ \text{cm}}.$$

14. Der Bolzenabstand h_2. Nach Formel 40.

Der auf die Bolzen wirkende Druck muß von dem darunter liegenden Holze aufgenommen werden. Die beiden Abscherungsflächen erfordern eine Mindesthöhe h_2, die sich aus dem Nachstehenden ergibt:

$$P = f\,k_s = 2\,h_2\,\delta_2\,k_s,$$

$$h_2 = \frac{P}{2\,\delta_2\,k_s} = \frac{6000}{2\,.\,20\,.\,10} = \underline{15\ \text{cm}}.$$

Da außer der Abscherung auch noch ein Aufreißen in der Mitte der Hängesäule möglich sein kann, so wird in der Praxis die zuletzt ermittelte Höhe bis auf den doppelten Wert vergrößert.

15. Die Zapfenbreite b_2. Nach Formel 40.

Die Kraft H_2 beansprucht die Strebe gegenüber dem Horizontalbalken auf Verschiebung, die von dem Zapfenquerschnitte aufzunehmen ist.

Da die Zapfenlänge abhängig vom Strebenquerschnitte ist, kann nur noch die Breite des Zapfens auf folgende Weise bestimmt werden:

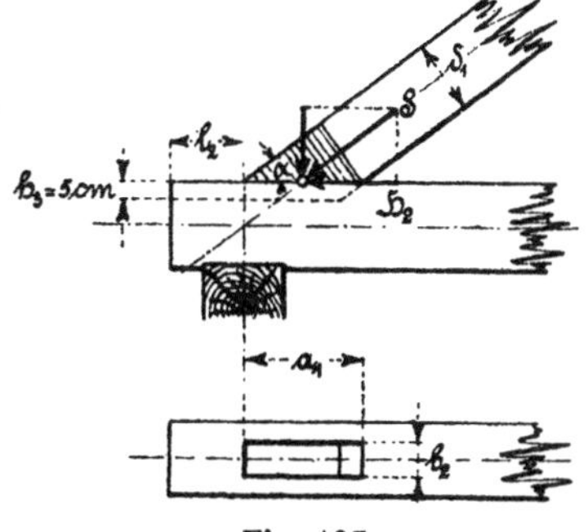

Fig. 197.

$$H_2 = f\,k_s = b_2\,a_1\,k_s = b_2\,\frac{\delta_1}{\sin\alpha}\,k_s,$$

$$b_2 = \frac{H_2\,.\,\sin\alpha}{\delta_1\,k_s} = \frac{4000\,.\,0,6}{20\,.\,10} = \underline{12\ \text{cm}}.$$

16. Die Länge l_2 des Vorholzes. Nach Formel 40.

$$H_2 = f\,k_s = (b_2\,l_2 + h_3\,l_2\,2)\,k_s = l_2\,(b_2 + 2\,h_3)\,k_s,$$

$$l_2 = \frac{H_2}{(b_2 + 2\,h_3)\,k_s} = \frac{4000}{(12 + 2\,.\,5)\,10} = \frac{200}{11} = 18{,}18 \sim \underline{20\ \text{cm}}.$$

Wenn nun in der Praxis auch diese Länge oftmals überschritten wird, liegt doch dazu um so weniger Grund vor, als die durch den Vertikaldruck bewirkte Reibung zwischen Strebe und Balken den Widerstand noch vergrößert.

59. Beispiel. Welche Abmessungen erhält ein länglicher Schrumpfring (Schrumpfband) nach Maßgabe der in der Figur eingeschriebenen Maße, wenn der Querschnitt quadratisch sein, die Zugbeanspruchung des Ringes 400 kg und die Schubbeanspruchung des Schwungringmaterials das 0,25 fache des letztgenannten Wertes betragen soll?

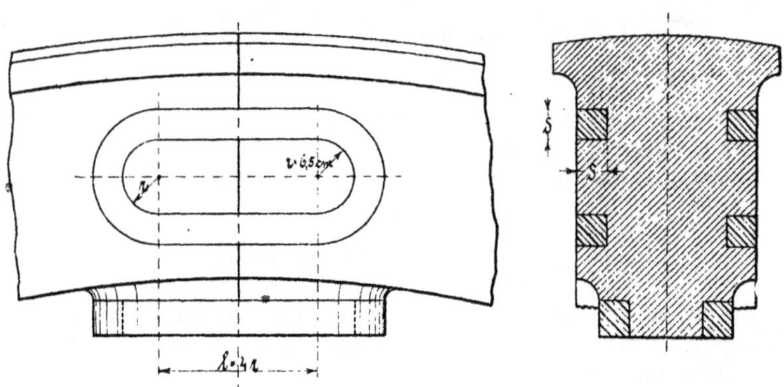

Fig. 198.

Lösung:

1. Die Zugkraft des Schrumpfringes: $P = 2\delta^2 . k_z$,

2. die Schubkraft des Schwungringansatzes: $P = \tfrac{1}{2}(2rl + r^2\pi) . k_s$

Durch Gleichsetzen folgt: $2\delta^2 . k_z = \dfrac{2rl + r^2\pi}{2} . \dfrac{k_z}{4}$,

$$\delta = \sqrt{\frac{2rl + r^2\pi}{8 . 2}} = \frac{r}{4}\sqrt{8 + \pi} = \frac{6,5}{4}\sqrt{11,14} = 5,39 \sim 5,4 \text{ cm.}$$

Zehnte Aufgabengruppe.

Zu § 14—24.　Die Biegungsfestigkeit.

60. Beispiel. Ein aus Holz hergestellter Freiträger von rechteckigem Querschnitt hat eine Länge von 1,5 m und wird am freien Ende mit 1100 kg belastet. Die Materialspannung soll mit 45 kg/qcm in Rechnung gezogen werden.

Welche Abmessungen muß der Querschnitt erhalten. wenn sich die Breite zur Höhe wie 5 : 7 verhält?

Lösung: Nach den Formeln 58 und 78.

$$M_b = W k_b, \text{ worin } M_b = Pl \text{ und } W = \frac{b h^2}{6} \text{ ist.}$$

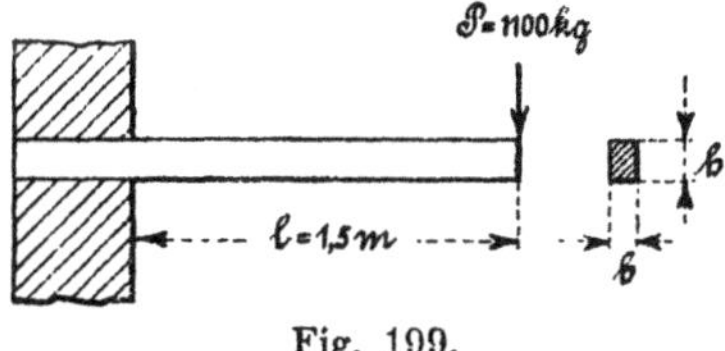

Fig. 199.

Da nun $b : h = 5 : 7$ sein soll, woraus sich $b = \dfrac{5h}{7}$ ergibt, so erhält man durch Einsetzen der Werte

$$Pl = \frac{b h^2}{6} k_b = \frac{\frac{5h}{7} h^2}{6} k_b = \frac{5}{42} h^3 k_b,$$

$$h = \sqrt[3]{\frac{42\,Pl}{5\,k_b}} = \sqrt[3]{\frac{42 \cdot 1100 \cdot 150}{5 \cdot 45}} = \underline{31,34 \text{ cm,}}$$

$$b = \frac{5}{7} h = \frac{5}{7} \cdot 31,34 = \underline{22,4 \text{ cm.}}$$

61. Beispiel. Ein aus Schmiedeeisen hergestellter Stirnzapfen werde mit 2700 kg beansprucht. Die Materialspannung soll 5 kg/qmm betragen.

1. Wie groß muß der Durchmesser des Zapfens ausgeführt werden, wenn der Flächendruck zwischen Zapfen und Lager 0,25 kg/qmm nicht überschreiten soll?

2. Welcher Durchmesser ist zu wählen, wenn die Tourenzahl des Zapfens 500 beträgt und wie groß wird in diesem Falle der Flächendruck sein?

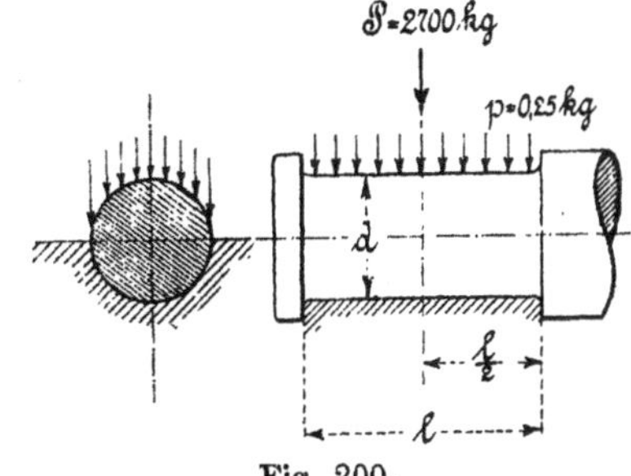

Fig. 200.

Lösung: Zunächst ist das von der Materialspannung und dem Flächendruck abhängige Verhältnis zwischen Durchmesser und Länge des Zapfens zu ermitteln.

1. Das Verhältnis zwischen der Länge l und dem Durchmesser d des Zapfens. Nach den Formeln 58 und 80.

$$M_b = W k_b = \frac{d^3 \pi}{32} k_b \sim 0,1 d^3 k_b, \text{ wo } M_b = \frac{Pl}{2} \text{ ist.}$$

Damit ist $\dfrac{Pl}{2} = 0{,}1\,d^3k_b$ oder $P = \dfrac{0{,}2\,d^3k_b}{l}$.

Da nun nach Formel 8 auch $P = fp = dlp$ ist, so erhält man durch Gleichsetzen $dlp = \dfrac{0{,}2\,d^3k_b}{l}$ oder

$$\left(\frac{l}{d}\right)^2 = \frac{0{,}2\,k_b}{p} \quad \text{oder} \quad \frac{l}{d} = \sqrt{\frac{0{,}2\,k_b}{p}} = \sqrt{\frac{0{,}2\cdot 5}{0{,}25}} = \sqrt{4} = \underline{2}.$$

2. Der Durchmesser d. Nach Formel 58.

$M_b = 0{,}1\,d^3k_b$ bezw. $\dfrac{Pl}{2} = 0{,}1\,d^3k_b$, woraus mit d dividiert

$$\frac{Pl}{2d} = 0{,}1\,d^2k_b \quad \text{oder} \quad d = \sqrt{\frac{Pl}{0{,}1\cdot 2dk_b}} = \sqrt{5\frac{P}{k_b}\frac{l}{d}} = \sqrt{5\frac{2700}{5}2}$$

$$\text{„} = 10\sqrt{54} = 73{,}48 \sim \underline{74\ \text{mm}} \ \text{folgt.}$$

3. Führt der Zapfen in der Minute mehr als 100 Umdrehungen aus, so macht man das Verhältnis der Länge zum Durchmesser von der Tourenzahl abhängig. Eine für Schmiedeeisen, Stahl und Gußeisen brauchbare Mittelgleichung ist

$$\frac{l}{d} = 0{,}14\sqrt{n} = 0{,}14\sqrt{500} = 1{,}4\sqrt{5} = \underline{3{,}13}.$$

Den Wert in die oben stehende Gleichung eingesetzt, liefert

$$d = \sqrt{5\frac{P}{k_b}\frac{l}{d}} \doteq \sqrt{5\frac{2700}{5}3{,}13} = 30\sqrt{9{,}39} = 91{,}9 \sim 92\ \text{mm}.$$

Der spezifische Flächendruck erhält dann einen Wert von

$$P = fp = dlp$$

oder $\quad p = \dfrac{P}{dl} = \dfrac{P}{d\cdot 3{,}13d} = \dfrac{2700}{3{,}13\cdot 92^2} = \underline{0{,}102\ \text{kg}}.$

62. Beispiel. Ein Freiträger habe eine Länge von 1,4 m. Im Abstande 0,5 m von der Wandstelle aus gemessen wird der Träger durch das eine Ende eines Querträgers mit 3000 kg belastet. Ferner wirke am freien Ende des Freiträgers noch eine über 0,38 m Länge gleichmäßig verteilte Last von 2200 kg.

Welches Profil muß der aus I-Eisen bestehende Träger erhalten, wenn er mit 875 kg/qcm beansprucht werden soll?

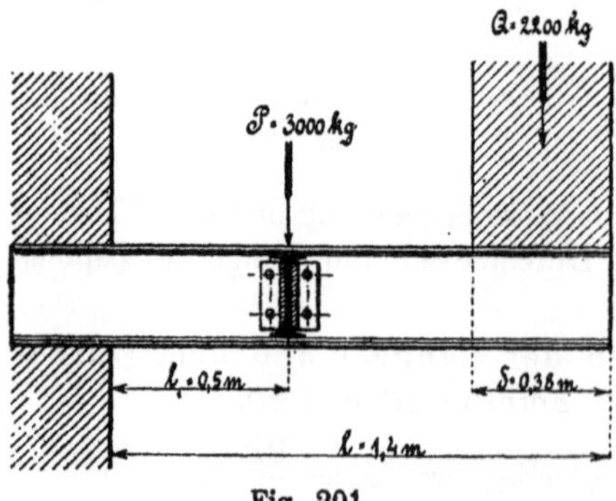

Fig. 201.

Lösung: Nach Formel 58 und 81.

$$M_b = W k_b, \quad \text{wo} \quad M_b = P l_1 + Q \left(1 - \frac{\delta}{2}\right)$$

$$\text{„} = 3000 \cdot 50 + 2200 \left(140 - \frac{38}{2}\right) = 416\,200 \ \text{cm kg}$$

$$\text{und} \quad k_b = 875 \ \text{kg/cm}^2.$$

$$W = \frac{M_b}{k_b} = \frac{416\,200}{875} = 475{,}6 \ \text{cm}^3.$$

Diesem entspricht **Profil 27** mit $W = 491 \ \text{cm}^3$.

63. Beispiel. Für eine Hobelmaschine sollen die Abmessungen des beistehend skizzierten größten Querschnittes der Supportständer ermittelt werden. Die größte Spandicke sei mit 1,2 cm, der größte Vorschub gleich der Spanbreite mit 0,3 cm und die Festigkeit des zu bearbeitenden Materials mit 4000 kg/cm² gegeben. Die zulässige Zugspannung der gußeisernen Ständer sei mit Rücksicht auf die gute Stabilität der Ständer, wovon die Güte der zu hobelnden Werkstücke abhängt, nur mit 25 kg/cm² in Rechnung zu setzen.

Lösung:

1. Die Beanspruchung der Ständer.

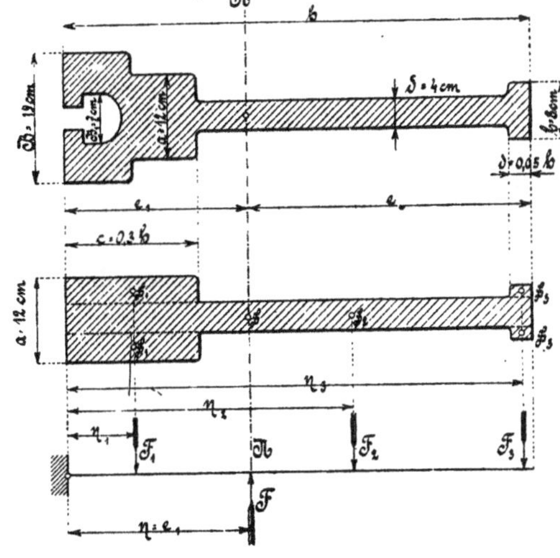

Fig. 202.

Die ungünstigste Beanspruchung der Ständer einer Hobelmaschine tritt ein, wenn der Support sich ganz auf der Seite befindet, wobei fast der ganze Arbeitsdruck auf einen Ständer kommt.

Die die Hobelmaschine beanspruchende Kraft ist der Druck, der an der Schneide des Stahles auftritt. Dieser berechnet sich nach dem aus der Technologie bekannten Ähnlichkeitsgesetz „$P = A \cdot e^x \cdot b^y$", worin P den Gesamtdruck, A den spezifischen Druck in kg/mm², e die Spandicke (Vorschub), b die Spanbreite (Tiefe) und x und y Werte darstellen, die erfahrungsmäßig in der Nähe von 1 liegen.

Im vorliegenden Falle erhält man den auf einen Ständer entfallenden Arbeitsdruck

$$P = A \cdot e^x \cdot b^y = 40 \cdot 12 \cdot 3 = 1440 \sim 1500 \text{ kg,}$$

der den Ständer in $H = 1,2$ m Höhe angreifen soll.

2. Die Lage des Schwerpunktes.

Hier ist zunächst zu bemerken, daß im Interesse der Vereinfachung der Rechnung der Ständerquerschnitt in die aus der Figur ersichtlich angenäherte Form gebracht werden kann.

Nach den in der Figur eingeschriebenen Maßen folgt:

$$F\eta = F_1\eta_1 + F_2\eta_2 + F_3\eta_3,$$

$$\eta = \frac{F_1\eta_1 + F_2\eta_2 + F_3\eta_3}{F_1 + F_2 + F_3} = \frac{(a-\delta)c \cdot \frac{c}{2} + \delta h \cdot \frac{h}{2} + (b-\delta)d \cdot \left(h - \frac{d}{2}\right)}{(a-\delta)c + \delta h + (b-\delta)d}$$

$$" = \frac{(12-4) \cdot 0,3h \cdot 0,15h + 4h \cdot 0,5h + (8-4) \cdot 0,05h(h - 0,025h)}{(12-4)0,3h \qquad + 4h \qquad + (8-4)0,05h}$$

$$" = \frac{h^2(0,36 + 2 + 0,195)}{h(2,4 + 4 + 0,2)} = \frac{2,555}{6,6} h = \underline{0,387 h} \qquad \text{und}$$

$$e_2 = h - e_1 = h - 0,387 h = \underline{0,613 h.}$$

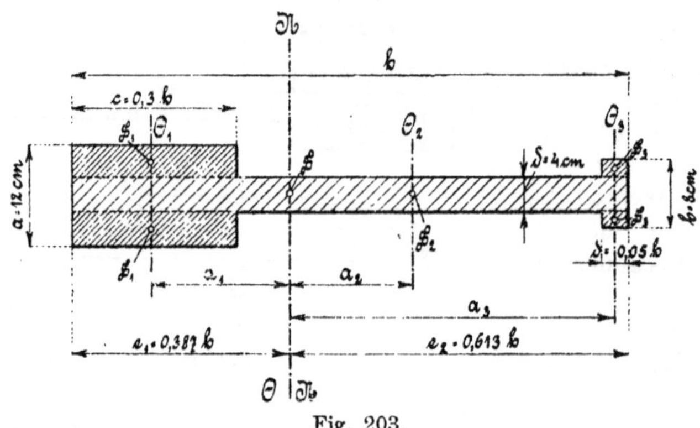

Fig. 203.

3. Das Trägheitsmoment Θ.

$$\Theta = \overset{3}{\underset{1}{\Sigma}}(\Theta + Fa^2)$$

$$" = \Theta_1 + \Theta_2 + \Theta_3 + F_1a_1{}^2 + F_2a_2{}^2 + F_3a_3{}^2$$

$$" = \frac{1}{12}\left[(a-\delta)c^3 + \delta h^3 + (b-\delta)d^3\right] + (a-\delta)c\left(e_1 - \frac{c}{2}\right)^2$$

$$+ \delta h\left(e_2 - \frac{h}{2}\right)^2 + (b-\delta)d\left(e_2 - \frac{d}{2}\right)^2$$

$$\Theta = \frac{1}{12}\left[(12-4)(0,3\,h)^3 + 4\,h^3 + (8-4)(0,05\,h)^3\right]$$
$$+ (12-4)\,0,3\,h\,(0,387\,h - 0,15\,h)^2 + 4\,h\,(0,613\,h - 0,5\,h)^2$$
$$+ (8-4)\,0,05\,h\,(0,613\,h - 0,025\,h)^2$$

$$„ = \frac{h^3}{12}(0,216 + 4 + 0,0005) + h^3(0,1348056 + 0,051076 + 0,0691488)$$

$$„ = (0,351375 + 0,2550304)\,h^3 = \underline{0,6064054\,h^3}.$$

4. Die Höhe h des größten Querschnittes.

Da die Ständer auf Biegung beansprucht werden, erhält man nach der Biegungsgleichung 58

$$M_b = W_1 k_z, \quad \text{wo } M_b = PH = 1500 \cdot 120 = 180000 \text{ cm kg,}$$

$$W_1 = \frac{\Theta}{e_1} = \frac{0,6064054\,h^3}{0,387\,h} = 1,567\,h^2$$

$$\text{und } k_z = 25 \text{ kg/cm}^2 \text{ ist.}$$

Damit wird $\quad M_b = 1,567\,h^2 \cdot k_z,$

$$h = \sqrt{\frac{M_b}{1,567\,k_z}} = \sqrt{\frac{180000}{1,567 \cdot 25}} = 67,8 \sim \underline{68 \text{ cm.}}$$

64. Beispiel. Gegeben ist der beistehende Querschnitt von Schmiedeeisen, von dem die aus der Skizze ersichtliche Abmessung x derart ermittelt werden soll, daß das Material auf der Zug- oder Druckseite voll ausgenutzt wird.

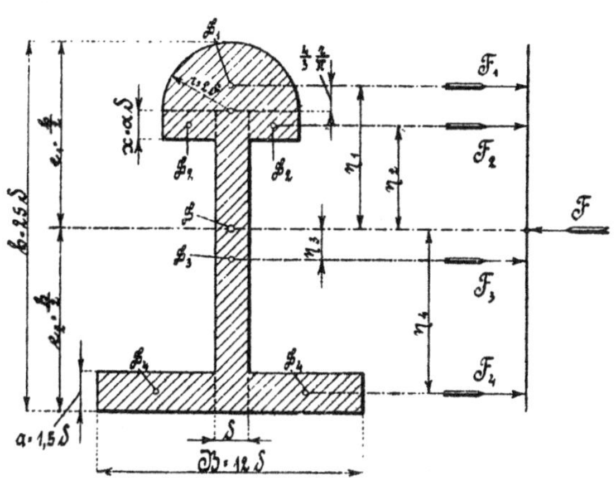

Fig. 204.

Lösung:

Nach § 20 Abs. a liegt die neutrale Achse in der Mitte der Querschnittshöhe.

Denkt man sich die neutrale Achse als Drehachse, so liefert das Schwerpunktsgesetz

$$F_1\eta_1 + F_2\eta_2 = F_3\eta_3 + F_4\eta_4$$

$$\frac{r^2\pi}{2}\left(\frac{h}{2} - r + \frac{4r}{3\pi}\right) + (2r - \delta)x\left(\frac{h}{2} - r - \frac{x}{2}\right) = (h - r)\delta\left(\frac{h}{2} - \frac{h - r}{2}\right)$$

$$+ (B - \delta)a\left(\frac{h}{2} - \frac{a}{2}\right)$$

$$\frac{4\delta^2 \cdot \pi}{2}\left(12,5\delta - 2\delta + \frac{4}{3}\cdot\frac{2\delta}{\pi}\right) + (2 \cdot 2\delta - \delta)\,a\delta\left(12,5\delta - 2\delta - \frac{a\delta}{2}\right)$$

$$= (25\delta - 2\delta)\delta(12,5\delta - 11,5\delta) + (12\delta - \delta)1,5\delta(12,5\delta - 0,75\delta)$$

$$2\delta^3\pi\left(10,5 + \frac{8}{3\pi}\right) + 3a\delta^3(10,5 - 0,5a) = 23\delta^3 + 11 \cdot 1,5 \cdot 11,75 \cdot \delta^3$$

$$21\pi + \frac{16}{3} + 31,5a - 1,5a^2 = 23 + 193,875,$$

$$1,5a^2 - 31,5a + 2145,569 = 0,$$

$$a = \frac{31,5 \pm \sqrt{31,5^2 - 4 \cdot 1,5 \cdot 145,569}}{2 \cdot 1,5} = \frac{31,5 \pm \sqrt{112,83}}{3} = 10,5 \pm 3,63,$$

$$a^{\mathrm{I}} = 10,5 + 3,63 = 14,13 \quad \text{und} \quad a^{\mathrm{II}} = 10,5 - 3,63 = \underline{6,87}.$$

Beide Resultate sind praktisch verwendbar; den größeren Wert wird man nehmen, wenn es sich um einen Querschnitt handelt, der eine sehr große Tragfähigkeit besitzen soll.

65. Beispiel. Welche Widerstandsmomente hat der senkrecht durch die Lagermitte gelegte Querschnitt des Hohlgußrahmens einer Gasmaschine, der die beistehenden Abmessungen hat?

Lösung:

1. Die Lage des Schwerpunktes.

$$\eta = \frac{F_1\eta_1 + F_2\eta_2 + F_3\eta_3 + F_4\eta_4}{F_1 + F_2 + F_3 + F_4},$$

$$'' = \frac{2 \cdot h\delta_1 \cdot \frac{h}{2} + 2 \cdot b \cdot \delta_2 \cdot \frac{\delta_2}{2} + 2(h_1 + \delta_2)\delta_3 \cdot \frac{h_1 + \delta_2}{2} + b_2\delta_4\left(h_1 + \delta_2 - \frac{\delta_4}{2}\right)}{2 \cdot h\delta_1 + 2 \cdot b_1\delta_2 + 2(h_1 + \delta_2)\delta_3 + b_2\delta_4},$$

$$'' = \frac{h^2\delta_1 + b_1\delta_2{}^2 + (h_1 + \delta_2)^2 \cdot \delta_3 + b_2\delta_4\left(h_1 + \delta_2 - \frac{\delta_4}{2}\right)}{2 \cdot h\delta_1 + b_1\delta_2 + 2(h_1 + \delta_2)\delta_3 + b_2\delta_4}$$

$$'' = \frac{80^2 \cdot 1,8 + 20 \cdot 2,5^2 + (50 + 2,5)^2 \cdot 2 + 60 \cdot 2(50 + 2,5 - 1)}{2 \cdot 80 \cdot 1,8 + 2 \cdot 20 \cdot 2,5 + 2(50 + 2,5)2 + 60 \cdot 2},$$

$$'' = \frac{5760 + 62,5 + 2756,25 + 3090}{359} = \frac{11\,668,75}{359} = \underline{32,50 \text{ cm}}$$

$$\text{und} \quad e_2 = h - e_1 = 80 - 32,50 = \underline{47,50 \text{ cm}}.$$

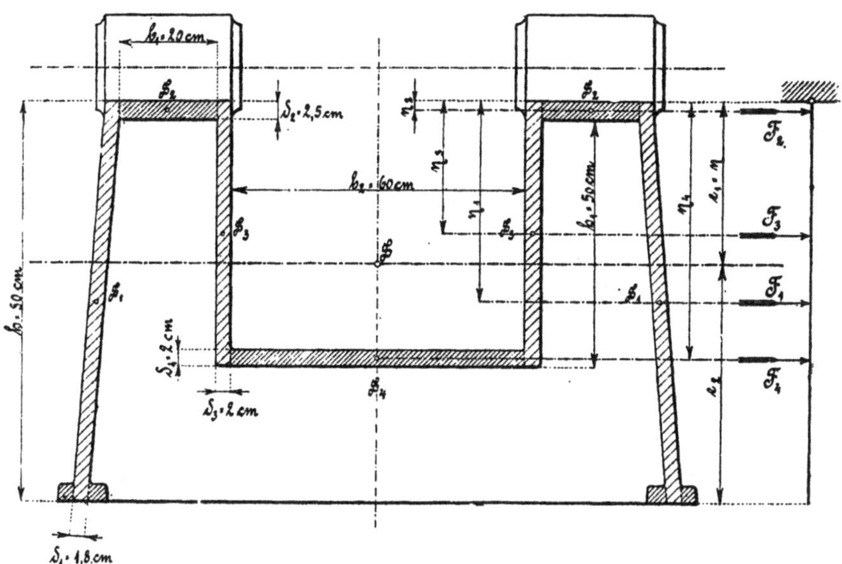

Fig. 205.

2. Das Trägheitsmoment Θ. Nach Formel 68.

$$\Theta = \overset{4}{\underset{1}{\Sigma}}(\Theta + Fa^2),$$

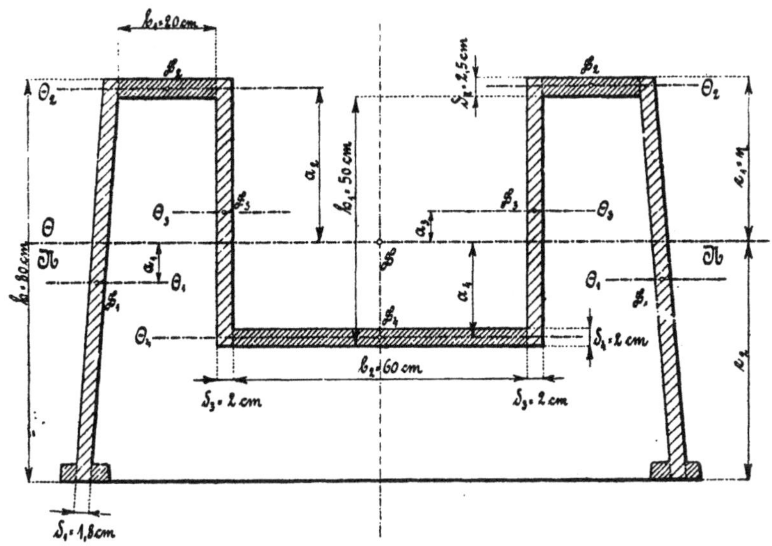

Fig. 206.

$$\Theta = \Theta_1 + \Theta_2 + \Theta_3 + \Theta_4 + F_1 a_1{}^2 + F_2 a_2{}^2 + F_3 a_3{}^2 + F_4 a_4{}^2,$$

$$„ = \frac{1}{12}\left[2\cdot\delta_1 h^3 + 2\cdot b_1\delta_2{}^3 + 2\cdot\delta_3(h_1+\delta_2)^3 + b_2\delta_4{}^3\right] + 2\cdot\delta_1 h\left(e_2-\frac{h}{2}\right)^2$$

$$+ 2\cdot b_1\delta_2\left(e_1-\frac{\delta_2}{2}\right)^2 + 2\cdot\delta_3(h_1+\delta_2)\left(e_1-\frac{h_1+\delta_2}{2}\right)^2$$

$$+ b_2\delta_4\left[e_2-\left(h-\delta_2-h_1+\frac{\delta_4}{2}\right)\right]^2,$$

$$„ = \frac{1}{12}\left[2\cdot1,8\cdot80^3 + 2\cdot20\cdot2,5^3 + 2\cdot2(50+2,5)^3 + 60\cdot2^3\right]$$

$$+ 2\cdot1,8\cdot80\,(47,5-40)^2 + 2\cdot20\cdot2,5\,(32,5-1,25)^2 + 2\cdot2\,(50+2,5)$$
$$(32,5-26,25)^2 + 60\cdot2\,[47,5-(80-2,5-50+1)^2],$$

$$„ = \frac{4}{12}(460\,800 + 156,25 + 144\,823,125) + 4\,(4050 + 24\,414,0625$$
$$+ 2050,78125 + 10\,830),$$

$$„ = \frac{1}{3}\cdot605\,779,375 + 4\cdot41\,344,84375 = 367\,305,8333 \backsim \underline{367\,306 \text{ cm}^4}.$$

3. Die Widerstandsmomente W_1 und W_2.

$$W_1 = \frac{\Theta}{e_1} = \frac{367\,306}{32,5} = \underline{11\,302 \text{ cm}^3},$$

$$W_2 = \frac{\Theta}{e_2} = \frac{367\,306}{47,5} = \underline{7733 \text{ cm}^3}.$$

66. Beispiel. Welche Dicke müssen die Schenkel des beistehenden schmiedeeisernen Winkelhebels erhalten, wenn sie an der Nabe von 9 cm Durchmesser tangieren sollen und an dem langen Schenkel eine Kraft von 180 kg angreift?

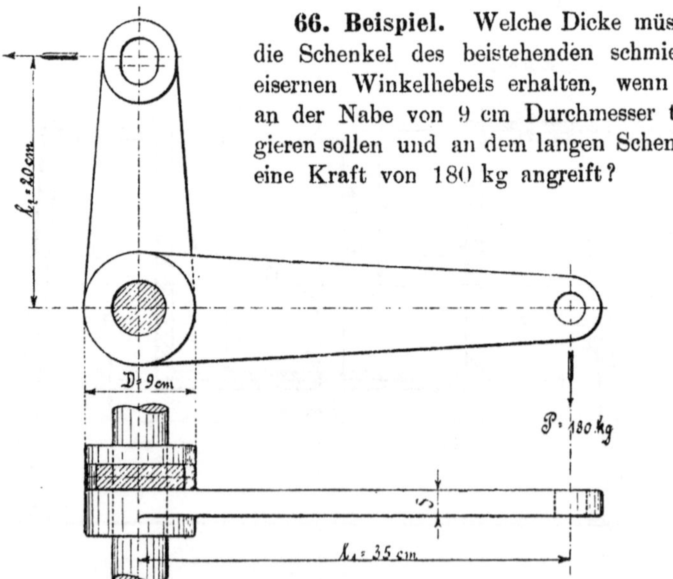

Fig. 207.

Lösung: Nach Formel 58.

$$M_b = W k_b, \quad \text{wo} \quad M_b = P l_1, \quad W = \frac{\delta D^2}{6} \quad \text{und} \quad k_b = \tfrac{1}{3} \cdot 900 = 300 \ \text{kg/cm}^2.$$

$$\text{Damit wird } P l_1 = \frac{\delta D^2}{6} \cdot k_b \quad \text{oder} \quad \delta = \frac{6 P l_1}{D^2 k_b} = \frac{6 \cdot 180 \cdot 35}{9^2 \cdot 300} = 1{,}55 \curvearrowright \underline{1{,}6 \ \text{cm}.}$$

Da der andere Schenkel dasselbe Moment auszuhalten hat, muß er die gleiche Dicke erhalten.

67. Beispiel. Für die Schubstange eines Horizontalgatters ist der Durchmesser des Stahl-Kugelzapfens zu bestimmen, für den das Verhältnis zwischen der Länge und dem Durchmesser des Zapfens ca. 1,4 und die Materialbeanspruchung 5 kg beträgt.

Lösung:

$$M_b = W k_b, \quad \text{wo} \quad M_b = P \cdot 0{,}5 l, \quad W = 0{,}1 d^3 \quad \text{und} \quad k_b = 5 \ \text{kg/mm}^2.$$

$$\text{Eingesetzt, gibt} \qquad P \frac{l}{2} = 0{,}1 d^3 k_b,$$

$$\frac{P l}{2 d} = 0{,}1 d^2 k_b,$$

$$d = \sqrt{5 \cdot \frac{P}{k_b} \cdot \frac{l}{d}} = \sqrt{5 \cdot \frac{500}{5} \cdot 1{,}4} = 26{,}45 \curvearrowright 27 \ \text{mm}.$$

Damit wird der Kugeldurchmesser

$$D = \sqrt{l^2 + d^2} = \sqrt{(1{,}4 d)^2 + d^2} = d \sqrt{1{,}4^2 + 1},$$
$$\text{,,} = 1{,}72 d = 1{,}72 \cdot 27 = 46{,}4 \ \text{mm}.$$

Bei dieser Zapfenart ist nach Bach die Reibung um 40 % höher als die eines zylindrischen Zapfens.

68. Beispiel. Welche Abmessungen sind bei 4 kg Materialspannung der schmiedeeisernen Achse einer Seilscheibe zu geben, deren Gewicht 300 kg beträgt und bei der die beiden Seilenden mit 1600 kg angespannt sind. Während das eine Seilende mit der Senkrechten einen Winkel von 15⁰ bildet, schließen die beiden Seilrichtungen einen solchen von 55⁰ 20' ein. Die zwischen den Zapfenmitten gemessene Achsenlänge sei mit 320 mm vorgeschrieben. Die Tourenzahl sei 75.

Lösung:

1. Die beiden Lagerdrücke A und B.

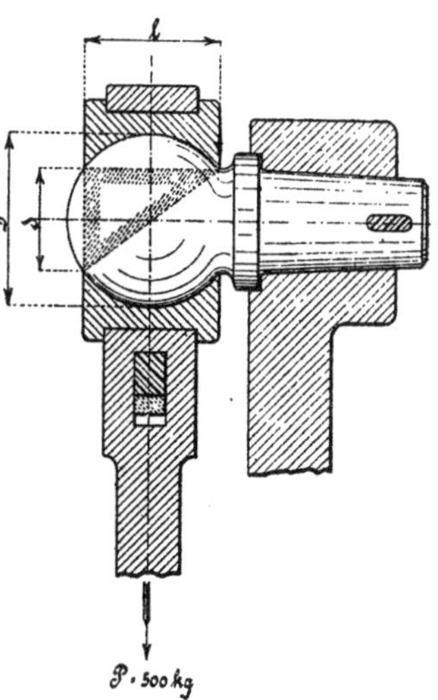

Fig. 208.

a) Die Mittelkraft R_1.

$$\frac{R_1}{2} = Q \cos \frac{\alpha}{2} \quad \text{oder} \quad R_1 = 2\,Q \cos \frac{\alpha}{2}.$$

b) Der Achsendruck R.

$$R^2 = R_1{}^2 + G^2 + 2\,R_1\,q, \quad \text{wo} \quad q = G \cos \gamma \text{ ist.}$$

$$R = \sqrt{R_1{}^2 + G^2 + 2\,R_1\,q}$$

$$\text{„} = \sqrt{\left(2\,Q \cos \frac{\alpha}{2}\right)^2 + G^2 + 2 \cdot 2\,Q \cos \frac{\alpha}{2}\,G \cos \gamma}$$

$$\text{„} = \sqrt{4\,Q \cos \frac{\alpha}{2}\left(Q \cos \frac{\alpha}{2} + G \cos \gamma\right) + G^2}$$

$$\text{„} = \sqrt{4 \cdot 1600 \cos 27^0\,40' (1600 \cos 27^0\,40' + 300 \cos 12^0\,40') + 300^2}$$

$$\text{„} = 100 \sqrt{64 \cdot 0{,}88566\,(16 \cdot 0{,}88566 + 3 \cdot 0{,}97566) + 9}$$

$$\text{„} = 100 \sqrt{56{,}68224 \cdot 17{,}09754 + 9}$$

$$\text{„} = 100 \sqrt{969{,}15 + 9} = 3127{,}5 = \sim 3128 \text{ kg.}$$

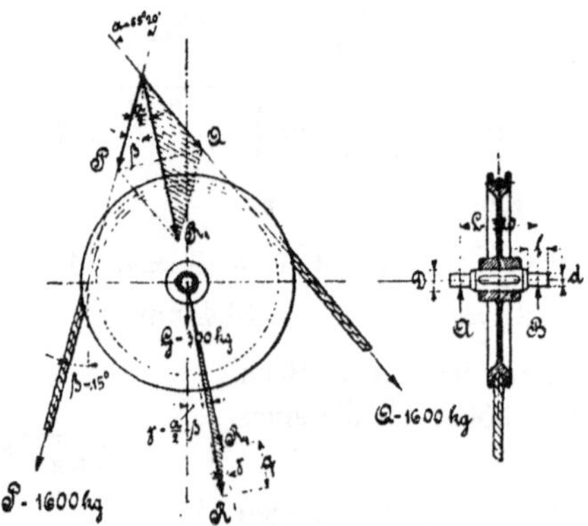

Fig. 209.

c) Die Lagerdrücke A und B.   Nach Formel 82.

$$A = B = \frac{R}{2} = \frac{3128}{2} = 1564 \text{ kg.}$$

2. Der Achsendurchmesser D. Nach den Formeln 58 und 83.

$$M_b = W\,k_b = 0{,}1\,D^3 k_b,$$

$$D = \sqrt[3]{\frac{M_b}{0{,}1\,k_b}} = \sqrt[3]{10\,\frac{A\,L}{2\,k_b}} = \sqrt[3]{\frac{5 \cdot 1564 \cdot 320}{4}} = 20 \sqrt[3]{78{,}2}$$

$$\text{„} = 85{,}52 \sim 86 \text{ mm.}$$

3. Der Durchmesser d und die Länge l der Stirnzapfen.
Nach den Formeln 58 und 80.
Bei freier Wahl des Verhältnisses zwischen Zapfenlänge und Durch-

messer wählt man bei Schmiedeeisen und Stahl 1,4, sofern die Tourenzahl $n \lessgtr 100$ ist.

Also $\dfrac{l}{d} = 1,4$ oder $l = 1,4\,d$ gesetzt, gibt, in nachstehende Gleichung

eingeführt, $W\,k_b = M_b$,

oder $$0,1\,d^3\,k_b = A\,\frac{l}{2} = \frac{A \cdot 1,4\,d}{2} = 0,7\,A\,d,$$

woraus $$d = \sqrt{\frac{0,7\,A}{0,1\,k_b}} = \sqrt{7\,\frac{1564}{4}} = \sqrt{2737} = 52,3 \infty \underline{52\ \text{mm}}$$

und $$l = 1,4\,d = 1,4 \cdot 52 = 72,8 \sim \underline{73\ \text{mm}}\ \text{folgt.}$$

69. Beispiel. Für eine Maschine von 390 mm Zylinderdurchmesser und einer Überdruckdampfspannung von 15 Atm. soll der Gabelzapfen berechnet werden, womit der
Kolbenstangendruck auf die Pleuelstange übertragen wird.

Die Berechnung soll derart durchgeführt werden, daß der Zapfen

    a) ungenau und

    b) sehr sorgfältig eingepaßt ist.

Die Materialbeanspruchung des
Zapfens soll 4 kg/qmm, der Flächendruck mit Rücksicht auf die geringe
Drehung 1,5 kg betragen.

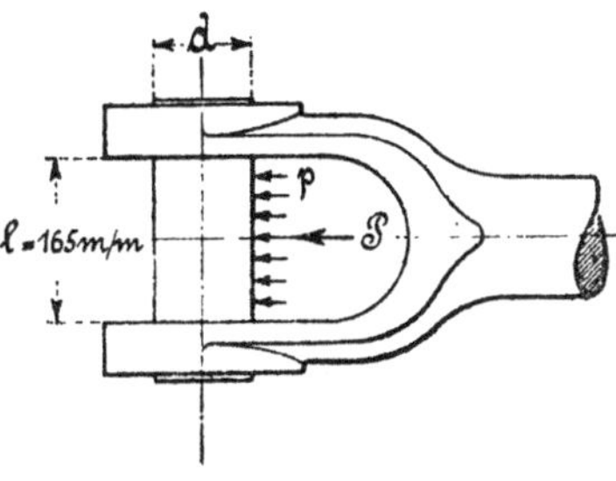

Fig. 210.

Lösung:

Der Kolben- oder Zapfendruck P. Nach Formel 8.

$$P = f\,p = \frac{D^2\,\pi}{4}\,p = \frac{39^2\,\pi}{4}\,15 = 17919 \sim \underline{18000\ \text{kg.}}$$

a) Bei ungenauer Einpassung.

1. Das Verhältnis zwischen Länge l und Durchmesser d
des Zapfens.

Das vorliegende Verhältnis wird in gleicher Weise entwickelt, wie
das bereits einmal im 47. Beispiele durchgeführt worden ist.

Nach den Formeln 58 und 96.

$$M_b = W\,k_b = 0,1\,d^3\,k_b, \quad \text{wo } M_b = \frac{Pl}{8}\ \text{ist.}$$

Damit ist $\dfrac{Pl}{8} = 0,1\,d^3\,k_b$ bezw. $P = \dfrac{0,8\,d^3\,k_b}{l}$.

Da nun aber nach Formel 8 auch $P = f\,p = l\,d\,p$ ist, so erhält
man durch Gleichsetzen $l\,d\,p = \dfrac{0,8\,d^3\,k_b}{l}$,

$$\left(\frac{l}{d}\right)^2 = \frac{0,8\,k_b}{p},$$

14*

$$\frac{l}{d} = \sqrt{\frac{0,8\,k_b}{p}} = \sqrt{\frac{0,8 \cdot 4}{1,5}} = 1,46 \sim \underline{1,5}.$$

2. Der Zapfendurchmesser d.

Wie schon vorher angegeben, lautet die Biegungsgleichung

$$\frac{Pl}{8} = 0,1\,d^3 k_b$$

oder, mit d dividiert,
$$\frac{Pl}{8d} = 0,1\,d^2 k_b$$

$$d = \sqrt{\frac{Pl}{8d\,0,1\,k_b}} = \frac{1}{2}\sqrt{5\,\frac{P}{k_b}\,\frac{l}{d}} = 0,5\sqrt{5\,\frac{18\,000}{4}\,1,5}$$

$$„ = 93,2 \sim \underline{100\ mm}.$$

Die hohe Abrundung ist deshalb berechtigt, weil der Zapfen auf Biegung und Abscherung beansprucht wird, die letztere aber vernachlässigt worden ist. Desgleichen ist die durch Reibung verursachte Abnutzung zu berücksichtigen.

b) Bei sorgfältiger Einpassung.

1. Das Verhältnis zwischen l und d des Zapfens.

Da der Zapfen diesesmal als beiderseitig eingespannter Träger zu betrachten ist, wofür das Biegungsmoment nach Formel 109 mit $M_b = \dfrac{Pl}{12}$ einzusetzen ist, so folgt in der vorher angegegebenen Weise das Verhältnis

$$\frac{l}{d} = \sqrt{\frac{1,2\,k_b}{p}} = \sqrt{\frac{1,2 \cdot 4}{1,5}} = 1,78 \sim \underline{1,8}.$$

2. Der Zapfendurchmesser d.

Hier lautet die Biegungsgleichung

$$\frac{Pl}{12} = 0,1\,d^3 k_b,$$

$$\frac{Pl}{12\,d} = 0,1\,d^2 k_b,$$

$$d = \sqrt{\frac{1}{1,2}\cdot\frac{P}{k_b}\cdot\frac{l}{d}} = \sqrt{\frac{1}{1,2}\cdot\frac{18\,000}{4}\cdot 1,8} = 82,2 = \infty\,\underline{82\ mm}.$$

70. Beispiel. Ein Träger von 7 m Länge werde in den aus der beistehenden Skizze ersichtlichen Abständen mit den Lasten 1500, 3000 und 750 kg beansprucht.

Welche Abmessungen muß der Querschnitt erhalten, wenn die in der Skizze angegebenen Verhältnisse Berücksichtigung finden sollen und die Materialspannung mit 750 kg vorgeschrieben wird?

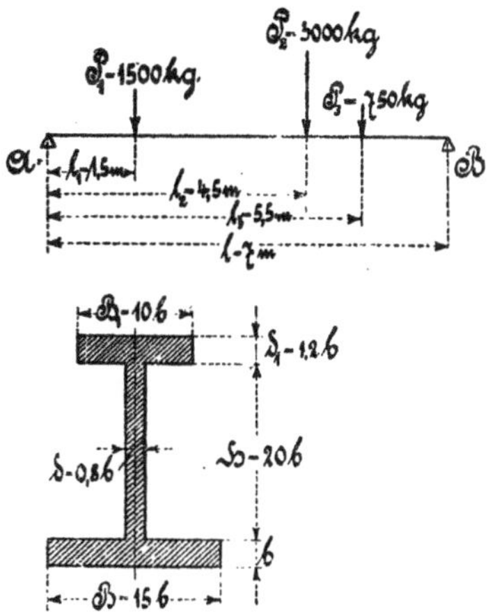

Zu bestimmen sind also

1. die beiden Auflagerreaktionen A und B,
2. das größte Biegungsmoment M_{max},
3. der Schwerpunktsabstand e_1 bezw. e_2,
4. das Trägheitsmoment Θ,
5. das Widerstandsmoment W und
6. die Verhältnisgröße b.

Lösung:

1. Die Auflagerreaktionen A und B.

Nach Formeln 87 und 88.

Den Drehpunkt an die Stelle A gelegt, gibt

$$B l = \overset{3}{\underset{1}{\Sigma}} P l,$$

$$B = \frac{1}{l} \overset{3}{\underset{1}{\Sigma}} P l = \frac{1}{l} (P_1 l_1 + P_2 l_2 + P_3 l_3)$$

$$, = \frac{1}{7} (1500 . 1,5 + 3000 . 4,5 + 750 . 5,5) = 2839,3 \sim \underline{2840 \text{ kg}}.$$

$$A = \overset{3}{\underset{1}{\Sigma}} P - B = P_1 + P_2 + P_3 - B = 1500 + 3000 + 750 - 2840$$

$$= \underline{2410 \text{ kg}}.$$

2. Das größte Biegungsmoment M_{max}.

Zur Berechnung dieses Momentes kann man das in der Einleitung des § 23 näher beschriebene und in der Fig. 109 dargestellte Schubkraftdiagramm benutzen, was immer zweckmäßig ist, sobald viele Einzellasten vorliegen oder voraussichtlich große Zahlenrechnungen auszuführen sind.

Da sich im vorliegenden Falle die Einzelmomente ohne große Mühe ermitteln lassen, so soll das Maximalmoment durch Rechnung festgestellt werden.

Den Drehpunkt an die Laststelle P_1 gelegt, gibt

$$M_1 = A l_1 = 2410 . 1,5 = 3615 \text{ mkg}.$$

Wird der Drehpunkt an die Laststelle P_2 gelegt, so erhält man

$$M_2 = A l_2 - P_1 (l_2 - l_1) = 2410 . 4,5 - 1500 (4,5 - 1,5)$$

$$, = 6345 \text{ mkg}.$$

Für die Laststelle P_3 als Drehpunkt ergibt sich
$$M_3 = B(l - l_3) = 2840\,(7 - 5{,}5) = 4260\ \text{mkg}.$$
Das Maximalmoment liegt somit an der Laststelle P_2.

3. Der Schwerpunktsabstand e_1 bezw. e_2.

$$F \cdot e_1 = \overset{3}{\underset{1}{\Sigma}} F\eta,$$

$$e_1 = \frac{F_1\,\eta_1 + F_2\,\eta_2 + F_3\,\eta_3}{F_1 + F_2 + F_3}$$

$$\text{''} = \frac{B\,b\,\dfrac{b}{2} + H\,\delta\left(\dfrac{H}{2} + b\right) + B_1\,\delta_1\left(H + b + \dfrac{\delta_1}{2}\right)}{B\,b + H\,\delta + B_1\,\delta_1}$$

$$\text{''} = \frac{15\,b\,b\,\dfrac{b}{2} + 20\,b\,0{,}8\,b\left(\dfrac{20\,b}{2} + b\right) + 10\,b\,1{,}2\,b\left(20\,b + b + \dfrac{1{,}2\,b}{2}\right)}{15\,b\,b + 20\,b\,0{,}8\,b + 10\,b\,1{,}2\,b}$$

$$\text{''} = \frac{7{,}5\,b^3 + 176\,b^3 + 259{,}2\,b^3}{15\,b^2 + 16\,b^2 + 12\,b^2} = \frac{442{,}7\,b^3}{43\,b^2}$$

$$\text{''} = 10{,}295\,b \sim \underline{10{,}3\,b},$$

$$e_2 = b + H + \delta_1 - e_1 = b + 20\,b + 1{,}2\,b - 10{,}3\,b = \underline{11{,}9\,b}.$$

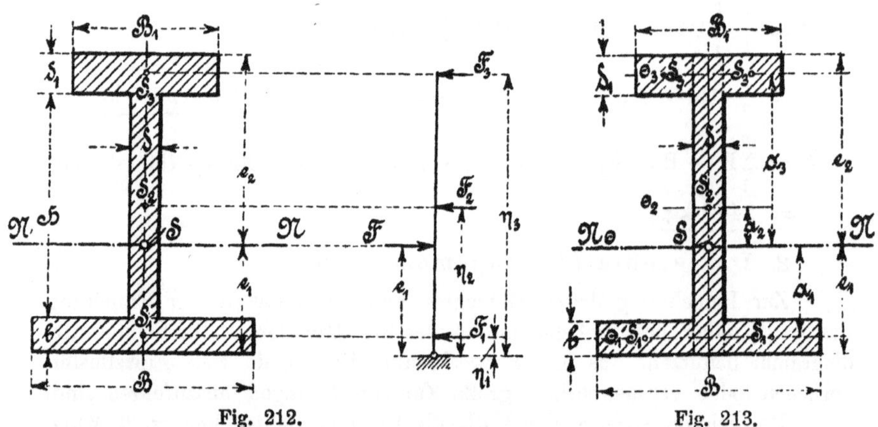

Fig. 212.   Fig. 213.

4. Das Trägheitsmoment Θ.

Unter Verwendung der Formel 68 ergibt sich das Trägheitsmoment Θ nach der im 2. Beispiele des § 18 entwickelten Gleichung unter Einführung der hier vorliegenden Beziehungen zu

$$\Theta = \frac{1}{3}\left[B\,e_1^3 - (B - \delta)(e_1 - b)^3 + B_1\,e_2^3 - (B_1 - \delta)(e_2 - \delta_1)^3\right]$$

$$\Theta = \frac{1}{3}\left[15\,b\,(10,3\,b)^3 - (15\,b - 0,8\,b)(10,3\,b - b)^3 + 10\,b\,(11,9\,b)^3 - \right.$$
$$\left. - (10\,b - 0,8\,b)(11,9\,b - 1,2\,b)^3\right]$$

$$\text{\grqq} = \frac{1}{3}\,(16391\,b^4 - 11421,8\,b^4 + 16851,6\,b^4 - 11270,4\,b^4)$$

$$\text{\grqq} = \frac{1}{3}\,10550,4\,b^4 = \underline{3516,8\,b^4}.$$

5. Das Widerstandsmoment W_1 bezw. W_2.

$$W_1 = \frac{\Theta}{e_1} = \frac{3516,8\,b^4}{10,3\,b} = 341,4\,b^3,$$

$$W_2 = \frac{\Theta}{e_2} = \frac{3516,8\,b^4}{11,9\,b} = \underline{295,5\,b^3}.$$

6. Die Verhältnisgröße b. Nach Formel 58.

Damit die Größe b den beiden Widerstandsmomenten auf der Zug- und Druckseite entsprechen kann, ist zur Berechnung das kleinere Moment W_2 zu benutzen.

Es ist demnach $M_{max} = W\,k_b = 295,5\,b^3\,k_b$,

woraus $b = \sqrt[3]{\dfrac{M_{max}}{295,5\,k_b}} = \sqrt[3]{\dfrac{6345\cdot1000}{295,5\cdot7,5}} = 14,19 \sim \underline{14,2\ \text{mm}}$ folgt.

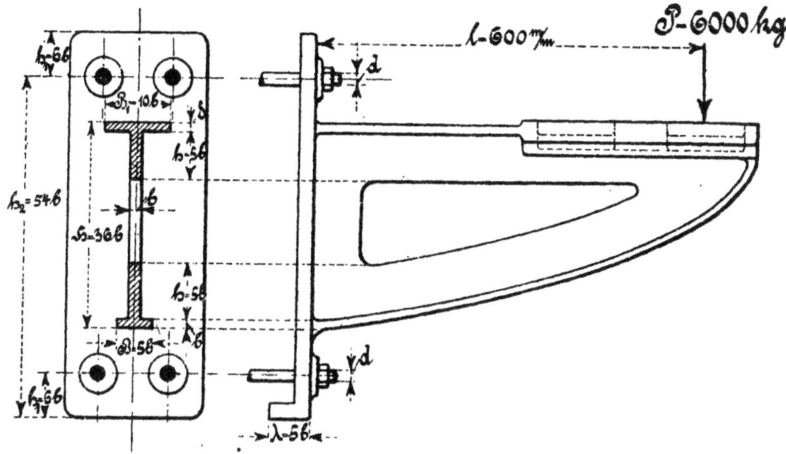

Fig. 214.

71. Beispiel. Für die beistehende Konsole sollen die Abmessungen des größten Querschnittes für den Fall berechnet werden, daß das Lager mit 6000 kg Belastung im größten, von der Wandplatte aus gemessenen Abstande von 600 mm auf den Wandarm einwirkt und das Gußeisenmaterial auf der Zug- und Druckseite nach dem Spannungsverhältnis 1:3 bei 2 kg Zugspannung beansprucht wird.

Außerdem ist noch der Durchmesser der Schraubenbolzen bezw. die Schraubensorte unter der Annahme anzugeben, daß die Belastungen der oberen und unteren Schrauben gleich groß sind und die Materialinanspruchnahme 6 kg betragen soll.

Zu berechnen sind somit

　　　1. die Rippendicke δ,
　　　2. das Trägheitsmoment Θ,
　　　3. die Verhältniszahl b,
　　　4. die Zuglast P_1 der Schrauben und
　　　5. der Durchmesser d_1 der Schrauben.

Lösung:

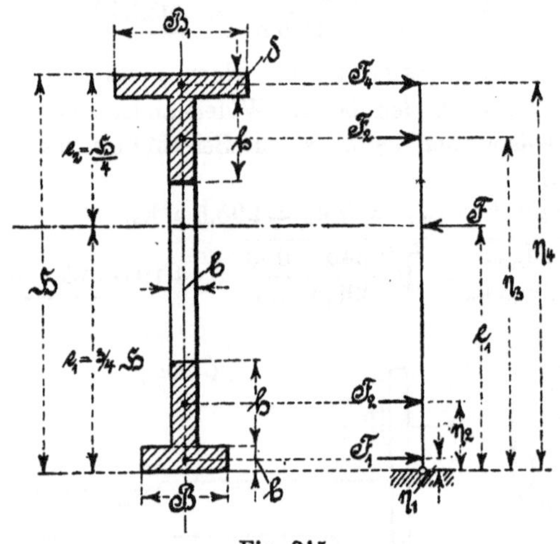

Fig. 215.

1. Die Rippendicke δ.

$$F\,e_1 = \overset{4}{\underset{1}{\Sigma}} F\,\eta,$$

$$(F_1 + F_2 + F_3 + F_4)\,e_1 = F_1\,\eta_1 + F_2\,\eta_2 + F_3\,\eta_3 + F_4\,\eta_4$$

$$(B\,b + h\,b + h\,b + B_1\,\delta)\,e_1 = B\,b\,\frac{b}{2} + h\,b\left(b + \frac{h}{2}\right) + h\,b\left(H - \delta - \frac{h}{2}\right)$$
$$+ B_1\,\delta\left(H - \frac{\delta}{2}\right)$$

$$(5\,b\,b + 5\,b\,b\,2 + 10\,b\,\delta)\,27\,b = 5\,b\,b\,\frac{b}{2} + 5\,b\,b\,(b + 2{,}5\,b +$$
$$+ 36\,b - \delta - 2{,}5\,b) + 10\,b\,\delta\,(36\,b - 0{,}5\,\delta)$$

$$405\,b^3 + 270\,b^2\,\delta = 2{,}5\,b^3 + 185\,b^3 - 5\,b^2\,\delta + 360\,b^2\,\delta - 5\,b\,\delta^2$$

$$5\,b\,\delta^2 - 85\,b\;\delta + 217{,}5\,b^3 = 0,$$

$$\delta^2 - 17\,b\,\delta + 43{,}5\,b^2 = 0,$$

$$\delta = \frac{17\,b \pm \sqrt{(17\,b)^2 - 4 \cdot 43{,}5\,b^2}}{2} = \frac{17\,b \pm b\sqrt{115}}{2}$$

$$„ = 0{,}5\,b\,(17 \pm 10{,}72),$$

$$\delta^I = 0{,}5\,b \cdot 27{,}72 = 13{,}6\,b,$$

$$\delta^{II} = 0{,}5\,b \cdot 7{,}72 = 3{,}86\,b \sim \underline{3{,}9\,b}.$$

Der kleinere Wert ist zu benutzen.

2. Das Trägheitsmoment Θ. Nach Formel 68.

$$\Theta = \Theta_1 + \Theta_2 + \Theta_3 + \Theta_4 + F_1 a_1{}^2 + F_2 a_2{}^2 + F_3 a_3{}^2 + F_4 a_4{}^2$$

$$\Theta = \frac{(B-b)\,b^3}{12} + \frac{b(h+b)^3}{12} + \frac{b(h+\delta)^3}{12} + \frac{(B_1-b)\,\delta^3}{12} +$$

$$+ (B-b)\,b\left(e_1 - \frac{b}{2}\right)^2 + b\,(h+b)\left(e_1 - b - \frac{h}{2}\right)^2$$

$$+ b\,(h+\delta)\left(e_2 - \delta - \frac{h}{2}\right)^2 + (B_1-b)\,\delta\left(e_2 - \frac{\delta}{2}\right)^2$$

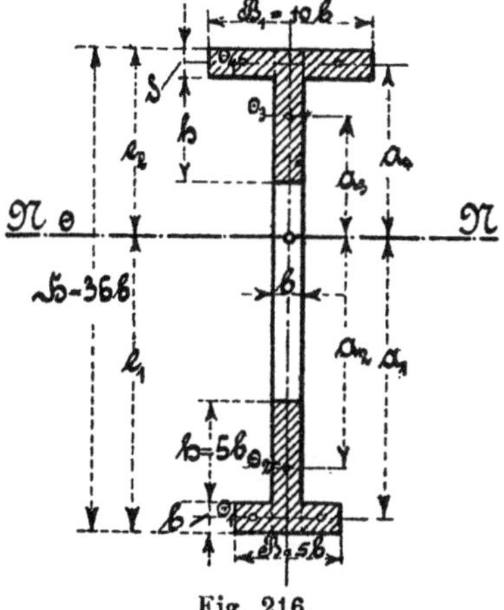

Fig. 216.

$$\Theta = \frac{1}{12}\left(4\,b^4 + 216\,b^4 + 705\,b^4 + 533{,}9\,b^4\right) + 2809\,b^4 + 3314{,}1\,b^4$$

$$+ 40{,}56\,b^4 + 1744{,}5\,b^4$$

$$„ = \frac{1}{12} \cdot 1458{,}9\,b^4 + 7908{,}16\,b^4 = (121{,}57 + 7908{,}16)\,b^4$$

$$„ = 8029{,}73\,b^4 \sim \underline{8030\,b^4}.$$

3. Die Verhältniszahl b. Nach Formel 58.

$$M_b = W k_b = \frac{\Theta}{e_2} k_z = \frac{8030\,b^4}{9\,b} \cdot 2 = 1784{,}4\,b^3,$$

$$b = \sqrt[3]{\frac{M_b}{1784{,}4}} = \sqrt[3]{\frac{Pl}{1784{,}4}} = \sqrt[3]{\frac{6000 \cdot 600}{1784{,}4}} = \underline{12{,}6 \text{ mm}.}$$

4. Die Zuglast der Schrauben $\dot{P}_1$.

$$P(l + \lambda) = 2\,P_1 h_1 + 2\,P_1 h_2 = 2\,P_1\,(h_1 + h_2),$$

$$P_1 = \frac{P\,(l + \lambda)}{2\,(h_1 + h_2)} = \frac{6000\,(600 + 5\,.\,12,6)}{2\,(6\,.\,12,6 + 5\,.\,412,6)}$$

$$" = \frac{3000\,.\,663}{12,6\,.\,60} = \underline{2631\ \text{kg.}}$$

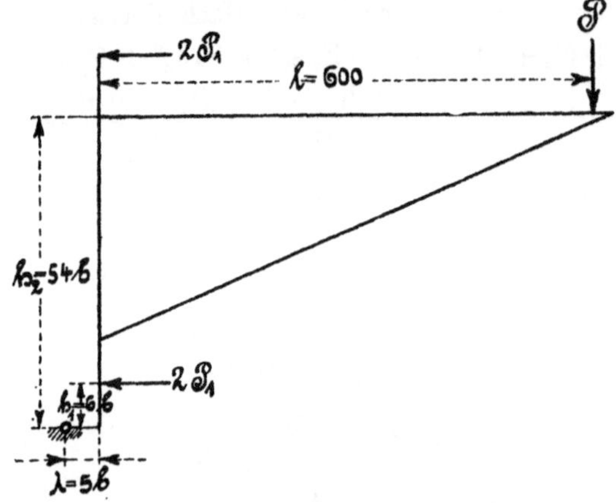

Fig. 217.

5. Der Schraubendurchmesser d_1. Nach Formel 7.

$$P_1 = \frac{d_1{}^2\,\pi}{4}\,k_z,$$

$$d_1 = \sqrt{\frac{4\,P_1}{\pi k_z}} = 1{,}128\,\sqrt{\frac{2631}{6}} = 1{,}128\,\sqrt{438{,}5} = \underline{23{,}6\ \text{mm.}}$$

Es ist eine $\underline{1\,^1/_8"}$-Schraube mit $\underline{d_1 = 23{,}9\ \text{mm}}$ nach der Tabelle von Witworth zu nehmen.

72. Beispiel. Es soll die quadratische Fußplatte für eine mit 30 t belastete Säule hergestellt werden. Die Platte ist aus Gußeisen bei 250 kg/qcm Materialspannung anzufertigen und mit 8 Rippen zu versehen. Sie ruht auf gutem Ziegelmauerwerk, das mit 12 kg/qcm beansprucht werden kann. Der äußere Durchmesser der Nabe betrage 18 cm.

Lösung:

1. Die Seitenlänge a der quadratischen Platte. Nach Formel 8.

$$P = f k_d = a^2 k_a,$$

$$a = \sqrt{\frac{P}{k_d}} = \sqrt{\frac{30\,000}{12}} = 100\,\sqrt{0{,}25} = \underline{50\ \text{cm.}}$$

2. Die Platten- und Rippenstärke δ.

Um einen Anhalt für die Plattendicke zu gewinnen, betrachtet man einen zwischen den Rippen liegenden Streifen von der Länge a_1 und der Breite b_1.

Der Streifen wird nun gleichmäßig belastet, und man kann ihn als einen gleichmäßig belasteten, beiderseitig gelagerten Träger auffassen. Dabei ergibt sich an Hand der beistehenden Skizze folgendes:

$$\frac{P_1 a_1}{8} = W_1 k_b, \quad \text{worin } P_1 = a_1 b_1 k_d \text{ die Belastung}$$

$$\text{und } W_1 = \frac{b_1 \delta^2}{6} \text{ ist.}$$

Diese Werte eingesetzt, gibt

$$\frac{a_1 b_1 k_d a_1}{8} = \frac{b_1 \delta^2}{6} k_b,$$

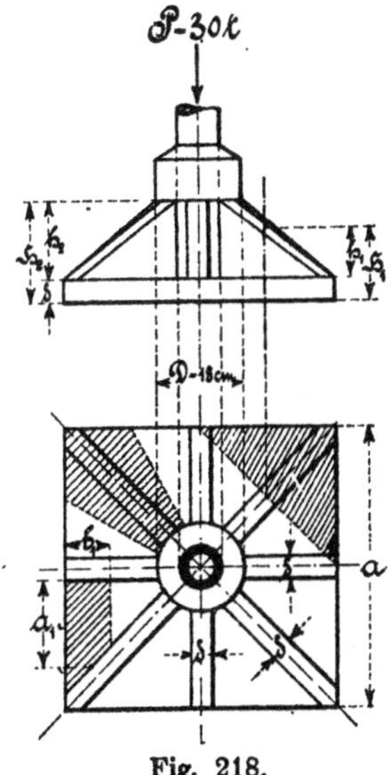

Fig. 218.

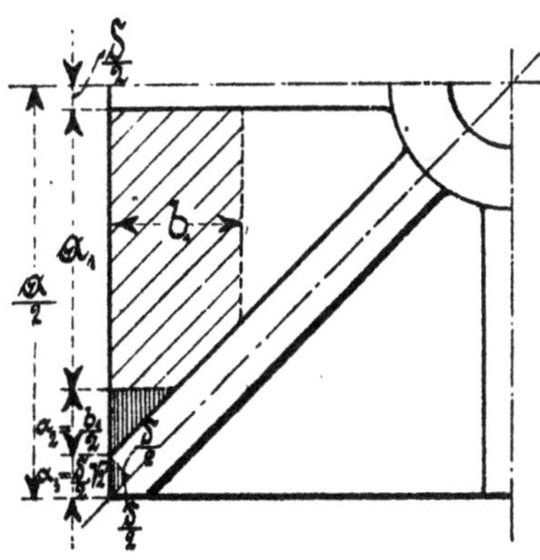

Fig. 219.

woraus

$$\delta = \sqrt{\frac{a_1{}^2 b_1 k_d 6}{8 b_1 k_b}} = \frac{a_1}{2} \sqrt{3 \frac{k_d}{k_b}} = \frac{a_1}{2} \sqrt{3 \frac{12}{250}}$$

$$„ = 0{,}5 a_1 \cdot 0{,}379 = 0{,}189 a_1 \sim 0{,}19 a_1 \text{ folgt.}$$

Zur zahlenmäßigen Bestimmung von a_1 sei die Breite b_1 mit $b_1 = 0{,}18 a$ angenommen, dann erhält man nach beistehender Figur

$$a_1 = \frac{a}{2} - \frac{\delta}{2} - a_2 - a_3 = \frac{a}{2} - \frac{\delta}{2} - \frac{b_1}{2} - \frac{\delta}{2} \sqrt{2}$$

$$„ = \frac{a - b_1}{2} - \frac{\delta}{2}(1 + \sqrt{2}).$$

Die Einführung dieses Wertes in die obere Gleichung liefert die Plattendicke

$$\delta = 0,19\,a_1 = 0,19\left\{\frac{a-b_1}{2} - \frac{\delta}{2}(1+\sqrt{2})\right\} = \frac{0,19}{2}(a-b_1-2,414\,\delta),$$

$$\frac{\delta}{0,095} + 2,414\,\delta = a - b_1,$$

$$(10,526 + 2,414)\delta = a - 0,18\,a = 0,82\,a,$$

$$12,940\,\delta = 0,82\,a,$$

$$\delta = \frac{0,82 \cdot 50}{12,94} = 3,16 \sim \underline{3,0\ \text{cm}}.$$

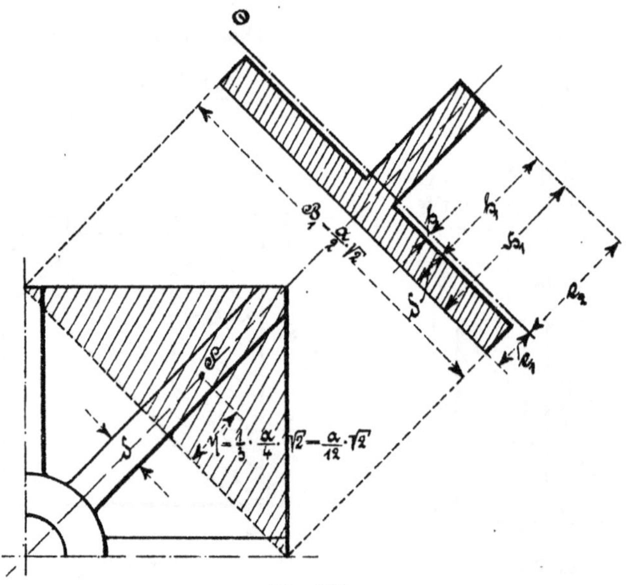

Fig. 220.

3. Berechnung der Rippenhöhen h_1 und h_2. Nach Formel 58.

1. Erfahrungsgemäß ist der beistehende Querschnitt ein gefährlicher Querschnitt, der als der 8. Teil der ganzen Platte auch nur mit $\frac{1}{8}P$ gleichmäßig belastet wird, die man sich im Schwerpunkte S angreifend denken kann.

Für den ⊤-förmigen Querschnitt gilt nun die Biegungsgleichung

$$M_1 = W_1 k_b,$$

worin $$M_1 = \frac{P}{8}\eta = \frac{P}{8}\frac{a}{12}\sqrt{2}$$

und nach der im § 18,1 entwickelten Gleichung

$$W_1 = \frac{\Theta}{e_1} = \frac{\frac{1}{3}\left[B_1 e_1^3 - (B_1 - \delta)h^3 + \delta e_2^3\right]}{e_1}$$

ist. Setzt man nun in den letzten Ausdruck die Werte $B_1 = \frac{a}{2}\sqrt{2}$,

$$e_1 = \frac{1}{2}\frac{\delta H_1^2 + (B_1 - \delta)\delta^2}{\delta H_1 + (B_1 - \delta)\delta}, \quad e_2 = H_1 - e_1 \quad \text{und} \quad h = h_1 - e_2$$

ein, so ergibt sich mit Rücksicht darauf, daß der Wert B_1 im Verhältnis zu h_1 sehr groß ist, der abgerundete Wert

$$W_1 \sim \frac{3}{22}\delta(\delta B_1 + h_1^2) = \frac{3}{22}\delta\left(\delta\frac{a}{2}\sqrt{2} + h_1^2\right).$$

Das Widerstandsmoment in die vorstehende Biegungsgleichung eingeführt, liefert die Rippenhöhe h_1 zu

$$\frac{P}{8}\frac{a}{12}\sqrt{2} = \frac{3}{22}\delta\left(\frac{a}{2}\delta\sqrt{2} + h_1^2\right)k_b,$$

woraus $\quad h_1 = \sqrt{\frac{P}{8}\frac{a}{12}\sqrt{2}\frac{22}{3\delta k_b} - \frac{a}{2}\delta\sqrt{2}} = \sqrt{\frac{a\sqrt{2}}{2}\left(\frac{11P}{2.12.3\,\delta k_b} - \delta\right)}$

$$\text{„} = \sqrt{\frac{50.1,414}{2}\left(\frac{11.30000}{2.12.3.3.250} - 3\right)}$$

$$\text{„} = \sqrt{25.1,414\frac{55 - 27}{9}} = \frac{10}{3}\sqrt{9,898}$$

$$\text{„} = 10,49 \sim \underline{10,5 \text{ cm}} \text{ folgt.}$$

2. Wie auch weiter die Erfahrung gelehrt hat, kann — wie beistehende Skizze zeigt — auch ein Ausbrechen der Platte eintreten. Rechnet man wieder die schraffierte Fläche als den 8. Teil der ganzen Platte, so kann man den Teil als einen gleichmäßig belasteten Freiträger ansehen, der einen $\underline{\text{I}}$-förmigen gefährlichen Querschnitt von der Rippenhöhe h_2 besitzt.

Die Höhe der Rippe ergibt sich dann nach der Formel 58 zu

$$M_2 = W_2 k_b,$$

worin $\qquad M_2 = \frac{P}{8}\eta = \frac{P}{8}\left(\frac{a}{2}\sqrt{2} - \frac{D}{2}\right) = \frac{P}{16}(a\sqrt{2} - D)$

und nach § 18,1

$$W_2 = \frac{\Theta}{e_1} = \frac{\frac{1}{3}\left[B_2 e_1^3 - (B_2 - \delta)h^3 + \delta e_2^3\right]}{e_1}$$

ist. Führt man auch hier die Werte $B_2 \sim 2\delta$,

$$e_1 = \frac{1}{2}\,\frac{\delta H_2{}^2 + (B_2 - \delta)\delta^2}{\delta H_2 + (B_2 - \delta)\delta}, \quad e_2 = H_2 - e_1 \text{ und } h = h_2 - e_2$$

ein, so erhält man mit Rücksicht darauf, daß der Wert B_2 im Verhältnis zu h_2 klein ist, das Widerstandsmoment

$$W_2 \sim \frac{3}{14}\,\delta(\delta B_2 + h_2{}^2) = \frac{3}{14}\,\delta(\delta 2\delta + h_2{}^2) = \frac{3}{14}\,\delta(2\delta^2 + h_2{}^2).$$

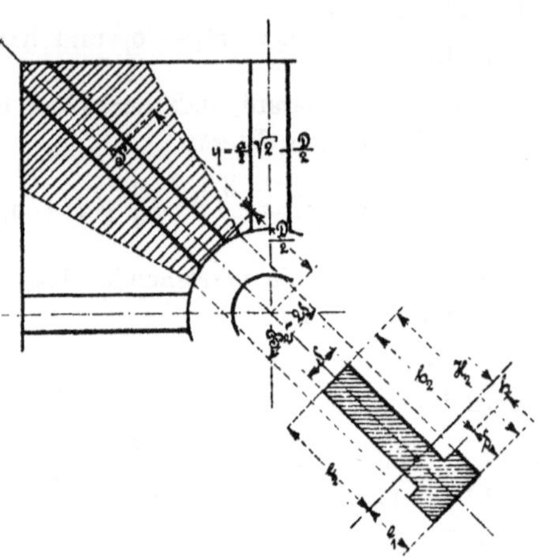

Fig. 221.

Dieses Moment, in die vorstehende Biegungsgleichung eingesetzt, gibt die Rippenhöhe h_2 zu

$$\frac{P}{16}\,(a\sqrt{2} - D) = \frac{3}{14}\,\delta(2\delta^2 + h_2{}^2)\,k_b,$$

woraus

$$h_2 = \sqrt{\frac{P}{16}\,(a\sqrt{2} - D)\frac{14}{3\delta k_b} - 2\delta^2}$$

$$,, = \sqrt{\frac{30000}{8}\,(50 \cdot 1{,}414 - 18)\frac{7}{3 \cdot 3 \cdot 250} - 2 \cdot 3^2}$$

$$,, = \sqrt{\frac{5}{3} \cdot 52{,}7 \cdot 7 - 18} = \sqrt{596{,}8} = \underline{24{,}4}\ \text{cm folgt.}$$

73. Beispiel. Zwei Triebwerkswellen, die in der Minute 75 und 120 Touren machen sollen, sind durch ein Stirnräderpaar zu verbinden. Die zu übertragende Leistung beträgt 6,5 PS.

Welche Verhältnisse müssen die Räder bekommen, wenn die Zähne zahl des kleinen Rades mit 40, die Rad- oder Zahnbreite gleich der 3 fachen Teilung und die zulässige Beanspruchung des Materials mit 2 kg/qmm gegeben ist?

Zu berechnen sind

1. die Geschwindigkeitsübersetzung ψ,
2. die Kraftübersetzung φ,
3. die Zähnezahl z_1 des großen Rades,
4. die Momente M_1 und M_2 der Räder,
5. die Teilung t der Räder,
6. die Radbreite b,
7. die Wellendurchmesser d_1 und d_2 bei einer Materialbeanspruchung von 5 kg,
8. die Radien r_1 und r_2 der Zahnräder,
9. die Anzahl a_1 und a_2 der Radarme,

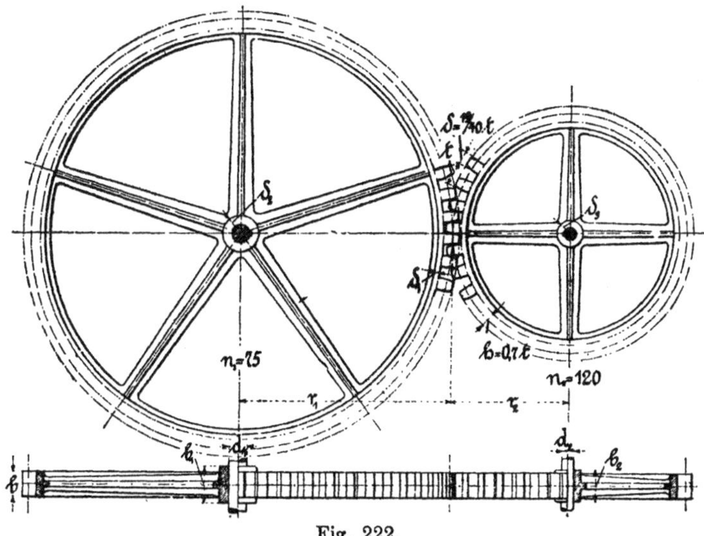

Fig. 222.

10. die Dicke β und Höhe h_1 bezw. h_2 der Radarme, unter der Annahme einer Dicke gleich der halben Teilung,
11. der Zahndruck P,
12. die Umfangsgeschwindigkeit v und
13. die Nabenbreiten b_1 und b_2, die Radkranz- und Nabendicke δ_1 bezw. δ_2 und δ_3.

Lösung:

1. Die Geschwindigkeitsübersetzung ψ.

Bezeichnen n_1 und n_2 die Tourenzahlen der Zahnräder, so findet man die gesuchte Übersetzung aus dem Verhältnis der Umfangsgeschwindigkeiten der beiden Räder zu

$$\psi = \frac{n_2}{n_1} = \frac{120}{75} = \frac{8}{5} = \underline{1,6}.$$

2. Die Kraftübersetzung φ.

Bildet man das Verhältnis zwischen den Radien, Zähnezahlen und Momenten beider Räder, so erhält man die Kraftübersetzung, die mit der Geschwindigkeitsübersetzung im reziproken Verhältnisse steht. Die Verhältnisse ergeben sich aus

$$\text{a)}\ \underline{\begin{aligned} z_2 t &= 2 r_2 \pi \\ z_1 t &= 2 r_1 \pi \end{aligned}} \qquad\qquad \text{b)}\ \underline{\begin{aligned} M_2 &= P r_2 \\ M_1 &= P r_1 \end{aligned}} \qquad\qquad \text{c)}\ \underline{\begin{aligned} v &= \frac{2 r_2 \pi n_2}{60} \\ v &= \frac{2 r_1 \pi n_1}{60} \end{aligned}}$$

$$z_2 : z_1 = r_2 : r_1 \qquad\qquad M_2 : M_1 = r_2 : r_1 \qquad\qquad r_2 : r_1 = n_1 : n_2,$$

wovon $\varphi = \dfrac{M_2}{M_1} = \dfrac{r_2}{r_1} = \dfrac{z_2}{z_1}$ die Kraftübersetzung und $\psi = \dfrac{n_2}{n_1}$ die Geschwindigkeitsübersetzung darstellt, zwischen denen die Beziehung $\varphi = \dfrac{1}{\psi}$ besteht, die das Grundgesetz der Mechanik ausspricht.

Im vorliegenden Beispiele ergibt sich aber die Kraftübersetzung zu

$$\varphi = \frac{1}{\psi} = \frac{1}{1,6} = \underline{0,625}.$$

3. Die Zähnezahl z_1 des großen Rades.

Aus der Kraftübersetzung $\varphi = \dfrac{z_2}{z_1}$ berechnet, ergibt sich die gesuchte Zähnezahl

$$z_1 = \frac{z_2}{\varphi} = \frac{40}{0,625} = 40 \cdot 1,6 = \underline{64}.$$

4. Die Momente M_1 und M_2 der Räder.

Aus der unter Formel 149 angegebenen Arbeitsgleichung entwickelt sich das Moment M_1 des großen Zahnrades zu

$$M_1 = 716\,200\,\frac{N}{n_1} = 716\,200\,\frac{6,5}{75} = 62\,070,7 \sim \underline{62\,071}\ \text{mmkg}.$$

Das Moment M_2 des kleinen Rades folgt dann aus $\varphi = \dfrac{M_2}{M_1}$ mit

$$M_2 = \varphi M_1 = 0,625 \cdot 62,071 = 38\,794,3 \sim \underline{38\,795}\ \text{mmkg}.$$

5. Die Teilung t der Räder.

Die Teilung läßt sich entweder aus dem Zahndrucke P oder aus dem Moment M und der Zähnezahl z auf folgende Weise ermitteln.

Zur Berechnung des auf Biegung beanspruchten Zahnes denke man sich den sonst im Teilkreis wirkenden Zahndruck P am äußersten Ende des Zahnes angreifend, so ergibt sich nach Formel 58

$$M_b = W\,k_b, \quad \text{worin} \quad M_b = P\,h = P\,0{,}7\,t$$

und

$$W = \frac{b\,x^2}{6} \sim \frac{b\left(\frac{t}{2}\right)^2}{6} = \frac{b\,t^2}{24}$$

bedeutet. Durch Einsetzen der Werte folgt weiter

$$P\,0{,}7\,t = \frac{b\,t^2}{24}\,k_b,$$

oder

$$b\,t = \frac{0{,}7 \cdot 24\,P}{k_b} = 16{,}8\,\frac{P}{k_b} = 16{,}8\,\frac{\dfrac{M_t}{r}}{k_b} = 16{,}8\,\frac{M_t}{r\,k_b}$$

„

$$„ = 16{,}8\,\frac{M_t}{\dfrac{z\,t}{2\,\pi}\,k_b} = 16{,}8 \cdot 2\,\pi\,\frac{M_t}{z\,t\,k_b} = 105{,}6\,\frac{M_t}{z\,t\,k_b}.$$

In diesen Gleichungen setzt man

1. für Kranräder, die eine Umfangsgeschwindigkeit bis etwa 0,5 m haben, eine Zahnbreite $b = 2\,t$ und eine Beanspruchung des Gußeisenmaterials $k_b = 2{,}5$ bis 5 kg, im Mittel etwa 3,75 kg, womit sich dann eine Teilung

$$t = 1{,}5\,\sqrt{P} = 2{,}4\,\sqrt[3]{\frac{M_t}{z}} \text{ ergibt;}$$

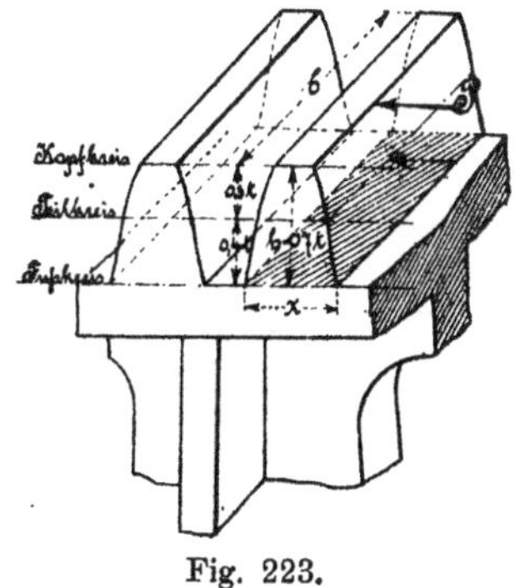

Fig. 223.

2. für Triebwerkräder, bei denen die Umfangsgeschwindigkeit $v > 0{,}5$ m ist, eine Zahnbreite $b = 2\,t$ bis $5\,t$, im Mittel etwa $b = 3\,t$, wobei mit Rücksicht auf Reibung und Abnutzung die Grenzen

$$\frac{P\,n}{b} < 500 \text{ bei Eisen} \quad \text{und} \quad \frac{P\,n}{b} < 300 \text{ bis } 400 \text{ bei Holz}$$

zu beachten sind.

Die zweckmäßig von den Umfangsgeschwindigkeiten abhängig zu machenden Materialspannungen wähle man nach der Erfahrungsgleichung $k_b = \dfrac{34{,}5}{v + 11}$ für Gußeisen, $\dfrac{10}{3}\,k_b$ für Gußstahl und $0{,}6\,k_b$ für Holz.

Für die Mittelwerte $b = 3\,t$ und $k_b = 2$ kg ergibt sich die Teilung

$$t = 1{,}67\,\sqrt{P} = 2{,}6\,\sqrt[3]{\frac{M_t}{z}}.$$

Auf das vorliegende Beispiel angewandt, wird

$$t = 2{,}6\,\sqrt[3]{\frac{M_1}{z_1}} = 2{,}6\,\sqrt[3]{\frac{62\,071}{64}} = 25{,}7 \sim 8{,}2\,\pi.$$

6. Die Radbreite b.

Nach den in der Aufgabe gestellten Bedingungen ist
$$b = 3\,t = 3\,.\,25,7 = 77,1 \sim \underline{77\ \text{mm}}.$$

7. Die Wellendurchmesser d_1 und d_2.

Die Durchmesser ergeben sich nach Formel 157 zu
$$d_1 = 1,72 \sqrt[3]{\frac{M_1}{k_t}} = 1,72 \sqrt[3]{\frac{62\,071}{5}} = 39,83 \sim \underline{40\ \text{mm}}.$$
$$d_2 = 1,72 \sqrt[3]{\frac{M_2}{k_t}} = 1,72 \sqrt[3]{\frac{38\,795}{5}} = 34,05 \sim \underline{35\ \text{mm}}.$$

8. Die Radien r_1 und r_2 der Zahnräder.

Die Radien können aus der Gleichung $z\,t = 2\,r\,\pi$ berechnet werden.

Es sind
$$r_1 = \frac{z_1\,t}{2\,\pi} = \frac{64\,.\,8,2\,\pi}{2\,\pi} = \underline{262,4\ \text{mm}},$$
$$r_2 = \frac{z_2\,t}{2\,\pi} = \frac{40\,.\,8,2\,\pi}{2\,\pi} = 164\ \text{mm}.$$

9. Die Anzahl a_1 und a_2 der Radarme.

Es ist zweckmäßig, die Armzahl eines Rades von dem Radius oder der Zähnezahl bezw. der Teilung abhängig zu machen. Eine Unterlage gewährt folgende Erfahrungsgleichung:

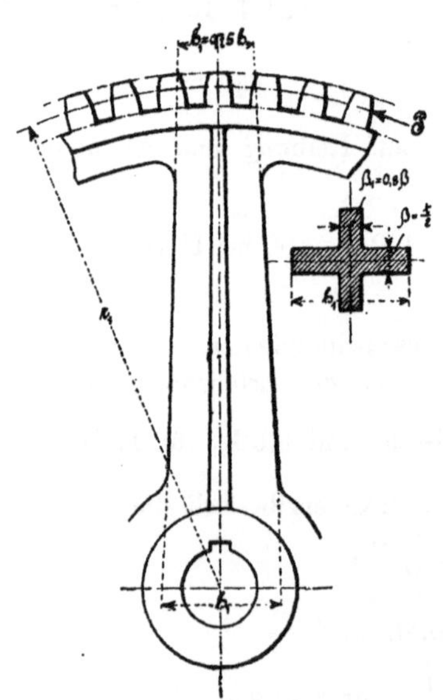

Fig. 224.

$$a_1 = 2 + \frac{r_1}{3\,t} = 2 + \frac{262,4}{3\,.\,8,2\,\pi}$$
$$\text{\textrm{,,}} = 2 + 3 = \underline{5},$$
$$a_2 = 2 + \frac{r_2}{3\,t} = 2 + \frac{164}{3\,.\,8,2\,\pi}$$
$$\text{\textrm{,,}} = 2 + 2 = \underline{4}.$$

10. Die Dicke β und Höhe h der Radarme.

Bei der Berechnung der auf Biegung beanspruchten Arme nimmt man an, daß sich das Moment durch den Radkranz gleichmäßig auf die einzelnen Arme verteilt, was in Wirklichkeit freilich nicht der Fall ist.

Obwohl man die Armquerschnitte an jeder Stelle berechnen kann, ist es in der Praxis zur Gewohnheit geworden, sich den Arm bis zur Wellenmitte verlängert zu denken und für diese Stelle den Querschnitt bezw. die Höhe h des Armes zu ermitteln. Auch pflegt man die Nebenrippen nicht mit in Rechnung zu ziehen, man betrachtet sie nur als seitliche Versteifung der Radarme. Auf diese Weise erhält man nach Formel 58

1. die Armhöhe h_1 des großen Rades.

$$\frac{M_1}{a_1} = W\,k_b = \frac{\beta\,h_1{}^2}{6}\,k_b,$$

woraus sich
$$h_1 = \sqrt{\frac{6\,M_1}{a_1\,\beta\,k_b}} = \sqrt{\frac{6\,M_1}{a_1\,\dfrac{t}{2}\,k_b}} = \sqrt{\frac{6\,.\,62071}{5\,.\,4{,}1\,\pi\,.\,2}}$$

„ $= 53{,}78 \backsim \underline{54\ \mathrm{mm}}$ ergibt.

2. Die Armhöhe h_2 des kleinen Rades.

$$\frac{M_2}{a_2} = W\,k_b = \frac{\beta\,h_2{}^2}{6}\,k_b,$$

$$h_2 = \sqrt{\frac{6\,M_2}{a_2\,\beta\,k_b}} = \sqrt{\frac{6\,M_2}{a_2\,\dfrac{t}{2}\,k_b}} = \sqrt{\frac{6\,.\,38795}{4\,.\,4{,}1\,\pi\,.\,2}} = 47{,}54 \backsim \underline{48\ \mathrm{mm}}.$$

Verjüngt man die Arme auf eine im Teilkreise zu messende Höhe
$$h_1 = 0{,}75\,h,$$
so erhält man eine der Rechnung gut angenäherte Armform.

Die letzten Höhen betragen

1. $h_1{}' = 0{,}75\,h_1 = 0{,}75\,.\,54 = 40{,}5 \backsim \underline{40\ \mathrm{mm}},$

2. $h_2{}' = 0{,}75\,h_2 = 0{,}75\,.\,48 = \underline{36\ \mathrm{mm}}.$

11. Der Zahndruck P.

Die Umfangskraft P berechnet man aus der Momentengleichung
$$M_1 = P\,r_1$$

zu
$$P = \frac{M_1}{r_1} = \frac{62071}{262{,}4} = 236{,}9 \backsim \underline{237\ \mathrm{mm}}.$$

12. Die Umfangsgeschwindigkeit v.

$$v = \frac{2\,r_2\,\pi\,n_2}{60} = \frac{r_2\,\pi\,n_2}{30} = \frac{164\,\pi\,120}{30} = 2060{,}8\ \mathrm{mm} \backsim \underline{2{,}06\ \mathrm{m}}.$$

13. Die Nabenbreiten b_1 und b_2, die Radkranz und Nabendicken δ_1 bezw. δ_2 und δ_3.

Infolge der ungleichen Beanspruchungen der Radnabe und des Radkranzes liefert die Rechnung zu kleine Wandstärken. Man wählt sie deshalb nach Erfahrungsgleichungen, z. B.:

1. Die Radkranzdicke für beide Räder

$$\delta_1 = \frac{t}{2} = 4{,}1\,\pi = 12{,}88 \sim \underline{13\ \text{mm}},$$

2. die Nabendicken

$$\delta_2 = 0{,}4\,(d_1 + 10) = 0{,}4\,(40 + 10) = \underline{20\ \text{mm}},$$
$$\delta_3 = 0{,}4\,(d_2 + 10) = 0{,}4\,(35 + 10) = \underline{18\ \text{mm}},$$

oder man nimmt gleich den halben Wellendurchmesser an.

3. Die Breite der Naben ergibt sich aus

$$b_1 = b + 0{,}06\,r_1 = 77 + 0{,}06 \cdot 262{,}4 = 92{,}74 \sim \underline{93\ \text{mm}},$$
$$b_2 = b + 0{,}06\,r_2 = 77 + 0{,}06 \cdot 164 = 86{,}84 \sim \underline{87\ \text{mm}}.$$

74. Beispiel. Ein auf 2 Mauern zu lagernder **I**-Träger von 8 m Länge wird pro lfd. Meter mit 500 kg und in einem 2 m von der einen Auflage aus gemessenen Abstande noch mit einer Einzellast von 700 kg belastet.

Welches Profil ist dem Träger zu geben, wenn die zulässige Materialspannung 875 kg/qcm betragen soll?

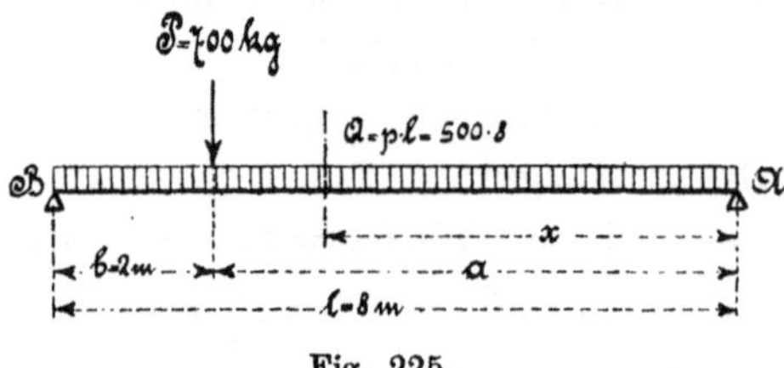

Fig. 225.

Lösung:

1. Die Auflagerdrücke A und B. Nach Formel 97.

$$A = \frac{P\,b}{l} + \frac{Q}{2} = \frac{700 \cdot 2}{8} + \frac{500 \cdot 8}{2} = \underline{2175\ \text{kg}},$$

$$B = \frac{P\,a}{l} + \frac{Q}{2} = \frac{700 \cdot 6}{8} + \frac{500 \cdot 8}{2} = \underline{2525\ \text{kg}}.$$

2. Die Lage des gefährlichen Querschnittes x. Nach Formel 98.

$$x = \frac{P\,b}{Q} + \frac{l}{2} = \frac{700 \cdot 2}{500 \cdot 8} + \frac{8}{2} = \underline{4{,}35\ \text{m}}.$$

3. Das größte Biegungsmoment M_{max}.

Das größte Moment tritt im gefährlichen Querschnitte auf. Hat man die Lage desselben noch nicht ermittelt, so gelangt man nach § 23 Abs. b, 7 zu dem gesuchten Momente, wenn man feststellt, ob

$$\frac{P}{Q} \lessgtr \frac{a-b}{2\,b}$$

ist. Setzt man daher in diese Bedingungsgleichung die vorliegenden Werte ein, so folgt $\dfrac{700}{500.8} < \dfrac{6-2}{2.2}$ oder $0,175 < 1$, womit festgestellt ist, daß das größte Biegungsmoment nach Formel 99 zu berechnen ist. Es beträgt

$$M_{max} = \left(P\frac{b}{l} + \frac{Q}{2}\right)^2 \frac{l}{2Q} = \left(700\frac{2}{8} + \frac{500.8}{2}\right)^2 \frac{8}{2.500.8} = 4\,730,625 \text{ mkg}$$

$$\text{,,} \quad = \underline{473\,062,5 \text{ cmkg}.}$$

Mit Hilfe des Querschnittabstandes x erhält man das größte Moment

$$M_{max} = A x - p x \frac{x}{2} = x\left(A - \frac{p x}{2}\right)$$

$$\text{,,} \quad = 4,35\left(2175 - \frac{500.4,35}{2}\right) = \underline{4730,625 \text{ mkg}.}$$

4. Das Widerstandsmoment W und das Profil.
Nach Formel 58.

$$M_{max} = W k_b,$$

woraus $\qquad W = \dfrac{M_{max}}{k_b} = \dfrac{473\,062,5}{875} = \underline{540,64 \text{ cm}^3}$

folgt. Dieser Wert entspricht einem Profile **Nr. 28** mit $W = \underline{541 \text{ cm}^3}$.

75. Beispiel. Ein Balkonträger aus $\mathbf{I}$-Eisen werde über seine 1,5 m betragende Länge mit einer gleichmäßig verteilten Last von 500 kg und am freien Ende mit einer aus 40 cm starkem Mauerwerke herrührenden Last von 1000 kg belastet. Die Materialspannung soll 1000 kg/qcm betragen. Der Träger ist in einer 64 cm starken und 90 cm breiten Mauer zu befestigen. Das über dem Träger liegende Mauerwerk habe ein Gewicht von 20 t.

In welcher Weise ist die Konstruktion auszuführen?

Lösung:

1. Das größte Biegungsmoment M_{max}. Nach Formel 81.

$$M_{max} = Q_2 l_2 + Q_1 \frac{l}{2} = 1000\,(150 - 20) + 500.75 = 167\,500 \text{ kg cm}.$$

2. Das Widerstandsmoment W und N.Profil.
Nach Formel 58.

$$W = \frac{M_{max}}{k_b} = \frac{167\,500}{1000} = \underline{167,5 \text{ cm}^3},$$

wozu ein N. Pr. 19 mit $W = \underline{185}$ und einer Breite der Flanschen von 8,6 cm erforderlich ist.

3. Die resultierende Belastung R.

Zur Ermittelung der Spannungen im Auflager und der Abmessungen der Unterlagsplatten oder Unterzüge ist es zweckmäßig, erst die Resultante R festzustellen. Sie beträgt

$$R = Q_1 + Q_2 = 500 + 1000 = \underline{1500 \text{ kg.}}$$

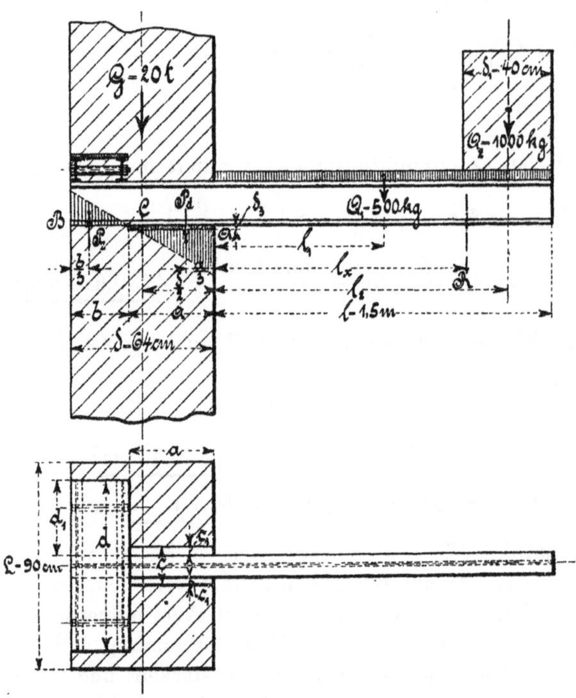

Fig. 226.

4. Der Abstand l_x des Angriffspunktes der Resultante vom Auflager bezw. von der Kippkante A.

Da das Moment aus der Resultante R und dem Abstande l_x gleich dem größten Biegungsmomente sein muß, so erhält man l_x aus

$$M_{max} = R\,l_x,$$

$$l_x = \frac{M_{max}}{R} = \frac{167\,500}{1500} = \frac{335}{3} = 111,67 \sim \underline{112 \text{ cm.}}$$

5. Der Kantendruck bei A.

Nach Formel 77 wird das Mauerwerk an der Auflage A mit dem resultierenden Drucke (nach der Formel 8)

$$R = f k_d, \text{ woraus die Druckspannung } k_d = \frac{R}{f} \text{ folgt,}$$

und mit einer sich aus dem Biegungsmomente

$$M_b = R\left(l_x + \frac{\delta}{2}\right) = W_d k_d$$

ergebenden Druckspannung

$$k_d = \frac{R\left(l_x + \frac{\delta}{2}\right)}{W_d} = \frac{\frac{R}{2}(2l_x + \delta)}{\frac{\Theta}{0,5\,\delta}} = \frac{R(2l_x + \delta)\delta}{4\,\Theta}$$

beansprucht, so daß sich der Flächendruck $k_{i(d)}$ an der Kante A aus der Summe der einzelnen Druckspannungen ermitteln läßt.

Er beträgt

$$k_{i(d)} = \frac{R}{f} + \frac{R(2l_x + \delta)\delta}{4\,\Theta} = \frac{R}{c\,\delta} + \frac{R(2l_x + \delta)\delta}{4\frac{c\delta^3}{12}}$$

$$\text{„} \quad = \frac{R}{c}\left(\frac{1}{\delta} + \frac{3(2l_x + \delta)}{\delta^2}\right) = \frac{R}{c}\,\frac{\delta + 6l_x + 3\delta}{\delta^2}$$

$$\text{„} \quad = \frac{R}{c}\,\frac{2(2\delta + 3l_x)}{\delta^2} = \frac{2R(2\delta + 3l_x)}{c\delta^2}.$$

Für die c cm lange Kante bei A ergibt sich dann der Druck

$$K_d = c\,k_{i(d)} = \frac{2R(2\delta + 3l_x)}{\delta^2} = \frac{2\cdot1500(2\cdot64 + 3\cdot112)}{64^2}$$

$$\text{„} \quad = \frac{10875}{32} = 339,8 \backsim \underline{340\text{ kg.}}$$

6. Der Kantenzug bei B.

Während auch hier der sich über die ganze Auflagefläche gleichmäßig verteilte resultierende Druck R eine Druckspannung $k_d = \frac{R}{f}$ erzeugt, bewirkt das Biegungsmoment

$$M_b - R\left(l_x + \frac{\delta}{2}\right) = W_z k_z$$

eine Zugspannung $k_z = \dfrac{R\left(l_x + \dfrac{\delta}{2}\right)}{W_z} = \dfrac{\dfrac{R}{2}(2l_x + \delta)}{\dfrac{\Theta}{0,5\,\delta}} = \dfrac{R(2l_x + \delta)\delta}{4\,\Theta},$

welche durch geeignete Konstruktionsmittel wirkungslos gemacht werden muß, wie aus Abs. 13 dieses Beispieles zu ersehen ist.

Wird nun die Zugspannung als positiv, die Druckspannung dagegen als negativ bezeichnet, so erhält man die Materialspannung $k_{i(z)}$ an der Kante B zu

$$k_{i(z)} = -\frac{R}{f} + \frac{R(2l_x + \delta)\delta}{4\,\Theta} = \frac{R(2l_x + \delta)\delta}{4\dfrac{d\delta^3}{12}} - \frac{R}{d\,\delta}$$

$$„ = \frac{R}{d}\left(\frac{3(2l_x + \delta)}{\delta^2} - \frac{1}{\delta}\right) = \frac{R}{d}\,\frac{6l_x + 3\delta - \delta}{\delta^2}$$

$$„ = \frac{R}{d}\,\frac{6l_x + 2\delta}{\delta^2} = \frac{2R(3l_x + \delta)}{d\,\delta^2}.$$

Für die d cm lange Kante bei B ergibt sich dann ein Zug

$$K_z = d\,k_{i(z)} = \frac{2R(3l_x + \delta)}{\delta^2}$$

$$„ = \frac{2 \cdot 1500\,(3 \cdot 112 + 64)}{64^2} = \frac{9375}{32} = \underline{292,9\,\text{kg}}.$$

7. Die Plattenbreiten a und b.

Aus der Ähnlichkeit der aus der Figur ersichtlichen Spannungsdreiecke erhält man die Plattenbreite b aus $K_d : K_z = a : b$ zu

$$b = a\,\frac{K_z}{K_d} = a\,\frac{\dfrac{2R(3l_x + \delta)}{\delta^2}}{\dfrac{2R(3l_x + 2\delta)}{\delta^2}} = a\,\frac{3l_x + \delta}{3l_x + 2\delta}.$$

Den Wert in die Geichung $\delta = a + b$ eingesetzt, gibt die Plattenbreite a, wie folgt:

$$\delta = a + a\,\frac{3l_x + \delta}{3l_x + 2\delta} = a\left(1 + \frac{3l_x + \delta}{3l_x + 2\delta}\right) = a\,\frac{3l_x + 2\delta + 3l_x + \delta}{3l_x + 2\delta},$$

$$a\,(6l_x + 3\delta) = \delta\,(3l_x + 2\delta),$$

$$a = \frac{\delta\,(3l_x + 2\delta)}{3\,(2l_x + \delta)} = \frac{64\,(3 \cdot 112 + 2 \cdot 64)}{3\,(2 \cdot 112 + 64)} = \frac{1856}{54} = \underline{34,37\,\text{cm}}.$$

Die Plattenbreite b beträgt dann

$$b = \delta - a = 64 - 34,37 = \underline{29,63\,\text{cm}}.$$

(Vergl. Lösung 1 der Aufgabe 13 auf Seite 128 meines Lehrbuchs der zusammengesetzten Festigkeit.)

8. Der gesamte Druck P_d auf der Strecke $AC = a$.

Da die über der Strecke AC wirkenden Druckspannungen, vom Dreh- oder Nullpunkte C ausgehend, proportional den Abständen zunehmen und an der Stelle A den bereits in Frage 5 angegebenen größten Wert $k_{i(d)}$ bezw. den Kantendruck K_d erreichen, so hat man zur Ermittelung des gesuchten Druckes P_d nur nötig, die Hälfte des Druckes K_d mit der Strecke $AC = a$ zu multiplizieren.

Man erhält somit

$$P_d = \frac{K_d}{2} a = \frac{1}{2} \frac{2R(2\delta + 3l_x)}{\delta^2} \cdot \frac{\delta(3l_x + 2\delta)}{3(2l_x + \delta)}$$

$$" = \frac{R(2\delta + 3l_x)^2}{3\delta(\delta + 2l_x)} = \frac{1500(2 \cdot 64 + 3 \cdot 112)^2}{3 \cdot 64(64 + 2 \cdot 112)} = \underline{5840{,}278 \text{ kg.}}$$

9. Der gesamte Zug P_z auf der Strecke $BC = b$.

Da über der Strecke BC eine ähnliche Spannungsverteilung vorliegt, wie über der vorher genannten Strecke AC, so ergibt sich der gesamte Zug

$$P_z = \frac{K_z}{2} b = \frac{1}{2} \frac{2R(3l_x + \delta)}{\delta^2} \cdot \frac{\delta(\delta + 3l_x)}{3(\delta + 2l_x)} = \frac{R(\delta + 3l_x)^2}{3\delta(\delta + 2l_x)}$$

$$" = \frac{1500(64 + 3 \cdot 112)^2}{3 \cdot 64(64 + 2 \cdot 112)} = \underline{4340{,}278 \text{ kg.}}$$

10. Die Bestätigung des Gleichgewichtszustandes.

Zur Kontrollierung der in den beiden Vorfragen festgestellten Kräfte dient die Erkenntnis, daß die algebraische Summe dieser Kräfte gleich der in Frage 3 berechneten resultierenden Kraft R sein muß.

Also

$$R = P_d - P_z = 5840{,}278 - 4340{,}278 = \underline{1500 \text{ kg.}}$$

11. Die Länge c der gußeisernen Unterlagsplatte a.

Es sei angenommen, daß die Unterlagsplatte auf einem Sandsteinwürfel lagere, dessen zulässige Beanspruchung $k_d = 25$ kg/cm² beträgt.

Das über dem Träger liegende Mauerwerk von 20 Tonnen Gewicht belastet die Unterlagsplatte pro qcm nach Formel 8 zu

$$G = f p = L \delta p,$$

$$p = \frac{G}{L\delta} = \frac{20000}{90 \cdot 64} = 3{,}47 \text{ kg.}$$

Die Plattenlänge c berechne man dann unter Bezugnahme auf das in Frage 5 Gesagte, wie folgt:

$$K_d = c \, k_{i(d)},$$

$$c = \frac{K_d}{k_{i(d)}} = \frac{K_d}{k_d - p} = \frac{340{,}0}{25 - 3{,}47}$$

$$" = \frac{340}{21{,}53} = \underline{15{,}8 \text{ cm.}}$$

12. Die Dicke δ_3 der Unterlagsplatte a.

Da der in Frage 2 berechnete Träger nach Tabelle eine Flanschbreite von $b_1 = 8{,}6$ cm hat, so besitzt die Unterlagsplatte zu beiden Seiten des Trägers eine freitragende Länge von

$$c_1 = \frac{c - b_1}{2} = \frac{15{,}8 - 8{,}6}{2} = \frac{7{,}2}{2} = 3{,}6 \text{ cm}.$$

Die Ermittelung der Plattendicke geschieht nun nach den Formeln 58 und 80 in folgender Weise: $M_b = W k_b$,

worin $\qquad M_b = a c_1 k_d \dfrac{c_1}{2} = \dfrac{a c_1{}^2 k_d}{2}$ und $W = \dfrac{a \delta_3{}^2}{6}$ ist.

Wählt man noch für Gußeisen eine zulässige Beanspruchung von 250 kg/qcm, so ergibt sich die Plattendicke δ_3 zu

$$\frac{a c_1{}^2 k_d}{2} = \frac{a \delta_3{}^2}{6} k_b$$

oder $\qquad\qquad\qquad c_1{}^2 k_d = \dfrac{\delta_3{}^2 k_b}{3},$

$$\delta_3 = \sqrt{\frac{3 c_1{}^2 k_d}{k_b}} = c_1 \sqrt{\frac{3 k_d}{k_b}} = 3{,}6 \sqrt{\frac{3 \cdot 25}{250}} = 0{,}36 \sqrt{30} = 1{,}97 \infty \underline{2 \text{ cm}}.$$

13. Die Länge d der $\underline{\text{I}}$-Querträger.

Da die auf der Strecke $BC = b$ auftretende Zugkraft P_z den Träger an dieser Stelle vom Mauerwerk abzuheben sucht, wobei die Kante A als Kippkante dient, so muß oberhalb des Trägers eine Platte angeordnet werden, die so lang zu bemessen ist, daß das darauf lastende Mauergewicht, mit der halben Mauerstärke multipliziert, dem ersten Kippmomente das Gleichgewicht halten muß.

Führt man die Rechnung für eine doppelte Sicherheit gegen Kippen durch, so wie es in der Praxis vielfach geschieht, so ergibt sich die Plattenlänge d in folgender Weise:

$$2 P_z \left(a + \frac{2}{3} b \right) = G_1 \frac{\delta}{2}$$

oder $\qquad\qquad\qquad \dfrac{4 P_z}{3 \delta} (3a + 2b) = G_1,$

worin $\qquad\qquad a = \dfrac{\delta(3 l_x + 2\delta)}{3(2 l_x + \delta)}$ nach der Lösung 7,

$$b = \frac{\delta(\delta + 3 l_x)}{3(\delta + 2 l_x)} \text{ nach den Lösungen 7 und 9}$$

und $\qquad\qquad G_1 = d \delta p$ bedeutet.

Diese Werte eingesetzt, liefert

$$\frac{4 P_z}{3 \delta} \left(3 \frac{\delta(3 l_x + 2\delta)}{3(2 l_x + \delta)} + 2 \frac{\delta(\delta + 3 l_x)}{3(\delta + 2 l_x)} \right) = d \delta p$$

oder
$$d = \frac{4P_z\delta}{3\delta^2 p}\,\frac{9l_x + 6\delta + 2\delta + 6l_x}{3(\delta + 2l_x)} = \frac{4P_z}{9\delta p}\,\frac{8\delta + 15l_x}{\delta + 2l_x}$$

$$„ = \frac{4P_z(8\delta + 15l_x)}{9\delta p(\delta + 2l_x)} = \frac{4 \cdot 4340{,}3(8 \cdot 64 + 15 \cdot 112)}{9 \cdot 64 \cdot 3{,}47(64 + 2 \cdot 112)}$$

$$„ = \frac{594\,621{,}1}{8994{,}24} = 66{,}1 \infty \underline{66\ \text{cm.}}$$

Damit die **Platte** nicht zu **stark** ausgeführt werden muß, sollen 2 Träger von $\underline{\text{I}}$ förmigem Querschnitte den Zug P_z abfangen.

14. Das Trägerprofil.

Nach den Formeln 58 und 80 berechnet sich unter der Annahme einer Biegungsbeanspruchung von $k_b = 1000$ kg pro qcm

$$M_b = W k_b,$$

worin
$$M_b = \frac{Q\,d_1}{2} = \frac{d_1\,b\,p\,d_1}{2} = \frac{d_1^{\,2}\,b\,p}{2}$$

beträgt. Den Wert eingesetzt und die Gleichung nach W aufgelöst, liefert

$$W = \frac{M_b}{k_b} = \frac{d_1^{\,2}\,b\,p}{2\,k_b} = \frac{\left(\dfrac{66 - 8{,}6}{2}\right)^2 \cdot 29{,}63 \cdot 3{,}47}{2 \cdot 1000} = 42{,}34\ \text{cm}^3.$$

Das Widerstandsmoment verteilt sich auf beide Träger, so daß auf einen Träger nur der halbe Betrag 21,17 cm³ kommt, wofür ein **Profil No. 9** mit einem Widerstandsmomente von 25,9 cm³ zu wählen ist.

76. Beispiel. Zur Überdeckung des zu einem gewölbten Raume gehörenden rechteckigen Luftschachtes soll ein aus Flacheisenstäben herzustellender Rost angefertigt werden. Die in Mittelabständen von 3 cm anzuordnenden Stäbe sollen eine Breite von 6 mm und eine Spannweite von 1,5 m erhalten.

Welche Höhe muß den Stäben gegeben werden, damit bei 400 kg pro qm Verkehrslast eine in der Mitte auftretende größte Durchbiegung von 0,5 mm nicht überschritten wird?

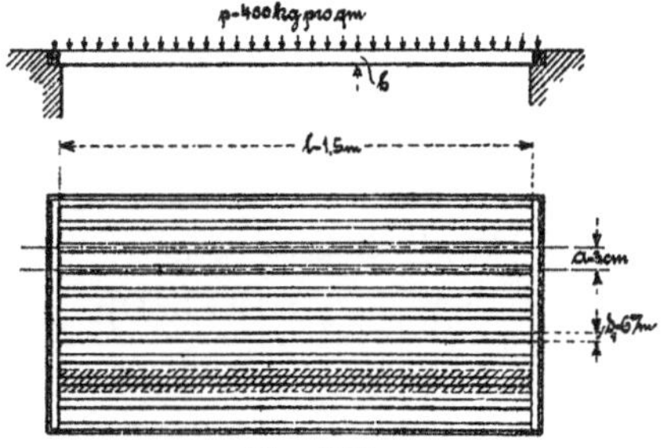

Fig. 227.

Lösung:

Da hier die Durchbiegung vorgeschrieben ist, so hat man zunächst das Trägheitsmoment Θ aus der im § 23 Abs. b, 6 aufgeführten Gleichung der elastischen Linie für die in der Mitte auftretende größte Durchbiegung δ, nämlich $\delta = \dfrac{5}{384} \dfrac{Q \alpha l^3}{\Theta}$, zu bestimmen. Man erhält

$$\Theta = \frac{5}{384} \frac{Q \alpha l^3}{\delta}, \quad \text{worin} \quad Q = fp = alp$$

$$\text{„} = 0{,}03 \cdot 1{,}5 \cdot 400 = 18 \text{ kg}$$

$$\text{und } \Theta = \frac{\delta_1 h^3}{12} \text{ ist.}$$

Die Werte eingesetzt, gibt eine Stabhöhe von

$$\frac{\delta_1 h^3}{12} = \frac{5}{384} \frac{Q \alpha l^3}{\delta},$$

$$h = \sqrt[3]{\frac{5 \cdot 12 \, Q l^3}{384 \, E \delta_1 \delta}} = \frac{1}{2} \sqrt[3]{\frac{5 \, Q}{4 \, E \delta_1 \delta}} = \frac{150}{2} \sqrt[3]{\frac{5 \cdot 18}{4 \cdot 2\,000\,000 \cdot 0{,}6 \cdot 0{,}05}}$$

$$\text{„} = 5{,}408 \sim \underline{5{,}4 \text{ cm.}}$$

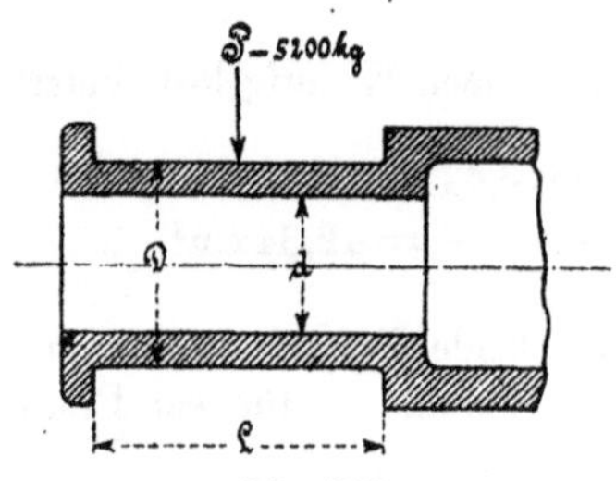

Fig. 228.

77. Beispiel. Ein aus Gußeisen hergestellter hohler Stirnzapfen werde mit 5200 kg beansprucht. Die Materialspannung soll 2 und der Flächendruck 0,23 kg/qmm betragen. Das Höhlungsverhältnis, d. h. das Verhältnis zwischen lichtem und äußerem Durchmesser, sei 0,7.

Lösung:

Als erstes ist, wie beim vollen Zapfen im Beispiele 2, das Verhältnis zwischen Materialspannung und Flächendruck festzustellen.

Nach den Formeln 58 und 80 ist

$$M_b = W k_b = \frac{D^4 - d^4}{D} \frac{\pi}{32} k_b \sim 0{,}1 \frac{D^4 - d^4}{D} k_b,$$

worin $\qquad M_b = P \dfrac{L}{2}$ und $d = \alpha D$ bedeutet.

Die Werte eingesetzt, gibt

$$\frac{Pl}{2} = 0{,}1 \frac{D^4 - (\alpha D)^4}{D} k_b = 0{,}1 \, D^3 (1 - \alpha^4) \, k_b \text{ bezw.}$$

$$P = \frac{0{,}2 \, D^3 (1 - \alpha^4) \, k_b}{L}.$$

Da nach Formel 8 $\quad P = fp = DLp$ ist, so erhält man durch Gleichsetzen der beiden P Werte

$$DLp = \frac{0{,}2 \, D^3 (1 - \alpha^4) \, k_b}{L},$$

$$\left(\frac{L}{D}\right)^2 = \frac{0,2\,(1 - \alpha^4)\,k_b}{p},$$

$$\frac{L}{D} = \sqrt{\frac{0,2\,k_b}{p}(1 - \alpha^4)} = \sqrt{\frac{0,2 \cdot 2}{0,23}(1 - 0,7^4)} = 1,149 \sim 1,2.$$

Den Durchmesser und die Länge des Zapfens findet man nun aus der bereits genannten Biegungsgleichung

$$\frac{PL}{2} = 0,1\,D^3\,(1 - \alpha^4)\,k_b$$

zu
$$D = \sqrt{\frac{PL}{0,2\,(1 - \alpha^4)\,k_b\,D}} = \sqrt{5\,\frac{P}{k_b}\,\frac{L}{D}\,\frac{1}{1 - \alpha^4}}$$

$$„ = \sqrt{\frac{5 \cdot 5200 \cdot 1,2}{2\,(1 - 0,7^4)}} = \sqrt{\frac{5 \cdot 2600 \cdot 1,2}{0,7599}} = 193,4 \sim \underline{194\ \text{mm}}.$$

$$L = 1,2\,D = 1,2 \cdot 194 = 232,8 \sim \underline{233\ \text{mm}}.$$

78. Beispiel. Auf einem freitragenden Träger von 4,22 m Länge ruht eine Korridorwand von 13 cm Dicke und das eine Ende eines Querträgers, der eine Seitenwand von 13 cm Dicke abzufangen hat. Die genannten Wände gehen durch 3 Stockwerke hindurch, von denen die Höhen 4,3 m, 4 m und 3,75 m betragen.

Welches Profil ist dem ⊥-Träger zu geben, wenn er in beistehender Weise belastet und mit 750 kg/cm² beansprucht wird?

Lösung:

1. Die Auflagen A und B.

Bei dieser Berechnung denkt man sich die gleichmäßig verteilten Belastungen Q_1 und Q_2 in der Mitte derselben angreifend.

Das oberhalb der Türen gelegene Wandgewicht wirkt an den Stellen der Türgewände wie Einzellasten. Es ist, bei B den Drehpunkt gedacht,

$$A\,l = Q_1\left(1 - \frac{a}{2}\right) + P_1\,(1 - a) + P_1\,(1 - a - b) + Q_2\left(\frac{c}{2} + d\right)$$
$$+ P\,(d + e) + P_2\,d$$

$$„ = 1303\,(4,22 - 0,26) + 567\,(4,22 - 0,52 + 4,22 - 0,52 - 1,0)$$
$$+ 4261\,(0,85 + 1,0) + 4565\,(1,0 + 0,38) + 567 \cdot 1,0$$

$$„ = 5159,88 + 3628,8 + 7882,85 + 6299,7 + 567 = 23\,538,23,$$

$$A = \frac{23\,538,23}{4,22} = \underline{5577,7\ \text{kg}}.$$

$$B = Q_1 + Q_2 + 2 \cdot P_1 + P_2 + P - A$$

$$„ = 1303 + 4261 + 2 \cdot 567 + 567 + 4565 - 5577,7$$

$$„ = \underline{6242,3\ \text{kg}}.$$

2. Die Lage des gefährlichen Querschnittes.

Unter Bezugnahme auf § 23 Abs. b, 1 liegt der am meisten beanspruchte Querschnitt an der Stelle, wo die Schubkraftfläche das Vorzeichen wechselt. An dieser Stelle teilen sich die abwärts wirkenden Kräfte derart, daß die in der beistehenden Figur auf der linken Trägerseite, also

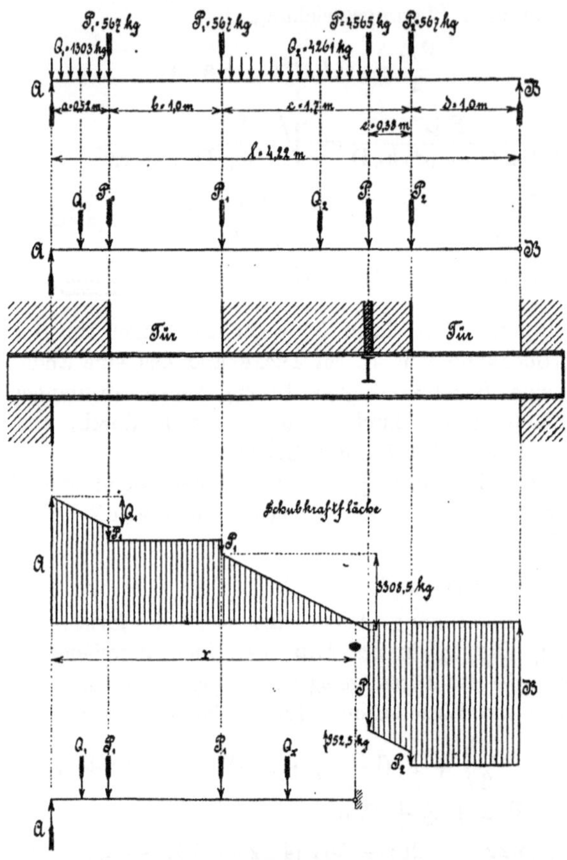

Fig. 229.

über der Länge x angreifenden Kräfte sich mit der Auflage A das Gleichgewicht halten müssen, während die über der rechten Trägerseite wirkenden Lasten mit der Auflage B im Gleichgewichte stehen.

Damit ist $\qquad A = Q_1 + 2\,P_1 + p\,(x - a - b),$

$$x - a - b = \frac{A - Q_1 - 2\,P_1}{p} = \frac{5577,7 - 1303 - 2\,.\,567}{\dfrac{Q_2}{c}}$$

$$x - a - b = \frac{3140{,}7 \cdot 1{,}7}{4261} = 1{,}253,$$

$$x = 1{,}253 + a + b = 1{,}253 + 0{,}52 + 1 = \underline{2{,}773 \text{ m}}.$$

3. Das größte Biegungsmoment.

$$M_{max} = A\,x - Q_1\left(x - \frac{a}{2}\right) - P_1(x - a) - P_1(x - a - b) -$$

$$- Q_x \cdot \frac{x - a - b}{2}$$

$$\text{,,} = 5577{,}7 \cdot 2{,}773 - 1303\,(2{,}773 - 0{,}26) - 567\,(202{,}773 -$$

$$- 2 \cdot 0{,}52 - 1) - \frac{4261}{1{,}7}\,\frac{(2{,}773 - 1{,}52)^2}{2}$$

$$\text{,,} = 15\,466{,}9621 - 3274{,}439 - 1987{,}902 - 1967{,}579$$

$$\text{,,} = 15\,466{,}9621 - 7229{,}920 = \underline{8237{,}0421 \text{ mkg}}.$$

4. Das Widerstandsmoment und Profil.

$$M_{max} = W\,k_b,$$

$$W = \frac{M_{max}}{k_b} = \frac{823\,704{,}21}{750} = \underline{1098{,}27 \text{ cm}^3}.$$

Diesem entspricht Profil 36 mit $W = 1088 \text{ cm}^3$.

79. Beispiel. Für einen Eisenbahnwagen sind die aus 8 Lamellen gebildeten Tragfedern zu berechnen. Der Wagen lastet auf jeder Feder mit 6400 kg. Die nach einem Kreisbogen gekrümmte Feder habe eine Sehnenlänge von 84 cm und biegt sich unter der Belastung 2,7 cm durch. Welche Dicke und Breite müssen die einzelnen Lamellen erhalten, wenn sie mit 5000 kg in Anspruch genommen werden sollen?

Lösung:

1. Die Federdicke H.

Da hier die größte Durchbiegung vorgeschrieben ist, so hat man die Lamellendicke h aus der zugehörigen Durchbiegungsgleichung zu ermitteln.

Nach § 24 Abs. 1, b ist

$$\delta = \frac{l_2\,\alpha\,M_b}{2\,\Theta}, \text{ wo } M_b = W\,k_b = i\,W_1 \cdot k_b = i \cdot \frac{\Theta_1}{0{,}5\,h} \cdot k_b = \frac{2\,i\,\Theta_1\,k_b}{h},$$

$$\alpha = \frac{1}{2\,200\,000}, \quad \Theta = i\,\Theta_1 \text{ und } l = 0{,}5\,s = 42 \text{ cm}.$$

$$\delta = \frac{l^2\,\alpha\,\dfrac{2\,i\,\Theta_1\,k_b}{h}}{2\,i\,\Theta_1} = \frac{l^2\,\alpha\,k_b}{h},$$

woraus dann die Lamellendicke

$$h = \frac{l^2 \alpha\, k_b}{\delta} = \frac{42^2 \cdot 1 \cdot 5000}{2\,200\,000 \cdot 2,7} = 1,5 \text{ cm folgt.}$$

Die Federdicke beträgt dann $H = i\,h = 8 \cdot 1,5 = 12$ cm.

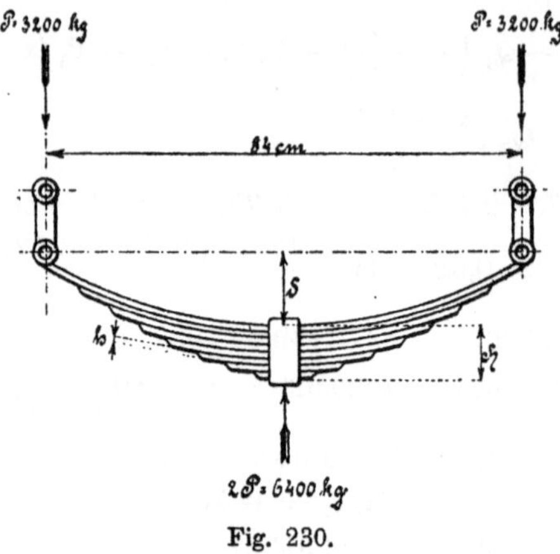

Fig. 230.

2. Die Breite b der Feder.

Diese Abmessung erhält man aus der Biegungsgleichung 58

$$M_b = W\,k_b, \quad \text{wo } M_b = P\,l, \quad W = \frac{B\,h^2}{6}$$

$$\text{und} \quad k_b = 5000 \text{ kg/cm}^2 \text{ ist.}$$

$$P\,l = \frac{B\,h^2}{6} \cdot k_b,$$

$$B = \frac{P\,l\,6}{h^2\,k_b} = \frac{3200 \cdot 42 \cdot 6}{1,5^2 \cdot 5000} = 72 \text{ cm}.$$

Dieses würde die größte Breite der Feder sein, wenn sie nur aus einem Stücke hergestellt wäre. Da sie aber aus 8 Lamellen hergestellt sein soll, teilt man die Breite B nach der beistehenden Figur in gleichbreite Streifen b ein, bildet also gewissermaßen einzelne Träger von konstanter Breite b und Höhe h, die dann übereinander gelegt werden.

Die Lamellenbreite oder die Breite b der Feder beträgt dann

$$B = i\,b \quad \text{bezw.} \quad b = \frac{B}{i} = \frac{72}{8} = 9 \text{ cm}.$$

80. Beispiel. In einer Maschinenfabrik soll eine Galerie hergestellt werden, wozu nach der beistehenden Anordnung ⊥-Träger von 6,2 m Länge Verwendung finden sollen, die in 5 m Abstand durch Säulen unterstützt werden!

Die Belastung der Galerie soll derart sein, daß die Träger pro lfd. Meter mit 1800 kg gleichmäßig verteilt und am äußersten Ende noch mit der von einem Laufkran herrührenden Einzellast von 2000 kg belastet sind.

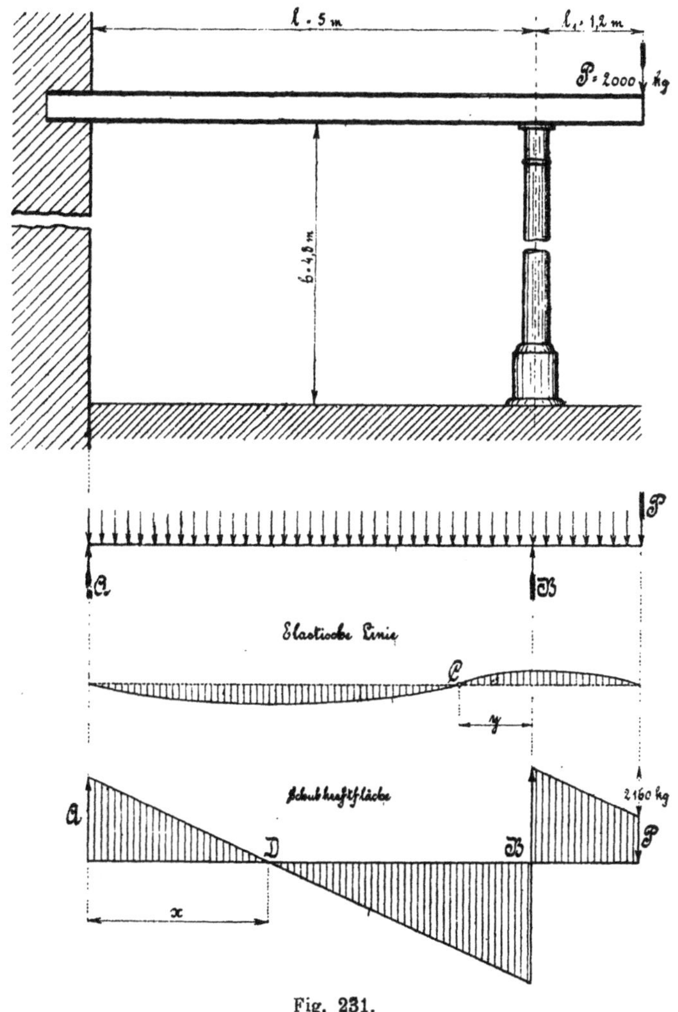

Fig. 231.

a) Welches Profil ist den Trägern zu geben, wenn 750 kg Materialbeanspruchung in Frage kommen soll,

b) wo liegt die biegungsspannungslose Stelle, und

c) welchen Durchmesser erhalten die gußeisernen Säulen von 4,8 m
Höhe, wenn das Höhlungsverhältnis 0,8 und der Sicherheitsgrad 8
betragen soll?

Lösung:

a) Das Profil des Trägers.

1. Die Auflagen A und B.

Den Drehpunkt bei A gedacht, gibt

$$Bl = P(l + l_1) + p(l + l_1) \cdot \frac{l + l_1}{2}$$

$$\text{\glqq} = 2000 \cdot 6{,}2 + \frac{1800 \cdot 6{,}2^2}{2} = 12400 + 34606,$$

$$B = \frac{47006}{5} = 9401{,}2 \sim \underline{9400 \text{ kg}},$$

$$A = p(l + l_1) + P - B = 1800 \cdot 6{,}2 + 2000 - 9400 = \underline{3760 \text{ kg}}.$$

2. Die Lage des gefährlichen Querschnittes.

Wie die Schubkraftfläche erkennen läßt, gibt es hier zwei Durchgänge bezw. zweimal Vorzeichenwechsel, was darauf hinweist, daß der
vorliegende Träger einen Wende- oder Inflexionspunkt besitzt, in dem die
Biegungsspannung den Wert Null erreicht. Für die so entstehenden zwei
Träger geben die vorgenannten Durchgänge B und D die Stellen an, in
denen die Träger ihre größten Biegungsmomente haben.

Der aus der Figur zu ersehende Abstand x des Durchgangspunktes D
folgt aus der Gleichgewichtsbedingung

$$A = px \quad \text{zu} \quad x = \frac{A}{p} = \frac{3760}{1800} = \underline{2{,}088 \text{ m}}.$$

3. Das Maximalmoment.

Für die Stelle D:

$$M_x = Ax - Q_x \frac{x}{2} = 3760 \cdot 2{,}088 - \frac{1800 \cdot 2{,}088^2}{2}$$

$$\text{\glqq} = 7850{,}88 - 3923{,}7696 = 3927{,}1104 \text{ mkg}.$$

Für die Stelle B:

$$M_B = Pl_1 + Q_1 \frac{l_1}{2}$$

$$\text{\glqq} = 2000 \cdot 1{,}2 + \frac{1800 \cdot 1{,}2^2}{2}$$

$$\text{\glqq} = 2400 + 1296 = 3696 \text{ mkg}.$$

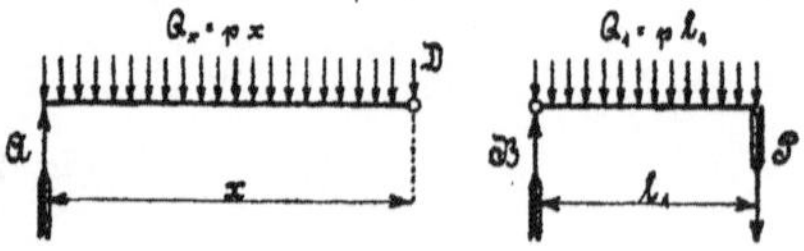

Fig. 232.

Es ist somit

$$M_{max} = M_x = \sim \underline{392711 \text{ cmkg}}.$$

4. Das Widerstandsmoment und Profil.

$$M_{max} = W k_b,$$

$$W = \frac{M_{max}}{k_b} = \frac{392\,711}{750} = \underline{523,6 \text{ cm}^3}.$$

Diesem entspricht **Profil 28 mit W = 541 cm³.**

b) Die Lage des Wende- oder Inflexionspunktes C.

Denkt man sich den Drehpunkt an die spannungslose Stelle C gelegt, so ist

$$B y = p\,(l_1 + y) \cdot \frac{l_1 + y}{2} + P\,(l_1 + y)$$

$$\text{„} \quad = \frac{p}{2}\,(l_1{}^2 + 2\,l_1\,y + y^2) + P\,(l_1 + y)$$

$$\text{„} \quad = 0{,}5\,p\,l_1{}^2 + p\,l_1\,y + 0{,}5\,p\,y^2 + P\,l_1 + P\,y,$$

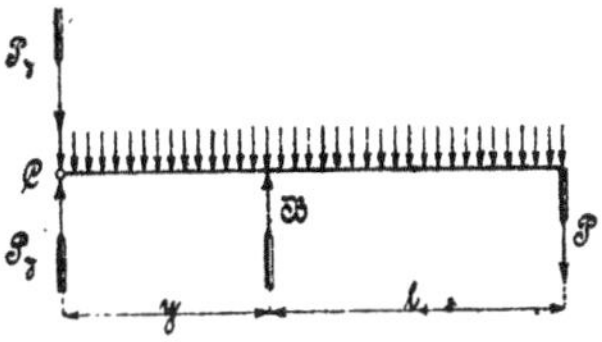

Fig. 233.

$$0{,}5\,p\,y^2 + (p\,l_1 + P - B)\,y + 0{,}5\,p\,l_1{}^2 + P\,l_1 = 0$$

$$0{,}9\,y^2 + (1{,}8 \cdot 1{,}2 + 2{,}0 - 9{,}4)\,y + 0{,}9 \cdot 1{,}2^2 + 2{,}0 \cdot 1{,}2 = 0$$

$$0{,}9\,y^2 - 5{,}24\,y + 3{,}696 = 0,$$

$$y = \frac{5{,}24 \pm \sqrt{5{,}24^2 - 4 \cdot 0{,}9 \cdot 3{,}696}}{2 \cdot 0{,}9} = \frac{5{,}24 \pm \sqrt{14{,}152}}{1{,}8},$$

$$y' = \frac{5{,}24 + 3{,}761}{1{,}8} = \frac{9{,}001}{1{,}8} = 5{,}001 \text{ m und}$$

$$y'' = \frac{5{,}24 - 3{,}761}{1{,}8} = \frac{1{,}479}{1{,}8} = 0{,}8206 \text{ m}.$$

Nur der letzte Wert ist praktisch möglich.

Während die Biegungsfestigkeit an der Wendepunktsstelle C des Trägers keinen Querschnitt bedingt, verlangt indessen die daselbst wirkende Schubkraft einen Mindestquerschnitt.

Nach der letzten Figur erhält man **die Schubkraft**

$$P_y + p\,(y + l_1) + P = B,$$

$$P_y = B - p\,(y + l_1) - P = 9400 - 1800\,(0{,}8206 + 1{,}2) - 2000$$

$$\text{„} \quad = 7400 - 3637{,}08 = 3762{,}92 \sim \underline{3763 \text{ kg}}.$$

c) Die Durchmesser D und d der Säule. Nach Formel 142.

$$P = \frac{\omega}{m}\,\frac{\pi^2}{\alpha}\,\frac{\Theta}{l^2}, \text{ wo } \omega = 1,\ m = 8,\ \alpha_0 = 0{,}8,$$

$$\alpha = \frac{1}{1\,000\,000},\ l = h = 4{,}8 \text{ m},\ P = B = 9400 \text{ kg}$$

16*

$$\text{und} \quad \Theta = (D^4 - d^4)\frac{\pi}{64} = [D^4 - (\alpha_0 D)^4]\frac{\pi}{64}$$

$$\text{„} \quad = D^4(1 - \alpha_0{}^4)\cdot\frac{\pi}{64} \quad \text{ist.}$$

$$\text{Damit folgt} \quad \Theta = \frac{P\,m\,\alpha\,l^2}{\omega\,\pi^2} = \frac{9400\cdot 8\cdot\dfrac{1}{1\,000\,000}\cdot 480^2}{1\cdot 10}$$

$$\text{„} \quad = 94\cdot 8\cdot 2{,}304 = 1732{,}608$$

$$\text{oder} \quad D^4(1 - \alpha_0{}^4)\frac{\pi}{64} = 1732{,}608,$$

$$D \quad = \sqrt[4]{\frac{1732{,}608\cdot 64}{\pi(1 - 0{,}8^4)}} = 15{,}6 \sim \underline{16\ \text{cm}},$$

$$d \quad = \alpha_0\,D = 0{,}8\cdot 16 = 12{,}8 \sim \underline{13\ \text{cm}}.$$

81. Beispiel. Zur Überdeckung eines 3 m im lichten gemessenen Schaufensters soll ein aus 3 gleichen I-trägern zusammengesetzter Unterzug hergestellt werden. Die von dem Unterzug abzufangende Mauermasse belaste diesen pro lfd. Meter mit 6000 kg.

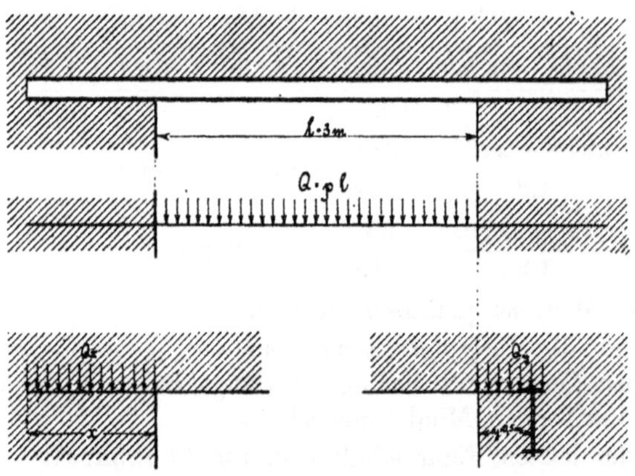

Fig. 234.

1. Welches Profil ist den einzelnen Trägern zu geben, wenn sie mit 800 kg/cm² beansprucht werden sollen,

2. wie lang muß der Unterzug beiderseitig eingemauert sein, wenn er als eingespannt gelten soll, und

3. welchen Durchmesser müssen die aus der Figur zu ersehenden beiden Ankerbolzen erhalten, mittels welchen die nur 0,5 m lang eingemauerten Enden des Unterzugs künstlich zu eingespannten Trägerenden gemacht werden?

Lösung:

1. Das Profil der Träger. Nach Formel 109.

$$M_{max} = W k_b, \quad \text{wo} \quad M_{max} = \frac{Q l}{12} = \frac{p l \cdot l}{12} = \frac{6000 \cdot 3 \cdot 300}{12}$$

$$„ = 450\,000 \text{ cmkg}, \quad W = 3 W_1$$

$$\text{und} \quad k_b = 800 \text{ kg/cm}^2 \text{ ist.}$$

$$W_1 = \frac{M_{max}}{3 k_b} = \frac{450\,000}{3 \cdot 800} = \underline{187,5 \text{ cm}^3.}$$

Diesem entspricht Profil 19 mit $W_1 = 185$ cm³.

2. Die Länge x der Einmauerung.

Unter Hinweis auf § 23 Abs. a und c, 2 nebst den Figuren 101 und 118 muß das an den Einspannstellen auftretende größte Biegungsmoment von den eingemauerten Trägerenden aufgefangen werden.

Es muß also sein

$$M_{max} = Q_x \cdot \frac{x}{2} \quad \text{bezw.} \quad \frac{Q \cdot l}{12} = \frac{Q_x \cdot x}{2}$$

$$\text{oder} \quad \frac{p l \cdot l}{12} = \frac{p x \cdot x}{2}$$

$$„ \quad \frac{l^2}{6} = x^2,$$

$$x = \sqrt{\frac{l^2}{6}} = \frac{1}{6} l \sqrt{6} = \frac{1}{6} \cdot 3 \cdot 2,4495$$

$$„ = 1,229 \sim \underline{1,23 \text{ m}.}$$

3. Der Durchmesser d der Ankerbolzen.

Auch hier gilt das vorher Gesagte.

Es muß sein
$$M_{max} = Q_y \cdot \frac{y}{2} + P \cdot y,$$

$$P = \frac{M_{max} - Q_y \cdot \frac{y}{2}}{y} = \frac{\frac{Q l}{12} - Q_y \cdot \frac{y}{2}}{y} = \frac{Q \cdot l - 6 Q_y \cdot y}{12 y}$$

$$„ = \frac{p l \cdot l - 6 \cdot p y \cdot y}{12 y} = \frac{6000 \,(3^2 - 6 \cdot 0,5^2)}{12 \cdot 0,5}$$

$$„ = 1000 \,(9 - 1,5) = 7500 \text{ kg}.$$

Mit dieser die Ankerbolzen beanspruchenden Zugkraft erhält man nach der Zuggleichung

$$P = f k_z = 2 \cdot \frac{d^2 \pi}{4} \cdot 500,$$

$$d = \sqrt{\frac{\cdot 4 P}{2 \pi \cdot 500}} = 0,1128 \sqrt{\frac{7500}{10}} = 3,08 \sim \underline{3 \text{ cm}.}$$

Elfte Aufgabengruppe.

Zu § 25. Die Knickungsfestigkeit.

82. Beispiel. Eine schmiedeeiserne runde Pleuelstange habe einen Durchmesser von 60 mm und eine Länge von 1,4 m. Der Zylinderdurchmesser sei 260 mm, die absolute Dampfspannung 6 Atm.

1. Mit welchem Sicherheitsgrade ist die Stange im Gebrauch?

2. Mit welcher Kraft widersteht die Stange der unter Vernachlässigung des Schleuderns in der Mitte auftretenden Durchbiegung, wenn der Bruchmodul des vorliegenden Materials 4000 kg pro qcm beträgt?

3. Welche Durchbiegung wird die Pleuelstange erleiden, wenn angenommen wird, daß die Tourenzahl der zugehörigen Maschine gering ist?

Lösung:

1. Da im vorliegenden Beispiele der Hub der Maschine nicht angegeben ist, rechnet man den Dampfdruck als die der Beanspruchung der Pleuelstange zugrunde liegende Kraft.

Nach Formel 142 bezw. 139 ist

$$P = \frac{\omega}{m}\frac{\pi^2}{\alpha}\frac{\Theta}{l^2},$$

woraus

$$m = \frac{\omega\pi^2\Theta}{P\alpha l^2} = \frac{\omega\pi^2\dfrac{d^4\pi}{64}}{\dfrac{D^2\pi}{4}(p-1)\alpha l^2} = \frac{\pi^2}{16}\frac{\omega d^4}{D^2(p-1)\alpha l^2}$$

$$= \frac{10.1.6^4}{16.26^2(6-1)\dfrac{1}{2\,000\,000}.140^2} = \underline{24,4} \text{ folgt.}$$

2. Unter Bezugnahme auf § 25 Abs. 2, 2 erhält man die Seitenkraft Q aus

$$\frac{Ql}{4} = Wk_b,$$

$$Q = \frac{4Wk_b}{l} = \frac{4.0,1d^3k_b}{l} = \frac{4.0,1.6^3.4000}{140.24,4} = \underline{101,16 \text{ kg.}}$$

3. Die Durchbiegung δ ergibt sich nach § 23 Abs. b, 1 zu

$$\delta = \frac{l^3\alpha Q}{48\,\Theta} = \frac{l^3\alpha Q}{48\dfrac{d^4\pi}{64}} = \frac{4l^3\alpha Q}{3\pi d^4} = \frac{4.140^3.\dfrac{1}{2\,000\,000}.101,16}{3.3,14.6,0^4}$$

$$= \underline{0,02\,313 \text{ cm.}}$$

83. Beispiel. Es soll der Durchmesser einer aus Flußstahl hergestellten Kolbenstange von der Länge 1,5 m für eine 15 fache Sicherheit bestimmt werden. Der auf den Kolben und somit auf die Stange wirkende Dampfdruck sei 5000 kg.

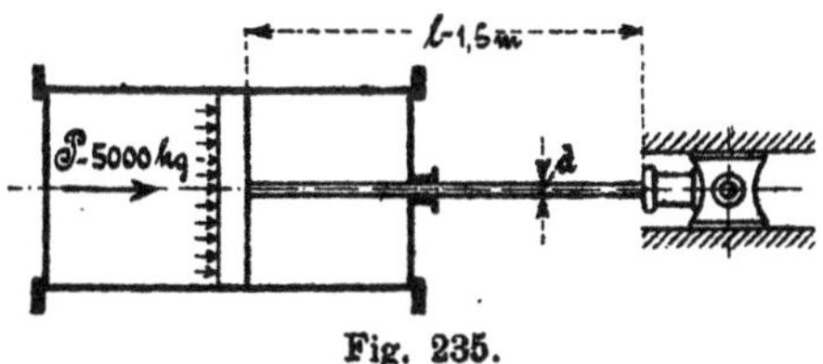

Fig. 235.

Lösung:

Nach den Formeln 142 bezw. 139 ergibt sich der Stangendurchmesser d zu

$$P = \frac{\omega}{m}\,\frac{\pi^2}{\alpha}\,\frac{\Theta}{l^2} = \frac{\omega\,\pi^2\,\dfrac{d^4\pi}{64}}{m\,\alpha\,l^2} = \frac{\pi^3}{64}\,\frac{\omega\,d^4}{m\,\alpha\,l^2} \sim \frac{1}{2}\,\frac{\omega\,d^4}{m\,\alpha\,l^2},$$

$$d = \sqrt[4]{\frac{2\,m\,\alpha\,l^2\,P}{\omega}} = \sqrt[4]{\frac{2 \cdot 15 \cdot 1 \cdot 150^2 \cdot 5000}{1 \cdot 2\,200\,000}} = 6{,}2 \sim 6 \text{ cm}.$$

84. Beispiel. Von welcher Länge ab muß die vorgenannte Kolbenstange auf Knickung berechnet werden, wenn die Druckspannung an der Bruchgrenze 6000 kg/qcm beträgt?

Lösung:

Nach Formel 143 erhält man die Grenzlänge

$$l = \pi\,\sqrt{\frac{\omega\,\Theta}{m\,\alpha\,f\,k_d}} = \pi\,\sqrt{\frac{\omega\,\dfrac{d^4\pi}{64}}{m\,\alpha\,\dfrac{d^2\pi}{4}\,\dfrac{s_d}{m}}} = \frac{\pi\,d}{4}\,\sqrt{\frac{\omega}{\alpha\,s_d}} = \frac{3{,}14 \cdot 60}{4}\,\sqrt{\frac{22\,000}{60}}$$

$$,, = 901{,}9 \sim 902 \text{ mm}.$$

85. Beispiel. Für eine 6,5 m lange, hohle gußeiserne Säule, die einen Außendurchmesser von 200 mm und eine Wandstärke von 18 mm hat, soll für eine 6 fache Sicherheit die Tragkraft P festgestellt werden.

Lösung:

Nach den Formeln 142 bezw. 139 ist

$$P = \frac{\omega}{m}\,\frac{\pi^2}{\alpha}\,\frac{\Theta}{l^2}, \text{ worin } \omega = 1,\ \alpha = \frac{1}{1\,000\,000}$$

und

$$\Theta = (D^4 - d^4)\frac{\pi}{64} = (20^4 - 16{,}4^4)\frac{\pi}{64}$$

$$= 4300{,}8 \text{ cm}^4 \text{ ist.}$$

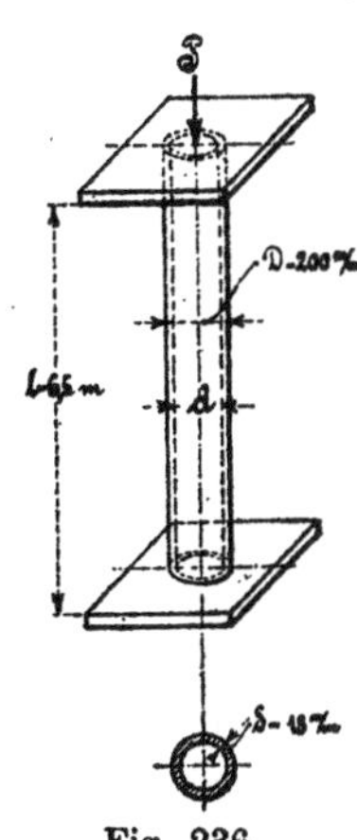

Fig. 236.

Eingesetzt, erhält man

$$P = \frac{1 \cdot 10 \cdot 4300,8}{6 \cdot \dfrac{1}{1\,000\,000} \cdot 650^2} = 16\,966 \sim \underline{17\,000 \text{ kg.}}$$

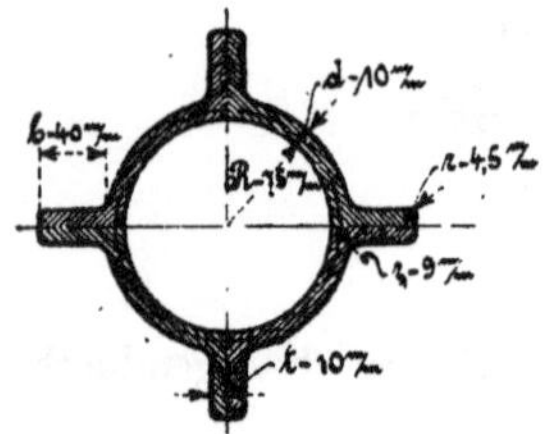

Fig. 237.

86. Beispiel. Welche Querschnittsabmessungen wird die vorhergehende Säule bei derselben Tragkraft haben, wenn sie aus Schmiedeeisen bestehen und aus 4 Quadranteisen gebildet sein soll?

Lösung:

In diesem Falle ist die vorgenannte Knickungsgleichung nach dem Trägheitsmomente aufzulösen, womit dann die gesuchten Dimensionen aus der zugehörigen Tabelle gefunden werden.

Man erhält $P = \dfrac{\omega \pi^2}{m} \dfrac{\Theta}{\alpha \, l^2}$,

$$\Theta = \frac{P \, m \, \alpha \, l^2}{\omega \pi^2} = \frac{17\,000 \cdot 6 \cdot 1 \cdot 650^2}{1 \cdot 10 \cdot 2\,000\,000} = \underline{2154,75 \text{ cm}^4.}$$

Dieses entspricht einem Profil No. $7^1/_2$ mit $\Theta = 2982 \text{ cm}^4$, wofür sich die in der beistehenden Skizze eingeschriebenen Abmessungen ergeben.

87. Beispiel. Es soll für eine Dampfmaschine von 30 cm Zylinderdurchmesser und 60 cm Hub die aus Schmiedeeisen angefertigte Treibstange von 1,5 m Länge für eine größte Beanspruchung von 6000 kg so berechnet werden, daß die Höhe des rechteckigen Querschnittes gleich der 1,8 fachen Breite desselben betragen und eine 15 fache Sicherheit in Frage kommen soll.

Lösung:

Die Formeln 142 und 139 ergeben

$$P = \frac{\omega \pi^2}{m} \frac{\Theta}{\alpha \, l^2}, \quad \text{worin } \omega = 1, \; \alpha = \frac{1}{2\,000\,000}, \; m = 15$$

$$\text{und} \quad \Theta = \frac{h \, b^3}{12} = \frac{1,8 \, b \, b^3}{12} = 0,15 \, b^4 \text{ beträgt.}$$

Damit wird $P = \dfrac{\omega \pi^2 \, 0,15 \, b^4}{m \, \alpha \, l^2}$,

$$b = \sqrt[4]{\frac{P \, m \, \alpha \, l^2}{\omega \pi^2 \, 0,15}} = \sqrt[4]{\frac{6000 \cdot 15 \cdot 1 \cdot 150^2}{1 \cdot 10 \cdot 2\,000\,000 \cdot 0,15}} = 5,09 \sim \underline{5 \text{ cm,}}$$

$h = 1,8 \, b = 1,8 \cdot 5 = \underline{9 \text{ cm.}}$

88. Beispiel. Welche Tragfähigkeit hat eine schmiedeeiserne Säule von dem beistehenden Querschnitt, wenn ihre Höhe 5 m und die Beanspruchung gegenüber Druck 750 kg/cm² nicht überschreiten soll?

Lösung:

a) Berechnung gegen Knickung.

$$P = \frac{\omega}{m} \cdot \frac{\pi^2}{\alpha} \cdot \frac{\Theta}{l^2}, \text{ wo } \omega = 1,\ m = 5,\ \pi^2 \sim 10,$$

$$\alpha = \frac{1}{2\,000\,000},\ l = 5\ m$$

und

$$\Theta = \frac{1}{12}\left\{(22 - 18,5)\,14^3 + 18,5 \cdot 1,4^3\right\}.$$

$$„ = 804,55 \sim 805\ \text{cm}^4.$$

Damit wird

$$P = \frac{1 \cdot 10 \cdot 805}{5 \cdot \dfrac{1}{2\,000\,000} \cdot 500^2} = 12\,880\ \text{kg}.$$

b) Berechnung gegen Druck.

$$P = f k_d = [BH - (B - \delta)\,h]\,k_d$$

$$„ = [14 \cdot 22 - (14 - 1,4)\,18,5]\,750$$

$$„ = 74,90 \cdot 750 = 56\,175\ \text{kg}.$$

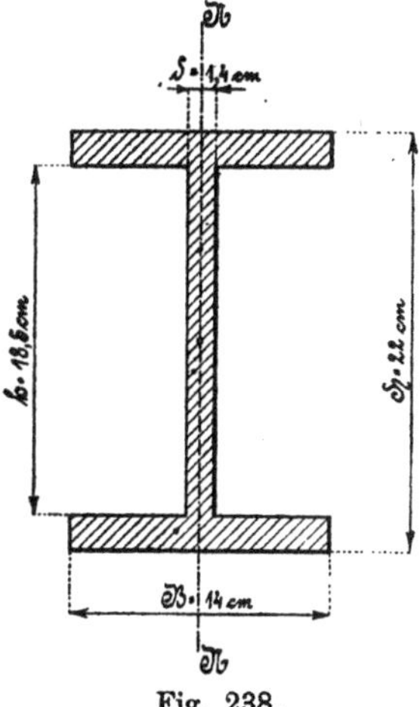

Fig. 238.

Da die Belastung gegen Druck viel größer ist als bei Knickung, so kommt nur die Knickungslast in Frage.

Zwölfte Aufgabengruppe.

Zu § 25. Die Torsionsfestigkeit.

89. Beispiel. Eine Welle hat 84 mm Durchmesser und macht 45 Touren.

Wieviel Pferdestärken kann sie übertragen, wenn die zulässige Beanspruchung der Welle mit 3 kg angenommen wird?

Lösung:

Nach den Formeln 146 und 70 ist $M_t = W_p k_t = \dfrac{d^3 \pi}{16} k_t$

und nach Formel 149 $M_t = 716\,200\,\dfrac{N}{n}$.

Durch Gleichsetzen der beiden gleichen Drehmomente erhält n.3n

$$716\,200\,\frac{N}{n} = \frac{d^3 \pi}{16} k_t$$

oder $\qquad N = \dfrac{d^3 \pi}{16} k_t \dfrac{n}{716\,200} = \dfrac{84^3 \cdot \pi \cdot 3 \cdot 45}{16 \cdot 716\,200} = 22,7\ \text{PS.}$

90. Beispiel.　Auf einer Welle von 25 m Länge sitzt an dem einen Ende eine Riemenscheibe vom Radius = 1,2 m, auf die die Kraft von 125 kg geleitet wird.

1. Welchen Durchmesser muß die Welle unter gewöhnlichen Verhältnissen erhalten?

2. Wieviel Pferdestärken können bei 95 Umdrehungen pro Minute übertragen werden?

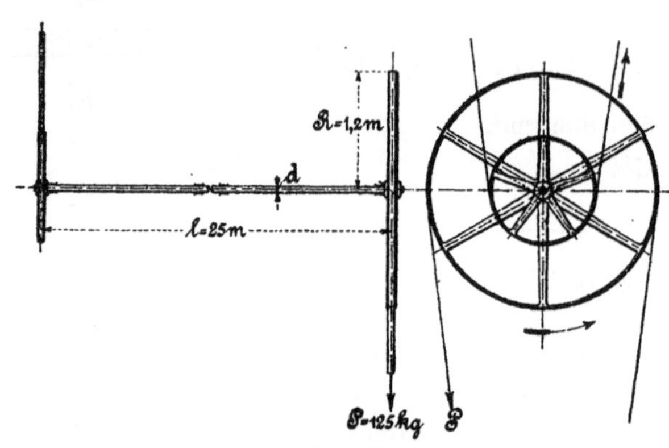

Fig. 239.

Lösung:

1. Der Wellendurchmesser d.

Nach Formel 153 ergibt sich der Durchmesser zu

$$d = 4,13 \sqrt[4]{M_t} = 4,13 \sqrt[4]{PR} = 4,13 \sqrt[4]{125 \cdot 1200}$$
$$„ = 81,28 \sim 80 \text{ mm.}$$

2. Die Anzahl N der Pferdestärken.

Nach Formel 154 ist $d = 120 \sqrt[4]{\dfrac{N}{n}}$,

woraus man　$N = \left(\dfrac{d}{120}\right)^4 n = \left(\dfrac{80}{120}\right)^4 95 = \underline{18,7 \text{ PS}}$ erhält.

91. Beispiel.　Welchen Durchmesser muß die im letzten Beispiele angegebene Welle erhalten, wenn für 1 lfd. Meter eine Verdrehung von 0,8° zulässig sein soll?

Lösung:

Nach Formel 152 ergibt sich der Durchmesser aus

$$\varphi^0 = \frac{180}{\pi}\frac{\beta M_t l}{\Theta_p} = \frac{180}{\pi}\frac{M_t l}{G\dfrac{d^4\pi}{32}} = \frac{180}{\pi}\frac{M_t l}{0,1\, d^4 G}$$

$$\text{zu}\quad d = \sqrt[4]{\frac{180}{\pi}\,\frac{M_t l}{0{,}1\,\varphi^0 G}} = \sqrt[4]{\frac{180 \cdot 125 \cdot 1200 \cdot 25\,000}{\pi \cdot 0{,}1 \cdot (0{,}8 \cdot 25) \cdot 8000}} = 60{,}8 \sim \underline{60}\ \text{mm}.$$

92. Beispiel. Eine 2,8 m lange, hohle Welle aus Gußeisen soll bei 40 Umdrehungen pro Minute 80 Pferdestärken übertragen. Das Material soll mit 89 kg pro qcm beansprucht werden. Das Verhältnis des lichten zum äußeren Durchmesser sei mit 0,7 vorgeschrieben.

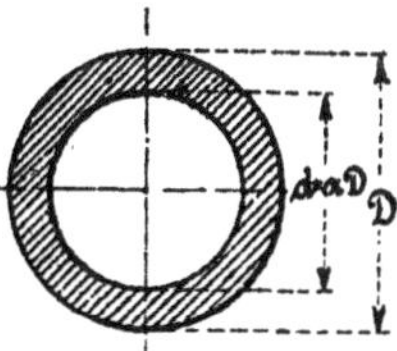

Fig. 240.

1. Welche Durchmesser muß die Welle erhalten, und

2. welche Verdrehung wird sie erleiden?

Lösung:

1. Die Wellendurchmesser D und d.

Nach den Formeln 146 und 149 ergeben sich die Durchmesser in folgender Weise:

$$M_t = W_p k_t,$$

worin
$$M_t = 716\,200\,\frac{N}{n}$$

und
$$W_p = \frac{D^4 - d^4}{D}\,\frac{\pi}{16} = \frac{D^4(1 - \alpha^4)}{D}\,\frac{\pi}{16}$$

„ $\sim 0{,}2\,D^3(1 - \alpha^4)$ ist.

Die Werte eingeführt, liefert

$$716\,200\,\frac{N}{n} = 0{,}2\,D^3(1 - \alpha^4)k_t,$$

woraus sich der Außendurchmesser zu

$$D = \sqrt[3]{\frac{716\,200}{0{,}2}\,\frac{N}{n}\,\frac{1}{(1 - \alpha^4)k_t}} = \sqrt[3]{5 \cdot 716\,200 \cdot \frac{80}{40\,(1 - 0{,}7^4)\,89}}$$

„ $= 219{,}6 \sim \underline{220\ \text{mm}}$ berechnet.

Der lichte Durchmesser d beträgt dann

$$d = \alpha D = 0{,}7 \cdot 220 = \underline{154\ \text{mm}}.$$

2. Der Verdrehungswinkel φ.

Nach Formel 152 ist $\varphi^0 = \dfrac{180}{\pi}\,\dfrac{\beta M_t l}{\Theta_p} = \dfrac{180}{\pi}\,\dfrac{M_t l}{G\,\Theta_p}$,

worin
$$M_t = 716\,200\,\frac{N}{n} = 716\,200\,\frac{80}{40} = 1\,432\,400\ \text{kgmm},$$

$$G = \frac{2}{5}\,E = \frac{2}{5} \cdot 10\,000 = 8000\ \text{kg/qmm},$$

und $\qquad \Theta_p = (D^4 - d^4) \dfrac{\pi}{32} = D^4 (1 - \alpha^4) \dfrac{\pi}{32} \sim 0,1\, D^4 (1 - \alpha^4)$

$\qquad\qquad$ „ $= 0,1 \cdot 220^4 (1 - 0,7^4) = 178\,010\,000$ mm^4 beträgt.

Die Werte in die vorstehende Formänderungsgleichung eingesetzt, liefert den Verdrehungswinkel

$$\varphi^0 = \frac{180 \cdot 1\,432\,400 \cdot 2800}{\pi \cdot 8000 \cdot 178\,010\,000} = \underline{0,16^0}.$$

93. Beispiel. Am Windeisen einer 5 m langen Bohrstange aus Vierkanteisen arbeiten 2 Mann mit je 18 kg am Hebelarme von 0,7 m.

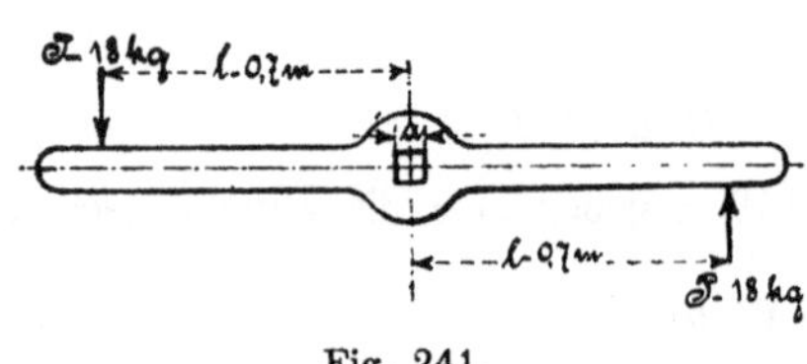

Fig. 241.

Welche Eisensorte ist zu wählen, wenn die größte Materialspannung 36 kg/qmm betragen soll?

Lösung:

Nach Formel 151 ist

$$M_t = \omega \cdot \frac{\Theta}{e}\, k_t,$$

worin $\qquad M_t = 2\,Pl,\quad \omega = \dfrac{4}{3}\quad$ und $\quad \Theta = \dfrac{a^4}{12}$ ist.

Die Werte eingesetzt, gibt

$$2\,Pl = \frac{4}{3}\; \frac{\dfrac{a^4}{12}}{\dfrac{a}{2}}\, k_t = \frac{4}{3}\; \frac{a^3}{6}\, k_t$$

oder $\qquad a = \sqrt[3]{\dfrac{2\,Pl\,3 \cdot 6}{4\,k_t}} = \sqrt[3]{\dfrac{2 \cdot 18 \cdot 700 \cdot 18}{4 \cdot 3,6}} = 31,58 \sim \underline{32\text{ mm}}.$

94. Beispiel. Welche Verdrehung pro lfd. Meter wird die vorgenannte Stange erleiden?

Lösung:

Nach Formel 155 erhält man die ganze Verdrehung zu

$$\varphi^0 = \omega \cdot \frac{180}{\pi}\, \frac{\Theta_p}{4\,\Theta_x\,\Theta_y}\, \frac{M_t}{G}\, L = \omega \frac{180}{\pi}\, \frac{\Theta_p}{4\,\Theta^2}\, \frac{M_t}{G}\, L,$$

worin $\quad \omega = 1,2,\quad \Theta_p = \dfrac{b\,h}{12}(h^2 + b^2) = \dfrac{a\,a}{12}(a^2 + a^2) = \dfrac{a^4}{6},\quad \Theta = \dfrac{a^4}{12},$

$M_t = 2\,Pl$ und $G = \dfrac{2}{5}\,E = \dfrac{2}{5} \cdot 2\,000\,000 = 800\,000$ kg/qcm ist.

Eingesetzt, gibt

$$\varphi^0 = 1,2 \frac{180 \frac{a^4}{6} 2\,P\,l\,L}{\pi\,4 \left(\frac{a^4}{12}\right)^2 800\,000} = 1,2 \frac{27\,P\,l\,L}{10\,000\,\pi\,a^4}$$

$$\text{,,} = \frac{1,2 \cdot 27 \cdot 18 \cdot 70 \cdot 500}{10\,000 \cdot \pi \cdot 3,2^4} = 6,199 \sim 6,2^0.$$

Auf den lfd. Meter kommt dann ein Winkel

$$\vartheta^0 = \frac{\varphi^0}{L} = \frac{6,2}{5} = \underline{1,24^0}.$$

95. Beispiel. Ein Wellenstrang von 30 m Länge soll 50 Pferdestärken bei 200 Touren übertragen. Der Strang sei aus 5 Wellenstücken von 8, 7, 6, 5 und 4 m herzustellen. Von der ersten Welle sollen 22, von der zweiten 15, von der dritten 6, von der vierten 4 und von der fünften 3 Pferdestärken abgegeben werden.

Zu berechnen sind die einzelnen Wellendurchmesser.

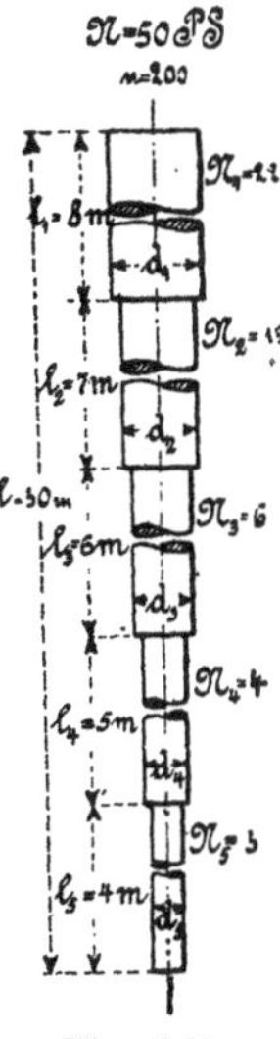

Fig. 242.

Lösung:

Da hier keine besonderen Bedingungen über die Beanspruchung des Materials und der Formänderungen gegeben sind, rechnet man nach den Formeln 150 und 154, und zwar mit derjenigen, die den größten Wert liefert.

Nach den Ausführungen des § 26 Abs. 5 ist die Formel 154 zu benutzen.

Man erhält die Durchmesser:

Für die **1.** Welle

$$d_1 = 120 \sqrt[4]{\frac{N}{n}} = \sqrt[4]{\frac{N_1 + N_2 + N_3 + N_4 + N_5}{n}}$$

$$\text{,,} = 120 \sqrt[4]{\frac{50}{200}} = 120 \sqrt[4]{0,25} = 84,8 \sim \underline{85 \text{ mm.}}$$

Für die **2.** Welle

$$d_2 = 120 \sqrt[4]{\frac{N - N_1}{n}} = 120 \sqrt[4]{\frac{50 - 22}{200}} = 120 \sqrt[4]{0,14} = 73,4 \sim \underline{75 \text{ mm.}}$$

Für die **3.** Welle

$$d_3 = 120 \sqrt[4]{\frac{N_3 + N_4 + N_5}{n}} = 120 \sqrt[4]{\frac{6 + 4 + 3}{200}} = 120 \sqrt[4]{0,065}$$

$$\text{,,} = 60,59 \sim \underline{60 \text{ mm.}}$$

Für die **4.** Welle

$$d_4 = 120 \sqrt[4]{\frac{N_4 + N_5}{n}} = 120 \sqrt[4]{\frac{4+3}{200}} = 120 \sqrt[4]{0,035} = 51,9 \sim 50 \text{ mm.}$$

Für die **5.** Welle

$$d_5 = 120 \sqrt[4]{\frac{N_5}{n}} = 120 \sqrt[4]{\frac{3}{200}} = 120 \sqrt[4]{0,015} = 41,99 \sim 40 \text{ mm.}$$

96. Beispiel. Welche Bohrung muß eine Kegelschalenkuppelung erhalten, zu deren Einrückung eine Achsialkraft von 80 kg aufzuwenden ist? Die Kuppelung habe einen Radius gleich der 5 fachen Bohrung und einen Neigungswinkel der Arbeitsfläche zur Achsenrichtung von 12° 30′. Der Reibungskoeffizient betrage 0,12.

Lösung:

Da die Bohrung oder, was dasselbe ist, der Wellendurchmesser d von dem Drehmomente abhängig ist, muß zunächst die am Umfange der Kuppelung wirkende Umfangskraft P ermittelt werden.

Eine Beziehungsgleichung zwischen der Achsialkraft Q und der Umfangskraft P erhält man auf folgende Weise: Es bezeichne p die am Umfange wirkende Kraft (Normalkraft für 1 qcm Arbeitsbezw. Reibfläche),

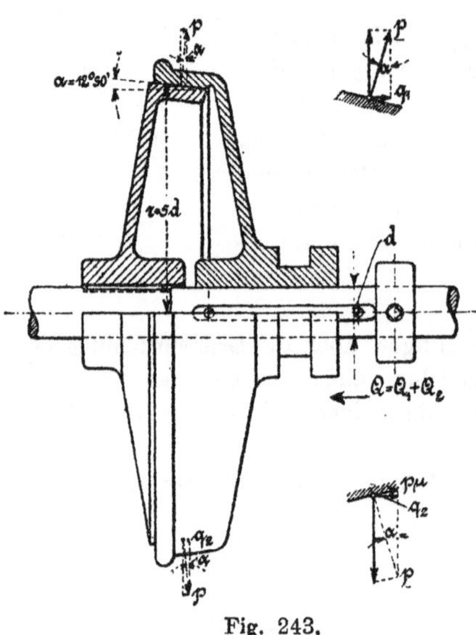

Fig. 243.

F die gesamte Arbeitsfläche in qcm,

q_1 die zur Erzeugung von p während der Betriebszeit in Achsenrichtung aufzuwendende Kraft,

Q_1 die für die ganze Arbeitsfläche während der Betriebszeit nötige Achsialkraft,

q_2 die während der Dauer der Einrückung zur Überwindung der zwischen den beiden Arbeitsflächen auftretenden gegenseitigen Reibung in Achsenrichtung nötige Kraft pro qcm Fläche,

Q_2 die während der Einrückungsperiode erforderliche gesamte Achsialkraft,

Q die Summe der vorgenannten Kräfte,

P die am Umfange wirkende Kraft,
P_n die zugehörige Normalkraft und
μ den Reibungskoeffizienten.

1. Die Achsialkraft Q_1.

$$Q_1 = F q_1, \text{ worin } P_n = F p \text{ und } q_1 = p \sin \alpha$$

bedeutet. Da nun $P = P_n \cdot \mu = F p \mu$ ist, woraus $F = \dfrac{P}{p \mu}$

folgt, so erhält man durch Einsetzen der Werte in die Achsendruckgleichung

$$Q_1 = \frac{P}{p \mu} p \sin \alpha = \frac{P \sin \alpha}{\mu}.$$

2. Die Achsialkraft Q_2.

$$Q_2 = F q_2, \text{ worin } F \text{ den vorherigen Wert}$$
$$\text{und } q_2 = p \mu \cdot \cos \alpha$$

darstellt. Eingesetzt, gibt $Q_2 = \dfrac{P}{p \mu} p \mu \cos \alpha = P \cos \alpha.$

3. Der gesamte Achsendruck Q.

$$Q = Q_1 + Q_2 = \frac{P \sin \alpha}{\mu} + P \cos \alpha = P \frac{\sin \alpha + \mu \cos \alpha}{\mu},$$

woraus sich die Umfangskraft

$$P = \frac{Q \mu}{\sin \alpha + \mu \cos \alpha} = \frac{80 \cdot 0,12}{\sin 12^0 30' + 0,12 \cdot \cos 12^0 30'}$$

$$\text{,,} = \frac{9,6}{0,21644 + 0,12 \cdot 0,97630} = \frac{9,6}{0,333596} = 28,78 \sim \underline{30 \text{ kg}} \text{ ergibt.}$$

4. Der Wellendurchmesser d.

Da für die Berechnung des Durchmessers keine besonderen Bedingungen gestellt sind, so ist wie im vorhergehenden Beispiele eine der
Formeln 150 und 154 zu verwenden.

Aus Formel 149 $\qquad M_t = 716200 \dfrac{N}{n}$

folgt $\qquad \dfrac{N}{n} = \dfrac{M_t}{716200} = \dfrac{Pr}{716200} = \dfrac{P \alpha d}{716200}.$

Diesen Ausdruck in die Formel 154 eingeführt, gibt

$$d = 120 \sqrt[4]{\frac{N}{n}}$$

oder

$$\left(\frac{d}{120}\right)^4 = \frac{N}{n} = \frac{P \alpha d}{716200},$$

$$\frac{d^3}{120^4} = \frac{P \alpha}{716200},$$

$$d = \sqrt[3]{\frac{P\alpha}{716\,200}\,120^4} = 120\sqrt[3]{\frac{120\,P\alpha}{716\,200}} = 120\sqrt[3]{\frac{12\cdot30\cdot5}{71\,620}}$$

$$„ = 120\sqrt[3]{0{,}02513} = \underline{35{,}15\ \text{mm}.}$$

Die Formel 150 würde nur einen Wert von

$$d = 120\sqrt[3]{0{,}02513} = 19{,}02\ \text{mm}$$

ergeben haben, der gegenüber dem ersten viel zu klein wäre.

Da die Kraftübertragung von der Welle zur Kuppelung und umgekehrt mittelst einer eingelegten Feder erfolgen soll, so ist noch zum Wellendurchmesser der Keilzuschlag

$$h = 0{,}5\,b = 0{,}5\,(0{,}2\,d + 6) = 0{,}5\,(0{,}2\cdot35{,}15 + 6) = 6{,}5\ \text{mm}$$

hinzufügen, so daß die Bohrung einen Durchmesser von

$$D = d + h = 35{,}15 + 6{,}5 = 41{,}65 \sim \underline{42\ \text{mm}}$$

erhalten muß.

97. Beispiel. Zur Verbindung der Hälften einer Scheibenkuppelung werden 5 Schrauben von 14 mm Durchmesser verwendet und in gleichen Abständen auf einem Kreise von 140 mm Halbmesser verteilt.

Welchen Durchmesser müssen die Wellenenden haben, wenn das Material derselben mit 3 kg und das der Schraube mit 4 kg beansprucht werden soll?

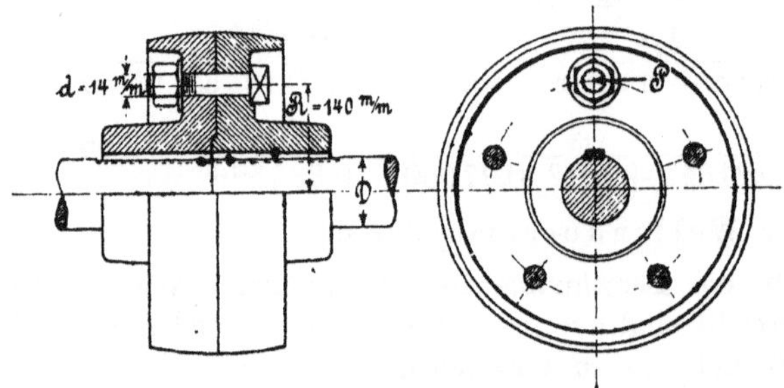

Fig. 244.

Lösung:

Obwohl die Schrauben ihrer Konstruktionseigenschaft nach nur dazu bestimmt sind, die beiden Kuppelungshälften so stark zusammen zu drücken, daß die zwischen den Scheiben auftretende Reibung das Mitnehmen der getriebenen Welle bewirkt, so ist es beim Fehlen der nötigen Sicherheit nicht ausgeschlossen, daß die Schraubenbolzen auch als Mitnehmer dienen können, in welchem Falle aber sie dann auf Abscheren zu berechnen sind.

Nach Formel 40 ist die auf die Schrauben wirkende Kraft

$$P = f\,k_s = i\,\frac{d^2\pi}{4}\,0{,}8\,k_z = 0{,}2\,i\,d^2\pi\,k_z.$$

Den Wellendurchmesser erhält man dann aus der Formel 147 zu

$$D = 1,72 \sqrt[3]{\frac{M_t}{k_z}} = 1,72 \sqrt[3]{\frac{PR}{k_z}} = 1,72 \sqrt[3]{\frac{0,2\,id^2\pi k_z R}{k_z}}$$

$$„ = 1,72 \sqrt[3]{\frac{0,2 \cdot 5 \cdot 14^2 \cdot \pi \cdot 4 \cdot 140}{3}} = 83,6 \sim 85 \text{ mm.}$$

Hierzu kommt nun wieder der Keilzuschlag.

98. Beispiel. Zwei mit 3 kg Spannung berechnete Wellen von 50 mm Durchmesser sollen mittelst einer gußeisernen Muffenkuppelung verbunden werden.

1. Welchen Durchmesser muß die Kuppelung erhalten, wenn sie mit 1 kg beansprucht werden soll, und

2. welche Breite muß der aus Stahl hergestellten Feder bei 5 kg Beanspruchung gegeben werden, wenn die Länge der Muffe gleich der 15 fachen Keilbreite ist.

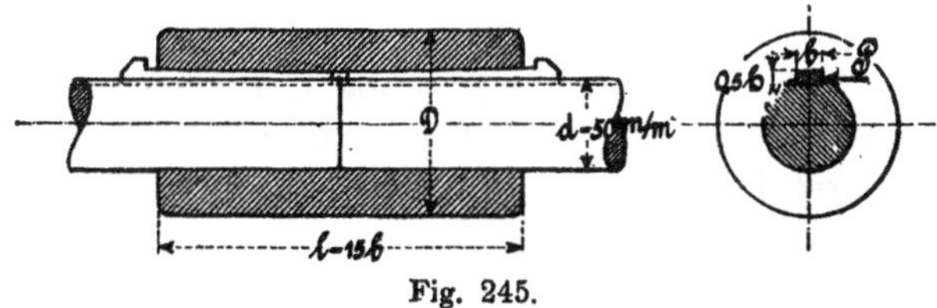

Fig. 245.

Lösung:

1. Der Durchmesser D der Kuppelung.

Bezeichnet $W_{p1} = \dfrac{d^3\pi}{16}$ das polare Widerstandsmoment der Welle,

$W_{p2} = \dfrac{D^4 - d^4}{D} \dfrac{\pi}{16}$ das polare Widerstandsmoment der Muffe,

k_1 die Materialspannung der Welle und k_2 die Materialspannung der Muffe,

so ist nach Formel 146   1. $M_t = W_{p1} k_1$ und 2. $M_t = W_{p2} k_2$, woraus durch Gleichsetzen $W_{p1} k_1 = W_{p2} k_2$

oder

$$\frac{d^3\pi}{6} k_1 = \frac{D^4 - d^4}{D} \frac{\pi}{16} k_2,$$

$$d^3 k_1 = \left(D^3 - \frac{d^4}{D}\right) k_2$$

folgt. In der Praxis pflegt man diese Gleichung 4. Grades zumeist durch Probieren zu lösen, indem man für das im Nenner stehende D einen Schätzungswert einsetzt und das übrige nach D, wie folgt, auflöst.

$$D^3 = \frac{d^3 k_1}{k_2} + \frac{d^4}{D},$$

$$D = \sqrt[3]{\frac{d^3 k_1}{k_2} + \frac{d^4}{D}} = d \sqrt[3]{\frac{k_1}{k_2} + \frac{d}{D}}.$$

Für $D \sim 2d$ oder $\frac{d}{D} = \frac{d}{2d} = \frac{1}{2} = 0{,}5$ gesetzt, gibt

$$D = d \sqrt[3]{\frac{k_1}{k_2} + 0{,}5} = 50 \sqrt[3]{\frac{3}{1} + 0{,}5} = 50 \sqrt{3{,}5} = \underline{75{,}9 \text{ mm}}.$$

Rechnet man hierzu noch den Keilzuschlag von etwa

$$h = 0{,}5\,b = 0{,}5\,(0{,}2\,d + 6) = 0{,}5\,(0{,}2 \cdot 50 + 6) = 0{,}5 \cdot 16 = 8 \text{ mm},$$

so beträgt der Durchmesser der Muffe

$$D = 75{,}9 + 8 = 83{,}9 \text{ mm},$$

der mit Rücksicht auf die beim Eintreiben des Keils auftretenden Spannungen auf $\underline{90 \text{ mm}}$ erhöht werden kann.

2. Die Keilbreite b.

Der Keil wird neben Biegung — die hier vernachlässigt werden soll — durch die am Umfange der Welle wirkende Kraft auf Abscheren beansprucht. Diese Kraft beträgt nach Formel 146

$$M_t = W_{p1}\,k_1$$

oder

$$P\,\frac{d}{2} = \frac{d^3 \pi}{16}\,k_1 \sim 0{,}2\,d^3 k_1,$$

$$P = 0{,}4\,d^2 k_1.$$

Den Wert in Formel 40 eingesetzt, gibt

$$P = f k_s = \frac{1}{2}\,b k_s = \frac{15\,b}{2}\,b k_s = 7{,}5\,b^2 k_s,$$

woraus man die Breite des Keiles zu

$$b = \sqrt{\frac{P}{7{,}5\,k_s}} = \sqrt{\frac{0{,}4\,d^2 k_1}{7{,}5\,k_s}} = \frac{2\,d}{5}\sqrt{\frac{k_1}{3\,k_s}} = 0{,}4 \cdot 50 \sqrt{\frac{3}{3 \cdot 5}} = 8{,}94 \sim \underline{9 \text{ mm}}$$

erhält. Nach der Erfahrungsgleichung ergibt sich eine Breite von

$$b = 0{,}2\,d + 6 = 0{,}2 \cdot 50 + 6 = 10 + 6 = 16 \text{ mm}.$$

Eine für die Praxis brauchbare Breite liefert das Mittel zwischen den beiden genannten Werten, also etwa

$$\frac{1}{2}\,(9 + 16) = 0{,}5 \cdot 25 \sim \underline{13 \text{ mm}}.$$

99. Beispiel. Mittelst eines offenen Riementriebes sollen bei 8 m Wellenentfernung 4 Pferdestärken übertragen werden. Die Tourenzahlen der beiden Scheiben seien 50 und 30. Der kleine Scheibenradius betrage

400 mm, die Riemenspannung 0,25 kg/qmm. Die Dicke des Riemens sei mit 6 mm angenommen.

Bestimmt sollen werden

1. die beiden Wellendurchmesser d_1 und d_2,

2. der Radius r_1 der großen Scheibe,

3. der Riemenzug T und

4. die Riemenbreite b.

Lösung:

1. Die Wellendurchmesser d_1 und d_2.

Da das Verhätnis $\dfrac{N}{n} < 1$ ist, so sind die Wellendurchmesser nach der Verdrehungsformel 154 zu ermitteln.

Man erhält

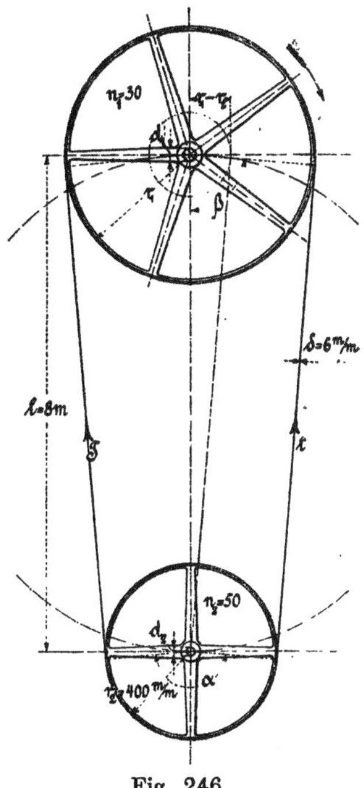

$$d_1 = 120 \sqrt[4]{\frac{N}{n_1}} = 120 \sqrt[4]{\frac{4}{30}}$$

$$= 72{,}5 \sim \underline{75 \text{ mm}},$$

$$d_2 = 120 \sqrt[4]{\frac{N}{n_2}} = 120 \sqrt[4]{\frac{4}{50}}$$

$$= 63{,}8 \sim \underline{65 \text{ mm}}.$$

Fig. 246.

2. Der Radius r_1 der großen Scheibe.

Nach dem 53. Beispiel ist $r_1 : r_2 = n_2 : n_1$

oder $$r_1 = \frac{r_2 n_2}{n_1} = \frac{400 \cdot 50}{30} = \underline{667 \text{ mm}}.$$

3. Der Riemenzug T.

Bezeichnet T die Zugkraft im angespannten, d. h. im ziehenden Riementeil, t dagegen den Zug im losen oder gezogenen Teil, so bildet die Differenz dieser Kräfte die Umfangskraft P, die durch die Reibung zwischen Scheibe und Riemen erzeugt ist.

Es ist also $P = T - t$.

Zwischen den beiden Riemen-Zugkräften besteht nun nach der aus der Mechanik zu entnehmenden Reibungstheorie der Zugorgane die Beziehung $T = t e^{\mu \alpha}$ oder $t = \dfrac{T}{e^{\mu \alpha}}$,

worin $\qquad$ $e = 2{,}71828$ die Basis des log. nat.,

μ den Koeffizienten der Reibung zwischen Scheibe und Riemen

17*

und $$\alpha = \text{arc } \alpha$$

bedeutet. Führt man den Wert t in die erste Gleichung ein, so erhält man den Riemenzug

$$P = T - \frac{T}{e^{\mu \alpha}} = T\left(1 - \frac{1}{e^{\mu \alpha}}\right) = T\frac{e^{\mu \alpha} - 1}{e^{\mu \alpha}},$$

$$T = \frac{e^{\mu \alpha}}{e^{\mu \alpha} - 1} P.$$

Für das Bogenmaß α kann auch das Winkelmaß nach den Verhältnissen im Einheitskreise, nämlich

$$\alpha : 2\pi = \alpha^0 : 360^0 \quad \text{oder} \quad \alpha = \frac{2\pi \alpha^0}{360^0} = \frac{\pi \alpha^0}{180^0}$$

gesetzt werden.

Es ist zweckmäßig erst die Potenz auszurechnen, wozu der Winkel α gebraucht wird.

Aus der Figur folgt

$$\cos \beta = \frac{r_1 - r_2}{l} = \frac{667 - 400}{8000} = \frac{267}{8000} = 0,03337,$$

woraus man $\beta = 88^0 5'$ und $\alpha^0 = 2\beta = 2 \cdot 88^0 5' = 176^0 10'$ erhält. Die Potenz hat dann den Wert

$$e^{\mu \alpha} = e^{\mu \frac{\pi \alpha^0}{180^0}} = 2,71828^{0,29\frac{3,14 \cdot 176^0 10'}{180^0}} = 2,71828^{0,29\frac{3,14 \cdot 10570}{180 \cdot 60}} = 2,71828^{0,8912}$$

„$= 2,438$.

Die Umfangskraft P folgt z. B. aus

$$M_2 = P r_2 = 716\,200\,\frac{N}{n_2},$$

$$P = 716\,200\,\frac{N}{r_2 n_2} = \frac{716\,200 \cdot 4}{400 \cdot 50} = 143,2 \text{ kg}.$$

Der Riemenzug T beträgt dann

$$T = \frac{e^{\mu \alpha}}{e^{\mu \alpha} - 1} P = \frac{2,438}{1,438} P = 1,6954\,P$$

$$\text{„} \sim 1,7\,P = 1,7 \cdot 143,2 = 243,4 \sim \underline{244 \text{ kg}}.$$

Um diese zeitraubende Rechnung zu ersparen, rechnet man in der Praxis zumeist mit einem durchschnittlichen Riemenzuge

$$T = 2\,P.$$

4. Die Riemenbreite b.

Nach Formel 7 ist $\quad T = f k_z = b \delta k_z$

oder $$b = \frac{T}{\delta k_z} = \frac{244}{6 \cdot 0,25} = 162,7 \sim \underline{163 \text{ mm}}.$$

100. Beispiel. Gegeben ist eine gehärtete, zylindrische Schraubenfeder vom Halbmesser $R = 4$ cm, die mit 120 kg belastet ist.

1. Welchen Durchmesser hat der Rundstahl, wenn er mit 4600 kg/cm² beansprucht werden soll, und

2. um wieviel verlängert sich die Feder, wenn sie aus 4,5 Windungen besteht?

Lösung:

1. Der Durchmesser d.

Da hier die Windungen gleichen Durchmesser haben, so wird jeder Querschnitt der Feder mit dem Moment „$M = PR$" verdrehend beansprucht, dem die inneren Spannkräfte entsprechend Widerstand leisten müssen.

Es ist $M_t = W_p \tau$, wo $W_p = \dfrac{d^3 \pi}{16}$

und $\tau = 4600$ kg/cm² ist.

$$PR = \frac{d^3 \pi}{16} \cdot \tau,$$

$$d = \sqrt[3]{\frac{16\,PR}{\pi\,\tau}} = \sqrt[3]{\frac{16 \cdot 120 \cdot 4}{\pi \cdot 4600}} = \underline{0{,}81 \text{ cm.}}$$

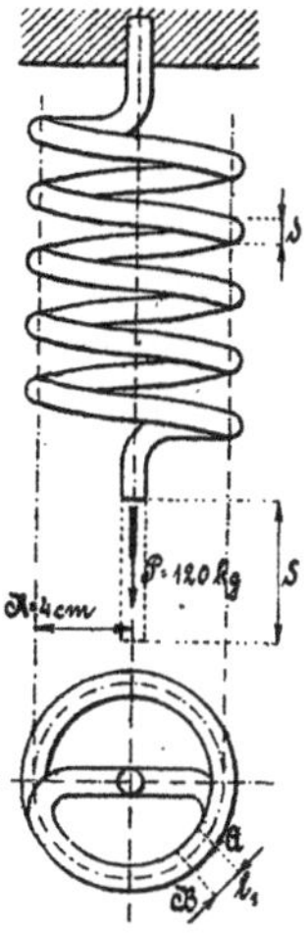

Fig. 247.

2. Die Federung δ.

Betrachtet man das kurze Stück $AB = l_1$ einer Windung, das mit großer Annäherung als ein gerader Stab angesehen werden kann, so verdrehen sich unter Einwirkung der Belastung P die beiden Querschnitte A und B nach der Gleichung 151ᵃ um

$$\operatorname{arc} \varphi = \frac{M_t}{G} \cdot \frac{l_1}{\Theta_p}.$$

Ein mit der Achse der Feder verbundener Punkt des Querschnittes B senkt sich dann gegenüber einem ebenfalls mit der genannten Achse fest verbundenen Punkt des Querschnittes A um den Betrag

$$\delta_1 = R \cdot \operatorname{arc} \varphi.$$

Die Verlängerung δ der ganzen Feder erhält man nun aus der Summe der einzelnen Stabelemente zu

$$\delta = \Sigma \delta_1 = \Sigma R \cdot \operatorname{arc} \varphi = R \, \Sigma \operatorname{arc} \varphi,$$

$$„ = R \, \Sigma \frac{M_t}{G} \cdot \frac{l_1}{\Theta_p} = \frac{R\,M_t}{G\,\Theta_p} \cdot \Sigma l_1 = \frac{R\,M_t}{G\,\Theta_p} \cdot 2R\pi \cdot i,$$

$$„ = \frac{P\,R^2}{0{,}4\,E\,\Theta_p} \cdot 2R\pi\,i = \frac{5\pi\,P\,R^3 i}{E\,\Theta_p} = \frac{5\pi \cdot 120 \cdot 4^3 \cdot 4{,}5}{2\,200\,000 \cdot \dfrac{0{,}81^4\,\pi}{32}}$$

$$„ = \underline{5{,}839 \sim 5{,}84 \text{ cm.}}$$

Dreizehnte Aufgabengruppe.

Zu §§ 2 bis 26. Für alle sechs Grundfestigkeiten.

101. Beispiel. Für den Zylinder einer Dampfmaschine, die mit 9 Atm. Überdruck arbeitet, sind die aus Schweißeisen hergestellten Deckelschrauben zu berechnen. Der Zylinderdurchmesser sei 350 mm, der Teil- oder Lochkreisdurchmesser der Deckelschrauben 525 mm, der im Lochkreis gemessene Schraubenabstand soll höchstens 16,5 cm und die Materialbeanspruchung der Schrauben mit Rücksicht auf den Anzug derselben das 0,6 fache der sonst üblichen Spannung betragen.

Lösung: $d_1 = 1,75$ cm der 7/8''.

102. Beispiel. Es soll der Durchmesser eines warm eingezogenen Nietkopfes so berechnet werden, daß der spezifische Flächendruck der vom Nietkopf gedrückten Fläche nicht größer wird, als die im Nietschafte vorhandene Materialspannung beträgt.

Lösung: $D \sim 1,5$ d.

103. Beispiel. Welche Höhe muß ein Nietkopf in der Verlängerung des Schaftes erhalten, wenn angenommen wird, daß mit Rücksicht auf die aufbiegende Beanspruchung des gedrückten Kopfquerschnittes die Schubbeanspruchung nur das $^2/_3$ fache der gewöhnlichen Schubspannung beträgt?

Lösung: $h \sim 0,5$ d.

104. Beispiel. Welche Teilung muß eine gut ausgeführte einreihige, einschnittige Nietnaht erhalten, wenn das Niet- und Blechmaterial Schmiedeeisen ist, und wenn zwischen d und δ, dem Nietdurchmesser und der Blechdicke, z. B. nach Unwin die empirische Gleichung „$d = 6,3 \sqrt{\delta}$" besteht, die einerseits den Druck zwischen Bolzen und Lochwand, andrerseits das Stauchen des Materials berücksichtigt?

Lösung: $t \sim d + 30$.

105. Beispiel. Der Rahmen einer 400 Tonnen schweren Maschine ruhe auf einem Granitblock, dessen Bruchmodul gegenüber Druck 600 kg/cm² beträgt.

Welche Kranzbreite muß der Rahmen erhalten, wenn angenommen wird, daß sich das Maschinengewicht gleichmäßig auf den ganzen Rahmen verteilt und das Fundament gegen 20 fache Sicherheit geschützt werden soll? Der Rahmen habe eine äußere Länge und Breite von 1,8 m und 1,4 m.

Lösung: $\delta \sim 25$ cm.

106. Beispiel. In einem Lokomotivkessel beträgt der Dampfdruck 12,4 kg/cm². Die Stehbolzen, welche die ebenen Seiten der Feuerbüchse mit dem Kesselboden verbinden, sind in horizontaler und vertikaler Richtung 10 cm voneinander entfernt.

Wie groß ist die **auf einen Stehbolzen wirkende Zugkraft,** und welchen Durchmesser muß der Bolzen erhalten, wenn das Material nur 800 kg/cm² ausgesetzt werden soll?

Lösung? $P = 1240$ kg; $d = 14$ mm.

107. Beispiel. Welchen Durchmesser erhält jede der **vier Säulen** einer hydraulischen Presse, deren Preßkolben 30 cm Durchmesser hat, wenn der größte Druck im Preßzylinder 270 Atm. und die Materialbeanspruchung der Säulen 700 kg/cm² beträgt?

Lösung: $d = 9,3$ cm.

108. Beispiel. Welche Breite b erhält ein Riemen aus Kuhleder von der Stärke 4 mm, der bei halber Umspannnung der Riemenscheibe eine Umfangskraft P übertragen soll? Der Reibungskoeffizient zwischen Scheibe und Riemen sei 0,28, die Beanspruchung des Leders 54 kg/cm².

Lösung: $b = 0,078$ P.

109. Beispiel. Ein Silberdraht von 4 m Länge und 1 qmm Querschnitt werde am oberen Ende aufgehängt und am unteren Ende mit 4 kg belastet.

Wie groß ist der Elastizitätsmodul des vorliegenden Materials, wenn sich der Draht unter der Lasteinwirkung um 2,16 mm verlängert hat?

Lösung: $E = 747663,5$ kg/cm².

110. Beispiel. Eine runde Kupferstange von 12,5 mm Durchmesser und 1,2 m Länge und eine Rundeisenstange von 15 mm Durchmesser und 0,9 m Länge sollen sich um gleiche Beträge verlängern.

In welchem Verhältnis stehen die hierzu nötigen Zugkräfte, wenn der Elastizitätsmodul für Kupfer $1,24 \cdot 10^6$, für Eisen $2,12 \cdot 10^6$ kg/cm² beträgt?

Lösung: $P_1 : P_2 = 0,30 : 1$.

111. Beispiel. Ein Schiff ist durch zwei Drahtseile von 25 m und 32 m Länge vertaut. Das erste Seil streckt sich um 60 mm, das zweite um 80 mm unter der Zugkraft des Schiffes.

Welchen Dehnungen sind die beiden Seile ausgesetzt?

Lösung: $\lambda_1 = 0,0024$ m; $\lambda_2 = 0,0025$ m.

112. Beispiel. Ein von rechteckigen Flächen begrenzter schmiedeeiserner Körper habe die Kantenlängen 20, 30 und 40 mm. Er werde senkrecht zu den Flächen mit je 4800 kg derart auf Zug beansprucht, daß eine gleichmäßige Verteilung der Zugkräfte auf die einzelnen Flächen stattfindet.

Welche Dehnungen werden in den 3 Richtungen des Körpers auftreten?

Lösung: $\varepsilon_1 = 0{,}25 \cdot 10^{-3}$; $\varepsilon_2 = -1{,}0 \cdot 10^{-5}$; $\varepsilon_3 = 0{,}12 \cdot 10^{-3}$.

113. Beispiel. Bis zu welcher Höhe könnte eine aus Basalt angefertigte Säule errichtet werden, wenn das spezifische Gewicht 2,8 und der Bruchmodul 197 kg/cm² beträgt?

Lösung: $h = 703{,}6$ m.

114. Beispiel. Ein $2\,^1/_2$ Stein starker Pfeiler von quadratischem Querschnitt und 4,5 m Höhe werde mit 4000 kg gleichmäßig verteilt belastet.

Welcher Materialbeanspruchung sind die untersten Steine ausgesetzt?

Lösung: $k_d = \sim 1{,}7$ kg/cm².

115. Beispiel. Ein aus Ziegelstein hergestellter Pfeiler von quadratischem Querschnitt werde mit 300 Tonnen belastet. Der aus 4 Teilen von je 3 m Höhe hergestellte Pfeiler soll mit 10 kg pro qcm beansprucht werden.

Wie groß wird die Quadratseite des untersten Querschnittes werden?

Lösung: $s = 1{,}905$ m.

116. Beispiel. Ein Kesselschuß ist in Längsrichtung mit einer einreihigen Nietnaht überlappt, welche einer Kraft von 25 Tonnen Widerstand leisten soll. Es sollen zur Vernietung bereits vorhandene Nieten von 22 mm Durchmesser verwendet werden, deren zulässige Beanspruchung 600 kg betragen soll.

1. Wieviel Nieten sind zur Verbindung nötig? 2. Welche Blechdicke ist zu wählen? 3. Wie lang wird das Rohr? 4. Welche Teilung ist der Nietnaht zu geben? 5. Wie groß ist der Abstand der Nietnaht von der Blechkante, und 6. welchen Gütegrad hat die Verbindung?

Lösung: 1. $i = 11$; 2. $\delta = 1{,}3$ cm; 3. $l = 57$ cm; 4. $t = 5{,}2$ cm;
5. $e_1 = 3{,}3$ cm und 6. $\varphi = 0{,}6$.

117. Beispiel. Der Durchmesser eines Dampfkessels betrage 160 cm, der Dampfüberdruck 8 Atm. Das zur Verfügung stehende Flußeisenblech habe eine absolute Festigkeit von 3500 kg.

Es soll eine zweireihige Überlappungsnietnaht hergestellt werden, für welche 1. die Blechdicke; 2. der Nietdurchmesser; 3. die Nietteilung; 4. der Gleitungswiderstand; 5. der Abstand der Nietnähte und der Blechkantenabstand und 6. das Festigkeitsverhältnis zu ermitteln ist.

Lösung:
1. $\delta \sim 1{,}4$ cm; 2. $d = 2{,}2$ cm; 3. $t = 7{,}2$ cm; 4. $k_s = 607$ kg;
5. $e = 4{,}3$ cm, $e_1 = 3{,}3$ cm; 6. $\varphi = 0{,}69$.

118. Beispiel. Im letztgenannten Kessel soll ein Mannloch von einer in der Längsrichtung des Rohres gemessenen Breite von 30 cm hergestellt werden.

1. Mit wieviel Nieten ist der Verstärkungsring des geschwächten Blechrandes zu befestigen, und 2. welche Breite muß der Ring erhalten, wenn seine Dicke mit 1,8 cm angenommen wird?

Lösung: 1. $i = 20$ Nieten; 2. $b \sim 10$ cm.

119. Beispiel. An den Enden eines Balkens sind rechtkantige Löcher eingestemmt, um die Zapfen von Streben aufzunehmen.

Welche Entfernungen müssen die äußeren Wandungen der Löcher von den Balkenenden mindestens haben, wenn die Streben einen Horizontalschub von 800 kg übertragen und die Breite und Tiefe der Löcher 4 und 8 cm beträgt und eine zulässige Materialspannung von 40 Atm. in Frage kommt?

Lösung: $a = 1$ cm.

120. Beispiel. Es sollen die Abmessungen eines schmiedeeisernen Schrumpfringes von quadratischem Querschnitt festgestellt werden, der zur Verbindung zweier Radnabenhälften dienen soll. Der Nabenansatz habe 30 cm Durchmesser, die Bohrung der Nabe betrage 18 cm. Die zulässige Zugspannung des Ringmaterials sei 400 kg pro qcm, während die Schubspannung der Nabe nur das 0,25 fache der ersteren beträgt.

Lösung: $\delta = 5,3$ cm.

121. Beispiel. Bei einem Stirnrädergetriebe sei der Zahndruck 500 kg, die Zahnbreite gleich 4 mal der Zahndicke.

Welche Abmessungen haben die Zähne bei einer Materialbeanspruchung von 200 kg/cm²?

Lösung: $\delta = 2,3$ cm; $b = 9,2$ cm.

122. Beispiel. Eine Riemenscheibe von 800 mm Durchmesser soll bei 12 m Umfangsgeschwindigkeit den Effekt von 10 Pferdestärken übertragen.

Welche Breite und Höhe erhalten die Arme, wenn der Querschnitt elliptisch und die Materialspannung mit Rücksicht auf die ungleiche Übertragung des Drehmomentes auf die Arme nur 100 kg/cm² betragen soll? Die Armhöhe sei das Doppelte der Armbreite.

Lösung: $P = 62$ kg; $b = 2,2$ cm; $h = 4,4$ cm.

123. Beispiel. Ein I-Eisen Normalprofil 20 soll als Freiträger von 2 m freitragender Länge ausgebildet werden, der am äußersten Ende eine Last von 648 kg tragen soll.

Welcher Spannung ist der gefährliche Querschnitt ausgesetzt?

Lösung: $k_b \sim 600$ kg/cm².

124. Beispiel. Wie groß würde die Materialbeanspruchung werden, wenn im letzten Beispiele außer der Einzellast noch eine gleichmäßig über die ganze Länge verteilte Last von 400 kg vorliegen würde?

Lösung: $k_b \sim 800$ kg/cm².

125. Beispiel. Ein Freiträger von 1,2 m Länge werde am freien Ende mit 800 kg belastet. Das Material sei Schmiedeeisen, welches mit 7,5 kg pro qmm konstant beansprucht werden soll. Der Querschnitt des Trägers sei ein Rechteck, dessen konstante Höhe 1,5 cm beträgt.

1. Welche Breite hat der größte Querschnitt bezw. welche Breite erhalten die Lamellen, wenn deren 14 Stück in Frage kommen sollen? 2. Welche Durchbiegung erleidet der Träger, und 3. welcher Krümmungshalbmesser liegt hier vor?

Lösung: 1. $B \sim 342$ cm, $b = 24{,}4$ cm; 2. $\delta = 3{,}6$ cm; 3. $\varrho \sim 20$ m.

126. Beispiel. Ein an beiden Enden frei aufliegender Träger, der aus zwei übereinander gelegten kiefernen Balken gebildet ist, habe eine Länge von 9 m und ist mit 10 Tonnen gleichmäßig verteilt belastet. Die Materialspannung betrage 80 kg/cm².

Welche Höhe und Breite hat der Träger, wenn letztere das ¹/₃ fache der ersteren beträgt?

Lösung: $h \sim 80$ cm; $b = 26{,}7$ cm.

127. Beispiel. Welche Höhe und Breite wird der vorgenannte Träger erhalten, wenn die beiden übereinander gelegten Balken verdübelt werden und die Stärke der aus zwei Querkeilen hergestellten Dübel das ¹/₁₆ fache der Trägerhöhe betragen sollen?

Auch hier soll die Trägerbreite wieder das ¹/₃ fache der Höhe sein.

Lösung: $h = 64$ cm; $b = 21{,}3$ cm.

128. Beispiel. Für einen Raum von 6 m Länge und 5 m Breite soll eine Decke aus I-Trägern und dazwischen liegenden Kappen hergestellt werden, wobei der Trägerabstand 1 m betragen soll. Die Belastung der Decke betrage 900 kg pro qm.

Welches Profil ist den Trägern zu geben, wenn deren Beanspruchung mit 800 kg/cm² vorgeschrieben ist?

Lösung: Profil 28.

129. Beispiel. Ein I-Träger soll auf 5 m Stützweite eine 0,25 m starke und 4 m hohe Mauerwand unmittelbar aufnehmen, die im Abstande gleich 1 m von einem Stützpunkte aus gemessen eine Türöffnung von 1,5 m Breite und 2 m Höhe hat.

1. Wie groß sind die Auflagerdrücke? 2. Wo liegt der am meisten beanspruchte Querschnitt? 3. Welchen Betrag hat das größte Biegungsmoment, und 4. welches Profil ist dem Träger zu geben, wenn 1000 kg Beanspruchung zulässig ist?

Lösung:

1. A = 3220 kg, B = 3580 kg; 2. x = 2,7625 m, y = 2,2375 m;
3. M_{max} = 400512 cmkg; 4. Profil 26.

130. Beispiel. Ein 6,2 m langer, hölzerner Balken von 18 cm Breite ist an einem Ende horizontal eingemauert und am andern Ende durch eine Säule unterstützt. Die Belastung des Balkens sei eine gleichmäßig verteilte im Betrage von 450 kg pro lfd. m.

Welche Höhe hat der Balken, der mit 60 kg/cm² angestrengt ist?

Lösung: h $\sim$ 35 cm.

131. Beispiel. Ein aus Tiegelstahl angefertigter Gabelzapfen werde mit 6000 kg belastet. Die zulässige Beanspruchung des Materials sei 500 kg, der spezifische Druck zwischen Zapfen und Lager 100 kg/cm².

Welchen Durchmesser und welche Länge erhält der Zapfen einmal bei ungenauer Einpassung und ein zweites Mal bei sorgfältiger Lagerung desselben?

Lösung: d_1 $\sim$ 5,5 cm, l_1 = 11 cm; d_2 $\sim$ 5 cm, l_2 = 12,3 cm.

132. Beispiel. Ein hohler Balken aus Gußeisen von 20 m Länge ist an beiden Enden eingespannt und trägt in der Mitte eine Einzellast von 20 Tonnen.

Welche Stärke muß die Wandung des Balkens erhalten, wenn dessen äußere Breite und Höhe 31 bezw. 50 cm ist und 440 kg pro qm Beanspruchung des Materials nicht überschritten werden soll?

Lösung: δ = 8,7 cm.

133. Beispiel. Eine auf zwei Blechträgern ruhende Brücke habe eine Spannweite von 20 m. Diese 2 m hohen Träger sind durch eine gleichmäßig verteilte Last von 3000 kg pro lfd. m, durch eine in der Trägermitte angreifende Einzellast von 10 Tonnen und durch je eine Einzellast von 5 Tonnen belastet, die in einer Entfernung von 5 m zu beiden Seiten der Trägermitte angreifen.

Welchen Wert haben die an den Einzellaststellen auftretenden Biegungsmomente, und welche Querschnitte muß der Träger an diesen Stellen haben, wenn 1100 kg/cm² als zulässige Belastung in Frage kommen?

Lösung: 92500 und 81250 mkg; 252 und 222 cm².

134. Beispiel. Ein schmiedeeisernes Rohr von 6 m Länge, einem lichten Durchmesser von 6 cm und 0,75 cm Wandstärke werden an beiden Enden frei gelagert.

Welche Durchbiegung erleidet das Rohr infolge seines Eigengewichtes, und welche Einzellast kann das Rohr noch in der Mitte aufnehmen, wenn 700 kg/cm² als zulässige Beanspruchung gelten soll?

Lösung: δ = 1,26 cm; P = 90 kg.

135. Beispiel. Eine schmiedeeiserne volle Welle von 25 cm Durchmesser soll durch eine Hohlwelle von gleichem Materiale ersetzt werden, dessen Bohrung das 0,5 fache des Außendurchmessers betragen soll.

Um wieviel Prozent wird sich das Gewicht der Hohlwelle günstiger stellen und welche Abmessungen erhält die letztere?

Lösung: 22 %; $D = 25,5$ und $d = 12,75$ cm.

136. Beispiel. Der Zylinderdurchmesser einer Hochdruckdampfmaschine betrage 350 mm, der Kolbenhub 450 mm. Die Maschine arbeite mit einer Admissionsdampfspannung von 10 Atm. Überdruck. Die Kolbenstange habe eine Länge von 800 mm und einen Durchmesser von 64 mm.

Mit welchem Sicherheitsgrade ist die Kolbenstange berechnet, und welchen Durchmesser muß die 125 cm lange Pleuelstange erhalten, wenn sie die gleiche Sicherheit haben soll wie die Kolbenstange?

Lösung: $m = 26,7$; $d = 8$ cm.

137. Beispiel. Eine gußeiserne, hohle Säule von 4 m Höhe soll für eine ruhende Belastung von 60 Tonnen mit möglichst geringem Materialaufwande hergestellt werden.

Welche Abmessungen muß der Querschnitt erhalten, wenn die Druckbeanspruchung des Materials 800 kg/cm² betragen soll?

Lösung: $D = 25,7$ cm; $d = 23,8$ cm.

138. Beispiel. Von welcher Länge an ist eine unter normalen Verhältnissen beanspruchte Kolbenstange auf Knickung zu berechnen, wenn d der Durchmesser der Stange ist.

Lösung: $l \sim 16\,d$.

139. Beispiel. Am freien Ende einer 45 cm langen, geraden Drehungsfeder wirkt eine Kraft von 50 kg am Umfange einer Scheibe von 20 cm Halbmesser.

Um wieviel verdreht sich die Feder, wenn der rechteckige Querschnitt derselben 0,5 cm Breite und 5 cm Höhe hat?

Lösung: $\widehat{\varphi} = 11,65$ cm.

140. Beispiel. Um wieviel drückt sich eine unter 800 kg Belastung stehende Puffer- oder Kegelfeder von rechteckigem Querschnitt, 1 cm Breite und 5 cm Höhe, zusammen, wenn sie 2 m lang und ihr größter Halbmesser 20 cm ist?

Lösung: $\delta = 0,27$ cm.